Nührmann

Standardschaltungen der
Industrie-Elektronik

Dieter Nührmann

Standard-
schaltungen der
Industrie-
Elektronik

271 Industrieschaltungen ausgewählt, kommentiert
und für den Nachbau aufbereitet

Mit 384 Abbildungen und 2 Tabellen

 Franzis-Verlag München

Wichtiger Hinweis

1976

Franzis-Verlag GmbH, München

Druck: Franzis-Druck GmbH, 8 München 2, Karlstraße 35
Printed in Germany · Imprimé en Allemagne

ISBN 3-7723-6161-7

Vorwort

Mit dem stetigen technischen Fortschritt der Halbleiterbauelemente ist es auf vielen technischen Gebieten einfacher geworden, Überwachungen, Steuer-, Regel- und Meßaufgaben elektronisch zu lösen.

Der Anwender derartiger kompletter elektronischer Anlagen wird sich kaum Gedanken machen, welche Vorgänge sich in einer „elektronischen Black-Box" abspielen. Oder mehr noch – welcher entwicklungstechnische und technologische Aufwand bei derartigen elektronischen Schaltungen erforderlich ist. Auch für den Entwicklungsingenieur ist es nicht immer einfach, eine passende maßgeschneiderte Lösung parat zu haben.

Die halbleiterherstellende Industrie hält jedoch in vielen Fällen ein weitgestreutes Feld an industrieelektronischen Basisschaltungen und sehr interessanten Schaltungsvorschlägen in entsprechenden Applikationsschriften bereit, die für den Anwender aus Industrie-Entwicklung und -Schulung als Basismaterial äußerst wichtig sind. Für den Interessenten liegen diese Unterlagen jedoch nicht immer griffbereit. Häufig sind sie auch, nach Sachgebieten geordnet, nicht vorhanden.

Bei der Auswahl wurde deshalb Wert auf ein breites Spektrum, leichte Verständlichkeit und einfache, problemlose Nachbaumöglichkeit gelegt. Dabei ist es auch möglich, einzelne Schaltungen zusammenzufassen und so zu größeren und komplizierten Geräten zu gelangen.

Mit diesen Unterlagen wird nicht nur den Entwicklungsingenieuren, sondern auch dem elektronisch interessierten Leser und der Ausbildung auf diesem Sektor ein umfassendes Kompendium zur Verfügung gestellt. Die Schaltungen verlieren weder ihre Funktion noch ihre Bedeutung, wenn in einzelnen Fällen bestimmte Bauteile durch die Wahl von Nachfolgetypen ersetzt werden können.

Der Autor dankt an dieser Stelle der Firma Intermetall, Halbleiterwerk der Deutsche ITT Industries GmbH; der Firma Valvo GmbH, Hamburg; sowie der Firma Siemens Aktiengesellschaft Bereich Halbleiter für die freundliche Unterstützung und die Bereitstellung der entsprechenden Unterlagen.

Der Herstellungsleitung des Verlages sei gedankt für die sorgfältige Ausstattung des Buches. Ebenso danke ich den vielen Helfern, die zum Gelingen beigetragen haben.

Achim   DIETER NÜHRMANN

Inhalt

1 Elektronische Schaltungen mit Lichtsteuerung – Optoelektronik

1.1 Schnelle Lichtschranke

Mit dem Operationsverstärker TAA 861 und der Fotodiode BPX 65 lassen sich Lichtschranken aufbauen, die im µs-Bereich eingesetzt werden können (*Abb. 1.1*). Soll das Sendesignal zu Eich-, Meß- oder Kennungszwecken gepulst sein, so wird mit Vorteil die Lumineszenz-Diode LD 24 E eingesetzt. Diese Betriebsart eignet sich auch zum Aufbau von Koinzidenzschaltungen. Die Anstiegszeit der Schaltung ist von der Größe des Arbeitswiderstandes der Fotodiode und der Grenzfrequenz des Operationsverstärkers abhängig. Die *Tabelle* in Abb. 1.1 gibt die zu erwartende Anstiegszeit des Verstärkers und der Fotodiode als Funktion des Kondensators C an, der zur Unterdrückung von Schwingneigungen unbedingt beschaltet werden muß.

Der Abstand zwischen Lumineszenzdiode und Fotodiode sollte ohne Optik kleiner als 20 mm sein. Welcher Abstand mit einer Optik erreichbar ist, hängt nur von deren Größe ab.

Tabelle

C/pF	Anstiegszeit/µs
5	0,4
8	0,6
16	1,0
47	5,0

Bestückung:
1 TAA 861
1 BCY 58
1 BPX 65
1 LD 24 EV

1.2 Lichtschranke

Diese Schaltung (*Abb. 1.2*) dient dazu, immer dann ein Relais ansprechen zu lassen, wenn ein auf eine Fotodiode gerichteter Lichtstrahl unterbrochen wird.

Die Fotodiode bildet zusammen mit einem Widerstand einen Spannungsteiler, an dem die Basisspannung eines in Kollektorschaltung betriebenen Transistors gewonnen wird. Solange die Fotodiode belichtet wird, ist sie niederohmig und das Potential an der Basis des Transistors sehr klein. Bei Unterbrechung des Lichtstrahls wird die Fotodiode gesperrt, und das Potential an der Basis des Transistors steigt an. Das Potential an seinem Emitter wird zur Ansteuerung eines Schmitt-Triggers benutzt. An dessen Ausgang steht eine Spannung zur Verfügung, die sich sprungartig zwischen einem

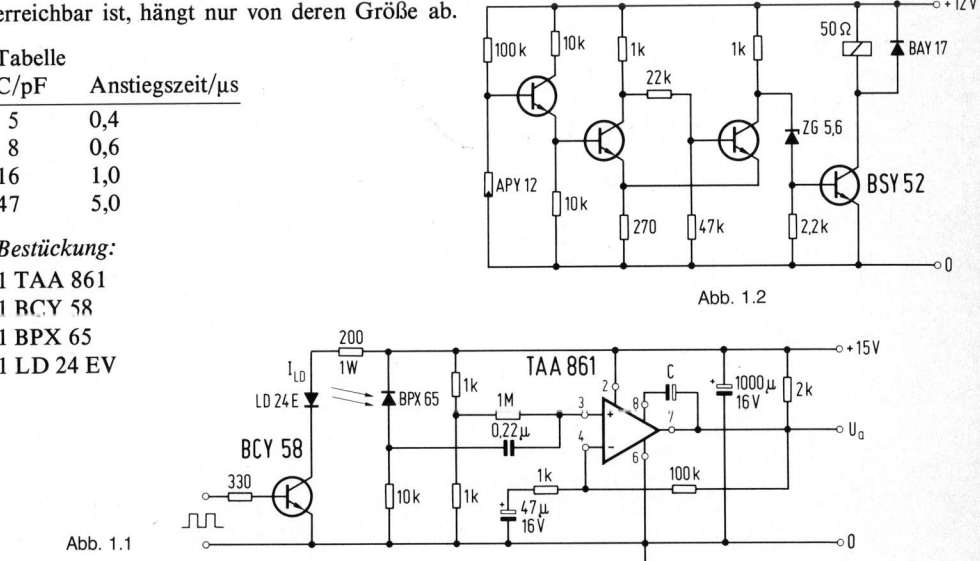

Abb. 1.2

Abb. 1.1

Mindest- und einem Höchstwert ändert, auch wenn die Fotodiode langsam abgedunkelt bzw. wieder belichtet wird.

An den Kollektor des rechten Transistors im Schmitt-Trigger ist über eine Z-Diode die Basis des Endtransistors angeschlossen. In dessen Kollektorzuleitung liegt die Arbeitswicklung eines Relais, eines Zählers o.ä. Die Freilaufdiode sorgt dafür, daß sich beim Sperren des Transistors an der Induktivität der Wicklung keine Spannungsspitze aufbauen kann, die zur Zerstörung des Transistors führen könnte.

1.3 Lichtschranken mit IC-Steuerung

Die Schaltung TAA 293 wird hier als Schwellwertschalter (*Abb. 1.3a* und *1.3b*) betrieben.

Mit dem 1-kΩ-Einstellwiderstand werden die Streuungen des Fotowiderstandes und der Schwellenspannungswerte am Anschluß 2 bzw. 10 abgeglichen.

Für beide Schaltungen gilt

Beleuchtungsstärke	> 1000 lx	< 300 lx
Ausgang Q im Zustand	HIGH	LOW
		(≈ 0 V)

1.4 Lichtschranken mit Schmitt-Trigger

Die Schaltung FCL 101 ist ein Schwellwertschalter (Schmitt-Trigger). Bei beliebig langsamer Änderung der Beleuchtungsstärke ändert sich die Spannung am Ausgang Q sprunghaft.

Bei Beleuchtung befindet sich der Ausgang Q im Zustand LOW (Schwelle ca. 250 lx) *Abb. 1.4a.*

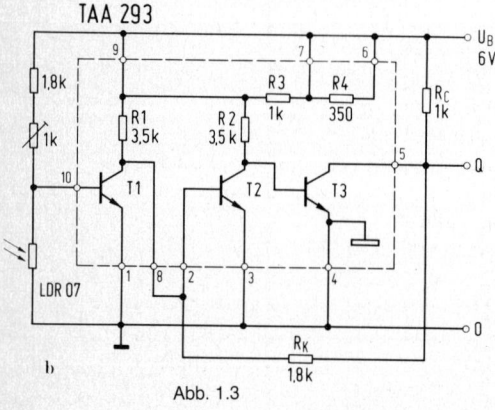

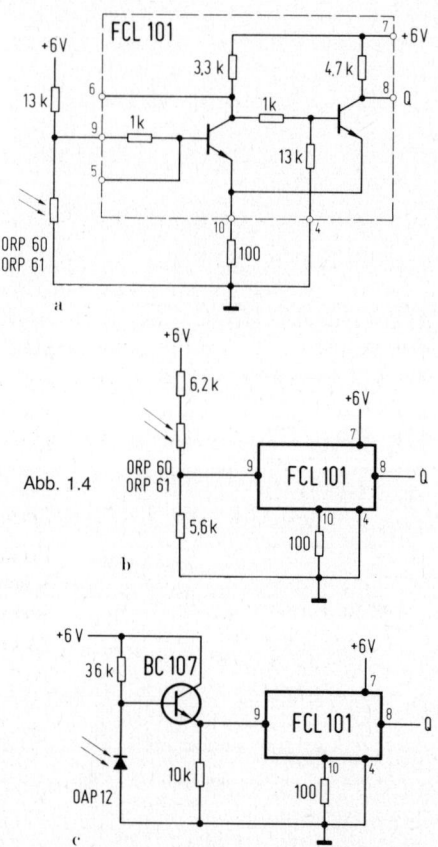

Abb. 1.4

Abb. 1.3

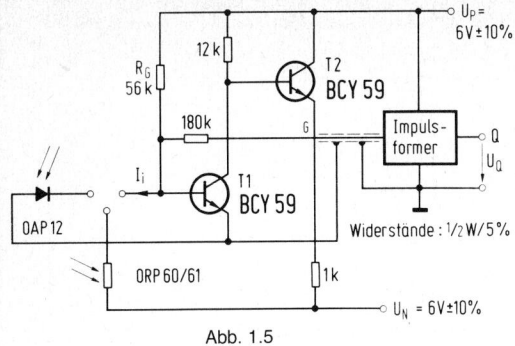

Abb. 1.5

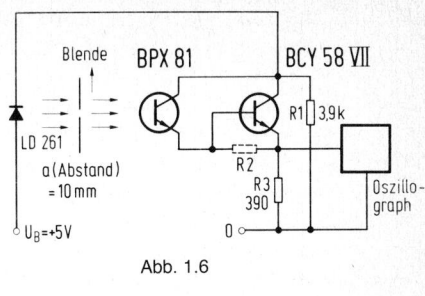

Abb. 1.6

Bei Beleuchtung befindet sich der Ausgang Q im Zustand HIGH (Schwelle ca. 100 lx) *Abb. 1.4b.*

Bei Beleuchtung befindet sich der Ausgang Q im Zustand LOW (Schwelle ca. 1600 lx) *Abb. 1.4c.*

1.5 Lichtschranke für Digitalschaltungen

Um systemfremde Signale in Spannungen umzuwandeln, deren Amplituden und Schaltzeiten denen der FC-Baureihe entsprechen, ist ein Impulsformer erforderlich. Die Impulsformerschaltung kann durch den hier angegebenen Vorverstärker zu einer Lichtschranke mit der Fotodiode OAP 12 oder dem Fotowiderstand ORP 60 (frontaler Lichteinfall) bzw. ORP 61 (seitlicher Lichteinfall) erweitert werden (siehe *Abb. 1.5*).

Bei ausreichender Beleuchtung der fotoelektronischen Bauelemente ist der Eingangstransistor T 1 gesperrt und die Impulsformerschaltung im Zustand HIGH. Die Schwelle der Beleuchtungsstärke liegt bei Verwendung der Fotodiode bei ca. 1600 lx und bei Verwendung des Fotowiderstandes bei ca. 60 lx.

Der Gegenkopplungswiderstand von 180 kΩ ergibt eine geringe Stromhysterese am Eingang des Verstärkers (Λ $I_i \approx 2$ µA). Der Transistor T 2 verringert die Kollektorspannung von T 1 um die Basis-Emitter-Spannung U_{BE} ; damit ist gewährleistet, daß die untere Schwellenspannung U_{iT} des Impulsformers im LOW-Zustand nicht überschritten wird.

1.6 Lichtschranke für Lochkartenabtastung

Eine interessante Lichtschranke für Lochkartenabtastung zeigt *Abb. 1.6*. Sie besteht im wesentlichen aus der Lumineszenzdiode LD 261 und einem Fototransistor BPX 81 mit nachgeschaltetem Verstärkertransistor BCY 58. Fällt Licht auf den Fototransistor, dann schaltet dieser und der nachfolgende Transistor durch. Es entsteht ein Strom von ca. 8 mA und am Widerstand R 3 ein Spannungsabfall von $U_a \approx 3,2$ Volt. Ist abgedunkelt, dann fließt ein Strom von ca. 1 mA. Das max. Hell/Dunkel-Verhältnis (Strom) ist demnach ca. 1 : 8.

Wird R 2 = ∞ gewählt, dann wird die Ansprechgrenze bereits bei normalen Lochkarten auch außerhalb der Löcher erreicht. Mit diesem Widerstand kann eine Empfindlichkeitskorrektur (bzw. Einstellung) für den Ausschaltpunkt vorgenommen werden.

Die Einschaltgrenze (keine Absorption im Lichtweg = Schalten auf großen Strom) wird bei einem Widerstand R 2 von ca. 300 kΩ erreicht.

Die Belastung der Lumineszenzdiode LD 261 ist bei dieser Lösung im Mittel wesentlich geringer als bei herkömmlich bekannten Lösungen, wo die Diode ständig Strom zieht.

Diese Anordnung schaltet dann, wenn die Verstärkung über den Rückkopplungskreis (elektrisch und optisch) den Wert 1 überschreitet. Das Umweltlicht führt daher nicht direkt zum Schalten, es kann aber die Schaltung übersteuern. Bei optisch ungeschirmtem Aufbau sind im praktischen Betrieb ca. 200 lx Umweltlicht zulässig.

15

Die Schalthysterese beträgt ca. 25 % bezogen auf den Umschaltpunkt Hell/Dunkel.

Über den Widerstand R 3 fließt bei angeschlossener TTL-Logik im ausgeschalteten Zustand ein Rückstrom, so daß eine Spannung bis zu 0,63 V an R 3 abfällt. Damit die TTL-Logik den Zustand als 0 erkennt, muß die Eingangsspannung $\leq$ 0,8 V betragen. Bei evtl. erforderlicher abweichender Dimensionierung kann dieser Widerstand geändert und $\geq$ 100 Ω bei U = 5 V gewählt werden.

1.7 Schnelle Lichtschranke

Für Messungen an einem sich schnell bewegenden Maschinenteil wurde folgende Schaltung (*Abb. 1.7*) einer schnellen Lichtschranke entwickelt. Als Sender wurde die Lumineszenzdiode, als Empfänger die Fotodiode BPX 65 verwendet. Mit dem Operationsverstärker TAA 861 wird das von der Fotodiode abgegebene, differenzierte Signal so verstärkt, daß es auf einem Oszillographen üblicher Empfindlichkeit abgebildet werden kann. Die Anstiegszeit der Schaltung ist von der Größe des Arbeitswiderstandes der Fotodiode und der Grenzfrequenz des Operationsverstärkers abhängig. Aus Stabilitätsgründen muß der Operationsverstärker mit dem Kondensator C beschaltet werden. In den technischen Daten der Lichtschranke (Fotodiode und Verstärker) ist die Anstiegszeit von C ersichtlich. Mit C = 16 pF erhält man eine, für diese Anwendung ausreichende An-

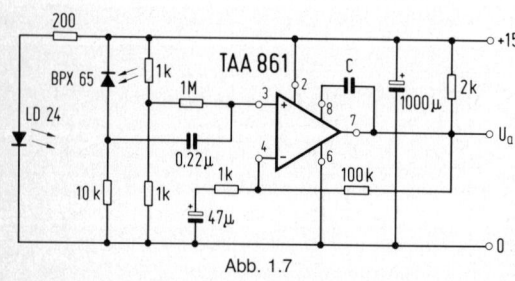

Abb. 1.7

stiegszeit von 1 µs. Diese Messungen wurden vorgenommen, indem die Lumineszenzdiode mit einem Rechteckgenerator hoher Flankensteilheit getastet wurde.

Technische Daten:

Betriebsspannung	15 V
Ausgangsspannung	200 mV
Durchlaßstrom der LD 24	70 mA
Wechselspannungsverstärkung	40 dB
Anstiegszeit (Verstärker u.	
Fotodiode) $\quad$ C = 47 pF	5 µs
16 pF	1 µs
8 pF	0,6 µs
5 pF	0,4 µs
Abstand Lumineszenzdiode-Fotodiode	20 mm

1.8 Lichtschranken und IC-Steuerung

Im folgenden Abschnitt sind eine Reihe von Schaltungsmöglichkeiten für Lichtschranken zusammengefaßt. Die Leuchtdiode LD 261 ist in allen Schaltungen der Lichtsender. Der Abgleich des optimalen Arbeitsstromes der LD 261 von ungefähr 10 mA erfolgt mit dem Serienwiderstand R 1. Entsprechend der verwendeten Speisespannung U_s ergibt sich dabei R 1 wie folgt:

U	3	5	9	12	15	18	24 V
R 1	0,1	0,33	0,68	1,0	1,3	1,6	2,2 kΩ

Die erzielbare Entfernung des Lichtsenders vom Empfänger beträgt 10 mm. Größere Entfernungen erfordern eine geeignete Optik. Auf eine Justiermöglichkeit des Senders oder des Empfängers ist zu achten. Die Ausgänge sind bei allen Schaltungen wie folgt definiert:

BPX 81 belichtet: Ausgang Q = L-Zustand
$\qquad$ (leitend)
$\qquad$ Ausgang Q = H-Zustand
$\qquad$ (gesperrt)

Abb. 1.8a zeigt eine Lichtschrankenschaltung, die sich für die Operationsverstärker TAA 761 A und TCA 325 A eignet. Die beiden Operationsverstärker unterscheiden sich im wesentlichen durch ihre Ausgangsstufe. Der TAA 761 A hat eine Darlingtonstufe mit Frequenzkompensationsanschluß an Punkt 6. Schaltverstärkeranwendungen erfordern im allgemeinen keine Kompensation, so daß bei Verwendung des TAA 761 A Anschluß 6 unbeschaltet bleibt. Der Einsatz des TAA 761 A ist überall dort von Vorteil, wo die Ausgangsspannung im durchgeschalteten Zustand vernachlässigbar ist, also zum Beispiel beim Betrieb von LSL-Schaltungen, Relais usw. Für Anwendungen mit kleiner Ausgangsspannung, wie die Ansteuerung von TTL-Bausteinen, ist der Operationsverstärker TCA 325 A erforderlich. Dieser Verstärker hat einen einfachen Ausgangstransistor. Der Kollektor der zugehörigen Treiberstufe liegt an Anschluß 6. Zusätzlich ist jetzt der Kollektorwiderstand R erforderlich. Da der Kollektorstrom der Treiberstufe mindestens 4% des Ausgangsstromes I_Q betragen muß, läßt sich der Widerstandswert R anhand der Beziehung $R = 25\ R_L$ überschlägig bestimmen.

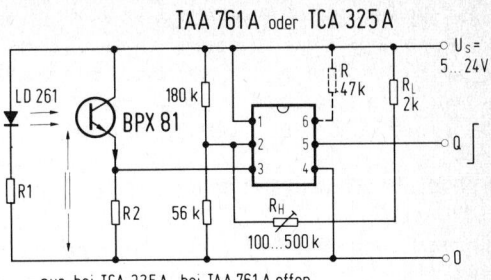

Abb. 1.8a

Die Schaltschwelle der Operationsverstärker ist durch den Spannungsteiler am nichtinvertierenden Eingang (Anschluß 2) bestimmt. Der Mitkopplungswiderstand R_H dient dabei zur Festlegung der Schalthysterese U_H. Für eine überschlägige Berechnung kann dabei R_H im beleuchteten Zustand des Fototransistors BPX 81 parallel zum Widerstand 56 kΩ und im abgedunkelten Zustand parallel zum Widerstand 180 kΩ angenommen werden. Günstige Betriebswerte für R_H liegen dabei zwischen 100 kΩ und 500 kΩ. Die resultierende Hysteresespannung an Anschluß 2 ergibt sich dann zwischen 30 % und 10 % der verwendeten Speisespannung U_S.

Der Arbeitsstrom I des Fototransistors muß entsprechend der verwendeten Speisespannung, der einfallenden Lichtmenge und der elektrischen Gruppierung der BPX 81 mit dem Widerstand R 2 abgeglichen werden. Da die Lichtmenge von Faktoren wie Abstand, Justierung, Fremdlicht und Bauelementegruppe der LD 261 abhängt, ist eine praktische Ermittlung am einfachsten. Eine ausreichende Sicherheit gegen Fremdlichtauslösung ist bei I ~ 100 μA gewährleistet.

Die Schaltung eignet sich für alle elektrischen Gruppen der Bauelemente LD 261 und BPX 81.

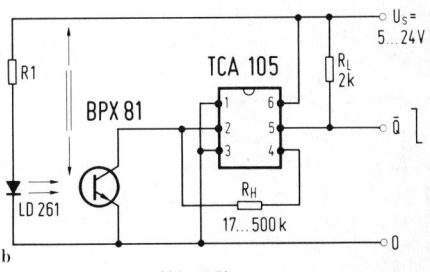

Abb. 1.8b

Abb. 1.8b zeigt die einfachste Schaltungsmöglichkeit einer Lichtschranke mit dem Schwellwertschalter TCA 105. An Anschluß 2 ist die Basis und an Anschluß 3 der Emitter des Eingangstransistors des TCA 105 zugänglich. Die Basis ist intern über einen Widerstand von ca. 8 kΩ mit dem Kollektor verbunden. Die Flußrichtung des resultierenden Stromes bestimmt jetzt den Ausgangszustand des TCA 105. Kann der Strom über den Eingang 2 abfließen, so ist der Ausgangstransistor an Anschluß 5 gesperrt und der Ausgangstransistor an Anschluß 4 leitend. Dies entspricht dem beleuchteten Zustand des Fototransistors BPX 81. Der erforderliche Schaltstrom am Eingang 2 beträgt dabei etwa 80 μA. Der Stromfluß wird durch Abdecken der BPX 81 unterbrochen. Der Eingangstransistor erhält jetzt Basisstrom und schaltet durch. Ausgang 5 wird leitend und Ausgang 4 sperrt.

Der Widerstand R_H vergrößert die Schalthysterese des TCA 105. Ausgang 4 ist im beleuchteten Zustand leitend, so daß ein Teil des Eingangsstromes an Anschluß 2 über den Widerstand R_H und den Ausgangstransistor

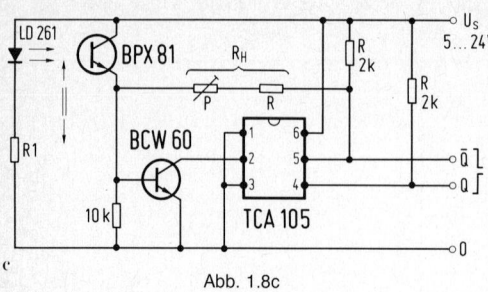

Abb. 1.8c

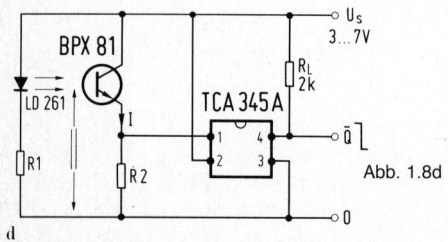

Abb. 1.8d

Im beleuchteten Zustand sperrt Ausgang 5, so daß R_H über den Kollektorwiderstand mit der Speisespannung U_S verbunden ist. Die Ausschaltschwelle verringert sich damit um den zusätzlich über R_H fließenden Basisstrom. Die verwendete Speisespannung und der Widerstand R_H bestimmen die Höhe der Hysterese. Nachfolgende Aufstellung zeigt die jeweils erforderlichen Widerstandswerte. Das Potentiometer P ermöglicht eine Änderung der Schalthysterese von ungefähr 20% bis 50% bezogen auf den Einschaltstrom:

$$U_S = \;\;5\,V: \quad R = 150\,k\Omega \quad P = 100\,k\Omega$$
$$U_S = 10\,V: \quad R = 270\,k\Omega \quad P = 250\,k\Omega$$
$$U_S = 15\,V: \quad R = 390\,k\Omega \quad P = 250\,k\Omega$$
$$U_S = 20\,V: \quad R = 560\,k\Omega \quad P = 250\,k\Omega$$
$$U_S = 24\,V: \quad R = 680\,k\Omega \quad P = 500\,k\Omega$$

Die untere Grenze des Widerstandes R_H hängt von der verwendeten Speisespannung U_S ab. Sie beträgt zum Beispiel bei $U_S = 5\,V$ $R_H = 100\,k\Omega$. Bei kleineren Werten erfolgt eine Selbstverriegelung. Ein Abgleich des Fotostromes ist mit dem Basiswiderstand möglich. Dabei ist gleichzeitig eine entsprechende Änderung des Widerstandes R_H durchzuführen. Der zulässige Ausgangsstrom des TCA 105 beträgt 50 mA, so daß kleine Relais auch direkt betrieben werden können. Der TCA 345 A ist ein Schwellwertschalter, dessen Schaltschwelle und Hysterese direkt proportional zur verwendeten Speisespannung U_S sind. Dabei gilt für die Hysteresespannung am Eingang Anschluß 1 näherungsweise $U_H \sim 0{,}25\,U_S$. Der zulässige Ausgangsstrom beträgt 70 mA, so daß der direkte Betrieb kleiner Relais möglich ist. Schutzmaßnahmen des Ausgangstransistors sind nicht notwendig, da der TCA 345 A bereits die erforderlichen Dioden enthält. Eine geeignete Schaltung einer Lichtschranke zeigt *Abb. 1.8d*. Der Fotostrom I des Transistors BPX 81 muß entsprechend der verwendeten Speisespannung der einfallenden Lichtmenge und der elektrischen Gruppierungen mit dem Widerstand R 2 abgeglichen werden. Da die einfallende Lichtmenge von Faktoren wie Abstand, Justierung, Fremdlicht und Bauelementengruppe der LD 261 abhängt, ist

abfließt. Widerstandswerte unterhalb $R_H = 15\,k\Omega$ sind zu vermeiden, da sonst die Gefahr der Selbstverriegelung besteht. Zusätzliche Schaltungsmaßnahmen sind bei dieser Betriebsart am Ausgang 4 nicht möglich. Der Widerstand R_H reduziert die Ausschaltschwelle bezogen auf die Einschaltschwelle um den nachfolgend aufgeführten Faktor:

R_H	17	20	50	100	250	500 kΩ
Reduzierungs-faktor	30	25	10	5	2	1%

Ein Abgleich des Fotostromes der BPX 81 ist bei dieser Schaltung nicht möglich. Aus diesem Grund sind nur Fototransistoren der Empfindlichkeitsgruppen III und IV geeignet. Die Empfindlichkeit der Schaltung ist gegebenenfalls durch Änderung des Leuchtdiodenstromes anzupassen.

Eine vergleichsweise höhere Empfindlichkeit und eine kleinere Hysterese hat die Schaltung entsprechend *Abb. 1.8c* mit der zusätzlichen Transistorstufe BCW 60. Die Einstellung der Hysterese erfolgt jetzt mit einem Widerstand zwischen Ausgang 5 und dem Basiswiderstand 10 kΩ. Für eine überschlägige Berechnung des Einschaltstromes kann dabei R_H parallel zum Basiswiderstand angenommen werden.

eine praktische Ermittlung am einfachsten. Eine ausreichende Sicherheit gegen Fremdlicht ist bei $I \sim 100~\mu A$ gewährleistet. Damit ergeben sich folgende Richtwerte für den Widerstand R 2:

U_S	3	5	7 V
R 2	15	22	33 kΩ

Bestückung:

1 TAA 761 oder TAA 761
1 TCA 105
1 TCA 325 A
1 TCA 345 A
1 BPX 81
1 BCW 60
1 LD 261

Abb. 1.9

Operationsverstärkers erreicht. Eine weitere Erhöhung der Auslöseempfindlichkeit ist nur bei zusätzlicher Glättung der Lampenspannung möglich. Es können auch Fototransistoren,

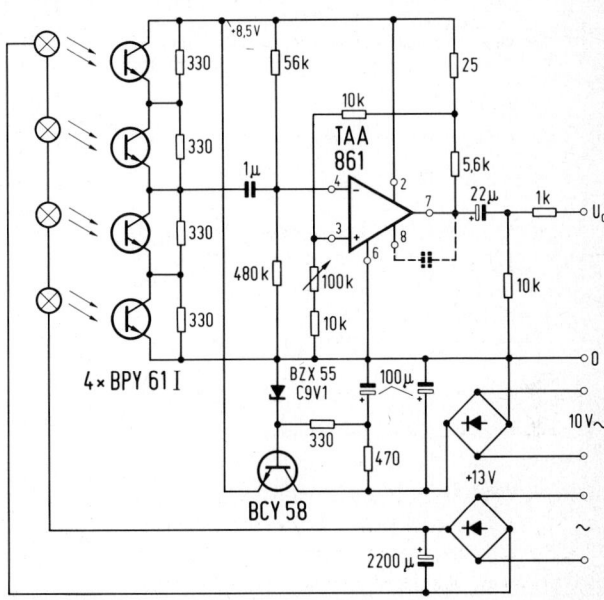

1.9 Lichtschrankenverstärker

In dem vorliegendem Lichtschrankenverstärker sind die Fototransistoren BPY 61 I in Serienschaltung betrieben. Damit können 4 Lichtschranken mit nur einer Auswerteschaltung verbunden werden. Die Schaltungsanordnung ist in *Abb. 1.9* dargestellt. Um die unterschiedliche Empfindlichkeit der Fototransistoren auszugleichen, wurden Parallelwiderstände angeordnet. Außerdem sollen die Fototransistoren etwa die gleiche Empfindlichkeit aufweisen. Diese Vorkehrungen müßten auch bei Verwendung von Fotodioden getroffen werden. Die Empfindlichkeit wird zwar dadurch etwas herabgesetzt, bleibt aber gut ausreichend. Die Speisespannung der Fototransistoren wurde über eine Serienregelung stabilisiert. Über den Teiler am (+) Eingang 3 des Operationsverstärkers kann man die Schaltauslösung einstellen. Das gewünschte Schalten beim Durchfallen eines Drahtes mit bestimmtem Durchmesser (> 0,5 mm) wurde bei geeigneter Optik und durch Einstellen einer Spannung von ca. 30 mV zwischen den Eingängen 3 (+) und 4 (−) des

z. B. BPY 62, eingesetzt werden, hierbei müßten aber die Parallelwiderstände und die Speisespannungs-Regelung angepaßt werden.

1.10 Fotoempfänger

Die Empfindlichkeit fotoelektronischer Empfangseinrichtungen wird bei Mitübertragung des Gleichspannungsanteiles im wesentlichen durch

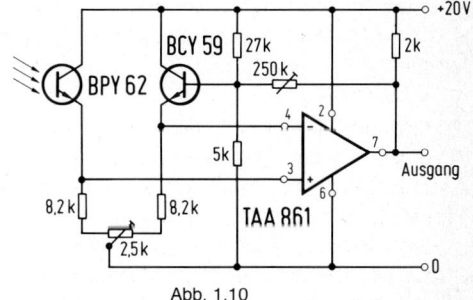

Abb. 1.10

die Temperaturdrift des Fotoelementes bestimmt. Hier bietet der Einsatz eines Opera-

19

tionsverstärkers mit seinem Differenzeingang entscheidende Vorteile.

Der integrierte Operationsverstärker TAA 861 steht inzwischen in einer zusätzlichen Version mit der Typenbezeichnung TAA 761 zur Verfügung. Dieser Typ zeichnet sich durch eine von $U_S = \pm 10$ V auf $U_S = \pm 15$ V erhöhte Speisespannung aus.

Die im folgenden Abschnitt beschriebenen Schaltungen sind für den Operationsverstärker TAA 861 dimensioniert. Ein Einsatz des TAA 761 und eine Erhöhung der Speisespannung ist jedoch grundsätzlich unter Berücksichtigung der zulässigen Grenzdaten möglich. Die Anschlußanordnung beider Typen ist identisch.

Die Speisespannungsanschlüsse sind bei allen Schaltungen mit symmetrischem Betrieb nicht ausgeführt. Diese Verbindungen sind bei beiden Typen wie folgt vorzunehmen: $+U_S$ an Anschluß 2 und $-U_S$ an Anschluß 6. Der Speisespannungsbereich beträgt beim TAA 861 ± 2 V bis ± 10 V und beim TAA 761 ± 2 V bis ± 15 V.

Verstärkeranwendungen des TAA 861 und TAA 761 erfordern eine Frequenzkompensation. Beim TAA 861 ist hierfür ein Kondensator von 30 bis 50 pF und beim TAA 761 von 10 bis 25 pF zwischen den Anschlüssen 7 und 8 ausreichend. Dieser Kondensator verursacht einen Abfall der Leerlaufverstärkung bei höheren Frequenzen und gewährleistet damit die Schwingsicherheit der Schaltung.

Abb. 1.10 zeigt die Schaltung mit einem Fototransistor BPY 62, dessen Temperatureingang mit einem Transistor BCY 59 kompensiert wurde. Da beide Transistoren aus der gleichen Familie stammen, sind sie für eine solche Paarung gut geeignet. Die Empfindlichkeit kann mit dem Einsteller 250 K etwa 1 : 5 verändert werden. Im Mittel benötigt man für eine Ausgangsspannung von 10 V eine Beleuchtungsstärke von 200 Lux. Mit dem Einsteller 2,5 K kann die Symmetrie und damit die Grundgleichspannung bestimmt werden.

Bestückung: 1 TAA 861
                1 BCY 59
                1 BPY 62

1.11 Empfindliche lichtelektrische Relaisschaltung

Diese Schaltung (*Abb. 1.11*) ist zur Verwendung in Lichtschranken geeignet, bei denen die am Empfänger auftretende Beleuchtungsstärke relativ gering ist. Der Schwellenwert der Schaltung liegt bei einer Beleuchtungsstärke von 10 lx. Die höchste zulässige Umgebungstemperatur beträgt 50 °C.

Der Dunkelstrom eines Fototransistors läßt sich dadurch herabsetzen, daß man einen Widerstand zwischen Basis und Emitter legt. Dieser Widerstand stellt einen Nebenschluß zur Basis-Emitter-Diode dar; er muß dem Dunkelstrom des Transistors angepaßt sein. Um

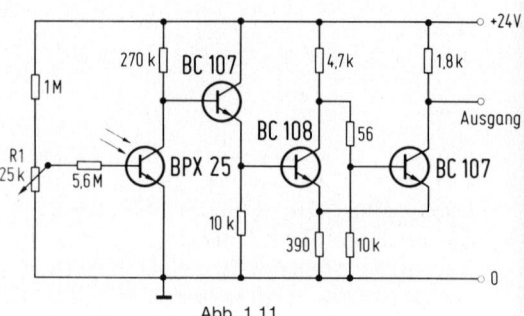

Abb. 1.11

Streuungen im Dunkelstrom ausgleichen zu können, ist in der Schaltung ein Potentiometer vorgesehen.

Der Endtransistor der Schaltung befindet sich in leitendem Zustand, wenn der Fototransistor mit ausreichender Beleuchtungsstärke (mindestens 10 lx) beleuchtet wird. Der Spannungshub am Ausgang der Schaltung beträgt etwa 19,5 V.

1.12 Lichtelektrische Gleichstromschalter

Es werden zwei Schaltungsversionen eines lichtelektrischen Gleichstromschalters behandelt. In der Schaltung *Abb. 1.12a* erhält der Transistor BFY 52 bei abgedunkeltem Fototransistor BPX 25 keinen Basisstrom und befindet sich daher im Sperrzustand. Bei Beleuchtung des Fototransistors sinkt dessen Widerstand stark ab, und der Transistor BFY 52 wird

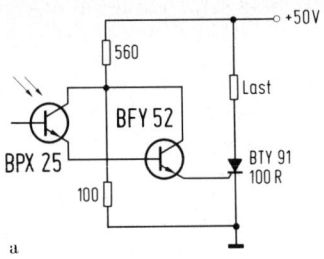

a

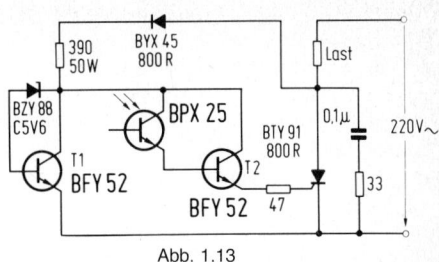

Abb. 1.13

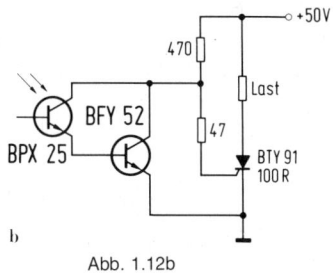

b

Abb. 1.12b

aufgesteuert. Der nunmehr fließende Emitterstrom zündet den Thyristor BTY 91/100 R und schaltet damit die Last ein.

In der Schaltung *Abb. 1.12b* befindet sich der Thyristor so lange in gesperrtem Zustand, wie Licht auf den Fototransistor fällt. Der Transistor BFY 52 ist dann nämlich aufgesteuert und bildet einen niederohmigen Nebenschluß für den über den Widerstand von 470 Ω zugeführten Zündstrom. Erst bei Abdunklung des Fototransistors wird der Nebenschluß aufgehoben, womit der volle Zündstrom über den Widerstand von 47 Ω in den Steueranschluß des Thyristors fließen und diesen zünden kann.

Für das Einschalten ist in beiden Fällen eine Beleuchtungsstärke von etwa 1000 lx erforderlich. Der maximal zulässige Laststrom wird durch den verwendeten Thyristor bestimmt; er beträgt im vorliegenden Fall 16 A.

Nach Zünden des Thyristors läßt sich dessen Sperrzustand nur durch Abschalten der Speisespannung wiederherstellen. Der Schalter arbeitet also in beiden Fällen selbsthaltend. Er eignet sich gut für den Einsatz in Alarmanlagen und Sicherheitssystemen.

1.13 Lichtelektrischer Schalter am Wechselstromnetz

Der lichtelektrische Schalter (*Abb. 1.13*) spricht an, wenn die Beleuchtungsstärke mindestens 700 lx beträgt. Über den Fototransistor BPX 25 fließt dann ein so großer Strom in die Basis des Transistors BFY 52, daß dessen Emitterstrom den Thyristor BTY 91/800 R sicher zündet. Die Zündungen wiederholen sich periodisch etwa 6° nach Beginn jeder positiven Halbwelle, solange Licht auf den Fototransistor fällt. Der arithmetische Mittelwert des durch die Last fließenden gleichgerichteten Halbwellenstroms beträgt maximal 16 A.

Die Z-Diode BZY 88/C5 V6 und der Transistor T 1 begrenzen, in Verbindung mit dem Vorwiderstand von 390 Ω, die Speisespannung für den Zündkreis auf etwa 6 V. Die Diode BYX 45/800 R hält die negative Netzspannungshalbwelle von der Schaltung fern; während die Serienschaltung von R = 33 Ω und C = 0,1 µF die Schutzbeschaltung für den Thyristor bildet. Bei einer Umgebungstemperatur von 50 °C benötigt der Transistor T 1 ein Kühlblech mit einem Wärmewiderstand von $R_{th} \leq 55$ grd/W.

1.14 Lichtsicherung

Abb. 1.14 zeigt eine Lichtsicherung. Im Ruhezustand = Dunkelzustand ist der Betätigungsmagnet M stromführend. Trifft Licht mit genügender Intensität auf den Fototransistor BPX 43, wird dieser leitend und sperrt die Endstufe. Der Magnet fällt ab. Infolge der Rückkopplung auf die Basis des Fototransistors

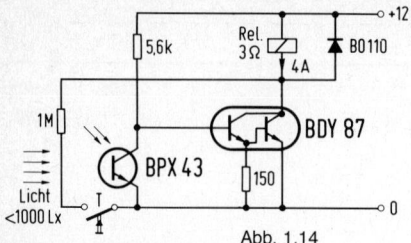

Abb. 1.14

bleibt dieser auch bei Wegnahme des Lichteinfalls leitend. Erst mit der Rückholtaste T kann der Anfangszustand wiederhergestellt werden. Der Einsatz unseres Leistungsdarlingtons erlaubt eine hohe Verstärkung und zeigt, mit wie wenig Aufwand hohe Ströme zu schalten sind.

1.15 Lichtelektrisch angesteuerte Kippschaltung

Die in *Abb. 1.15* dargestellte Schaltung kann als lichtelektrisches Relais in allen Arten von Lichtschranken Verwendung finden. Bei Abdunkelung des Fototransistors BPX 25 liefert der Ausgang einen Strom von 8 mA bei einer Spannung von 8 V. Bei Beleuchtung mit einer Beleuchtungsstärke > 50 lx kippt die Schaltung, und der Ausgang wird spannungslos.

Die Grenzfrequenz für den Betrieb mit intermittierender Beleuchtung (zum Beispiel in lichtelektrischen Zählwerken) liegt bei 6 kHz.

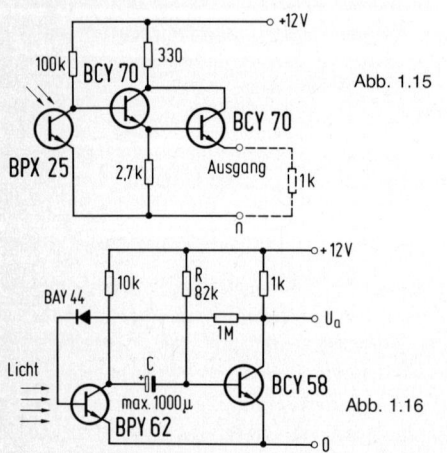

Abb. 1.15

Abb. 1.16

1.16 Foto-Monoflop

Abb. 1.16 zeigt eine große Ähnlichkeit mit einem einfachen monostabilen Multivibrator. Sie funktioniert auch so. Lediglich wird anstelle des Steuersignals der Fototransistor BPY 62 beleuchtet. Die Impulslänge des Ausgangssignals bestimmt die Zeitkonstante des bezeichneten RC-Gliedes, sie ist unabhängig von der Länge des Lichtimpulses, sofern die Mindestlänge, die von der Grenzfrequenz des Fototransistors bestimmt wird, eingehalten wird.

1.17 Fototrigger

Die zu registrierenden oder zu messenden Lichtsignale haben meist sehr flache, nicht eindeutige Anstiegsflanken (Dämmerung). Selbst bei Lochverteilern reicht infolge von Reflexionen die Anstiegsgeschwindigkeit für Folgeschaltungen selten aus. Der dem Fotobauteil folgende Nachverstärker muß daher immer eine Triggereigenschaft aufweisen, die eindeutige „ein-aus"-Zustände schafft. In *Abb. 1.17.1* wurde der Fototransistor BPY 62 in die Triggerschaltung einbezogen. Im Dunkelzustand ist der Fototransistor gesperrt, infolgedessen kann über 56 kΩ Basisstrom im Transistor BCY 58 fließen, der deshalb durchgeschaltet ist. Die Ausgangsspannung ist nahe Null (Restspannung), über den Rückkopplungswiderstand 1 MΩ kann also kein Basisstrom zum Fototransistor fließen. Die in Reihe liegende Diode BAY 44 verhindert außerdem, daß der Widerstand 1 MΩ als Ableitwiderstand wirkt. Trifft Licht auf den Fotowiderstand, wird dieser leitend; ist dabei der Fotostrom so groß, daß sich der Basisstrom am Transistor BCY 58 durch Begrenzung des Kollektorstromes bemerkbar macht, wird durch die ansteigende Kollektorspannung über die Rückkopplung der Fototransistor schlagartig vollkommen leitend und der Folgetransistor gesperrt. Dieser Zustand bleibt auch dann erhalten, wenn der Lichtstrahl unterbrochen wird. Eine Herstellung des Anfangszustandes ist nur bei Spannungsunterbre-

Abb. 1.17.1

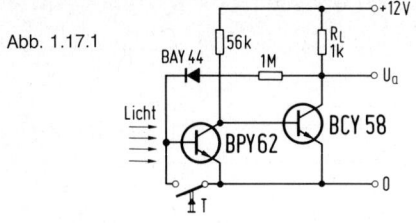

Abb. 1.17.2

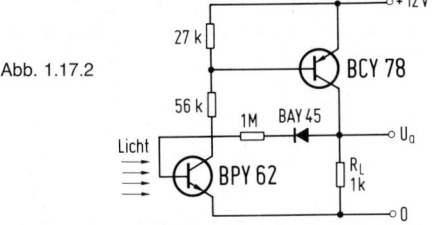

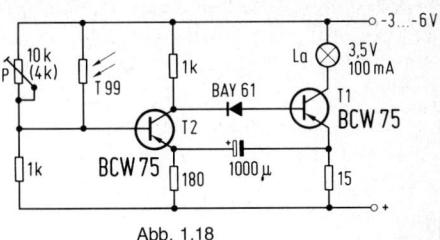

Abb. 1.18

chung oder beispielsweise mit der Rückholtaste T möglich.

Abb. 1.17.2 zeigt eine Triggerschaltung mit pnp-Transistor. Im Gegensatz zur Schaltung Abb. 1.17.2 führt im Dunkelzustand der Lastwiderstand R_L hier keinen Strom.

1.18 Dämmerungsblinkschaltung

Der Dämmerungsblinker (*Abb. 1.18*) hat die Aufgabe, bei einer Beleuchtungsstärke von ca. 10 bis 25 Lux eine Signallampe mit einer Blinkfrequenz von ca. 1,5 Hz anzusteuern. Die max. Betriebsspannung der Schaltung beträgt 3 V.

Der Dämmerungsschalter ist mit einem Fotowiderstand und 2 Siliziumtransistoren aufgebaut. Für eine Beleuchtungsstärke < 25 lx arbeitet die Schaltung als astabiler Multivibrator. Die Lampe blinkt mit einer Frequenz von ca. 1,3 Hz. Steigt die Beleuchtungsstärke, wird der Fotowiderstand niederohmig, der Transistor T 2 wird leitend, und die Lampe verlöscht. Durch das Einschalten der Diode BA 127 wird der Transistor T 1 sicher gesperrt.

Um das Arbeiten des Multivibrators bei kleinen Beleuchtungsstärken zu gewährleisten, mußte der Widerstandsanstieg des Fotowiderstandes mit einem parallelen Trimmwiderstand begrenzt werden. Mit diesem Trimmer kann

gleichzeitig die Toleranz der Fotowiderstände ausgeglichen und die Ansprechempfindlichkeit eingestellt werden.

Technische Daten:

Ausschaltbeleuchtungsstärke U_B =	3 V	45 Lux
	4 V	30 Lux
	5 V	25 Lux
	6 V	15 Lux
Lampenspannung	2 bis 4 V	
Stromaufnahme (100 Lux)	< 10 mA	
Umgebungstemperatur	− 10 bis +50 °C	

1.19 Dämmerungsschalter

Dämmerungsschalter sprechen beim Über- oder Unterschreiten bestimmter Beleuchtungsstärken an. Eines ihrer Hauptanwendungsgebiete ist das Einschalten künstlicher Beleuchtung bei abnehmendem Tageslicht.

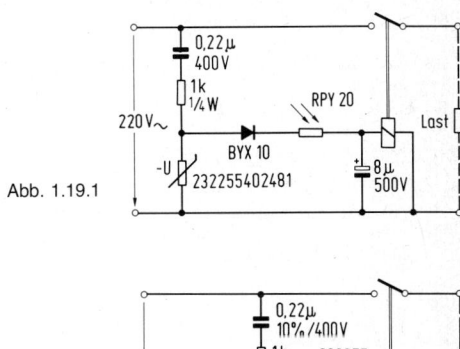

Abb. 1.19.1

Abb. 1.19.2

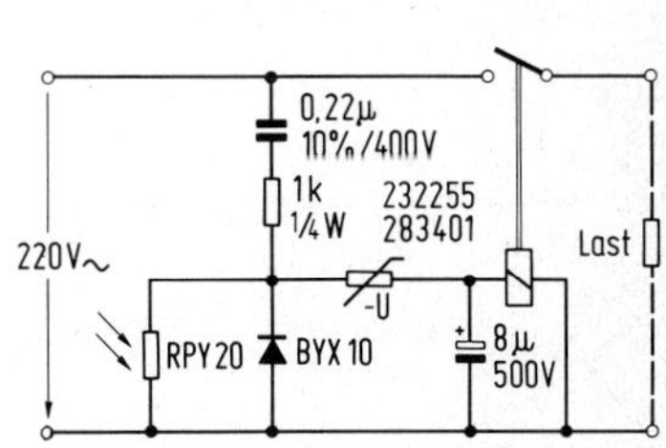

23

Die *Abb. 1.19.1* und *1.19.2* zeigen die Schaltungen zweier Dämmerungsschalter für direkten Netzanschluß mit dem Cadmiumsulfid-Fotowiderstand RPY 20. Beide Schaltungen arbeiten mit einem Kondensator als praktisch verlustleistungslosem Vorwiderstand. Der 1-kΩ-Widerstand dient zur Unterdrückung von Störimpulsen. Das Relais hat in beiden Schaltungen einen Spulenwiderstand von 21,8 kΩ, eine Anzugspannung von 45 V und eine Abfallspannung von 18 V. Der parallel zum Relais liegende Elektrolytkondensator bildet mit dem Spulenwiderstand ein RC-Glied mit einer Zeitkonstanten von etwa 0,1 s und macht die Schaltungen damit unempfindlich gegen kurze Lichtblitze. Er glättet außerdem die mit der Gleichrichterdiode BYX 10 gewonnene pulsierende Gleichspannung und verhindert so ein Flattern des Relais.

In der Schaltung nach Abb. 1.19.1 muß das Relais einen Ruhekontakt haben. Bei großer Helligkeit (Tageslicht) hat der RPY 20 einen sehr niedrigen Widerstand, das Relais hat angezogen, der Ruhekontakt ist geöffnet, und die Last ist abgeschaltet. Mit abnehmender Helligkeit (Abenddämmerung) steigt der Widerstandswert des RPY 20, und bei einer bestimm-

ten Beleuchtungsstärke fällt das Relais ab, der Ruhekontakt schließt und schaltet die Last ein. Bei wieder zunehmender Helligkeit (Morgendämmerung) sinkt der Widerstandswert des RPY 20, das Relais zieht an, und der öffnende Ruhekontakt schaltet die Last wieder ab. Der VDR-Widerstand verringert den Einfluß von Netzspannungsschwankungen auf die Schaltschwellen.

Wird der Dämmerungsschalter nach Abb. 1.19.1 beim Nennwert der Netzspannung mit Hilfe eines vorgeschalteten variablen Lichtfilters auf eine Einschalt-Beleuchtungsstärke von 10 lx abgeglichen, so können bei Netzspannungsschwankungen von +10% bis −15% folgende maximale Streubereiche auftreten:

Einschalt-Beleuchtungsstärke 8,5 bis 11 lx
Ausschalt-Beleuchtungsstärke 31 bis 45 lx

Das Relais des Dämmerungsschalters nach Abb. 1.19.2 muß einen Arbeitskontakt haben. Bei geringer Helligkeit, wenn der Fotowiderstand RPY 20 hochohmig ist, fließt der durch den Vorschaltkondensator und den VDR-Widerstand begrenzte Strom fast vollständig durch das Relais und läßt es anziehen. Der Arbeitskontakt schaltet die Last ein. Mit zunehmender Helligkeit sinkt der Widerstandswert des RPY 20, der hier einen Nebenschluß zum Relais-Stromkreis bildet, und bei einer bestimmten Beleuchtungsstärke fällt das Relais ab. Der öffnende Arbeitskontakt schaltet die Last aus.

Ein beim Nennwert der Netzspannung auf eine Einschalt-Beleuchtungsstärke von 20 lx abgeglichener Dämmerungsschalter nach Abb. 1.19.2 kann bei Netzspannungsschwankungen von +10 % bis −15 % folgende Streubereiche aufweisen:

Einschalt-Beleuchtungsstärke 14 bis 24 lx
Ausschalt-Beleuchtungsstärke 45 bis 70 lx

1.20 Frequenzselektives lichtelektrisches Relais

Die gezeigten Schaltungen *Abb. 1.20.1* und *1.20.2* ermöglichen die Steuerung eines Relais

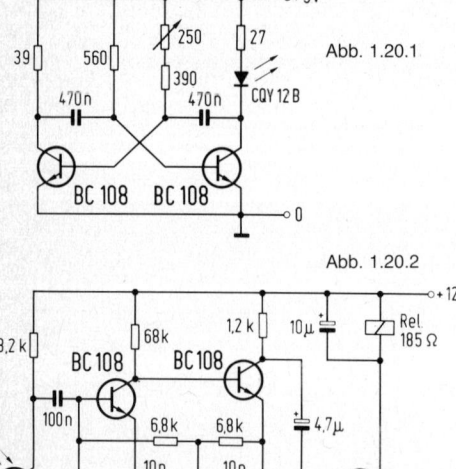

Abb. 1.20.1

Abb. 1.20.2

mit Hilfe eines modulierten Lichtsignals. Die Modulationsfrequenz beträgt in diesem Beispiel 2,7 kHz.

Der für die Selektivität der Empfängerschaltung, Abb. 1.20.2, maßgebende Teil besteht aus zwei parallel liegenden T-Gliedern. Diese RC-Kombination ist für einen sehr engen Sperrbereich bei 2,7 kHz ausgelegt.

Für Signale anderer Frequenzen erfolgt eine starke Gegenkopplung vom Emitter des zweiten zur Basis des ersten BC-108-Transistors. Ein Schalten des Endtransistors BFY 52 kann demzufolge nur erfolgen, wenn eine mit 2,7 kHz modulierte Strahlung einfällt.

Die Diode BAX 16 ist zur Entladung des 4,7-µF-Kondensators zwischen dem Kollektor des zweiten Verstärkertransistors und der Basis des Endtransistors während der negativen Halbwellen erforderlich.

Die Abb. 1.20.1 zeigt die Geberschaltung zur Ansteuerung der oben beschriebenen Schaltung. Als emittierendes Element dient die Galliumarsenid-Lumineszenzdiode CQY 12 B, deren Emissionsmaximum im kurzwelligen Infrarot liegt. Sie liefert in Verbindung mit einem Multivibrator rechteckförmige Lichtimpulse mit einer Frequenz von 2,7 kHz. Die genaue Abstimmung wird mit Hilfe eines verstellbaren Widerstandes vorgenommen.

1.21 Schaltung für extrem niedrige Beleuchtungsstärken

Es werden Belichtungsautomaten (*Abb. 1.21*) beschrieben, bei dem der Fotostrom eines optoelektronischen Empfängers über die Belichtungszeit integriert wird. Fotowiderstände arbeiten bei geringen Beleuchtungsstärken nicht mehr befriedigend, ebenso handelsübliche Foto dioden. Es wurde deshalb die Spezial-Fotodiode BPX 63 mit besonders kleinem Sperrstrom entwickelt. Bei bekannten Schaltungen wird die Signalspannung direkt verstärkt; hier sorgt

eine zeitlich veränderliche Gegenkopplung dafür, daß nur die Signalspannungsänderung während der Dauer der Belichtung ausgewertet wird.

Es besteht der Wunsch, Belichtungen auch bei Beleuchtungsstärken von 10^{-2} lx vollautomatisch zu steuern. Für eine direkte Gleichspannungsverstärkung ist aber auch die mit der neuen Diode verfügbare Signalspannung von 0,5 mV noch zu gering.

Deshalb wurde eine neuartige Schaltung (Abb. 1.21) für Belichtungsautomaten entwickelt. Das Licht fällt dauernd auf die Fotodiode D 1. Sind die Schalter S 1 und S 2 geschlossen, dann ist der Fotostrom kurzgeschlossen. Die Feldeffekttransistoren T 1 und T 2 arbeiten zusammen mit den Widerständen R 1 und R 2 als Sourcefolger. Der Gatestrom des Feldeffekttransistors T 2 muß wesentlich kleiner als 1 pA sein, weil die Schaltung nicht zwischen Fotostrom und Gatestrom unterscheiden kann. Bei geschlossenem Schalter S 2 ist der Ausgang des Operationsverstärkers über den Feldeffekttransistor T 1 mit seinem invertierenden Eingang verbunden. Der Übertragungsfaktor der so gebildeten Gegenkopplungsstrecke ist nahezu Eins. Der Spannungsübertragungsfaktor von der Steuerelektrode jedes Feldeffekttransistors zum Ausgang des Operationsverstärkers ist deswegen auch nur Eins. Das aber heißt, daß die Driftspannung und die Offsetspannung der beiden Feldeffekttransistoren und des

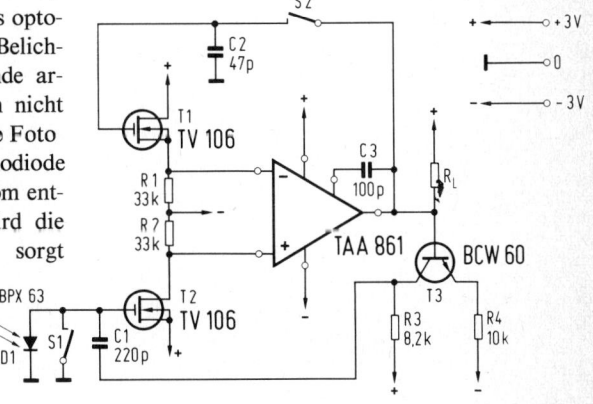

Abb. 1.21

Operationsverstärkers unverstärkt zum Ausgang gelangen.

Wird der Schalter S 1 und auch der Schalter S 2 geöffnet, dann ist die starke Gegenkopplung unterbrochen. Der Arbeitspunkt des Feldeffekttransistors T 2 soll sich beim Öffnen des Schalters S 2 nicht verschieben. Deswegen speichert der Kondensator C 2 die Spannung, die kurz vor dem Öffnen des Schalters am Gate des Feldeffekttransistors T 1 lag.

Der Fotostrom der Diode lädt den Integrationskondensator C 1 auf. Die Spannung an diesem Kondensator steigt zeitlinear an. Der bipolare Transistor T 3, zusammen mit den Widerständen R 3 und R 4, dient zu diesem Zeitpunkt lediglich als Phasenumkehrstufe für das Ausgangssignal des Operationsverstärkers. Dieses verstärkte und in der Phase umgekehrte Signal liegt am Fußpunkt des Integrationskondensators C 1. Hierdurch wird die Kapazität des Kondensators scheinbar um die Schleifenverstärkung – das ist ungefähr 3000fach – vergrößert. Es können deswegen verhältnismäßig kleine Integrationskapazitäten verwendet werden. Die Ausgangsspannung des Verstärkers zu Beginn der Belichtungszeit war ungefähr Null. Während der Belichtungszeit steigt sie kontinuierlich auf ungefähr 1 V an. Bei diesem Wert wird die Basisspannung gleich der Kollektorspannung des Transistors T 3. Jetzt arbeitet der Transistor T 3 nicht mehr als Verstärker. Das Ausgangssignal des Operationsverstärkers gelangt direkt – d. h. ohne Phasenumkehr – über die Basis-Kollektor-Diodenstrecke auf den Fußpunkt des Integrationskondensators C 1. Das aber bedeutet eine positive Rückkopplung. Diese positive Rückkopplung bewirkt, daß die Ausgangsspannung des Operationsverstärkers in wenigen Mikrosekunden auf den Wert der positiven Betriebsspannung springt. Der Strom durch den Lastwiderstand R_L wird zu Null. Der Lastwiderstand R_L ist z. B. ein Zugmagnet, der bei Strom Null eine Beleuchtung bewirken kann. Es genügt, die Betriebsspannung kurz vor dem Öffnen der Schalter S 1, S 2 einzuschalten. Die Einschwingzeit, die vergeht bis nach dem Anlegen der Spannung mit der Belichtungszeit be-

gonnen werden darf, ist kürzer als 1 ms. Der Kondensator C 3 hat die Aufgabe, Selbsterregung zu verhindern.

Die Ausgangsspannung des Operationsverstärkers beträgt kurz vor dem Schalten 1 V. Die Differenz der Source-Spannungsdrift der beiden Feldeffekttransistoren darf während der Dauer der Belichtung 0,5 mV nicht überschreiten. Es kann nahezu jeder MOS-Feldeffekttransistor für diese Aufgabe verwendet werden, wenn nur der Gatestrom viel kleiner als 1 pA ist. Bei geringeren Anforderungen sind auch bipolare Transistoren verwendbar. Die Messungen wurden mit dem Siemens-Versuchstyp TV 106 durchgeführt.

Technische Daten:

Spannungsquelle	$\pm$ 3 V
Beleuchtungsstärke	
(vor Filter BG 38/1,5 mm)	10^{-2} lx
Belichtungszeit bei 10^{-2} lx	12 s
Meßfehler bei 10^{-2} lx	$< \pm$ 20%
Temperaturbereich	-30 bis $+50\,°C$

1.22 Automatische Beleuchtungssteuerung

Die Schaltung *Abb. 1.22.1* und *1.22.2* mit der Fotodiode BPX 91 ermöglicht nach Vorgabe von drei Beleuchtungswerten im Bereich von ca. 0,5 bis 100 lx folgende Lampenkombinationen in angegebener oder inverser Reihenfolge mit großer Genauigkeit zu schalten.
A. Licht 1
B. Licht (1 + 2)
C. Licht (1 + 3)

Die Fotodiode BPX 91 wird im Kurzschluß betrieben. Sie steuert über den OP TCA 335, der als Linearverstärker geschaltet ist, drei Schwellwertschalter an. Die Ausgangsspannung des TCA 335 ändert sich in Abhängigkeit von der Beleuchtungsstärke. Der untere Grenzwert beträgt 0,5 lx bei einem Fehler von 0,1 lx, wenn eine Fotodiode mit einem Sperrstrom $\leq$ 7 nA bei $U_R = 10$ V verwendet wird.

Die Referenzspannungen der Schwellwertschalter, die bestimmten Beleuchtungsstärken

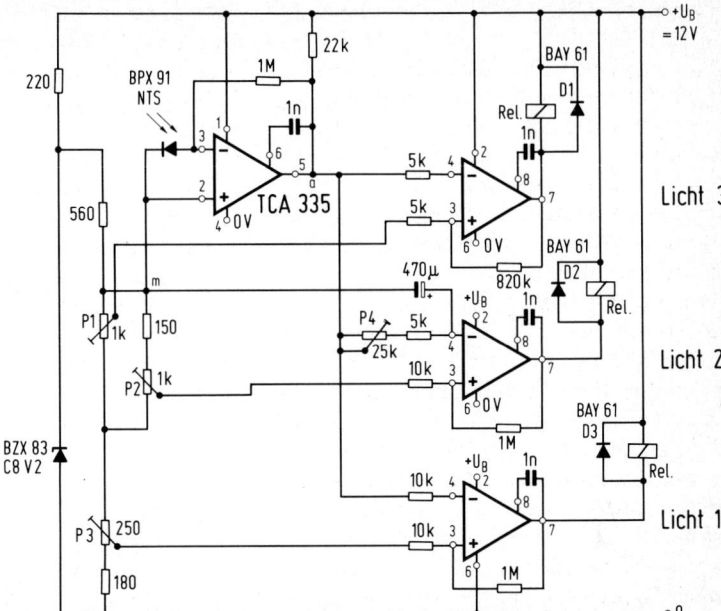

Abb. 1.22.1

Abb. 1.22.2

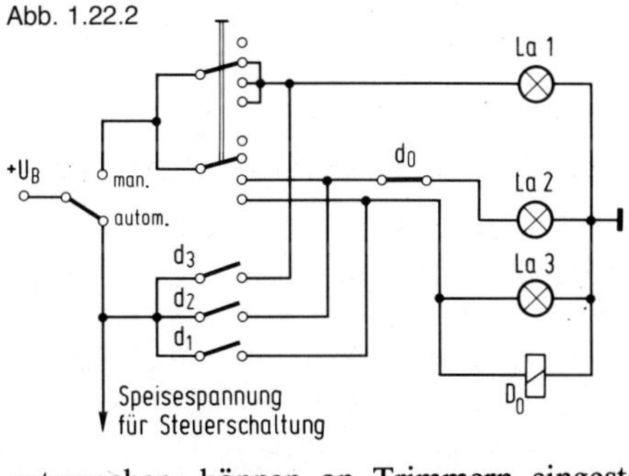

Der TAA 761 liefert am Ausgang 12 V einen max. Strom von 70 mA. Sollten sich keine geeigneten Relais für diese Daten und entsprechender Schaltleistung finden, müßte jeweils ein weiterer Schalttransistor den OP's folgen.

Technische Daten:

U_B	12 V
Temperaturbereich	$-20\,°C$ bis $+60\,°C$
Bereich Licht 1	
einstellbar	70 - 100 lx
Bereich Licht 2	
einstellbar	10 - 70 lx
Bereich Licht 3	
einstellbar	0,5 - 70 lx
Stromaufnahme ohne	
Relais	25 mA
Relais D 1, D 2, D 3	$> 180\,\Omega$

entsprechen, können an Trimmern eingestellt werden und sind durch eine Z-Diode stabilisiert.

Eine Verzögerung wurde für das Licht 2 eingeführt, die bei schnell und häufig wechselnden Lichtverhältnissen ein ständiges Hin- und Herschalten zwischen Licht 1 und Licht 2 unterdrückt. Die Verzögerungszeit ist abhängig von der Einstellung des P 4 und der graduellen Änderung der Beleuchtungsstärke.

Mit Hilfe eines Siebgliedes oder einer Z-Diode lassen sich eventuelle Spannungsspitzen aus dem Netz abbauen, und es wird somit ein Überschreiten der Sperrspannung des Ausgangstransistors im TAA 761 verhindert.

1.23 Automatische Beleuchtungszeitsteuerung

Zur automatischen Beleuchtungszeitsteuerung wurde eine Schaltung (*Abb. 1.23*) entwickelt, die ein von der Beleuchtungsstärke abhängiges Zeitsignal erzeugt.

27

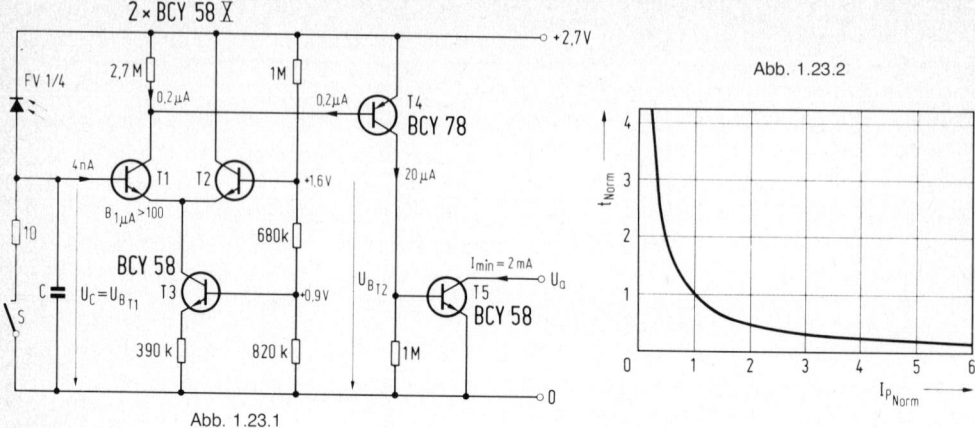

Abb. 1.23.1

Abb. 1.23.2

Die Schaltung arbeitet schon bei sehr kleinen Beleuchtungsstärken von z. B. 250 mlx. Als Fotodiode wurde die neu entwickelte Fotodiode FV 1/4 mit F $\approx$ 9 mm² eingesetzt. Die Betriebsspannung von 2,7 V kann z. B. von zwei 1,5 V Zellen geliefert werden. Das Gerät benötigt wegen der sehr geringen Stromaufnahme von 2 µA keinen Einschalter. Die Schaltung *Abb. 1.23.1* besteht aus einem hochempfindlichen Differenzverstärker mit den Transistoren T 1 und T 2, deren Emitterstrom etwa 1 µA beträgt und mit dem Transistor T 3 eingeprägt wird.

Die Stromverstärkung von T 1 und T 2 sollte bei diesem Emitterstrom noch größer als 100 sein, was von den Transistoren BCY 58 X erreicht wird. Damit arbeitet die Schaltung noch bei kleinsten Beleuchtungsstärken.

Die Basis von T 2 ist über einen Spannungsteiler auf 1,6 V eingestellt, die Spannung an der Basis von T 1 beträgt 0 V, es fließt kein Basisstrom. Wird der Schalter S betätigt, so öffnet der Kontakt. Wird die Fotodiode gleichzeitig beleuchtet, lädt sich der Kondensator C auf, dessen Spannung linear ansteigt bis die Basisspannung von T 2 erreicht ist. Dann fließt Basisstrom in T 1. Der Kollektorstrom von T 1 steuert T 4 auf, dessen Kollektorstrom von T 5 auf > 2 mA Ausgangsstrom verstärkt wird. Über T 5 kann die Beleuchtung wieder unterbrochen werden. Ist der Kontakt S wieder ge-

schlossen, entlädt sich C und die Schaltung ist wieder für einen neuen Ablauf bereit.

Die Ladezeit des Kondensators entspricht der Beleuchtungszeit. Sie ist von der Größe des Fotostromes bzw. der Beleuchtungsstärke abhängig. *Abb. 1.23.2* zeigt die Funktion der Beleuchtungszeit in Abhängigkeit vom Fotostrom.

Die Ladekurve wird um so flacher verlaufen und der Zeitfehler größer, je näher der Fotostrom dem Basisstrom kommt. Bei einem Basisstrom, der 75 % des Fotostromes beträgt, ist der Zeitfehler etwa 15 %. Der erforderliche Basisstrom von T 1 beträgt etwa 4 nA, so daß bei dem o. g. Zeitfehler der minimale Fotostrom 6 nA sein sollte. Daraus resultiert die geringste Beleuchtungsstärke von 250 mlx.

Technische Daten:

Betriebsspannung	2,7 V
Stromaufnahme, bei unbeleuchteter Diode	2 µA
Stromaufnahme, bei beleuchteter Diode	20 bis 100 µA
min. Beleuchtungsstärke	250 mlx
max. Beleuchtungsstärke	beliebig
max. Ausgangsstrom	> 2 mA

1.24 Logarithmischer Beleuchtungsstärkemesser

Die nachstehend beschriebene Schaltung *Abb. 1.24* dient zur Erfassung der Beleuchtungsstärke z. B. für eine Klimaanlage. Die Beleuchtungsstärke wird exponentiell in eine Spannung umgesetzt (max. 400 mV gegen Masse bei 10^5 lx). Als Lichtempfänger wird die Si-Fotodiode BPX 91 verwendet. Die Fotodiode wird im Leerlauf betrieben und gibt dabei eine logarithmische Ausgangsspannung in Abhängigkeit von der Beleuchtungsstärke ab. Der Transistor BCY 58/X verstärkt den Fotostrom und kompensiert mit seiner Basis-Emitter-Diode den TK der Fotodiode.

Über einen OP ($V = 1$) und ein Potentiometer kann die gewünschte von der Beleuchtungsstärke abhängige Ausgangsspannung niederohmig abgenommen werden. Der Abgleich geht wie folgt vor sich:

1. Fotodiode kurzschließen, P 1 so lange verstellen, bis U_A gleich 0 wird.

2. Kurzschluß entfernen, maximale Beleuchtungsstärke auf Fotodiode, mit P 2 gewünschten Maximalwert der Ausgangsspannung U_A (400 mV) einstellen.

Zu beachten ist, daß die spektrale Empfindlichkeit der Fotodiode nicht mit der des menschlichen Auges übereinstimmt. Da der Definition der Beleuchtungsstärke E (Einheit: Lux) die spektrale Empfindlichkeit des Auges zugrunde liegt, ist die Verwendung eines sogenannten Augenkorrekturfilters vor der Fotodiode notwendig, damit eine echte Zuordnung zwischen dem Wert des Luxmeters und der gemessenen Spannung möglich ist.

Technische Daten:

Betriebsspannung	± 15 V
Stromaufnahme	ca. 15 mA
Ausgangsspannung bei	
$E = 10^5$ lx	0 bis 600 mV
(durch Abgleich einstellbar)	
min. Beleuchtungsstärke	
(mit Glühlampe ohne Filter)	$\approx 1,5$ lx
(mit Filter)	≈ 15 lx

Korrekturfilter BG 38,2 mm dick
(Fa. Schott und Gen, Mainz)

1.25 Luxmeter

Abb. 1.25 zeigt die Schaltung eines einfachen Luxmeters mit dem integrierten Operationsverstärker TCA 335 A und der Siliziumfotodiode BPX 91. Mit Hilfe des optischen Filters BG 38,2 mm, der Fa. Schott, Mainz, wird eine Übereinstimmung der spektralen Empfindlichkeit von Fotodiode und Auge erreicht. Der Schalter S ermöglicht eine dekadische Bereichsumschaltung von 10^2 bis 10^5 Lux. Ein Drehspulinstrument mit einem Vollausschlag von 100 µA dient zur Anzeige.

Die Fotodiode liegt zwischen nicht invertierendem und invertierendem Eingang (Anschlüsse 2 und 3) des TCA 335 A, so daß die BPX 91 bis zu kleinsten Beleuchtungsstärken im Kurzschlußbetrieb arbeitet. Damit ist eine gute Linearität der Meßschaltung gewährleistet. Der

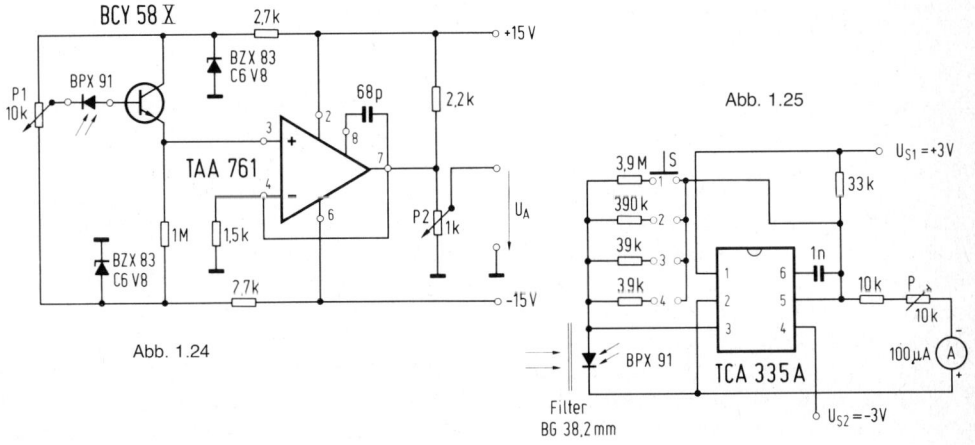

Abb. 1.24

Abb. 1.25

erforderliche Eingangsstrom des Operationsverstärkers TCA 335 A bestimmt den Meßfehler F. Dabei gilt folgende Beziehung:

$$\text{Fehler } F = \frac{I_e}{B \cdot E} \, D$$

wobei I_e = Eingangsstrom des TCA 335 A in nA

B = Beleuchtungsstärke in Lux

E = Empfindlichkeit der BPX 91 in $\frac{nA}{Lux}$

D = Dämpfungsfaktor des BG 38

Der Meßfehler F beträgt unter Berücksichtigung der jeweiligen Grenzwerte und B = 100 Lux:

$$F = \frac{50}{100 \cdot 35} \cdot 8 \sim 0,1 \triangleq 10\%$$

Für die typischen Werte folgt ein Fehler F ~ 3 %.

Der Vollausschlag des Meßinstrumentes wird mit dem Potentiometer P eingestellt. Instrumente mit einem Vollausschlag bis zu 1 mA lassen sich verwenden, wenn der Vorwiderstand verkleinert wird. Die Toleranz der Meßwiderstände 39 kΩ, 390 kΩ und 3,9 kΩ bestimmen die Genauigkeit der Anzeige.

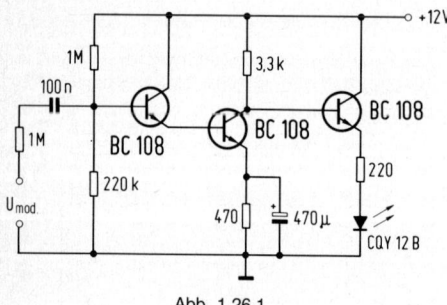

Abb. 1.26.1

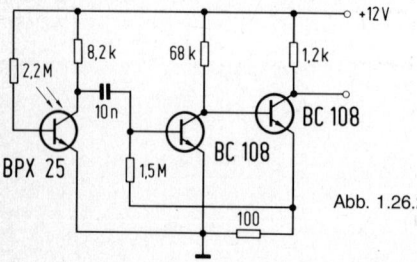

Abb. 1.26.2

Der Kondensator 1 nF am Anschluß 6 sorgt für einen Verstärkungsabfall bei höheren Frequenzen. Eine eventuelle Schwingneigung der Schaltung wird damit sicher vermieden. Das Luxmeter kann von zwei Batterien gespeist werden, da die Meßgenauigkeit weitgehend unabhängig von Speisespannungsschwankungen ist.

Technische Daten:

Speisespannung	U_S	± 3 V
Speisestrom	I_S	0,5 mA
Meßbereiche bei Vollanschlag	B	10^2 bis 10^5 Lux
Temperaturkoeffizient	α	+ 0,2 $\frac{\%}{K}$
Maximaler Ausgangsstrom	l	< 1 mA

Bestückung:
1 TCA 335 A
1 BPX 91

1.26 Infrarot-Signalübertragung

Die sich bis in den kurzwelligen Infrarotbereich erstreckende Empfindlichkeit des Fototransistors BPX 25 ermöglicht den Aufbau eines sehr einfachen und kompakten Übertragungssystems, das mit modulierter Infrarotstrahlung arbeitet und auch zur galvanischen Trennung von Stromkreisen verwendet werden kann.

Abb. 1.26.1 zeigt die Schaltung der modulierten Infrarot-Strahlungsquelle mit der Galliumarsenid-Lumineszenz-Diode CQY 12 B, deren Strahlung im Takt des dem dreistufigen Verstärker zugeführten Modulationssignals schwankt. Bei einem Spitzenwert der Eingangsspannung von 150 mV beträgt der Spitzenwert des Dioden-Durchlaßstroms 10 mA. Die Grenzfrequenz (−3 dB) des Modulationssignals ist 80 kHz.

Die Schaltung des Detektors für die modulierte Infrarotstrahlung zeigt *Abb. 1.26.2.* Der

Fototransistor BPX 25 steuert einen zweistufigen Verstärker.

Zur Fokussierung des Übertragungsstrahls können, falls erforderlich, normale Glaslinsen verwendet werden, die im kurzwelligen Infrarotbereich noch zufriedenstellend arbeiten.

1.27 Wechselstromübertragung mit Foto-Koppelelement

Fotokoppler können nicht nur zur potentialfreien Übertragung von binären Signalen verwendet werden, sie ermöglichen auch die potentialfreie Übertragung analoger Signale ohne Transformator.

Die Frequenzbandbreite des Kopplers übertrifft die Forderungen der NF-Übertragungstechnik. Die obere Grenzfrequenz beträgt ca. 140 kHz, die untere Grenzfrequenz 0 Hz. Im Gegensatz zum Transformator können also mit dem Koppler auch Gleichströme übertragen werden. Die vom Koppler erzeugten nichtlinearen Verzerrungen liegen bei geeigneter Wahl der Schaltung und des Arbeitspunktes unter 1 %. Fotokoppler können in NF-Koppelfeldern und Mischpulten zur Vermeidung von Brummschleifen, zum potentialfreien Anschluß eines NF-Verstärkers am Fernsehempfänger, in der Meß- und Regeltechnik eingesetzt werden.

Abb. 1.27.1 zeigt die Übertragungskennlinie eines typischen Kopplers CNY 17 mit einem Kollektorwiderstand und einem Übertragungsverhältnis von ca. 100 % bei verschiedenen Betriebsspannungen.

Die Koppler werden nach dem Übertragungsverhältnis in Gruppen eingeteilt. Innerhalb einer Gruppe beträgt die Streubreite ± 33 %.

Bei hoher Empfänger-Versorgungsspannung und kleinem Kollektorwiderstand wirken sich die unvermeidlichen Streuungen auf die Signalübertragung am wenigsten aus.

Der Koppler erzeugt jedoch den geringsten Klirrfaktor, wenn er im Wendepunkt der Kennlinie betrieben wird. Eine besonders klirrarme Signalübertragung erfordert deshalb die optimale Einstellung des Arbeitspunktes am Fototransistor. Dies geschieht vorteilhaft auf der Senderseite des Kopplers durch Verändern des Lumineszenzdiodenstromes. Ein Abgleich des Kollektorwiderstandes beeinflußt den Spannungsfrequenzgang und die Aussteuerfähigkeit u. U. ungünstig.

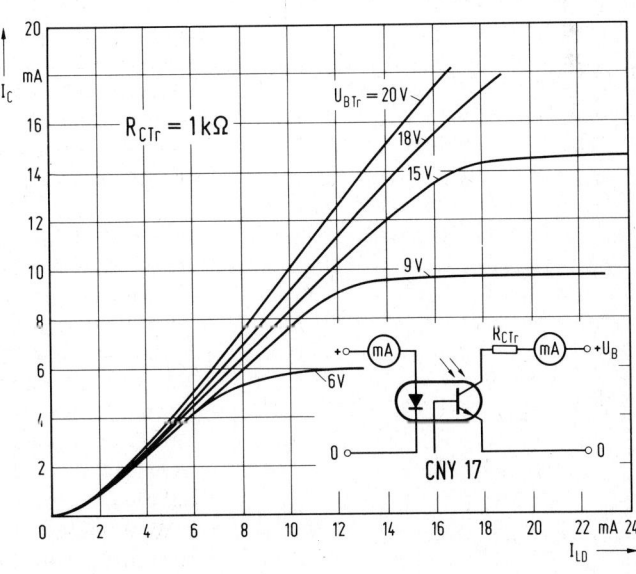

Abb. 1.27.1

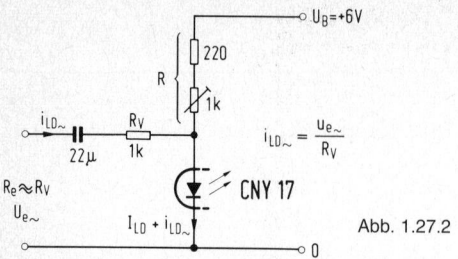

$$i_{LD\sim} = \frac{U_{e\sim}}{R_V}$$

Abb. 1.27.2

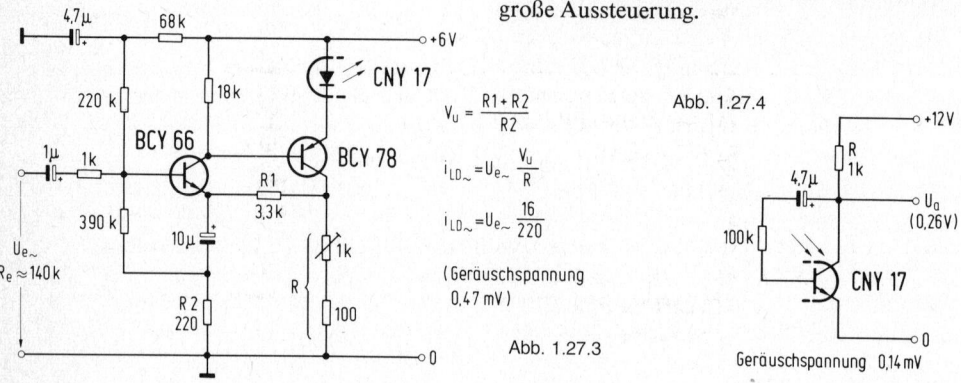

$$V_u = \frac{R1 + R2}{R2}$$

$$i_{LD\sim} = U_{e\sim} \frac{V_u}{R}$$

$$i_{LD\sim} = U_{e\sim} \frac{16}{220}$$

(Geräuschspannung 0,47 mV)

Abb. 1.27.3

Abb. 1.27.4

Geräuschspannung 0,14 mV

Grenzfrequenz von nahezu 100 kHz wurde mit einer Wechselstromgegenkopplung vom Kollektor auf die Basis des Fototransistors erreicht. Die Aussteuerfähigkeit und das Übertragungsverhältnis werden jedoch reduziert. Der Geräuschspannungsabstand erreicht 65 dB.

Ein zweistufiger Verstärker mit Gegenkopplung auf die Basis des Fototransistors ergibt eine obere Frequenzgrenze von 140 kHz, einen kleinen Ausgangswiderstand von 70 Ω und eine große Aussteuerung.

Für einen z. B. in der Hi-Fi-Technik geforderten Fremdspannungsabstand von 50 dB müßte das Ausgangssignal 80 mV bei $I_F = 5$ mA betragen.

Die obere Grenzfrequenz des Senders läßt sich durch schaltungstechnische Maßnahmen praktisch nicht erhöhen. Ein großer Fremdspannungsabstand wird mit einem hohen Eingangssignal erreicht. Kleine Eingangssignale können mit der Senderschaltung verstärkt werden.

Abb. 1.27.2 zeigt die Sendergrundschaltung. Der Arbeitspunkt des Fototransistors wird mit dem Widerstand R eingestellt. Für einen geringen Klirrfaktor erfolgt eine Stromsteuerung über den Widerstand R_v, der wesentlich höher als der dynamische Widerstand der Lumineszenzdiode von ca. 10 Ω ist.

Einen hohen Eingangswiderstand von $R_e \approx$ 140 kΩ und eine Spannungsverstärkung von $v_u \approx$ 16 weist die Senderschaltung nach *Abb. 1.27.3* auf.

Für die Übertragung höherer Frequenzen ist die Schaltung (*Abb. 1.27.4*) geeignet. Die obere

1.28 Weg-Spannungswandler mit Differential-Fotodiode

Die Differential-Fotodiode BPX 48 gibt ein Differenzsignal ab, das bei konstanter Beleuchtungsstärke der beleuchteten Flächendifferenz proportional ist. Die Daten beider Dioden zeigen eine weitgehende Übereinstimmung, so daß die Genauigkeit des Signals relativ groß ist. Es wurde ein analoger Weg-Spannungswandler entwickelt, der ein — dem Weg einer Schlitzblende proportionales — elektrisches Signal abgibt. Der Wandler besitzt eine Empfindlichkeit von etwa 75 V/mm und eine Auflösung von < 1/100 mm bei einem Gesamtweg von ca. 0,12 mm. Die Schlitzblendenanordnung ist aus *Abb. 1.28.1* ersichtlich. Vorteilhaft wird die Schlitzbreite größer als die Breite des Trennsteges von 0,05 mm gewählt, wodurch man eine Verdopplung des Differenzsignals erhält. Ferner muß die Schlitzbreite mindestens den doppelten Wert des geforderten Meßweges be-

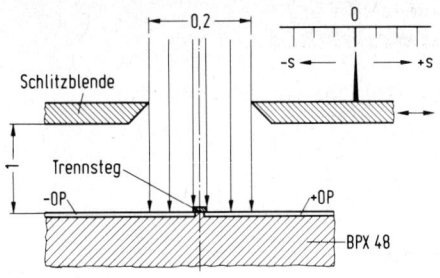

Abb. 1.28.1

Technische Daten:

Betriebsspannung	$\pm\ 6$ V
Stromaufnahme	2 bis 14 mA
Beleuchtungsstärke	5000 Lux
Empfindlichkeit	75 V/mm
linearer Meßbereich	$\pm\ 0{,}06$ mm

1.29 Linearer Licht-Frequenzwandler

Für die Umwandlung von Licht mit einer maximalen Beleuchtungsstärke in eine verhältnis-

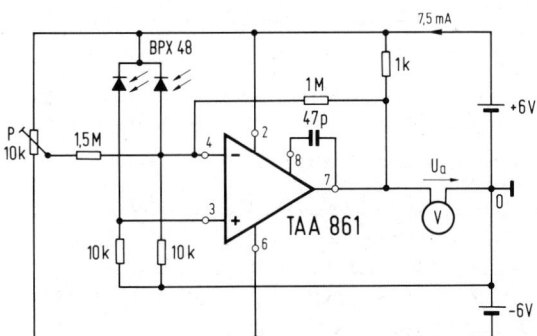

Abb. 1.28.2

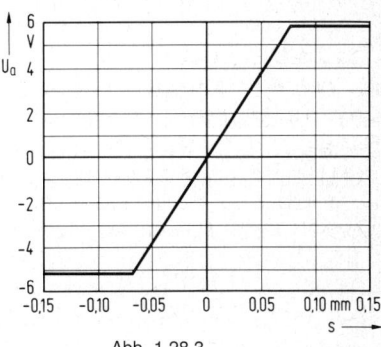

Abb. 1.28.3

tragen, jedoch nicht wesentlich größer sein, um den Gleichtaktfehler des Operationsverstärkers klein zu halten.

Die Größe des Differenzsignals ist vom Weg und von der Beleuchtungsstärke abhängig. Für genaue Wegmessungen muß deshalb die Beleuchtungsstärke konstant sein. Ferner sollte sie nicht zu klein sein, damit der Einfluß von Fremdlicht gering ist.

Die Schaltung des Wandlers zeigt *Abb. 1.28.2.* Das Differenzsignal der Fotodiode wird vom Differenzverstärker TAA 861 verstärkt und von einem Voltmeter angezeigt. Die Offsetspannung des TAA 861 und die der Differenzdiode kann mit dem Trimmpotentiometer durch den Nullabgleich kompensiert werden. Auf *Abb. 1.28.3* ist der Verlauf der Ausgangsspannung in Abhängigkeit vom Blendenweg ersichtlich.

mäßig niedrige Frequenz eignen sich unsere Fotodioden in Verbindung mit einem astabilen Multivibrator (*Abb. 1.29.1*). Einen linearen Zusammenhang von Beleuchtungsstärke und Taktfrequenz ermöglicht die Differenzfotodiode BPX 48, da ihr Fotostrom in einem sehr großen Beleuchtungsstärkebereich in beide Verstärkerzweige des Multivibrators eingeprägt werden kann. Damit auch bei der maximalen Beleuchtungsstärke (250 000 Lux) die frequenzbestimmenden Kondensatoren schnell genug umgeladen werden, wird die Verstärkung der Transistoren des Multivibrators durch je einen Operationsverstärker verstärkt. Zur Entkopplung des Lastwiderstandes dient ein weiterer Transistor. Die ausgearbeitete Schaltung zeigt, wie mit einfachen Mitteln eine Frequenzvariation von mehr als 1 : 50 000 realisiert werden kann (*Abb. 1.29.2*). In Verbindung mit einem Frequenzzähler ließe sich ein digitalanzeigendes Luxmeter ohne Umschalter verwirklichen.

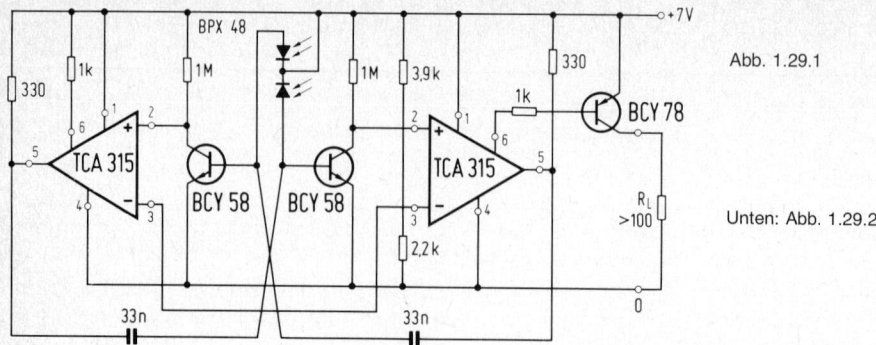

Abb. 1.29.1

Unten: Abb. 1.29.2

Die obere Taktfrequenz f_{ob} stellt sich bei der max. Beleuchtungsstärke ein; ihre Höhe bestimmt der max. Fotostrom I_p, die Kondensatorgröße und die Betriebsspannung U_B.

Es ergibt sich für die

$$\text{Taktzeit } f = \frac{C \cdot U_B}{I_p} \text{ und die obere}$$

$$\text{Frequenz } f_{ob} = \frac{I_{p\,max}}{2\,C \cdot U_B} \quad [Hz]$$

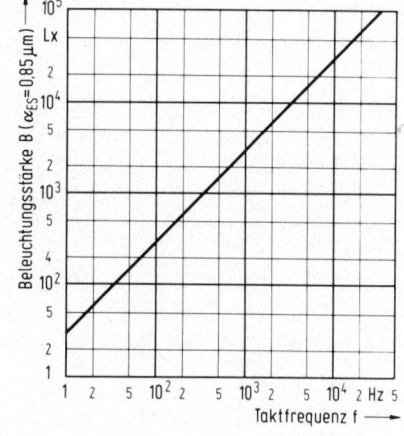

Setzt man eine konstante Betriebsspannung U_B voraus, kann der Frequenzabgleich durch Verändern der Kondensatoren oder mit lichtabschwächenden Filtern erfolgen.

Die untere Taktfrequenz, die theoretisch nahe Null beträgt, wird vor allem, durch die Verstärkung und den Sperrstrom I_{CBO} der Eingangstransistoren bestimmt. Wählt man aus diesem Grund eine nicht zu hohe Betriebstemperatur (z. B. < 50 °C) und setzt Transistoren mit einem Sperrstrom $I_{CBO} \leq$ Mittelwert ein (bei BCY 58 I_{CBO} 50 °C < 8 nA), so kann mit einer einwandfreien Funktion bis zu einem minimalen Fotostrom von 80 nA gerechnet werden. Da die Differential-Fotodiode BPX 48 eine Fotoempfindlichkeit von > 15 nA/lx besitzt, stellt sich in der vorgestellten Schaltung die untere Taktfrequenz bei etwa 5 lx ein.

Die angegebene Schaltung funktioniert mit einem Fotostrom zwischen $I_p = 80$ nA und 4,0 mA. Diese Fotoströme liefert die Fotodiode

BPX 48 bei Beleuchtungsstärken zwischen 5 und 250 000 lx.

Betriebsdaten:

Betriebsspannung	$U_B = 7$ V konstant
Betriebsstrom ohne R_L	$I_B \approx 25$ mA
Schwingfrequenz bei	$I_p \approx 80$ nA (= 5 lx) 0,18 Hz
	$I_p \approx 1\ \mu A$ (= 65 lx) 2,3 Hz
	$I_p \approx 50\ \mu A$
	(= 3300 lx) 115 Hz
	$I_p \approx 0,45$ mA
	(= 30 000 lx) 1 kHz
	$I_p \approx 4$ mA
	(= 250 000 lx) 9,5 kHz
Tastverhältnis	1 : 1
max. Betriebstemperatur	50 °C
Lastwiderstand	> 100 Ω

1.30 Computer-Blitzgerät mit Thyristoren

Das Computer-Blitzgerät (*Abb. 1.30*) regelt automatisch die Länge des Lichtblitzes so ein, daß die Belichtung des Filmmaterials — unabhängig davon, ob es sich um eine Nahaufnahme oder eine Fernaufnahme, ein helles oder dunkles Bild handelt — immer richtig ist. Zu diesem Zweck nimmt ein Fototransistor das vom fotografierten Objekt zurückkommende Licht auf und rechnet es in eine passende zeitliche Länge des Blitzes um. Je nach der reflektierten Lichtmenge wird der Blitz früher oder später unterbrochen.

In neueren Blitzgeräten wird die Zuleitung vom Blitz-Elko zur Blitzröhre durch einen Thyristor, dem Schaltthyristor, geschlossen und unterbrochen.

Um einen Thyristor ausschalten zu können, bedarf es eines zweiten Thyristors. Dieser, der Lösch-Thyristor, wird zum richtigen Zeitpunkt — entsprechend der reflektierten Lichtmenge — gezündet. Die Umwandlung der auf den Fototransistor fallenden Lichtmenge in eine Schaltzeit wird von dem Teil des Blitzgerätes durchgeführt, der mit „Computer" bezeichnet wird (im Schaltbild gestrichelt eingerahmt).

Um beim Zünden der Blitzröhre und des Schaltthyristors eine sichere Kontaktgabe zu ermöglichen und die feinen Kontakte in der Kamera möglichst wenig zu belasten, ist in diesem Blitzgerät ein Triac zur Erzeugung des Zündimpulses verwendet. Er gibt auch bei langsamer Kontaktgabe einen immer gleich schnellen Impuls weiter. Über den Zündtransformator wird die Blitzröhre in üblicher Weise gezündet und gleichzeitig der Schaltthyristor durch einen positiven Impuls an der Zündelektrode gezündet.

Wenn die Blitzröhre zu brennen beginnt, so fließt ein Blitzstrom von maximal 250 A, der im Katodenwiderstand des Schaltthyristors von 80 mΩ einen Spannungsabfall von etwa 20 V hervorruft. Diese Spannung wird als Betriebsspannung für den Computer benutzt. Im Computer wirkt der Fototransistor als vom Lichteinfall abhängiger Widerstand. Daher

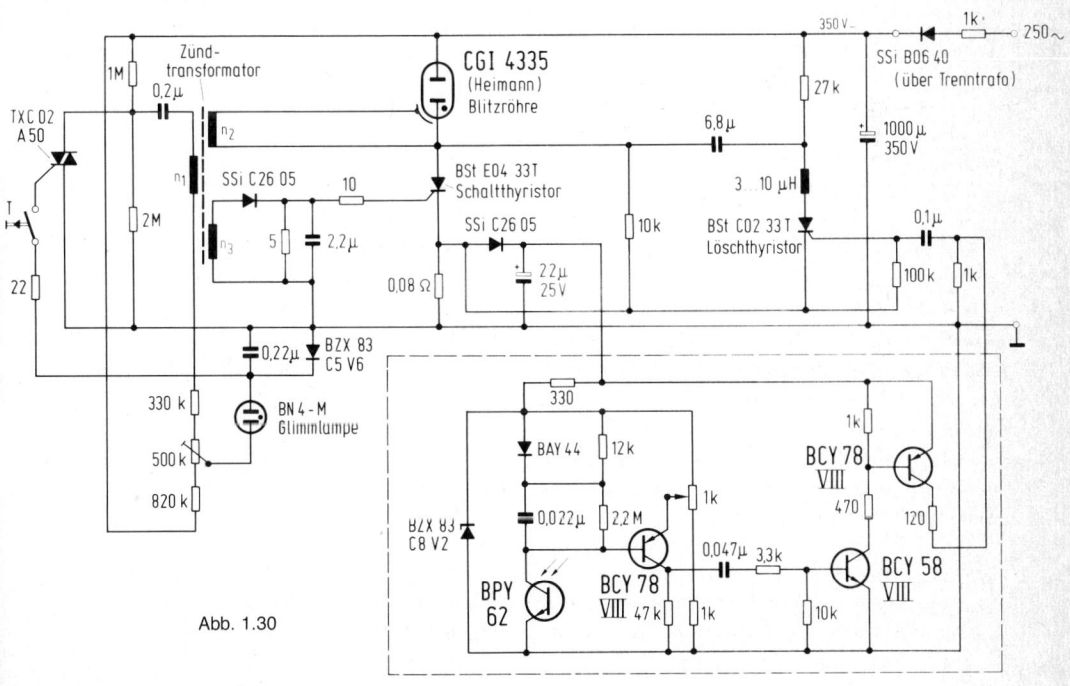

Abb. 1.30

wird der Kondensator von 0,022 µF verschieden schnell aufgeladen bzw. entladen, je nachdem, wieviel Licht auf den Fototransistor auftrifft. Wenn die Spannung an diesem Kondensator und an der Basis des Transistors BCY 78 einen bestimmten negativen Wert gegenüber der (einstellbaren) Spannung des Emitters erreicht, so wird der Transistor leitend und es entsteht am Kollektorwiderstand von 47 kΩ ein positiver Spannungsstoß.

Als Energiequelle für den Löschthyristor dient der „Löschkondensator" von 6,8 µF. Er entlädt sich über den Löschthyristor und den Schaltthyristor, wobei im Schaltthyristor der Strom in entgegengesetzter Richtung fließt wie der Blitzstrom. Ist der Löschstrom auch nur einen kurzen Moment größer als der Blitzstrom, so wird der Schaltthyristor nichtleitend und der Blitz wird unterbrochen. Die auf dem Blitzkondensator verbleibende Ladung ist aber nicht verloren (wie beim Computer-Blitzgerät alter Fassung), sondern kann für den nächsten Blitz verwendet werden. Auf diese Weise wird die aus kleinen Batterien oder Akkumulatoren gewonnene elektrische Energie ökonomischer in Lichtenergie verwandelt.

Die wichtigsten Bauteile im Computer-Blitzgerät:

1. Schaltthyristor BStE 0433 T oder BStE 0333 T
2. Löschthyristor BStC 0233 T oder BStC 0733 T
3. Triac TXC 02A50 oder TXC 03A50
4. Fototransistor BPY 62 oder BP 101
5. Blitz-Elko B 43405-So 108-Q 54, kapazitätskonstant
6. Lösch-Elko MKL 6,8 µF/250 V, B 32110 D
7. Schnelle Dioden SSi C 2605

1.31 Fotoblitzzähler

Da die Folgeblitze sehr kurz sind, müssen für das Zählrelais die vom Fototransistor gewonnenen elektronischen Impulse nicht nur verstärkt, sondern auch verlängert werden. *Abb. 1.31* zeigt die Schaltung des Blitzzählers. Im Ruhezustand ist Transistor BCY 58 über R und BAY 44 durchgeschaltet, der Fototransistor und Transistor BSX 45 sind gesperrt, der Kondensator C ist auf Batteriespannungspotential aufgeladen. Trifft ein ausreichend heller Blitz (∼ 1000 Lux) den Fototransistor, wird dieser und der in Kaskade liegende Transistor BSX 45 leitend, wodurch das Zählrelais anzieht. Infolge der Rückkopplung (1-MΩ-Widerstand) bleibt dieser Zustand erhal-

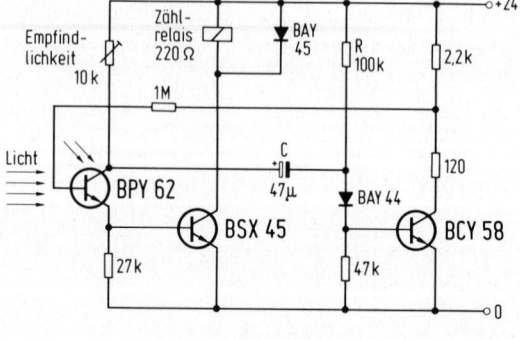

Abb. 1.31

ten, bis sich der Kondensator C über Widerstand R entladen hat und das Sperrpotential am Transistor BCY 58 aufhebt. Danach stellt sich wieder der Anfangszustand ein. Die Ansprechempfindlichkeit kann mit dem Widerstand 10 kΩ variiert werden.

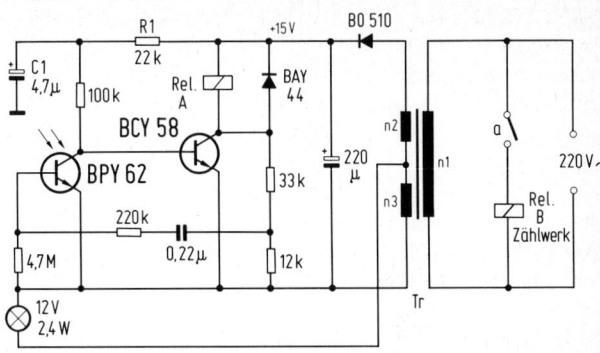

Abb. 1.32

1.32 Fotoelektronische Stückzähleinrichtung

Die Stückzähleinrichtung *Abb. 1.32* besteht aus einer Lichtschranke mit dem Fototransistor BPY 62, einem monostabilen Multivibrator und einem Zählwerk. Um ein sicheres Ansprechen des Zählwerkes zu garantieren, wurde die Schaltung als monostabiler Multivibrator mit einer Ansprechzeit < 50 ms und einer Abfallzeit von 0,4 bis 1,8 s ausgeführt. Die Relais-Abfallzeit ist von der Lampenhelligkeit abhängig.

Aus Gründen der höheren Lebensdauer soll die Lampe mit Unterspannung betrieben werden. Bei dem Versuch wurde eine 12 V − 2,5 W Lampe verwendet. Die Schaltung arbeitete noch mit einer Lampenspannung von 5 V, die Abfallzeit betrug dabei 1,8 s. Das Verzögerungsglied R 1 - C 1 verhindert, daß der Einschaltstoß sowie die Ansprechzeit der Lampe zu Fehlzündungen führt. Rel A: Kammrelais V 23 154 C0721 - F 101.

Tr.: EL 48 wechselsinnig schichten

$n_1 = 3400$ Wdg 0,10 CuL
$n_2 = \ \ \ 160$ Wdg 0,25 CuL
$n_3 = \ \ \ \ \ 75$ Wdg 0,60 CuL

1.33 Lichtgesteuerter Lampenregler

Die in *Abb. 1.33* gezeigte Schaltung eignet sich zur helligkeitsabhängigen Leistungssteuerung von Lampen oder anderen Wechsel-stromverbrauchern. Solange der Fotowiderstand R_{Ph} hell beleuchtet ist, hat er einen kleinen elektrischen Widerstand. Dabei ist der Nebenanschluß zum Kondensator C 3, bestehend aus Fotowiderstand R_{Ph} und Vorwiderstand R 1 so niederohmig, daß die Spannung am Phasenschieberkondensator (0,22 µF) während einer Sinushalbwelle nicht die zum Triggern nötige Kippspannung der Diac Dc erreicht. Mit abnehmender Stärke der Beleuchtung des Fotowiderstandes steigt dessen Widerstand und damit die Spannung am Kondensator C 3. Von einem bestimmten Helligkeitswert an wird der Triac Tc während jeder Halbwelle gezündet und damit die Last an die Netzspannung geschaltet. Die Ansprechhelligkeit ist mit dem Potentiometer P 1 einstellbar. Die Leistung an der Last L kann stufenlos in einem weiten Bereich gesteuert werden. Die Drossel Dr und der Kondensator C 1 dienen der Entstörung.

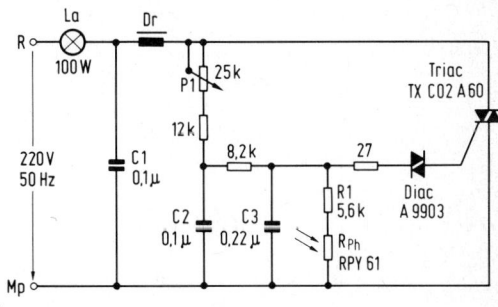

Abb. 1.33

Technische Daten:

Netzanschlußspannung 220 V/50 Hz
Lastwiderstand L   Glühlampen 100
                       bis 500 Watt
Regelbereich   30 bis 160 V
Entstördrossel Dr   B 82603-A-A 11

1.34 Nachlaufsteuerung
      mit Differential-Fotodiode

Zwei Schaltverstärkerstufen mit Relais, ermöglicht den Aufbau einer Nachlaufsteuerschaltung mit einer Nullpunktregelung von ± 0,01 mm. Überschreitet die Ausgangsspannung des Operationsverstärkers die Basis-Schleusenspannung der Endstufe von ± 0,6 V, wird eines der Relais angesteuert von dem ein Stellglied einer Nachlaufsteuerung betrieben werden kann.

Nach *Abb. 1.34* wird die Spannung von ± 0,6 V nach einem Weg von etwa ± 0,01 mm erreicht, was der Genauigkeit der Steuerung entspricht. Die von der Basisschwelle verursachte Totzeit ist für manche Regelsysteme von Vorteil für die Stabilität.

Der Ausgangsstrom des Operationsverstärkers TAA 861 wird mit der Komplementär-Endstufe BSX 45/BSV 15 erhöht und treibt die beiden Relais zur Umsteuerung eines Motorantriebes. Eine weitgehende Temperaturkompensation ergibt sich bereits aus der Symmetrie der Schaltung. Mit einer Schlitzblende der Breite 0,2 mm im Abstand von 1 mm zur Differential-Fotodiode lassen sich Nachsteuerungsgenauigkeiten von ± 0,01 mm erreichen.

Technische Daten:

Betriebsspannung   ± 6 V
Stromaufnahme   8 bis 110 mA
Schaltgenauigkeit bei B =
               5000 Lux ± 0,01 mm
               3000 Lux ± 0,015 mm
               2000 Lux ± 0,02 mm
Relais Kammrelais N V23154-C0712-B104

1.35 Fotonachlaufsteuerung

Für eine Gasdruckregelanlage wurde eine mit Fotoelementen BPY 11 beeinflußte Nachlaufsteuerung (*Abb. 1.35*) dimensioniert. Wegen der geringen Motorleistung konnte eine relativ einfache Schaltung erstellt werden, insbesondere genügt für die eine Brückenhälfte ein Widerstandsteiler. Sind beide Fotoelemente beleuchtet, gelangt kein Basisstrom an die Eingangstransistoren, sie bleiben deshalb ebenso wie die Folgetransistoren gesperrt. Der Motor ist stromlos. Wird ein Element verdunkelt, so wird die entsprechende Verstärkerhälfte leitend, der Motor dreht sich entweder nach links oder nach rechts. Die Diodenkombination vor den Endtransistoren dient zum Schutz derselben, und zwar für den Fall, daß einmal beide Fotoelemente verdunkelt sind, was beispielsweise beim

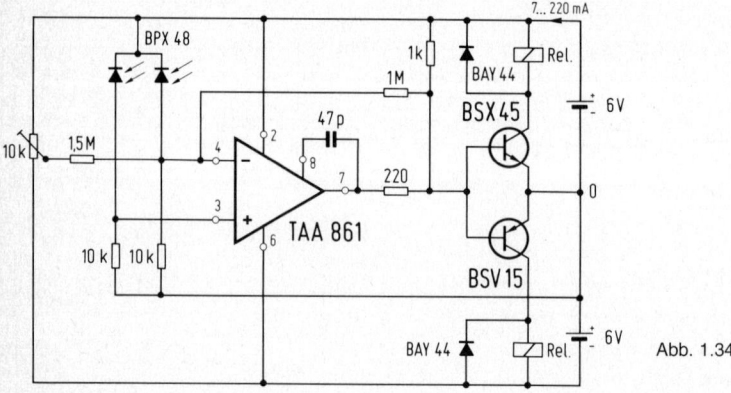

Abb. 1.34

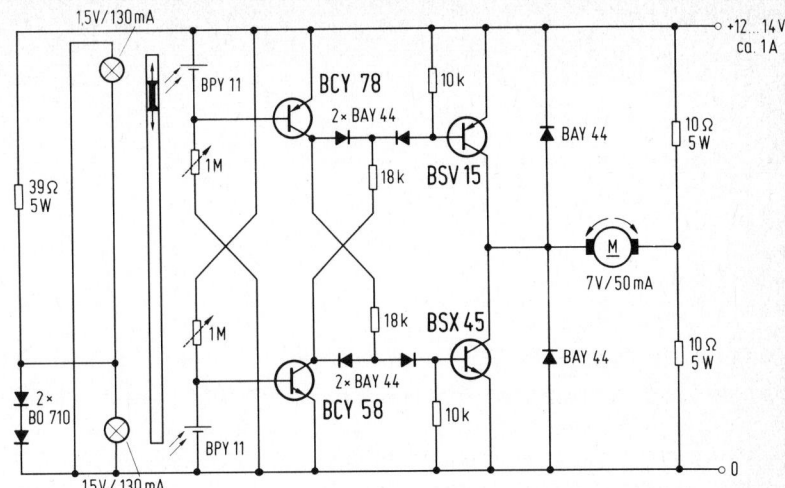

Abb. 1.35

Ausfall der Glühlampen vorkommen kann. Ohne diese Schutzschaltung würden in diesem Fall beide Endtransistoren durchgesteuert sein, und der dabei fließende, undefinierte Querstrom zerstört die Transistoren. Die Fotoempfindlichkeit ($I_k \sim 30$ μA) kann mit den 1 MΩ Widerständen beeinflußt werden.

1.36 Optische Feuerschutzanlage

Für Feuerschutzanlagen werden meist Fühler verwendet, die auf Temperatur- oder Rauchentwicklung ansprechen. Diese Fühler reagieren natürlich nur, wenn sie in unmittelbarer Nähe des Brandherdes angebracht sind.

Die *Abb. 1.36.1* zeigt die Schaltung einer optischen Feuerschutzanlage, bei der als Fühler Silizium-Fotoelemente BPY 63 in Verbindung mit einem Infrarot-Filter verwendet werden. Diese Anlage spricht auf das charakteristische Flackern von Feuer an und wirkt auch über größere Entfernungen.

Grundbedingung für ein einwandfreies Funktionieren der Anordnung ist, daß durch

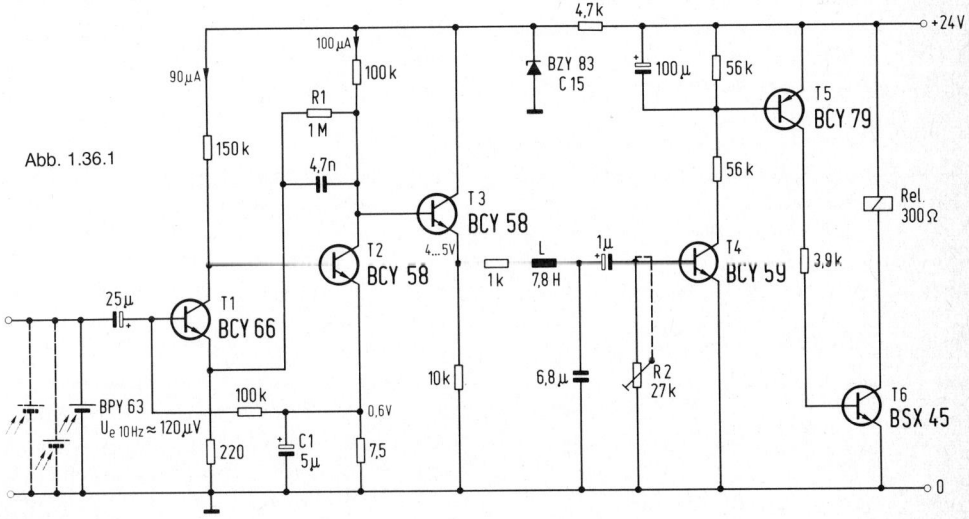

Abb. 1.36.1

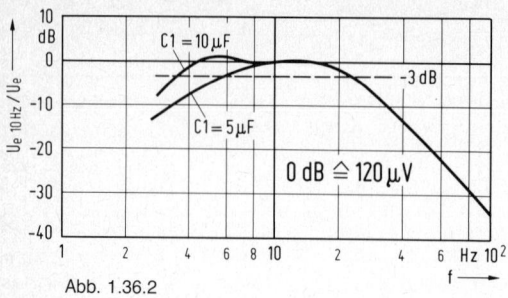

Abb. 1.36.2

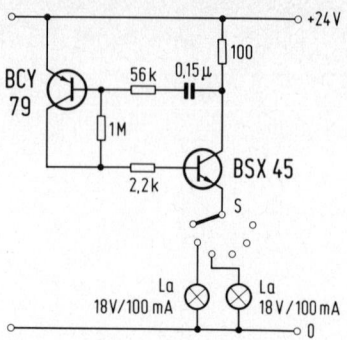

Rechts: Abb. 1.36.3

normales Tages- oder Kunstlicht keine Auslösung des Alarms erfolgt. Die Einwirkung von Tageslicht wird dadurch ausgeschaltet, daß an das Fotoelement ein Wechselstromverstärker über einen Kondensator angeschaltet wird. Das Kunstlicht weist besonders bei Verwendung von Leuchtstoffröhren eine Lichtwechselfrequenz von der doppelten Netzfrequenz, also 100 Hz, auf. Aus diesem Grund ist zwischen dem dreistufigen Wechselstromverstärker und dem nachfolgenden Schaltverstärker ein Tiefpaß angeordnet, der diese Störsignale vom Ausgang des Verstärkers fernhält. Die 3-dB-Grenze dieses Tiefpasses liegt bei 25 Hz. Die untere Grenze des Übertragungsbereiches wird durch den Kondensator C 1 bestimmt. In *Abb. 1.36.2* ist die Eingangsempfindlichkeit der Schaltung in Abhängigkeit von der Frequenz für zwei verschiedene Werte des Kondensators C 1 angegeben.

Die Spannungsverstärkung des dreistufigen Wechselstromverstärkers ist 3500 und kann mit dem Gegenkopplungswiderstand R 1 eingestellt werden. Eine zusätzliche Einstellung der Schaltempfindlichkeit ist durch Veränderung des Widerstandes R 2 an der Basis des Transistors T 4 möglich.

Damit nur kurzzeitig auftretende Eingangsimpulse, z. B. beim Einschalten der Anlage, zu keinem Alarm führen, wurde am Kollektor des Transistors T 4 ein Kondensator angebracht. Dieser ergibt für das Relais am Ausgang eine Einschalt- und eine Ausschaltverzögerung von etwa je 1,5 s und siebt gleichzeitig die dort auftretende Halbwellenspannung.

Da die Schaltung weder auf Gleichlicht noch auf normales Wechsellicht anspricht, ist für die Überprüfung der Anlage ein besonderer Signalgeber erforderlich. Eine dafür geeignete Schaltung zeigt die *Abb. 1.36.3*. Es handelt sich dabei um einen astabilen Multivibrator mit einer Blinkerfrequenz von 14 Hz. Es ist zweckmäßig, die von diesem Multivibrator gesteuerten Prüflämpchen im gleichen Gehäuse wie die Fotoelemente unterzubringen, weil dann deren Überwachung von einer Zentrale aus möglich ist.

Technische Daten:

Betriebsspannung	24 V
Eingangsspannung (bei 10 Hz)	120 µV
Ansprech-Frequenzbereich	3,5 bis 25 Hz
Relais: Kammrelais N/V 23009-A0007-A051	
Induktivität L: Siferrit-Schalenkerne	
B65661-L1250-K026, 2500 Wdg. 0,07 CuL	

1.37 Flammenüberwachung mit PbS-Infrarotdetektoren

Systeme zur Flammenüberwachung dienen dazu, das Entstehen oder das Erlöschen einer Flamme anzuzeigen. Mit der hier beschriebenen Schaltung wird das Flackern einer Flamme als Wahrnehmungsgröße ausgenutzt.

Da im Zuge der Entwicklung der Ölbrenner und mit zunehmendem Einsatz von Erdgasbrennern die bisher übliche Flammenüberwachung mit Hilfe von Cadmiumsulfid-Wider-

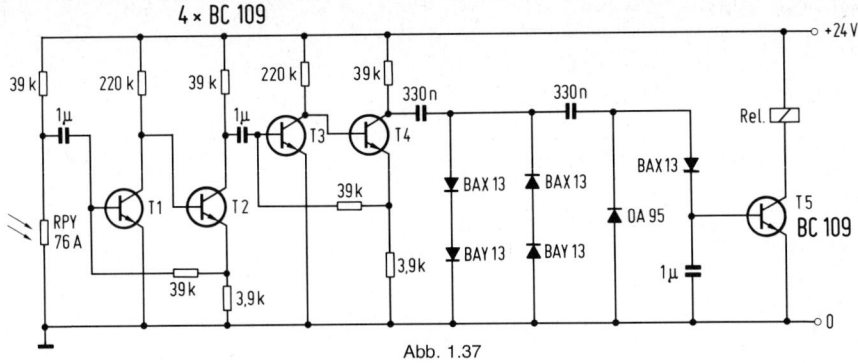

Abb. 1.37

ständen oder Silizium-Fotohalbleitern aufgrund des geringeren Emissionsanteils der Flamme im gelben Spektralbereich zunehmend schwieriger wird, bietet sich die Erfassung der Infrarotemission der Flamme an.

Zur Vermeidung von Falschanzeigen, die bei erloschener Flamme durch weiterhin strahlende Ofenausmauerungen usw. verursacht werden können, ist es erforderlich, mit Wechselspannungsverstärkern zu arbeiten. Es ist jedoch nicht notwendig, die einfallende Strahlung zu zerhacken, da der selektive Verstärker auf die Frequenz der flackernden Flamme abgestimmt werden kann. Im allgemeinen kann hier mit Frequenzen zwischen 20 und 30 Hz gerechnet werden.

Die Schaltung *Abb. 1.37* zeigt einen Flammenwächter für einen gasbeheizten Boiler. Da die Temperatur des Detektors in einem größeren Bereich schwanken kann (etwa zwischen 20 und 50 °C), empfiehlt sich wegen der größeren Stabilität der Betrieb mit konstanter Spannung (Arbeitswiderstand ≪ Detektorwiderstand).

In der hier wiedergegebenen Schaltung (Abb. 1.37) beträgt die Größe des Arbeitswiderstandes 39 kΩ. Damit wird erreicht, daß

1. der Detektor etwa mit konstanter Spannung arbeitet,
2. die Verlustleistung des Detektors bei einer Speisespannung von 24 V den Wert von 2 mW nicht überschreitet und

3. keine sehr hohen Anforderungen an den nachfolgenden Stromverstärker gestellt zu werden brauchen.

Die Ankopplung des Stromverstärkers erfolgt kapazitiv. Die Zeitkonstante des RC-Gliedes wurde mit 39 ms (39 kΩ, 1 μF) so gewählt, daß die untere Grenzfrequenz bei ca. 5 Hz liegt.

Auch die Forderung einer sofortigen Einsatzbereitschaft des Gerätes nach dem Einschalten wird mit dieser Zeitkonstante erfüllt.

Die Schaltung enthält zwei identisch gegengekoppelte Stromverstärkerstufen. Aus dem Verhältnis von Gegenkopplungswiderstand (39 kΩ) und Emitterwiderstand (3,9 kΩ) ergibt sich je Stufe eine 10fache Verstärkung.

Um die Empfindlichkeit der Schaltung gegen Störimpulse herabzusetzen, wird das Signal anschließend begrenzt. Zusätzliche Sicherheit gegen Störungen gibt die große Kapazität an der Basis des Endtransistors.

1.38 Gerät zum Aufspüren von Brandherden

Das hier beschriebene Gerät (*Abb. 1.38*) stellt ein einfaches Hilfsmittel zur Brandbekämpfung dar. Eine handliche Ausführung wird durch die Verwendung des ungekühlt arbeitenden Bleisulfid-IR-Detektors RPY 75 ermöglicht. Der besondere Nutzen dieses Gerätes ist darin zu sehen, daß in raucherfüllter, undurchsichtiger Umgebung die schnelle Ortung des

41

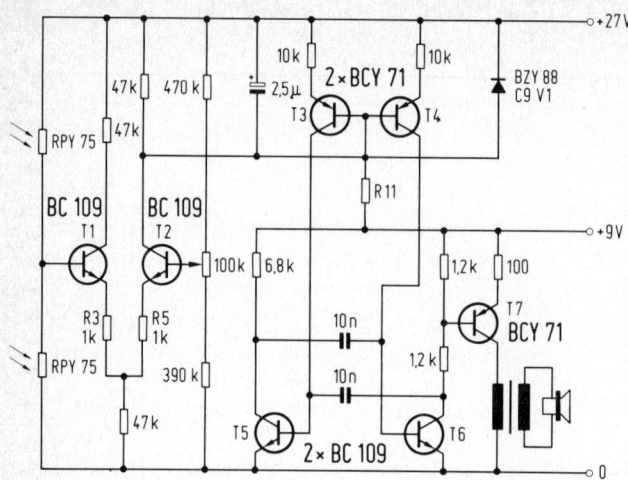

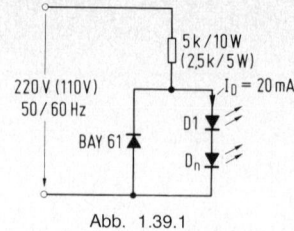

Abb. 1.39.1

Links: Abb. 1.38

Abb. 1.39.2

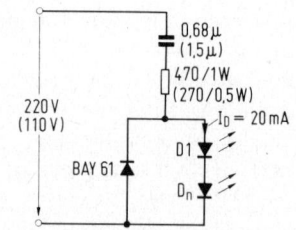

Brandherdes und damit dessen gezielte Bekämpfung erreicht wird.

Die Anzeige erfolgt durch ein akustisches Signal variabler Frequenz. Das Frequenzmaximum stellt sich ein, wenn das Gerät auf den Brandherd gerichtet ist.

Die Schaltung enthält in der Eingangsstufe zwei IR-Detektoren RPY 75, von denen einer als Strahlungsempfänger arbeitet, während der zweite zur Temperaturkompensation dient.

Nach Verstärkung in einem Differenzverstärker wird das Gleichstromsignal zur Steuerung der Frequenz eines Multivibrators benutzt. Die Frequenz steigt im Bereich von 100 Hz bis 10 kHz mit zunehmender Strahlungsintensität an.

Um eine ausreichende Bestrahlungsstärke auf dem Strahlungsempfänger zu erzielen, muß die abzutastende Fläche zum Beispiel durch ein Linsensystem auf den Strahlungsempfänger abgebildet werden. Damit läßt sich gleichzeitig eine Einengung des Gesichtsfeldes erreichen, die für die Richtwirkung des Gerätes notwendig ist.

1.39 Netzbetrieb von Lumineszenzdioden

Lumineszenzdioden können verhältnismäßig einfach auch am 110 V bzw. 220 V Wechselstromnetz 50/60 Hz betrieben werden.

Eine für das Auge ausreichend flackerfreie Anzeige ist bereits mit Halbwellenbetrieb der Diode gewährleistet. Schaltungen mit ohmschem und kapazitivem Vorwiderstand sowie eine Thyristor-Phasenanschnittsteuerung können verwendet werden. Die verlustärmste Schaltung ist die mit kapazitivem Vorwiderstand (*Abb. 1.39.1*). Sie benötigt etwa 0,5 W bzw. 1 W.

Der arithmetische Mittelwert des Leuchtdiodenstromes beträgt ca. 20 mA.

Bei der Schaltung mit ohmschem Vorwiderstand und Paralleldiode (Abb. 1.39.1) ist die Leistung am Vorwiderstand groß – 10 W bei 220 V und 5 W bei 110 V. Die Paralleldiode benötigt nur eine Sperrspannung von einigen Volt. Sie hat die Aufgabe, während der negativen Halbwelle die Sperrspannung an den Leuchtdioden klein zu halten.

Bei der Schaltung mit kapazitivem Vorwiderstand *Abb. 1.39.2* wird der Diodenstrom vom Kondensator bestimmt. Der Widerstand dient zur Strombegrenzung beim Einschalten im Spannungsmaximum. Als Paralleldiode genügt ein Typ geringerer Sperrspannung.

2 Elektronische Schaltungen mit Spannungs- und Stromsteuerung – Verstärkertechnik, Meßtechnik

2.1 Gleichspannungs-Verstärker mit Differenzverstärkerstufen

Wenn die untere Grenzfrequenz eines Verstärkers Null ist, spricht man von einem Gleichspannungsverstärker. Mit solchen Anordnungen können Gleichsignale verstärkt werden, jedoch nur mit begrenzter Genauigkeit, weil sich Schwankungen der Bauelemente-Eigenschaften, bedingt durch Temperaturänderungen und Alterung, besonders in den Eingangsstufen stark auswirken.

Insbesondere macht sich der Temperaturgang der Transistorparameter störend bemerkbar, bei Silizium-Planar-Transistoren vor allem die Temperaturabhängigkeit der Stromverstärkung und der zu einem festen Kollektorstrom gehörenden Basis-Emitter-Spannung. Die Auswirkung der Stromverstärkungsänderung kann durch entsprechende Gegenkopplung reduziert werden. Der Temperaturgang der Basis-Emitter-Spannung beträgt etwa -2 mV pro Grad. Er ist nur sehr geringen Exemplarstreuungen unterworfen. Sein Einfluß läßt sich daher weitgehend beseitigen, wenn eine Verstärkerstufe mit zwei Transistoren so aufgebaut wird, daß der Temperaturgang des einen den des anderen kompensiert.

Eine solche Schaltung stellt die Differenzverstärkerstufe nach *Abb. 2.1.1* dar. Sie soll wegen ihrer großen Bedeutung und Verbreitung ausführlicher beschrieben werden.

Wesentliches Merkmal einer Differenzverstärkerstufe ist ein großer gemeinsamer Emitterwiderstand R_E der beiden Transistoren. Die zur Einstellung der Arbeitspunkte erforderlichen Basis-Spannungsteiler sind der Übersichtlichkeit halber weggelassen. Die Eingangsspannung wird zwischen den Basen der beiden Transistoren zugeführt, das verstärkte Ausgangssignal zwischen den beiden Kollektoren abgegriffen.

Liegen an den Eingängen E 1 und E 2 zwei Eingangsspannungen, die einen Pol mit der Versorgungsspannung gemeinsam haben, so wird nur die Differenz beider Signale verstärkt. Anders ausgedrückt: Nur der Gegentaktanteil wird verstärkt, der Gleichtaktanteil nicht. Die gleichsinnige Änderung der Schwellspan-

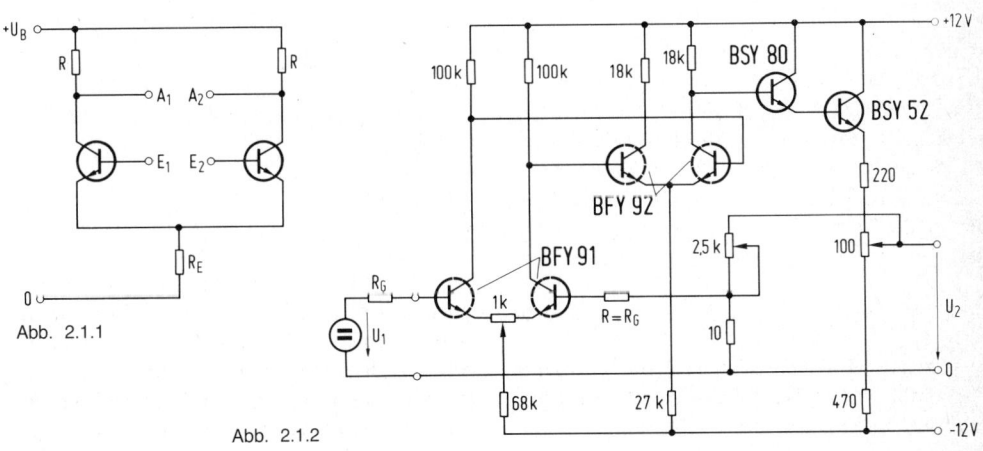

Abb. 2.1.1

Abb. 2.1.2

nungen mit der Temperatur kann als ein solches Gleichtaktsignal aufgefaßt werden. Sie hat also keinen Einfluß auf das Ausgangssignal. Völlige Unterdrückung des Gleichtaktsignals erreicht man nur bei absoluter Symmetrie, die jedoch wegen der stets vorhandenen Toleranzen der Bauelemente nicht verwirklicht werden kann. Der deshalb verbleibende Rest des Gleichtaktsignals am Ausgang ist um so kleiner, je größer der gemeinsame Emitterwiderstand gemacht wird. Das bedingt bei unverändertem Arbeitsstrom eine Erhöhung der Versorgungsspannung. Sie kann vermieden werden, wenn man den Emitterwiderstand durch eine Konstantstromquelle ersetzt, deren Ausgangswiderstand nahezu unendlich groß ist.

Die Schaltung (*Abb. 2.1.2*) zeigt die Anwendung von Differenzverstärkerstufen zur Verstärkung kleiner Gleichspannungen. Sie ist mit Doppeltransistoren ausgerüstet, um den Temperaturfehler möglichst klein zu halten. Die Transistoren BSY 80 und BSY 52 arbeiten als Impedanzwandler.

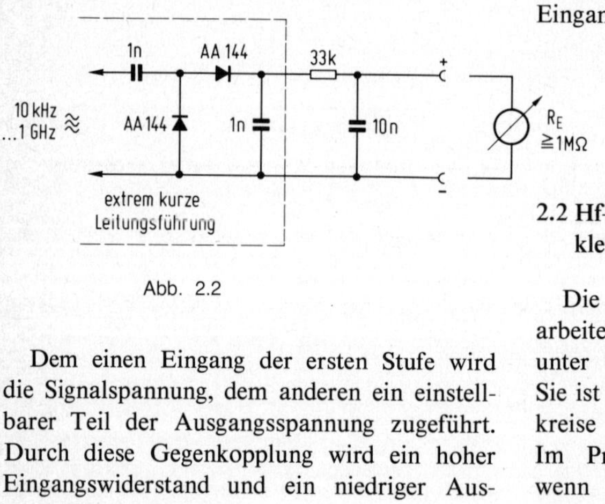

gang-Doppeltransistors ein Einstellpotentiometer vorgesehen, mit dem bei aufgetrennter Gegenkopplungsschleife der Differenzverstärker symmetriert wird.

Der Nullpunkt der Ausgangsspannung kann dann mit dem $100\text{-}\Omega$-Potentiometer eingestellt werden, der Verstärkungsfaktor durch Änderung des Gegenkopplungsgrades an dem $2,5\text{-}k\Omega$-Potentiometer. Für eine Spannungsverstärkung von 100 weist die Schaltung folgende Betriebswerte auf:

Eingangswiderstand	$> 1\ M\Omega$
Ausgangswiderstand	$10\ \Omega$
Maximale Ausgangsspannung ohne Lastwiderstand	$\pm 2,5\ V$
Maximale Ausgangsspannung mit Lastwiderstand $R_L = 100\ \Omega$	$\pm 1\ V$
Temperaturdrift des Nullpunktes bezogen auf den Eingang	$< 10\ \mu V/grd$

Abb. 2.2

Dem einen Eingang der ersten Stufe wird die Signalspannung, dem anderen ein einstellbarer Teil der Ausgangsspannung zugeführt. Durch diese Gegenkopplung wird ein hoher Eingangswiderstand und ein niedriger Ausgangswiderstand erzielt.

Da der Differenzverstärker im Interesse einer guten Temperaturstabilität symmetrisch arbeiten muß, sollte der Basis-Vorwiderstand R des rechten Transistors in der ersten Stufe gleich dem an der Basis des linken Transistors liegenden Generatorwiderstand R_G sein. Ferner ist in den Emitterzuleitungen des Ein-

2.2 Hf-Demodulator zur Anzeige kleiner Hf-Spannungen

Die in *Abb. 2.2* gezeigte Tastkopfschaltung arbeitet als Spannungsverdopplerschaltung unter Verwendung der Spitzengleichrichtung. Sie ist dafür vorgesehen, hochohmige Anzeigekreise (Feldeffektvoltmeter) anzusteuern. Im Prinzip ist die Schaltung problemlos, wenn man beachtet, daß alle Hf-führenden Bauteile extrem kurze Leitungsführungen erhalten. Das ist besonders bei Frequenzen im VHF-Gebiet zu beachten. Leitungslängen an den Bauteilen sollten ca. 2 mm nicht überschreiten. Das Gleiche gilt für die eigentlichen Anschlußpunkte. In stationären Hf-Kreisen kann dieser Tastkopf als Durchgangsmeßkopf integriert werden. Die Spannungsanzeigeeichung erfolgt über einen bekannten Spannungspegel, der mit einem Eichteiler entsprechend reduziert wird. Auf Grund der Unlinearität der Dioden werden je nach Bereichszahl mehrere Skalen auf dem Instrument erforderlich.

2.3 Zerhackerverstärker

Die Schwierigkeiten bei der Verstärkung kleiner Gleichspannungen entfallen, wenn das Eingangssignal zunächst in eine Wechselspannung umgewandelt, in einem normalen Wechselspannungsverstärker verstärkt und danach wieder gleichgerichtet wird.

In dieser Zerhacker-Anordnung (*Abb. 2.3*) legt man die zu messende Gleichspannung über einen Vorwiderstand an den Eingang eines Wechselspannungsverstärkers und schließt diesen periodisch mit einem Choppertransistor kurz.

Die Qualität einer Zerhackerschaltung hängt wesentlich von den Eigenschaften des Choppertransistors ab. Deshalb werden für diese Anwendung Transistoren benutzt, deren Schalteigenschaften denen eines idealen Schalters möglichst nahekommen. Man betreibt diese Transistoren außerdem invers, d. h. Kollektor und Emitter werden vertauscht. So erzielt man einen niedrigeren Sperrstrom und im durchgesteuerten Zustand eine niedrigere Spannung zwischen Emitter und Kollektor. Diese inverse „Sättigungsspannung" wird, wenn kein Emitterstrom fließt, Offsetspannung genannt. Sie liegt unter 1 mV und ist etwa um den Faktor 10 kleiner als die entsprechende Spannung bei normalem Betrieb.

Will man Eingangsgleichspannungen in der Größenordnung der Offsetspannung oder kleiner messen, so muß diese kompensiert werden. Das geschieht dadurch, daß man einen Gegenstrom über einen kleinen Widerstand fließen läßt, der in Reihe mit dem Transistor liegt.

Der Choppertransistor T 1 wird von einem Multivibrator mit den Transistoren T 7, T 8 gesteuert, dessen Tastverhältnis an dem

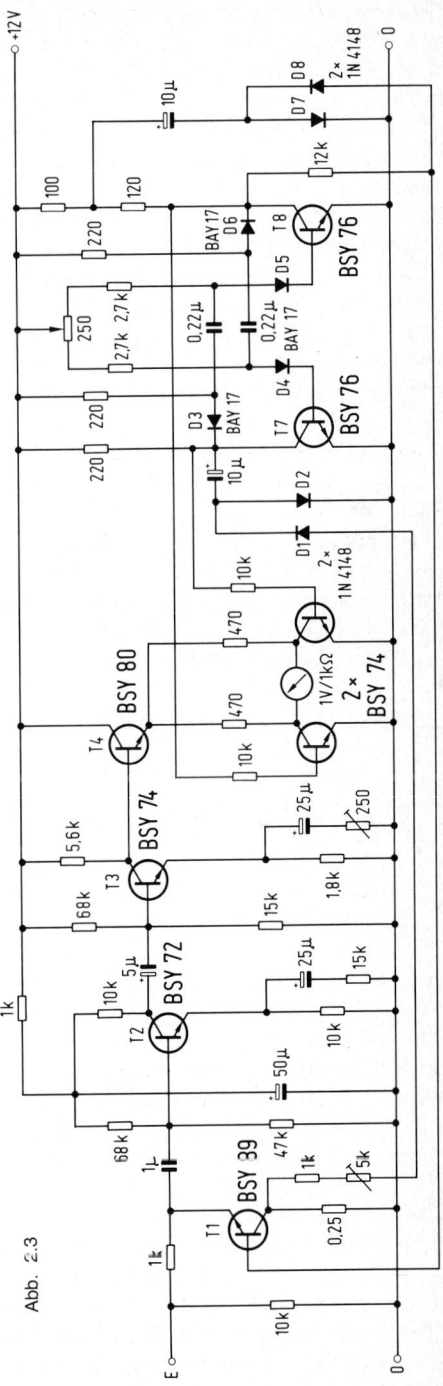

Abb. 2.3

250-Ω-Potentiometer verstellt werden kann. Die Frequenz beträgt ca. 1 kHz. Zusätzlich sind in dem Kollektorkreis der Transistoren eine Diode und ein weiterer Widerstand eingefügt. Beim Sperren des Transistors wird ein schneller Spannungsanstieg am Kollektor erreicht, da der Strompfad für die relativ langsame Aufladung des Kondensators vom Kollektor abgetrennt ist.

Ein 12-kΩ-Widerstand begrenzt den Basisstrom des Choppertransistors auf 1 mA. Die

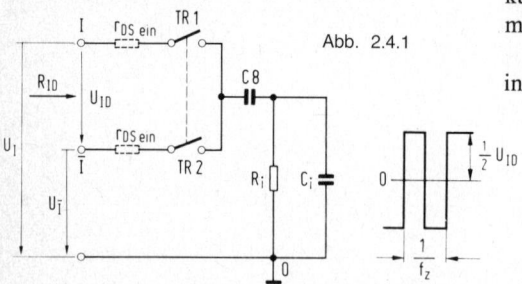

Abb. 2.4.1

negative Rechteckspannung zur Erzeugung des Kompensationsstromes gewinnt man mit einem Netzwerk aus zwei Dioden D 1, D 2 und einem 10-μF-Elko. Auf ähnliche Weise wird in der Sperrphase mit den Dioden D 7, D 8 eine negative Sperrspannung für die Basis des Choppertransistors erzeugt.

Der Wechselspannungsverstärker besteht aus zwei gegengekoppelten Verstärkerstufen mit T 2, T 3 und einem Impedanzwandler T 4. Die Messung der Ausgangsspannung erfolgt zwischen den Kollektoren zweier Transistoren T 5, T 6, die vom Multivibrator im Takte der Chopperfrequenz geschaltet werden. Bei fehlendem Signal am Ausgang der Kollektorstufe T 4 fließt durch das Instrument ein reiner Wechselstrom, dessen Größe durch die Emitterruhespannung von T 4 und die 470-Ω-Widerstände bestimmt ist. Die Symmetrie wird, wenn der Emitterruhespannung eine Wechselspannung überlagert ist, synchron mit der Umschaltfrequenz der Endtransistoren gestört. Dieses Verfahren der Gleichrichtung kleiner Wechselspannungen vermeidet Anzeigefehler, die in normalen Schaltungen durch die Schwellspannung von Dioden entstehen.

Zum Abgleich wird zunächst der Eingang des Wechselspannungsverstärkers zwischen dem Emitter des Choppertransistors und dem Minuspol der Speisespannung kurzgeschlossen. Dann stellt man das Tastverhältnis des Multivibrators so ein, daß das Instrument keinen Ausschlag zeigt. Hierauf ist der Choppereingang E gegen O kurzzuschließen und die Offsetspannung mit dem 5-kΩ-Potentiometer so zu kompensieren, daß das Instrument wiederum keinen Ausschlag zeigt. Schließlich kann der Verstärkungsfaktor am 250-Ω-Trimmer eingestellt werden.

Die auf den Eingang bezogene Drift liegt in der Größenordnung von 1 μV/grd.

2.4 Gleichspannungsverstärker nach dem Zerhackerprinzip

Bei Gleichspannungsmeßverstärkern — besonders bei sehr empfindlichen im mV arbeitenden Verstärkern — treten Temperaturdriftprobleme auf. Dieses wird vermieden, wenn das Gleichspannungssignal in ein Wechselspannungssignal umgewandelt wird und in einem R-C-gekoppelten Wechselspannungsverstärker verstärkt wird.

Das Prinzip des Zerhackers geht aus *Abb. 2.4.1* hervor. Die Zerhackertransistoren TR 1 und TR 2 werden durch zwei Rechteckspannungen mit dem Tastgrad 0,5 und der Frequenz f_Z so im Gegentakt gesteuert, daß abwechselnd einer leitend und der andere gesperrt ist. Der Source-Anschluß von TR 1 liegt am nicht invertierenden Eingang I, TR 2 ist am invertierenden Eingang $\overline{\text{I}}$ angeschlossen, der zu einer Gesamtgegenkopplung (R_F, R_K in *Abb. 2.4.2*) über alle Stufen des Verstärkers hinweg benutzt wird.

Der Zerhacker formt die zwischen den Eingängen liegende Gleichspannung U_{ID} in eine Rechteckspannung mit der Frequenz f_Z und der Amplitude $U_{ID}/2$ um. In Abb. 2.4.1 bedeuten: R_i, C_i =Eingangsimpedanz des Wechselstromverstärkers; $r_{DS\,ein}$ =Durchlaßwiderstand der Schalttransistoren.

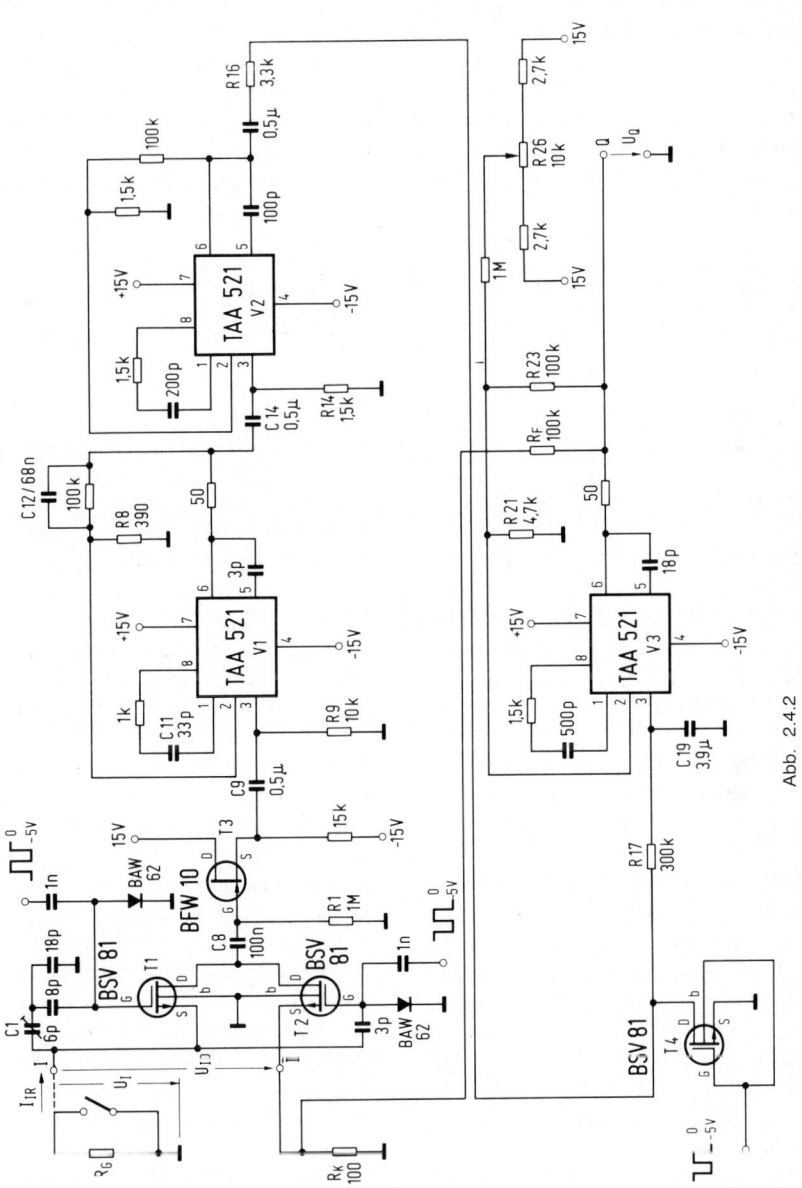

Abb. 2.4.2

47

Beim Schalten des MOS-Transistors muß die Gate-Drain-Kapazität C_{gd} umgeladen werden. Je kleiner C_{gd} ist, um so kleiner sind auch die Spannungsspitzen, die bei jedem Umladen an den Eingang des Wechselspannungsverstärkers gelangen und die sich als Fehler auswirken. Diese Spannungsspitzen, die auch vom Quellenwiderstand R_G abhängen, stellen ein Wechselstromsignal mit der Zerhackerfrequenz dar, das in den Stufen 2, 3 und 4 verstärkt demoduliert und integriert wird, so daß am Eingang des Verstärkers 5 eine entsprechende Gleichspannung erscheint. Dividiert man diese Gleichspannung durch die Verstärkung der vorhergehenden Stufen, so erhält man den Betrag, den die Umschalt-Spannungsspitzen zum Nullpunktfehler des Verstärkers liefern. Dieser Beitrag hängt im allgemeinen vom Quellenwiderstand ab und kann nur innerhalb eines kleinen Bereiches (z. B. $0 < R_G < 10 \text{ k}\Omega$) als konstant angesehen werden.

Die Umschaltspitzen müssen außerdem klein gehalten werden, weil sie die letzten Stufen des Wechselstromverstärkers übersteuern können. Die Transistoren in diesen Stufen geraten dabei in die Sättigung, und durch die Ladungsträgerspeicherung tritt ein zusätzlicher Fehler ein. Die Gefahr einer Übersteuerung läßt sich dadurch vermindern, daß man die Bandbreite der ersten Stufen des Wechselspannungsverstärkers herabsetzt, wie z. B. durch einen Kondensator C 12 im Rückkopplungszweig der Stufe V 1 in Abb. 2.4.2.

Zur Kompensation des durch die Umschaltspitzen verursachten Fehlers wird der Trimmer C 1 so eingestellt, daß sich bei zwei verschiedenen Quellenwiderständen, $R_G = 0$ und $R_C = 10 \text{ k}\Omega$, derselbe Fehler (gemessen am Ausgang Q) ergibt. Anschließend wird dieser Fehler mit dem Potentiometer R 26 möglichst klein gemacht.

Maßgebend für den Gesamt-Nullpunktfehler dieses Verstärkers sind die Eingangsfehlspannung (offset voltage) $U_F = U_1$ für $U_Q = 0$ und der Ruhestrom I_{IR} am Eingang I. Messungen dieser Werte und ihrer Temperaturdrift an

einem Verstärker nach Abb. 2.4.2 ergaben im kompensierten Zustand

$$U_F < 10 \text{ µV} \qquad \frac{\Delta U_F}{\Delta\vartheta} \approx 50 \ \frac{\text{nV}}{\text{grd}}$$

$$I_{IR} < 100 \text{ pA} \qquad \frac{\Delta I_{IR}}{\Delta\vartheta} \approx 1,2 \ \frac{\text{pA}}{\text{grd}}$$

Die einzelnen Stufen der in Abb. 2.4.2 gezeigten Gesamtschaltung haben etwa folgende Verstärkungen:

Zerhacker	0,5	$\triangleq$ −	6	dB
Stufe V 1	250	$\triangleq$ +	48	dB
Stufe V 2	60	$\triangleq$ +	35,6	dB
Demodulator	0,67	$\triangleq$ −	3,5	dB
Stufe V 3	20	$\triangleq$ +	26	dB
offene Verstärkung V 0 etwa			100	dB

Die Verstärkung der Sourcefolger-Stufe TR 3 beträgt nahezu 1. Der Faktor 0,67 beim Demodulator kommt hauptsächlich dadurch zustande, daß die Spannung am Ausgang der Stufe V 2 nicht mehr rechteckförmig ist, sondern einen Dachabfall aufweist. Der Mittelwert während einer Halbperiode der Zerhackerfrequenz beträgt etwa das 0,7fache des Maximalwertes zu Beginn der Halbperiode. Dieser Mittelwert wird vom Demodulator gleichgerichtet, wobei noch ein geringer Spannungsabfall am Widerstand R 16 eingeht.

Der Dachabfall entsteht durch die relativ hohen Grenzfrequenzen der Koppelglieder C 9, R 9 (32 Hz) und C 14, R 14 (210 Hz). Diese Grenzfrequenzen wurden so gewählt, um das vom Zerhacker, vom Transistor TR 3 und von der Stufe V 1 stammende Niederfrequenzrauschen (Funkelrauschen) nicht mit zu verstärken.

Der Ausgangswiderstand des Tiefpasses R 17, C 19 ist praktisch durch R 17 gegeben und somit sehr groß. Da der andere Eingang des Gleichspannungsverstärkers V 3 nur mit dem sehr viel kleineren Widerstand R 21 abgeschlossen ist, wird der Nullpunktfehler dieser Stufe ziemlich groß. Er muß daher mit dem Potentiometer R kompensiert werden. Die thermische Drift dieses Fehlers, die im wesentlichen durch den Temperaturgang des Eingangsruhestromes der Schaltung TAA 521 von etwa 1,6 nA/grd bestimmt wird, beträgt bei R 17 = 300 kΩ etwa 500 μV/grd. Dividiert man durch die Verstärkung aller vorhergehenden Stufen

$$0,5 \cdot 250 \cdot 60 \cdot 0,67 = 5000,$$

so erhält man 100 nV/grd als Beitrag der Stufe V 3 zur Drift des Nullpunktfehlers. Nur etwa die Hälfte dieses Wertes wurde an einem Versuchsaufbau des Zerhackerverstärkers gemessen.

Der Demodulator-Transistor TR 4 wird im gleichen Takt wie TR 2 betrieben, d. h. TR 2 und TR 4 sind gleichzeitig leitend und gleichzeitig gesperrt. Dadurch erhält man bei positiver Eingangsspannung U_I auch eine positive Ausgangsspannung U_Q. In diesem Fall fällt die phase von TR 4 ($U_{GS} = -5$ V) mit der positiven Halbwelle der Rechteckspannung am Ausgang der Stufe V 2 zusammen. Dabei darf die Drainspannung von TR 4 höchstens bis zu 10 V ausgesteuert werden, damit die Spannung $-U_{GM} = 15$ V, die zwischen Gate und allen übrigen Elektroden des BSV 81 maximal zugelassen ist, nicht überschritten wird.

Bei negativer Spannung U_I wird TR 4 jeweils während der negativen Halbwelle der Rechteckspannung gesperrt. Damit dabei der Substrat-Drain-PN-Übergang nicht durchlässig wird, sind Substrat und Gate miteinander verbunden. Somit ist der Aussteuerbereich für negative Drainspannungen auf -5 V begrenzt.

Der Widerstand R 16 schützt TR 4 vor zu hohem Drainstrom bei plötzlich ansteigender Ausgangsspannung der Stufe V 2.

Der Tiefpaß R 17, C 19 dient einerseits als Siebglied für das am Demodulatorausgang verbleibende Restsignal der Zerhackerfrequenz. Andererseits wird damit der Frequenzgang der Gesamtverstärkung festgelegt. Oberhalb der durch R 17, C 19 gegebenen Eckfrequenz 0,13 Hz nimmt die Verstärkung ohne Gegenkopplung, die sogenannte offene Verstärkung, nach *Abb. 2.4.3* mit 1/f ab (6 dB/Oktave). Von etwa 300 Hz an wird der Verstärkungsabfall jedoch größer, weil man sich der Zerhackerfrequenz nähert. Damit Stabilität gewährleistet ist,

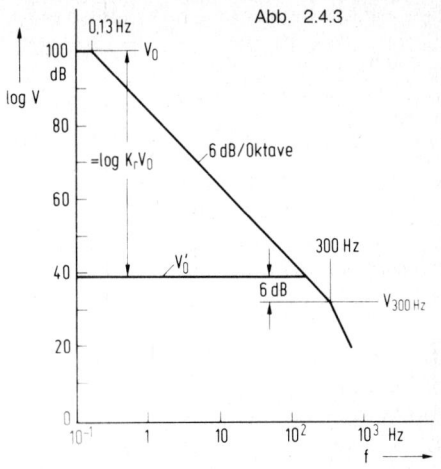

Abb. 2.4.3

sollte daher der Betrag der Schleifenverstärkung bei 300 Hz

$$K_r \, V_{300\,Hz} \leqq 1$$

sein, dabei bedeuten

K_r Rückkopplungsfaktor (hier reell und frequenzunabhängig angenommen),

$V_{300\,Hz}$ Betrag der offenen Verstärkung bei 300 Hz.

Für den Betrag der Verstärkung mit Gegenkopplung, der sogenannten geschlossenen Verstärkung, gilt bei der Frequenz Null

$$V_0' = \frac{U_Q}{U_I} = \frac{V_0}{1 + K_r \, V_0}$$

mit

$$V_o = \frac{U_Q}{U_{ID}} \quad \text{(Betrag der offenen Verstärkung bei der Frequenz Null)}$$

oder bei $K_r \, V_0 \gg 1$

$$V_o' \approx \frac{1}{K_r}$$

womit man die oben angegebene Stabilitätsbedingung auch in der Form

$$V_0 \geqq V_{300\,Hz}$$

schreiben kann. Mit

$$V_{300\,Hz} = \frac{0,13}{300} V_0 = \frac{0,13}{300} \cdot 10^5 \triangleq 33 \text{ dB}$$

und einem Sicherheitsabstand von 6 dB lautet die Bedingung für Stabilität

$$20 \log V_0' \geqq 39 \text{ dB}$$

d. h. der Zerhackerverstärker bleibt bis zu einer Absenkung der Gleichstromverstärkung von $V_0 \triangleq 100$ dB auf $V_0' \triangleq 39$ dB, d. h. bis zu einem Gegenkopplungsgrad

$$20 \log \frac{V_0}{V_0'} \leqq 61 \text{ dB}$$

stabil. Bis an diese Grenze ist man bei der in Abb. 2.4.2 angegebenen Dimensionierung der Gegenkopplungswiderstände R_K und R_F allerdings nicht herangegangen, sondern hier wurde als Beispiel die Verstärkung

$$V_0' \approx \frac{1}{K_r} \approx \frac{R_F}{R_K} = 1000 \triangleq 60 \text{ dB}$$

bzw. ein Gegenkopplungsgrad von 40 dB gewählt.

2.5 Empfindlicher Schaltverstärker

Die *Abb. 2.5* zeigt die Schaltung eines universell anwendbaren empfindlichen Schaltverstärkers. Er kann zusammen mit den verschiedensten Meßfühlern verwendet werden, deren Ansprechwert zwischen 100 kΩ und 10 MΩ liegt. Der Meßkreis ist als Brückenschaltung ausgeführt, in dessen Nullzweig der Eingang eines Transistors liegt. Mit dem Potentiometer P 1 kann der Ansprechwert in den genannten Grenzen eingestellt werden.

Am Ausgang wird über einen rückgekoppelten Schaltverstärker ein Relais zum Ansprechen gebracht.

Technische Daten:

Betriebsspannung	18 bis 24 V
Betriebsstrom	etwa 30 mA
Einstellbarer Ansprechwiderstand des Meßfühlers	100 kΩ bis 10 MΩ
Ansprechgenauigkeit	± 1 %
Temperaturdrift	< 2 % grd
Max. Umgebungstemperatur 70 °C	
Relais R: Kammrelais N/V 23154-C0721-B104	

2.6 Wechselspannungspegelnachregelung

Für eine automatische oder manuelle Pegelnachregelung ist in Abb. 2.6 eine Möglichkeit mit einem veränderbaren kapazitiven Spannungsteiler gezeigt. Dabei wirkt die veränderliche Kapazität der Diode D mit dem Kondensator C und dem Widerstand R als Spannungsteiler. Der Feldeffekttransistor T 1 entkoppelt den Regelkreis vor dem Generator. Die Transistoren T 2 und T 3 bewirken eine entsprechende Entkopplung des niederohmigen Ausgangskreises auf den Regelkreis. Die Schaltung arbeitet unter Verwendung von Keramikkondensatoren bei einem sorgfältigen Aufbau mit kurzer Leitungsführung bis 100 MHz ohne Schwierigkeiten. Die maximal erzielbare Dämpfung liegt je nach Wahl von C und D und Aufbau bei 40 dB.

Der Widerstand R' ist so zu wählen, daß bei größten Dämpfungswerten ein Öffnen der Dioden durch positive Halbwellen vermieden wird. Das kann mit einem Oszilloskop am Ausgang kontrolliert werden. Wie zu erkennen ist, arbeitet diese Schaltung unsymmetrisch, d. h. bei großer Hf-Amplitude wird die positive Halbwel-

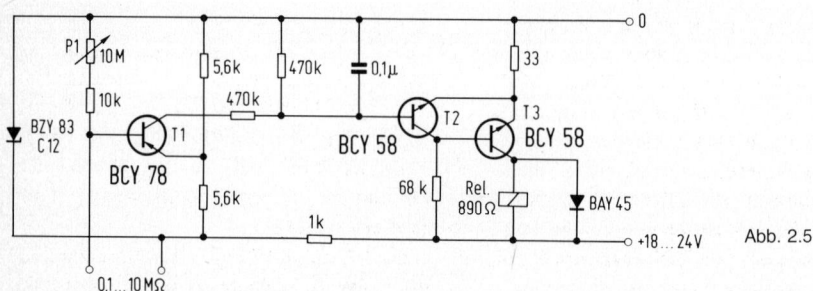

Abb. 2.5

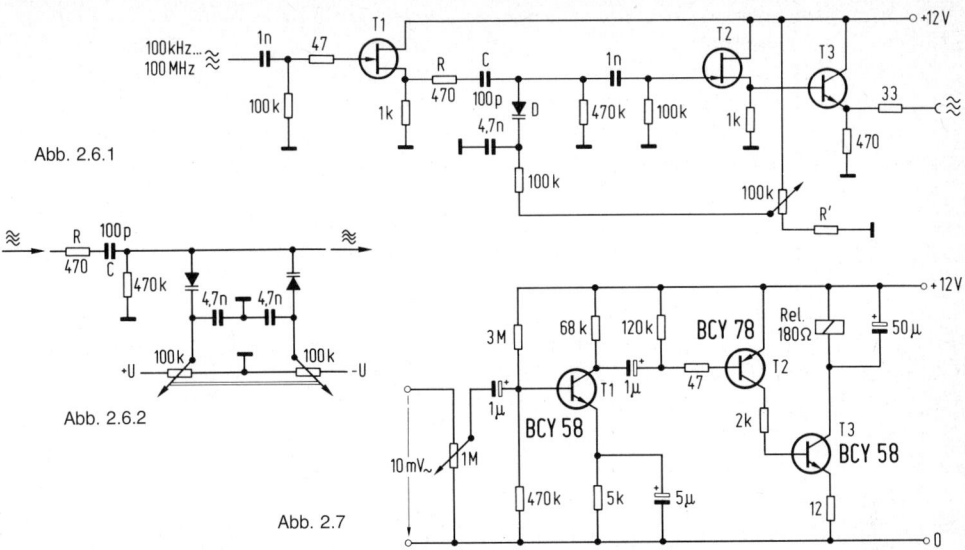

Abb. 2.6.1

Abb. 2.6.2

Abb. 2.7

le der Wechselspannung stärker bedämpft als die negative. Dadurch entsteht bei großen Hf-Spannungen eine leichte Kurvenverzerrung. Dieser Fehler wird durch den symmetrischen Aufbau in *Abb. 2.6.1* behoben, wobei sonst die gleiche Schaltung wie in *Abb. 2.6.2* herangezogen wird.

Durch einen entsprechenden Regelkreis (z. B. Tandempotentiometer) muß dafür gesorgt werden, daß die Dioden D 1 und D 2 entgegengesetzt im Potential angesteuert werden.

2.7 Wechselstrom-Schaltverstärker

Einen Schaltverstärker für ein Wechselstrom-signal am Eingang ist in *Abb. 2.7* dargestellt. Von dem in A-Betrieb arbeitenden Transistor T 1 wird das Eingangssignal verstärkt und über einen Kondensator den hintereinander geschalteten komplementären Transistoren T 2 und T 3 zugeführt. Da diese in B-Betrieb arbeiten, werden nur die negativen Halbwellen weiter verstärkt. Der Kondensator parallel zum Relais sorgt für eine ausreichende Glättung des Ausgangssignals. Die Ansprechempfindlichkeit wird mit dem Potentiometer am Eingang eingestellt.

Technische Daten:

Betriebsspannung	12 V
Betriebsstrom	0,14 bis 25 mA
Eingangsspannung bei einer Umgebungstemperatur von	
+ 25 °C	8 mV
von − 20 °C	10 mV
Betriebsfrequenz	40 Hz bis 2 kHz
Umgebungstemperatur	−20 bis +60 °C
Relaiswiderstand	180 Ω

2.8 Schaltverstärker für akustische Signale

Die *Abb. 2.8* zeigt eine Anwendung des im vorhergehenden Abschnitt beschriebenen Schaltverstärkers. Er wird für den Anschluß eines zweiten Weckers an einen Telefonapparat verwendet, z. B. für die Übertragung des Klingelzeichens in einen anderen Raum. Die Anordnung arbeitet ohne elektrische Verbindung mit dem Telefon. Ein Mikrofon nimmt das Klingelzeichen auf, das Signal wird verstärkt und über eine Schaltstufe an einen Wecker weitergegeben.

Diese Schaltung kann für verschiedene andere Anwendungen ebenfalls verwendet werden.

51

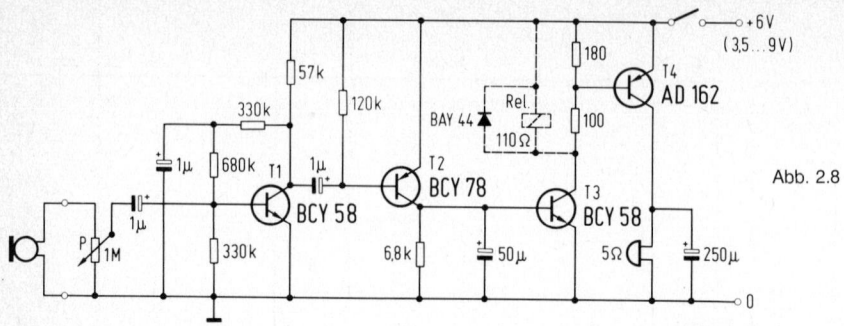

Abb. 2.8

Falls zur Steuerung weiterer Vorgänge ein Relais am Ausgang erwünscht ist, so kann dieses in den Kollektorkreis des Transistors T 3 geschaltet werden, wie dies in der Schaltung nach Abb. 2.8. strichliert angedeutet ist.

Damit die Schaltung mit einer Batterie betrieben werden kann, wurde auf kleinen Stromverbrauch geachtet. Lediglich die erste Stufe arbeitet in A-Betrieb, alle anderen in B-Betrieb, nehmen also im Ruhebetrieb keinen Strom auf.

Als Signalquelle wird ein Kristall-Mikrofon verwendet. Mit dem Potentiometer am Eingang soll die Empfindlichkeit so eingestellt werden, daß Nebengeräusche nicht zu einem Schatten des Verstärkers führen können.

Technische Daten:

Betriebsspannung	6 (3,5 bis 9) V
Betriebsstrom (bei 6 V)	130 µA/480 mA
Ansprech-	
Eingangsspannung	8 mV
Grenzfrequenz (3 dB)	11 kHz
Relais R: Kammrelais N/V 23154-C0715-B104	

2.9 Hf-Modulator

Steuersignale werden häufig AM-moduliert benutzt. Die Schaltung in *Abb. 2.9* zeigt einen einfachen AM-Modulator. Die Transistoren T 1 und T 2 trennen den Modulatorteil. Die optimale Größe des Hf-Signales wird mit P 1 auf ca. 500 mV eingestellt. Das Hf-Signal gelangt über eine weitere Trennstufe T 3 auf den Ausgang des Modulators. Das Hf-Signal wird an dem Punkt A durch die symmetrisch mit dem Nf-Signal beaufschlagten Dioden AA 143 moduliert. Die Transistoren T 4 und T 5 dienen der symmetrischen Ansteuerung. Das Nf-Signal wird asymmetrisch der Basis von T 4 zugeführt. Die Nf-Amplitude — und damit den Modulationsgrad — stellt das Potentiometer P 2 ein. Der Modulationsgrad ist zwischen 0 und fast 100 % regelbar. Das modulierte Signal weist gute Eigenschaften in dem Frequenzbereich von 20 kHz bis ca. 150 MHz auf. Durch entsprechende räumliche Trennung und Abschirmung der einzelnen Stufen können auch bei höheren Frequenzen gute Ergebnisse erzielt werden. Das Potentiometer P 2 kann ebenfalls durch ein automatisches Regelorgan ersetzt werden, welches so zu einer Modulationseinprägung führt.

Wird das Potentiometer P 2 auf Null gestellt, so bleiben die Modulationsdioden im Eingriff, wodurch entsprechend der Schwellspannung der Dioden das Hf-Signal begrenzt wird. Um die Schaltung bei voller Hf-Amplitude im unmodulierten Zustand betreiben zu können, wird der Schalter S geschlossen. Dadurch werden beide Dioden gesperrt, wobei in einer Richtung die mit dem Schalter kurzgeschlossene Diode über den 10 nF zu einer Spitzengleichrichtung gelangt und so zu einer Sperrung kommt.

2.10 Gleichspannungsverstärker

Mit dem Chopperverstärker nach *Abb. 2.10.1* kann eine hohe Gleichstromverstärkung

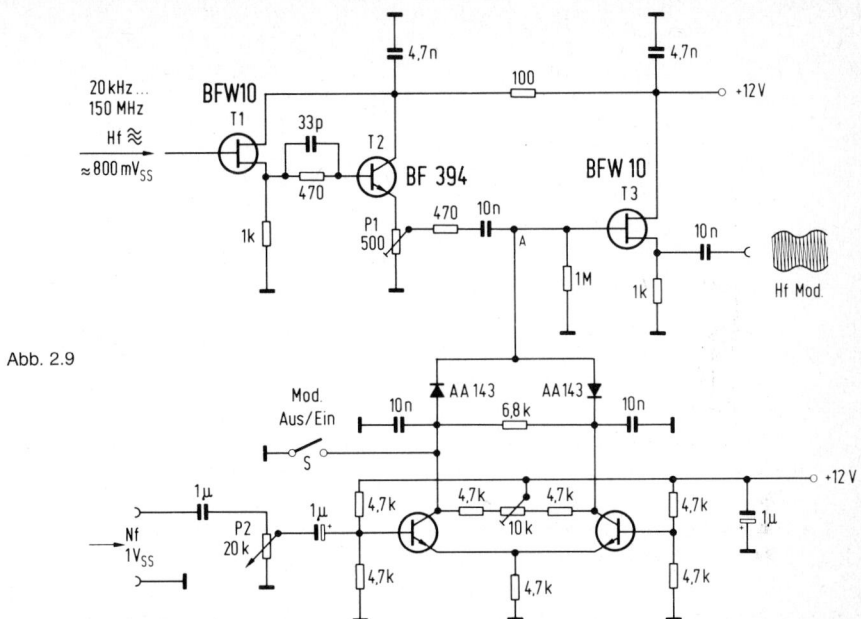

Abb. 2.9

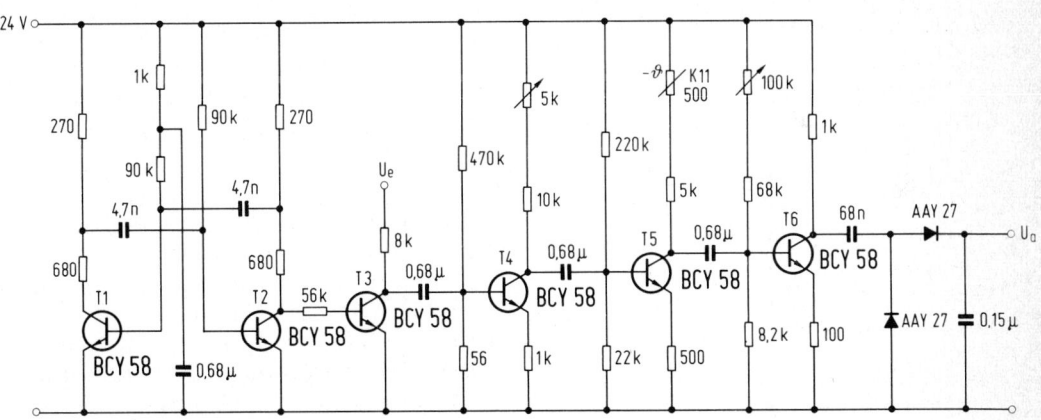

Abb. 2.10.1

mit einer Konstanz von 1 % in einem Temperaturbereich von 10 bis 60 °C erreicht werden.

Der Multivibrator mit den Transistoren T 1 und T 2 steuert den Choppertransistor T 3 mit einer Frequenz von 25 kHz. Die hohe Schaltfrequenz gewährleistet, daß auch rasch wechselnde Eingangssignale sicher übertragen werden.

Die mit dem Chopper oder Meßzerhacker in ein Rechtecksignal übergeführte Eingangsspannung wird in drei Stufen verstärkt. Die *Abb. 2.10.2* zeigt die Verstärkungs-Kennlinien für drei verschiedene Temperaturen. Das Eingangssignal darf zwischen 10 und 55 mV schwanken.

Der Temperaturgang der Schaltung, hervorgerufen durch Änderung der Restspannung des

53

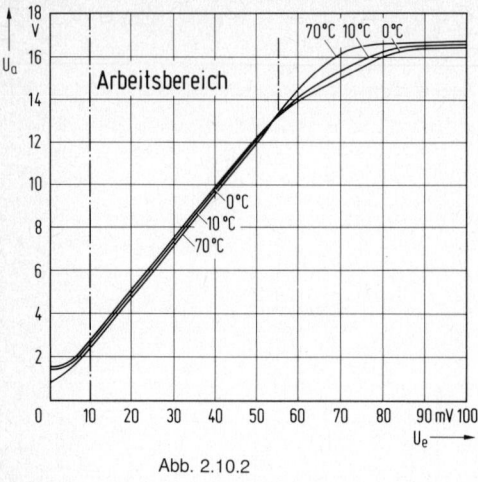

Abb. 2.10.2

2.11 Selektiver Verstärker

Selektive Verstärker, die auf dem Doppel-T-Glied basieren, erfordern sehr enge Bauteiletoleranzen. Dieser Nachteil läßt sich mit einer Schaltung entsprechend *Abb. 2.11* vermeiden. Der Tiefpaß über C 1 und der Hochpaß über C 2 bestimmen die Durchlaßfrequenz f_0 zu:

$$f_0 = \frac{1}{2\pi} \sqrt{\frac{1}{R_1 C_1} \frac{1}{C_2} \frac{R + R_G + R_2}{R_2 (R + R_G)}} \ \text{Hz}$$

oder näherungsweise unter Vernachlässigung der Parallelschaltung von R und R_G zu R 2 folgt:

$$f_0 = \frac{1}{2\pi} \sqrt{\frac{1}{R_1 C_1} \frac{1}{R_2 C_2}} \ \text{Hz}$$

Transistors T 3, Verstärkungsänderung der drei Verstärkerstufen und Änderung der Schwellspannung der Diode am Ausgang konnten mit dem Heißleiter K 11 im Kollektorkreis des Transistors T 5 auf ein zulässiges Maß verringert werden. Die Betriebsspannung muß konstant gehalten werden.

Technische Daten:

Betriebsspannung	24 V konstant
Eingangsspannung	10 bis 55 mV
Ausgangsspannung	2 bis 13 V
Lastwiderstand	10 kΩ
Verstärkungskonstanz (10° bis 60° C)	1 %

Bei der Wahl der Bauelemente ist zu berücksichtigen, daß über den Gegenkopplungswiderstand R 1 der Eingangsgleichstrom des invertierenden Eingangs (Anschluß 4) fließt. Zu große Werte für R 1 verschieben daher den Arbeitspunkt der Endstufe des Operationsverstärkers. Dies wirkt sich ungünstig auf die Aussteuerbarkeit des selektiven Verstärkers aus. Andererseits sollte R 1 besonders für tiefe Durchlaßfrequenzen groß sein, um mit kleinen Kapazitäten auszukommen. Eine weitgehende Kompensation dieses Fehlers ist mit dem Widerstand R 3 möglich, da hier der Eingangsstrom des nichtinvertierenden Eingangs einen ungefähr gleichgroßen Spannungsabfall hervorruft.

Ein guter Richtwert ist R 1 < 300 kΩ. Der Spannungsfehler am Ausgang (Anschluß 7) bleibt bei diesem Widerstandswert sicher unter 0,5 V. Die resultierenden Kapazitäten sind auch bei tiefen Frequenzen klein genug, um Bauformen mit ausreichend großen Güten (z. B. MKH und MKL) verwenden zu können.

Die Verstärkung V_{KI} ergibt sich bei der Durchlaßfrequenz f_0 wie folgt:

$$V_{KI} = - \frac{R_1}{R} \frac{1}{\frac{C_2}{C_1} + 1}$$

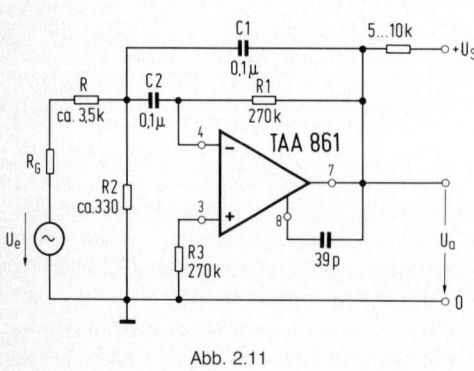

Abb. 2.11

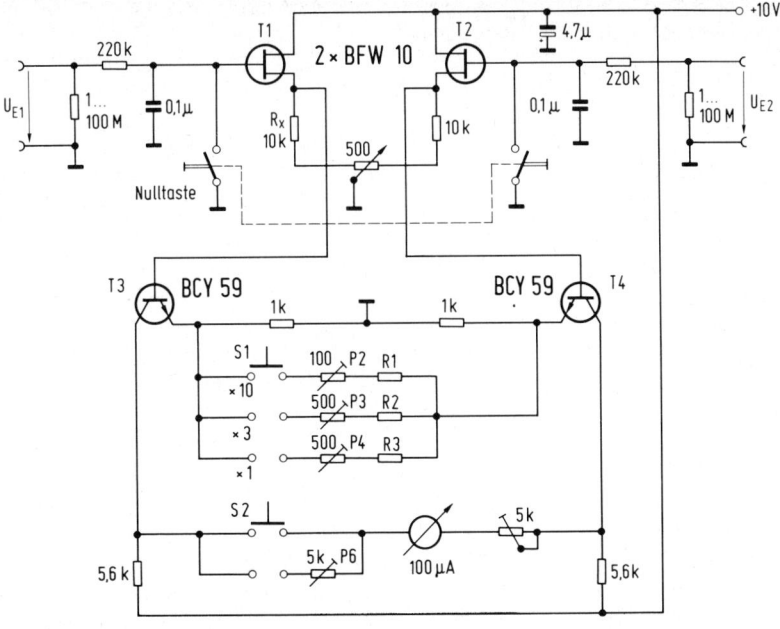

Abb. 2.12

Verstärkung und Durchlaßfrequenz sind weitgehend unabhängig voneinander einstellbar. Zuerst erfolgt der Abgleich der maximalen Verstärkung V_{K1} bei der Frequenz f_0 mit dem Widerstand R. Danach wird f_0 mit R 2 genau eingestellt. Aufgrund der relativ unkritischen Bauteiletoleranzen lassen sich die Parameter V_{K1} und f_0 gut reproduzieren.

Mit C 1 = C 2 ergibt sich die Verstärkung der Schaltung (Abb. 2.11) wie folgt:

$$V_{K1} = -\frac{R_1}{2\,R} = -\frac{270}{2 \cdot 3,5} = \underline{38,5\text{fach}} \ (\sim 32 \text{ dB})$$

und die Durchlaßfrequenz:

$$f_0 = \frac{1}{2} \sqrt{\frac{10^3}{270 \cdot 0,1} \ \frac{10^6}{0,1 \cdot 330}} \sim \underline{170 \text{ Hz}}$$

Technische Daten:

Speisespannung	U_S	$\varnothing$ 10 V
Durchlaßfrequenz	f_0	170 Hz
Verstärkung bei f_0	V_{K1}	32 dB
Bandbreite bei V_{K1}		= 10 dB 150 Hz

2.12 Brückenverstärkerschaltung mit Differenzeingang

In *Abb. 2.12* ist ein Brückenmeßverstärker mit Differenzeingang gezeigt. Als Voltmeter geschaltet ist dieser Verstärker sehr empfindlich und eignet sich daher sehr gut für den Einsatz im mV-Bereich, z. B. auch in Verbindung mit Hf-Demodulationstastköpfen zur Messung kleiner Hf-Spannungen.

Der Eingangszweig ist symmetrisch mit den Feldeffekttransistoren T 1 und T 2 aufgebaut. Jeder dieser Feldeffekttransistoren ist über einen Tiefpaß von 220 kΩ und 0,33 μF mit dem Eingang U_{E1} resp. U_{E2} verbunden. Hierbei schützt der Tiefpaß einmal bei kurzzeitigen Überlastungen den FET-Eingang und hält zum anderen Brummspannungen vom Meßeingang fern. Besteht die Möglichkeit, daß die angelegten Meßspannungen auf Grund ihrer Größe den FET-Eingang zerstören, so muß dieser in üblicher Weise durch eine Diodenantiparallelschaltung geschützt werden. Je nach verwen-

55

deten Feldeffekttransistoren sind Eingangs-widerstände bis zu 100 MΩ zu verwirklichen.

Über die im Source-Kreis befindlichen 10-kΩ-Widerstände wird das Signal zu dem weiteren Zweig des Brückenverstärkers geschleust. Das Potentiometer P 1 stellt den Nullpunkt des Zustandes ein. Dieser Regler wird bei Inbetriebnahme auf Mitte eingestellt und der Widerstand R_x entsprechend geändert, bis das Instrument stromlos ist. Die Transistoren T 3 und T 4 stellen den eigentlichen Verstärkerzweig dar. Zwischen beiden Emittern ist eine umschaltbare Gegenkopplung vorhanden, welche die Empfindlichkeit (Meßbereich) bestimmt. Darüber hinaus kann im Kollektorkreis die Grundempfindlichkeit eingestellt werden.

Der Taster — Null-Taste — wird betätigt, um den Nullpunkt mit oder ohne Meßsignal mit dem Potentiometer P 1 einzustellen.

2.13 Operationsverstärker mit Feldeffekttransistoren in der Eingangsstufe

Bei dem hier angegebenen Operationsverstärker (*Abb. 2.13.1*) handelt es sich um einen vierstufigen Gleichspannungs-Differenzverstärker mit Eintakt-Ausgang, der in der Eingangsstufe mit Feldeffekttransistoren ausgerüstet ist. Dadurch wird eine hohe Eingangsimpedanz und ein sehr niedriger Eingangsruhestrom des Verstärkers erreicht. Die Feldeffekttransistoren vom Typ BFS 21 A werden von VALVO als Paare mit möglichst gleichen Daten geliefert. Dies ist wichtig, da die Gleichtaktunterdrückung, die Empfindlichkeit gegen Versorgungsspannungsschwankungen und die Drifteigenschaften des Verstärkers vor allem von den Unterschieden in den Eigenschaften der beiden Feldeffekttransistoren abhängen. Der Verstärker besitzt eine innere Frequenzgangkompensation, so daß er auch bei voller (ohmscher) Gegenkopplung stabil bleibt.

Mit dem Potentiometer R 5 zwischen den Source-Anschlüssen der Feldeffekttransistoren kann die Eingangsfehlspannung auf Null abgeglichen werden. Der Gleichstrom I 1 für die erste Stufe wird von einer Konstantstromquelle geliefert, die aus einem zweistufigen Verstärker (Doppeltransistor T 3, BCY 88) mit voller stromgesteuerter Spannungsgegenkopplung besteht.

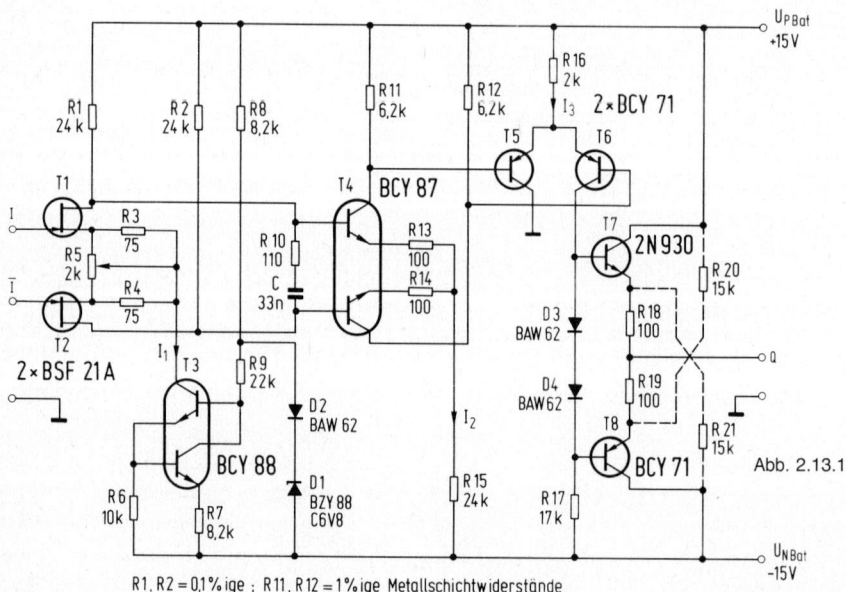

Abb. 2.13.1

R1, R2 = 0,1 %ige ; R11, R12 = 1 %ige Metallschichtwiderstände

Zwischen den Basen der zweiten Differenzverstärkerstufe liegt das frequenzgangkompensierende RC-Glied R 10, C. Die Endstufe ist als Komplementärstufe (T 7, T 8) aufgebaut. Damit ein möglichst glatter Übergang auftritt, ist es zweckmäßig, daß auch bei der Ausgangsspannung Null ein gewisser Emitterstrom in beiden Transistoren fließt. Dies kann erreicht werden, indem die Emitter der Endstufentransistoren über jeweils einen Widerstand (R 20, R 21) mit der entgegengesetzten Versorgungsspannung verbunden werden.

Die Besonderheit dieses Operationsverstärkers liegt in dem sehr hohen Eingangswiderstand. Dieser Verstärker ist daher für solche Fälle geeignet, wo die Belastung der Eingangsspannungsquelle sehr klein sein muß: Elektrometerverstärker, Impedanzwandler und Differenzverstärker mit hohem Eingangswiderstand, Analogspeicher mit langer Haltezeit.

Technische Daten*:

Spannungsverstärkung
Gleichspannungs-Differenzverstärkung ohne äußere
Gegenkopplung, $R_L = 1\,k\Omega$ $\quad V_{d0} = 99\,dB$
Frequenz- und Zeitverhalten
Einsverstärkungsfrequenz
(= Bandbreite-Verstärkungs-Produkt) $\quad f_1 = 10\,MHz$
Grenzfrequenz für vollen
Arbeitsbereich der Ausgangsspannung $\quad f_{og} = 100\,kHz$
maximale Flankensteilheit
mit Frequenzgangkompensation $\quad S = 10\,V/\mu s$
Eingangsspannungen
Temperaturkoeffizient der
Eingangsfehlspannung im
Temperaturbereich von
0 °C bis 85 °C $\quad |dU_F/d\vartheta| = 40\,\mu V/grd$

Äquivalente Eingangsrauschspannung (Bandbreite 100 kHz, Effektivwert) $\quad U_{naeq} = 20\,\mu V$
Gleichtaktunterdrückung $\quad \alpha_c = 65\,dB$
Empfindlichkeit der Eingangsfehlspannung gegenüber Schwankungen der positiven Versorgungsspannung $\quad \alpha_{FUP} = 500\,\mu V/V$

gegenüber Schwankungen der negativen Versorgungsspannung $\quad \alpha_{FNP} = 15\,\mu V/V$
Eingangsströme
Eingangsruhestrom bei
25 °C $\quad I_{10} = 100\,pA$
Eingangsruhestrom bei
85 °C $\quad I_{10} = 5\,nA$
Eingangsfehlstrom bei
25 °C $\quad I_F = 10\,pA$
Eingangsfehlstrom bei
85 °C $\quad I_F = 500\,pA$
Impedanzen
Differenz-Eingangsimpedanz $\quad z_{id} = 10\,G\Omega \parallel 10\,pF$

Gleichtakt-Eingangsimpedanz $\quad z_{ic} = 10\,G\Omega \parallel 10\,pF$
Ausgangswiderstand $\quad \tau_o = 400\,\Omega$

Abb. 2.13.2 zeigt die Frequenzabhängigkeit der Differenzspannungsverstärkung V_d des frequenzgangkompensierten Operationsverstärkers; ausgezogene Kurve bei einem Quellenwiderstand R_G von 100 Ω, gestrichelte Kurve für einen Quellenwiderstand von 100 kΩ.

Abb. 2.13.3 zeigt die Frequenzabhängigkeit des Arbeitsbereiches der Ausgangsspannung bei einem Gesamtklirrfaktor von 10 %.

---

*) Typische Werte für $U_{P\,bat} = +15\,V$ und $U_{N\,bat} = -15\,V$ und 25 °C

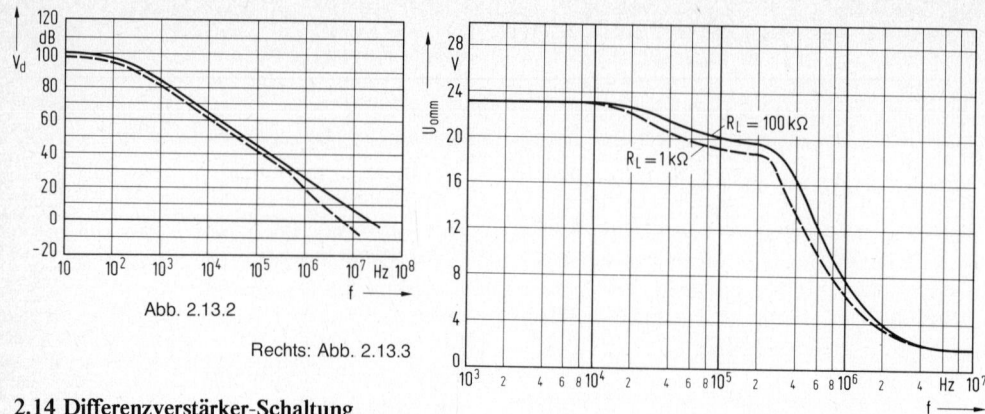

Abb. 2.13.2

Rechts: Abb. 2.13.3

2.14 Differenzverstärker-Schaltung

Differenzverstärker haben die Aufgabe, eine relativ kleine Spannung zwischen zwei Meßpunkten (Differenzanteil, Differenz-Eingangsspannung) zu verstärken, wenn beide Meßpunkte mit einer gleichen, relativ hohen Störspannung gegen Masse (Gleichtaktanteil, Gleichtakt-Eingangsspannung) überlagert sind. Eine wichtige Eigenschaft eines Differenzverstärkers ist die Gleichtaktunterdrückung, das Verhältnis von Differenz-Spannungsverstärkung zu Gleichtakt-Spannungsverstärkung.

Baut man Differenzverstärker mit integrierten Schaltungen auf, so hat man den Vorteil weitgehend gleicher Eigenschaften und gleichen Temperaturverhaltens beider Transistoren.

Zur Arbeitspunktstabilisierung ist in der angegebenen Schaltung (*Abb. 2.14*) eine Gleichstromgegenkopplung über R 1 = 10 kΩ auf die Basisanschlüsse der Transistoren T 1 und T 2 vorgesehen. Der Spannungsabfall am gemeinsamen Emitterwiderstand R 2 = 390 Ω beträgt 1 V. Der nicht überbrückte Emitterwiderstand R 3 = 12 Ω verbessert die Linearität der Schaltung.

Betriebswerte:
Stromversorgung   6,5 V; 7 mA
Spannungsverstärkung
    bei 1 kHz an $R_0 = 600\ \Omega \approx 50$ dB
Gleichtaktunterdrückung
    bei 60 Hz; 120 Hz; 1 kHz 20 dB

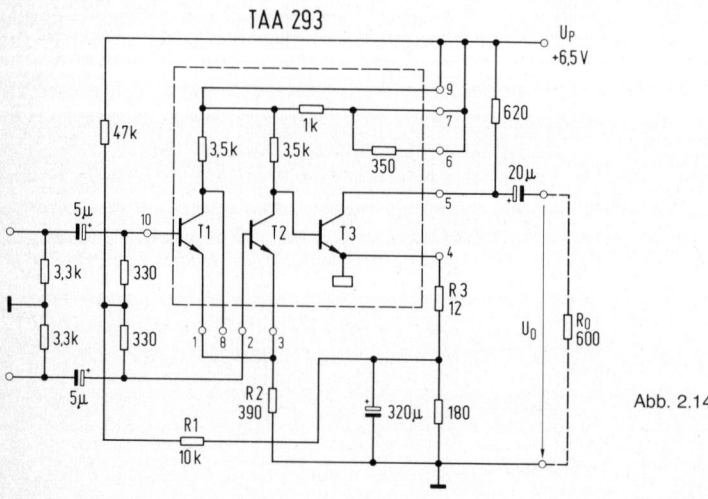

Abb. 2.14

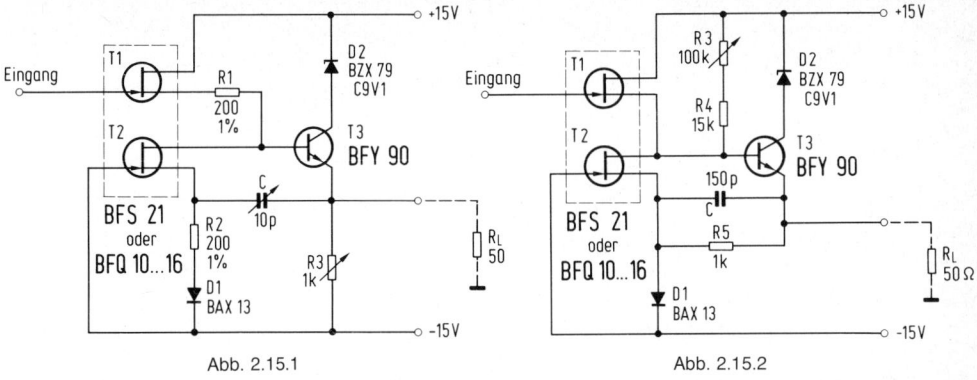

Abb. 2.15.1   Abb. 2.15.2

Grenzfrequenzen

(−3 dB)   75 Hz und 22 kHz

(−6 dB)   45 Hz und 38 kHz

Effektivwert der

Ausgangsspannung   0,9 V bei $k < 1\,\%$

                     1   bei $k < 2\,\%$

2.15 Vorverstärker mit hohem Eingangswiderstand

Diese beiden Schaltungen *Abb. 2.15.1* und *Abb. 2.15.2* haben extrem hohe Eingangs- und sehr niedrige Ausgangswiderstände. Sie eignen sich als Breitbandvorverstärker, z. B. für Tastköpfe von Oszillografen. Eingang und Ausgang der Schaltungen liegen auf demselben Potential. Ihre Spannungsverstärkung beträgt 1.

Der Transistor T 2 des FET-Paares BFS 21 (BFQ 10 bis 16) stellt eine Konstantstromquelle dar. Ist der Basisstrom von Transistor T 3 vernachlässigbar klein, dann ist der Drainstrom von T 1 gleich dem von T 2. Damit sind auch die Gate-Source-Spannungen dieser beiden Transistoren, von einer kleinen Fehlspannung abgesehen, gleich groß. Die Basis des Transistors T 3 liegt also auf einem Potential, das gegenüber dem Eingang um die Durchlaßspannung der Diode D 1 erhöht ist. Mit dem Widerstand R 3 in Schaltung (Abb. 2.15.1) stellt man den Emitterstrom von T 3 so ein, daß seine Basis-Emitter-Spannung gleich der Durchlaßspannung an der Diode D ist, damit der Ausgang auf dem gleichen Potential liegt wie der Eingang.

Wegen des endlichen Basisstromes von Transistor T 3 sind die Drainströme von T 1, T 2 in Schaltung Abb. 2.15.1 aber nicht genau gleich.

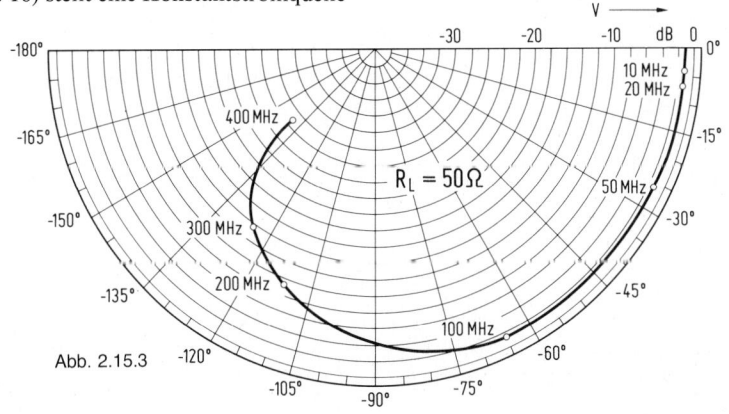

Abb. 2.15.3

Ist der dadurch verursachte Fehler zu groß, dann muß man den Basisstrom von T 3 wie in Abb. 2.15.2 über die Widerstände R 3 und R 4 zuführen. Dieser Strom kann mit R 3 so eingestellt werden, daß Eingang und Ausgang auf gleichem Potential liegen.

In Schaltung Abb. 2.15.2 ist der Ausgangswiderstand der FET-Stufe um R 1 = 200 Ω kleiner als in Schaltung Abb. 2.15.1; dementsprechend ist auch der Ausgangswiderstand der gesamten Vorstufe kleiner.

Der Emitter-Ruhestrom von Transistor T 3 wird über den Widerstand R 5 durch die Diode D 1 geführt. So ist die Temperaturdrift der Basis-Emitter-Spannung des bipolaren Transistors durch die Drift der Diodenspannung kompensiert. Die Z-Diode BZX 79 reduziert die Verlustleistung des Transistors T 3, ohne einen wesentlichen Miller-Effekt zu verursachen.

Verwendet man an Stelle des FET-Paares BSF 21 den Zweifach-FET BFQ 10 bis 16, so kann man eine kleinere Differenz der Gate-Source-Spannungen (Fehlspannung) und einen kleineren Temperaturkoeffizienten (Spannungsdrift) erzielen.

Technische Daten:

Eingangsimpedanz (25 °C) $> 10^9 \, \Omega$
  parallel zu einer Kapazität $< \quad 4 \, \text{pF}$
Bandbreite ($-3 \, \text{dB}$, $R_L = 50 \, \Omega$) $> 100 \, \text{MHz}$
Ausgangswiderstand $< \quad 10 \, \Omega$
Fehlspannung auf Null einstellbar
Ortskurve V_U bei R_L 50 Ω ist in *Abb. 2.15.3* gezeigt.

2.16 Vorverstärker für Breitband-Oszilloskope 0 bis 300 MHz

Der dreistufige Differenzverstärker (*Abb. 2.16.1*) hat zwei gegenphasige Ausgänge D und $\overline{D}$, einen Signaleingang I und zwei Anschlüsse G und -G für die Gleichspannung zur Vertikalablenkung.

In der Eingangsstufe werden die Feldeffekttransistoren BFW 10 als Sourcefolger verwendet, weil dann ihr Ausgangswiderstand so klein ist, daß die Verstärkung bis zu genügend hohen Frequenzen konstant bleibt. Außerdem sind die kleinen Eingangskapazitäten vorteilhaft. Wegen des hohen Eingangswiderstandes von T 1 ist der Eingangswiderstand des Vor-

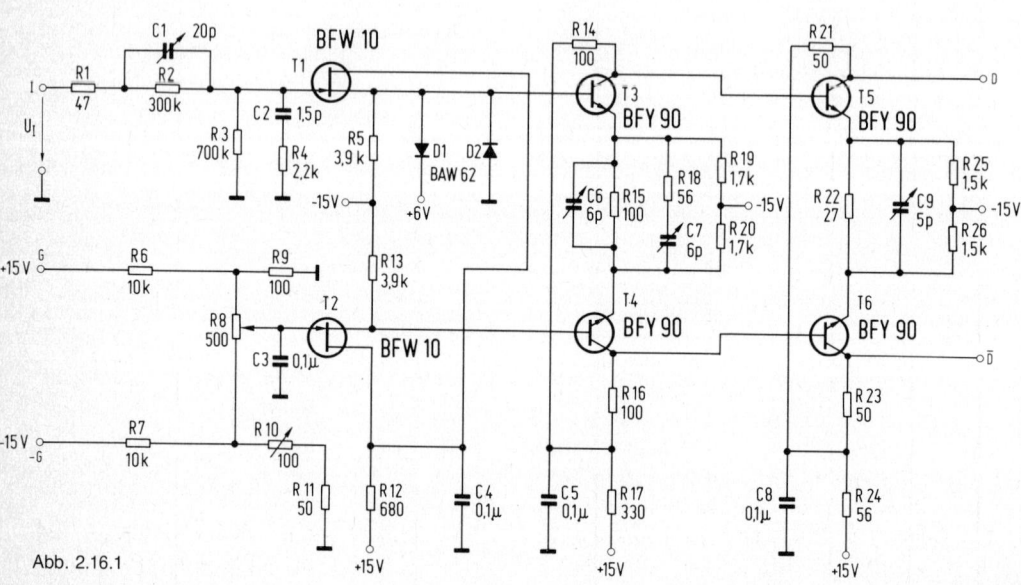

Abb. 2.16.1

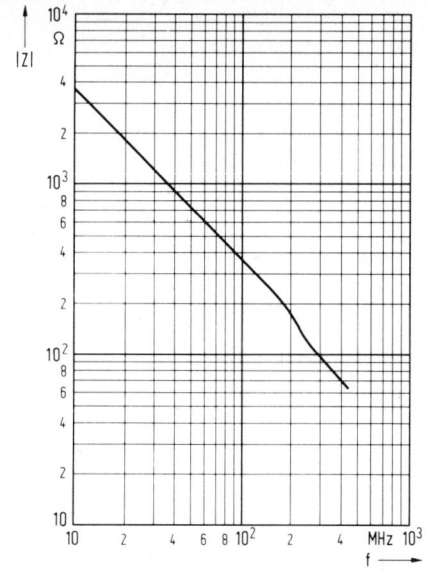

Abb. 2.16.2

Realteil der Eingangsimpedanz des Vorverstärkers

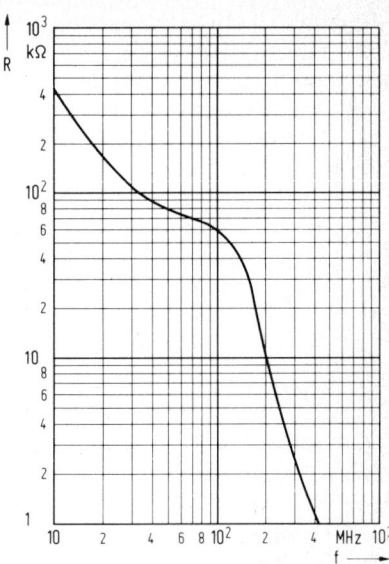

Eingangsimpedanz des Vorverstärkers

verstärkers bei tiefen Frequenzen ungefähr gleich der Summe von R 2 und R 3. Bei großen Eingangsspannungen U_I begrenzen die Widerstände R 2 und R 3 den Gatestrom und die Dioden D 1 und D 2 die Sourcespannung (in positiver und negativer Richtung).

Bei einem Spannungssprung am Eingang I lädt sich C 1 auf, und ein Teil des Ladestromes tritt kurzzeitig als Gatestrom auf. Die dabei im Transistor T 1 umgesetzte Energie darf nicht größer als 10 μWs werden und erreicht maximal die des voll aufgeladenen Kondensators. Daraus ergibt sich zum Beispiel für einen Spannungssprung von 300 V, daß C 1 kleiner als 200 pF sein muß. C 1 wird so eingestellt, daß die Zeitkonstante R 2 C 1 gleich der aus R 3 und den nachfolgenden Kapazitäten wird, damit bei hohen Frequenzen die Spannungsteilung zwischen Eingang und Gate erhalten bleibt. Zur Frequenzgangkompensation dienen außerdem die Kapazitäten C 6, C 7 und C 9.

Die Eingangsimpedanz des Vorverstärkers wird mit zunehmender Frequenz kleiner. Ohne das Glied C 2, R 4 würde der Realteil der Eingangsimpedanz oberhalb von 10 MHz ne-gativ werden, weil der Sourcefolger kapazitiv belastet ist und die Steilheit des Feldeffekttransistors wegen der Ladungsträgerlaufzeit von Source nach Drain eine Phasendrehung erfährt (45 °C bei 300 MHz). Mit C 2, R 4 bleibt der Realteil bis zu 400 MHz positiv.

Betriebswerte:

Frequenzbereich	$f = 0...300\ \text{MHz}$
Spannungsverstärkung	$V = 3$
Spannungsdrift	0,5...4 mV/grd
Äquivalente Rauschspannung	< 0,2 mV
Anstiegszeit des Ausgangssignals (Überschwingen < 10 %)	$t_{r\,Aus} = 0,9\ \text{ns}$
Bei einer Anstiegszeit des Eingangssignals	$t_{r\,Ein} = 0,3\ \text{ns}$

Daten der Eingangsimpedanz siehe *Abb. 2.16.2*

2.17 Y-Verstärker für ein Oszilloskop mit einem Nennfrequenzbereich von 0 bis 375 MHz

Die Eingangsstufe dieses Y-Verstärkers (*Abb. 2.17*) für eine Oszillografenröhre vom

Typ D 13-500.../01 besteht aus einem Phasenteiler (T 2, T 3) und einem Vorverstärker (T 4, T 5). Der Phasenteiler arbeitet mit Spannungs-, der Vorverstärker mit Strom-Gegenkopplung. Durch diese Abwechslung in der Gegenkopplung, die sich in der folgenden Ansteuerstufe für die Verzögerungsleitung (T 6 bis T 9) wiederholt, wird die Bandbreite des Verstärkers erhöht. Streukapazitäten und -induktivitäten (C 7, C 8 bzw. L 1, L 2) wirken sich korrigierend auf den Frequenzgang aus. Der Kondensator C 13 verhindert Oszillationen. Durch das Einfügen des Kondensators C 23 kann das Verhalten des Verstärkers bei hohen Frequenzen verbessert werden.

Die Ausgangsstufe (T 16 bis T 19) ist ein Gegentakt-Kaskadeverstärker mit niedrigen Eingangs- und Ausgangskapazitäten. Mit Hilfe der Stellwiderstände R 56 und R 78 wird die Gleichspannung für die Transistoren T 11, T 12, T 14, T 15 und T 16 bis T 19 eingestellt. Die Emitterfolger mit T 10 und T 13 stellen eine niederohmige Spannungsquelle dar. Die schnellen Schaltdioden D 10, D 11, D 13 und D 14 sorgen für eine Begrenzung der Ausgangsspannung, wenn der Verstärker übersteuert wird. Durch die Induktivitäten L 3 und L 4 in den Basiszuleitungen zu T 16 und T 19 werden unerwünschte Schwingungen unterdrückt.

Eine Verschiebung des Nullpunktes auf dem Bildschirm erreicht man durch Änderung der Basis-Gleichspannung von T 3 mit Hilfe des Potentiometers R 8 im Basisteil von T 1.

Die Versorgungsspannungen des Verstärkers sind +15 V, −15 V und +27 V. Um die notwendigen Basisspannungen an den Transistoren sicherzustellen, erfolgt die direkte Kopplung der einzelnen Stufen des Verstärkers durch Z-Dioden.

L 1, L 2 ≈ 11 nH Leistungsinduktivität, je 15 mm Anschlußdraht zu beiden Seiten des Widerstandes R 36 bzw. R 37

L 3, L 4 Leitungsdurchführung durch Dämpfungsperle 4312020 31051

L 5, L 6 ≈ 8 nH Leitungsinduktivität

VL 1, VL 2 Verzögerungsleitung 50 ns aus Koaxialleitung 93 Ω

Eigenschaften des Y-Verstärkers:

Verstärkung	46 dB	
Nennfrequenzbereich (3 db)	0...375 MHz mit	} Verzögerungsleitung
	0...380 MHz ohne	
Abfall oberhalb des Nennfrequenzbereichs	26 dB/Okatve mit	} Verzögerungsleitung
	25 dB/Oktave ohne	
Phasendrehung	2 grd/MHz mit	} Verzögerungsleitung
	3 grd/MHz ohne	
Eingangswiderstand	50 Ω (unsymmetrisch)	
Eingangs-Ablenkkoeffizient	10 mV/cm	
Ausgangswiderstand	300 Ω zwischen den symmetrischen Ausgängen	
max. Ausgangsspannung	15 V von Spitze zu Spitze	
Ausgangs-Anstiegszeit	ca. 1 ns	
max. zulässige Übersteuerung	3fach	
Signallaufzeit	50 ns	

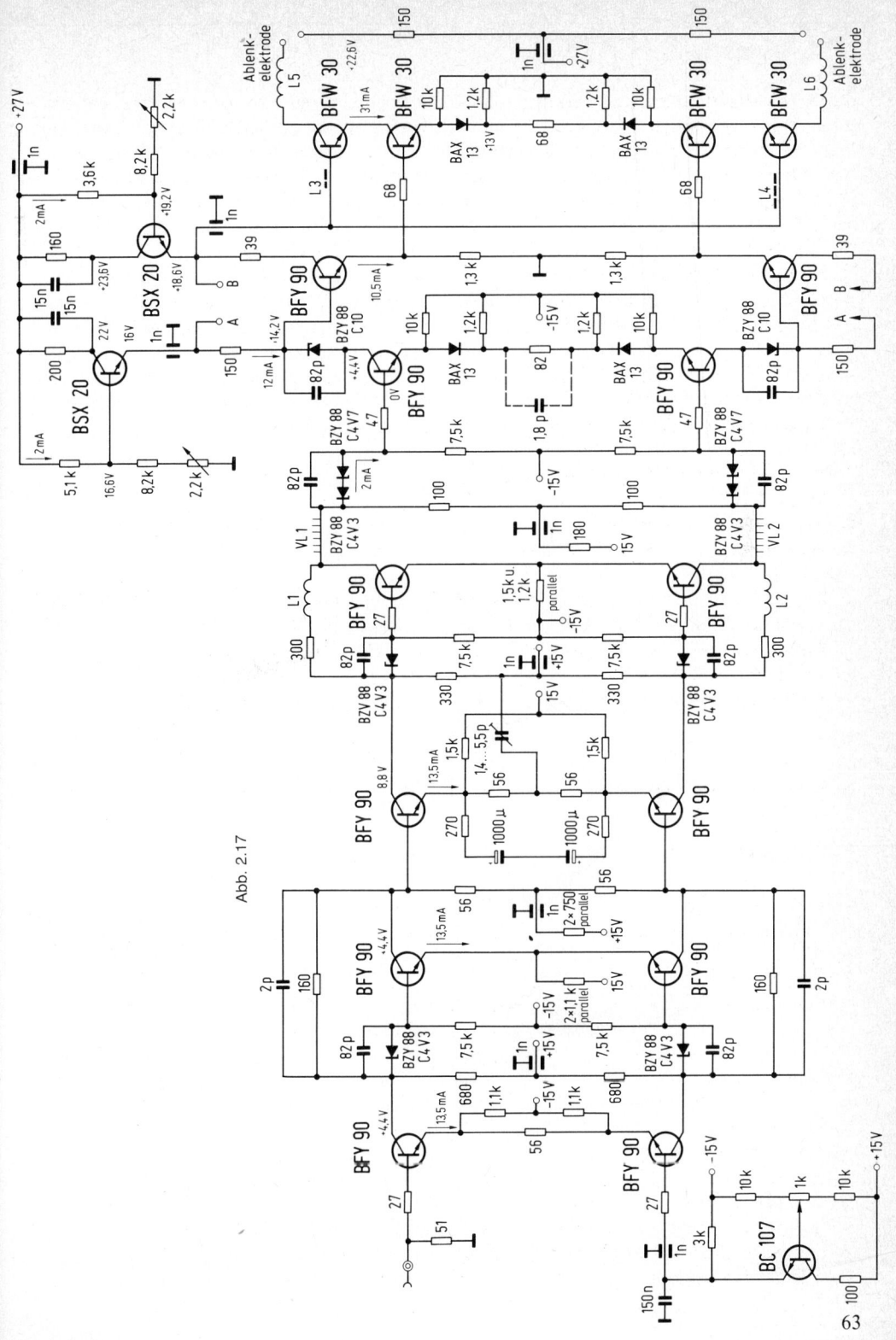

Abb. 2.17

63

2.18 Meßverstärker für ein Nf-Millivoltmeter

Für viele Nf-Messungen ist es erforderlich, Spannungen im mV-Bereich messen zu können. Der in *Abb. 2.18* gezeigte Meßverstärker hat eine Verstärkung von 60 dB bei einer oberen Grenzfrequenz von 1 MHz. Über einen durch Siliziumdioden geschützten Feldeffekttransistor gelangt das Eingangssignal auf den Sourcefolger. Der Eingangsteiler ist nicht mitgezeichnet. Eine Eingangsimpedanz von 10 MΩ // 20 pF ist leicht zu realisieren. Über die beiden Siliziumdioden, die als Koppelelemente zwischen dem Source- und Emitterfolger liegen, erfolgt eine Potentialanhebung, um den Dynamikbereich für die Aussteuerung des Emitterfolgers zu erweitern.

Die übrige Schaltungstechnik darf als bekannt vorausgesetzt werden. Interessant ist noch zu erwähnen, daß eine Empfindlichkeitsumschaltung über S 1 durch einfache Spannungteilung und über S 2 durch Änderung der Gegenkopplung in diesem Verstärkerzweig vorgenommen wird.

Demnach reicht ein einfacher Eingangsteiler in den Schaltstufen · 1; · 10; · 100 mit wenig Kompensationsmitteln aus. Der Schalter S 1 erweitert jeweils auf · 10 und · 3. Zusätzlich kann in der Stellung 100 mV noch über den Schalter S 2 auf den Bereich 10 mV und 3 mV geschaltet werden. Wegen der hohen Verstärkung und der Hochohmigkeit der Eingangsstufe ist eine Abschirmung des Verstärkers zu empfehlen.

2.19 Kurzschlußsicherer Schaltverstärker

An Magnetventilen, die mit hoher Schaltfolge betätigt werden, können die auftretenden hohen Induktionsspannungsspitzen nicht mit sog. Freilaufdioden gekappt werden, da sich dabei unzulässige Abfallverzögerungen einstellen. Es werden 2 Schaltverstärker, darunter eine kurzschlußsichere Version, angegeben, deren Endstufe mit hochsperrenden 3fach diffundierten Transistoren ausgeführt ist. Die Induktionsspannungsspitzen werden hierbei erst bei ca. 200 V begrenzt.

Schaltung *Abb. 2.19.1* zeigt einen mit dem 3fach diffundierten Transistor BUY 77 aufgebauten Schaltverstärker. Parallel zur Transistorkollektorstrecke ist ein kleiner Kondensator geschaltet, der zur Verminderung der Umschaltungsverlustleistung des Transistors dient. Die zusätzlich parallelliegende Zenerdiode begrenzt auftretende Induktionsspannungsspitzen der Verteiler, falls diese über 200 V_{ss} ansteigen. Eine Gefährdung des Transistors ist so ausgeschlossen. Dem Endtransistor ist ein Treibertransistor BSV 15-16 vorgeschaltet; der notwendige Eingangssteuerstrom beträgt dadurch < 2 mA.

Schaltung *Abb. 2.19.2* wurde mit 2 weiteren Vorstufentransistoren BCY 78/BCY 58 erweitert. Mit diesem Zusatz wird der Schaltverstärker kurzschlußsicher. Befindet sich am Ausgang des Verstärkers anstelle des Magnetventils ein Kurzschluß, sinkt am Endtransistor BUY 77 bei Einschalten des Verstärkers die Kollektorspannung nicht auf die Restspannung < 1V. Infolgedessen wird der Transistor BCY 58 über 220 kΩ und BAY 44 leitend. Damit wird auch der Transistor BCY 78 120 kΩ stromführend und leitet den Ansteuerstrom des eigentlichen Leistungsverstärkers ab und bleibt deswegen ungefährdet gesperrt. Die Kurzschlußsicherung wirkt auch während des Schaltbetriebes und reagiert auf Überlastung, sobald die Restspannung des Endtransistors auf 1 bis 1,5 V ansteigt.

Technische Daten:

U_B	24 V
I_{Schalt}	2,5 A
U_{St}	24 V
I_{St}	2 mA

2.20 Bereichslinearisierung bei Wechselspannungsmessung

Es ist bekannt, daß aufgrund der im interessanten Bereich der Diodenkennlinien auftretenden unlinearen Strom-Spannungsbezie-

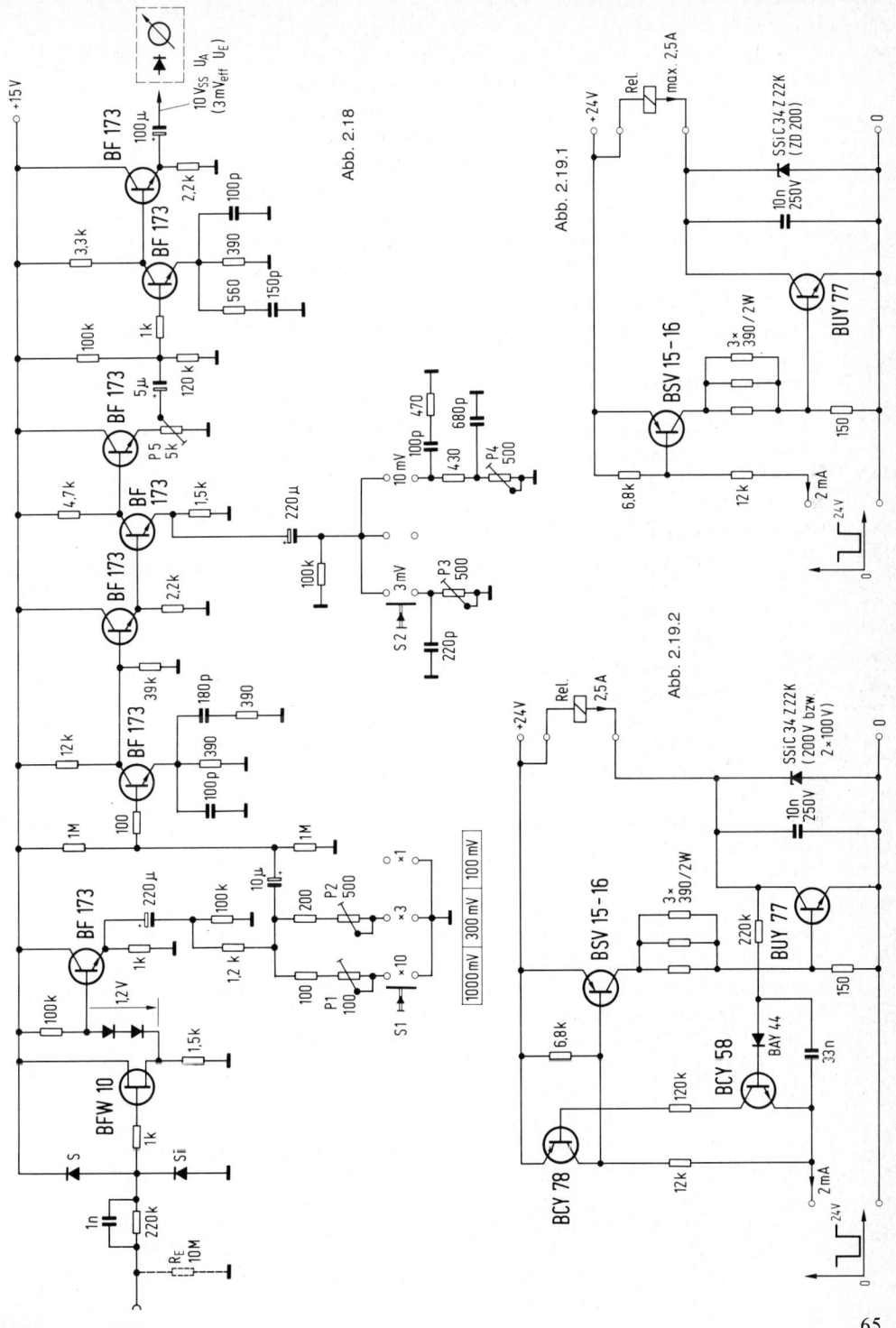

Abb. 2.18

Abb. 2.19.1

Abb. 2.19.2

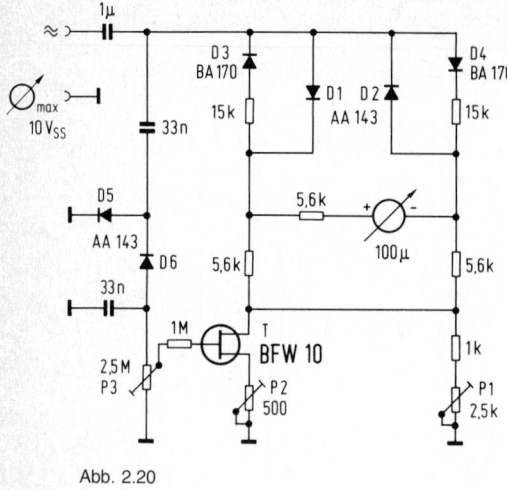

Abb. 2.20

hung eine entsprechende unlineare Anzeige kleinster Wechselspannungen erfolgt. Wenn wir davon ausgehen, daß bei besseren Wechselspannungsverstärkern dem Gleichrichterkreis für jeden Bereichsendausschlag eine Wechselspannung von z. B. 10 V_{SS} zugeführt wird, so läßt sich prinzipiell bereits mit einer linearen Skala arbeiten. Dabei treten jedoch bis ca. 2 V_{SS} noch entsprechende Verzerrungen im unteren Bereich der Skala auf.

Die Schaltung *Abb. 2.20* kompensiert diese Verzerrungen weitgehend. Die Dioden D 1 und D 2 stellen die eigentlichen Gleichrichterdioden für den Meßkreis dar, zwischen denen in einem relativ hochohmigen Kreis ≈ 7 kΩ (Widerstand 5,6 kΩ und R_i des Instrumentes) das Meßwerk liegt. Im unteren Brückenzweig sind die beiden 5,6 kΩ Widerstände über das Potentiometer P 1 sowie die Drain-Source-Strecke des Feldeffekttransistors T 1 an Masse gelegt. Die Siliziumdioden D 3 und D 4 wirken dem Gleichrichtervorgang in dem oberen 2/3 der Skala entgegen. Dieser Gegenstrom wird durch die 15 kΩ Widerstände begrenzt. Dadurch tritt eine geringfügige Zusammendrängung in diesem Bereich ein. Die Siliziumdioden geben unterhalb ca. 0,6 V gegenüber den Germaniumdioden (0,2 V) kaum noch eine Gegenspannung ab, wodurch der Wirkungsgrad der

Gleichrichteranordnung im unteren Drittel schon einmal größer ist, was einer Unlinearität entgegenwirkt. Das Potentiometer P stellt die Empfindlichkeit (Endausschlag) ein.

Ein zweiter Stromzweig wirkt zusätzlich der Unlinearität im unteren Drittel der Skala entgegen. Über die Dioden D 5 und D 6 wird das Meßsignal in einer Spannungsverdoppler-Schaltung zusätzlich gleichgerichtet. Dabei wird das Potentiometer P 3 so eingestellt, daß T in den 2/3 der Skala gesperrt ist. Unterhalb dieser Potentialschwelle öffnet T und zieht über seinen Source-Drain-Widerstand die Brückenschaltung im unteren Zweig an Masse. Dadurch entsteht eine erhöhte Anzeigeempfindlichkeit im unteren Drittel der Skala, wodurch die bestehende Unlinearität weitgehend aufgehoben wird. Das Potentiometer P 2 regelt dabei die Intensität der linearisierenden Wirkung, während das Potentiometer P 3 den Potentialpunkt an der Skala einstellt, ab welchem die Linearisierung wirksam werden soll.

2.21 Verstärkerschaltung für Fehlstrom-Schütz

Für einen Fehlstrom-Schütz wurde eine Verstärkerschaltung (*Abb. 2.21*) entwickelt, die bei einem Fehlstromsignal von max. 24 mA (50 Hz) einen Abwurfmagneten zur Unterbrechung des Netz-Wechselstromkreises betätigt. Das Fehlstromsignal wird durch die Sekundärwicklung eines Ringkerntransformators gewonnen. Die Primärwicklung bilden die beiden Leiter des Wechselstromkreises. Die Schaltung besteht aus einem Operationsverstärker als Verstärker, den Transistoren T 1 als Umkehrstufe und T 2 als Schalter.

An den beiden Eingängen des Operationsverstärkers wird mit einem Festwiderstand R 3 die Schaltschwelle des Verstärkers eingestellt. Der Fehlstromkreis ist mit einem 56-Ω-Widerstand abgeschlossen, um ein einwandfreies Wechselstromsignal zu erhalten. Das Nutzsignal muß größer als 20 mV sein, das entspricht der maximalen Offsetspannung und dem Spannungsabfall an R 3. Um die Tole-

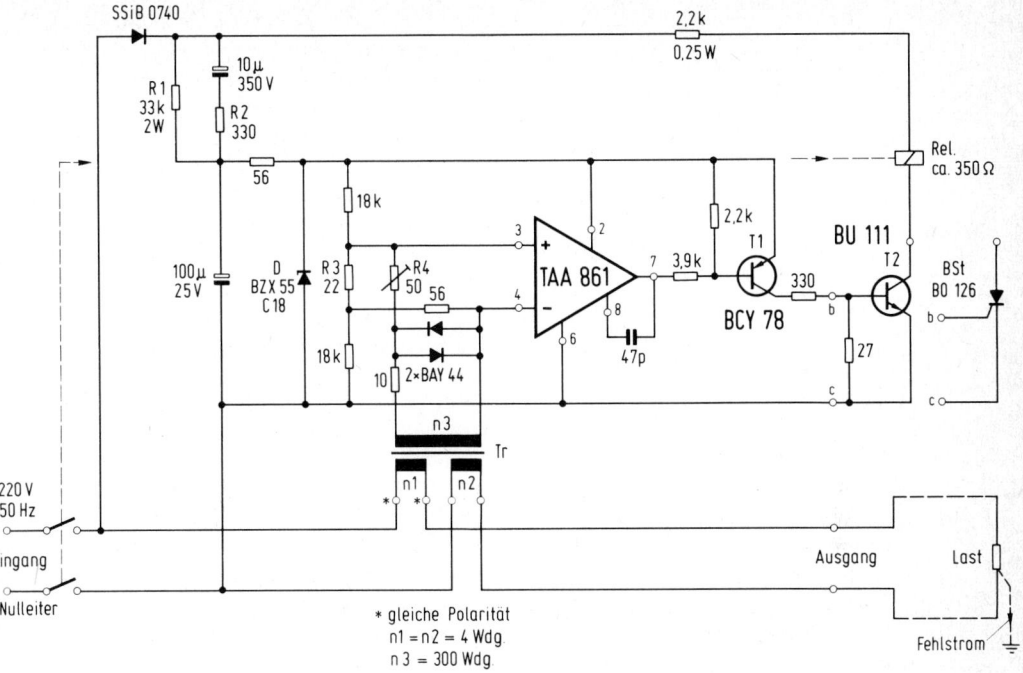

Abb. 2.21

ranz der Offsetspannung des Operationsverstärkers auszuschalten, kann der Widerstand R 3 durch einen Widerstandstrimmer R 4 ersetzt werden, so daß die Schaltung immer beim gleichen Fehlstromsignal von z. B. 12 mA$_{eff}$ anspricht. Bei Einengung der Offsetspannungstoleranz auf negative Werte läßt sich eine Ansprechempfindlichkeit von wenigen mA$_{eff}$ erreichen.

Als Relaisschalter kann ein Transistor BU 111 eingesetzt werden. Ebenso kann auch ein Thyristor Bst BO 126 in Plastikausführung verwendet werden. Die Schaltung wird aus dem Netz ohne Trafo versorgt. Die Versorgungsspannung muß mit der Zenerdiode D stabilisiert werden, da die Einschaltspannung durch die große Toleranz der Elektrolytkondensatoren größer als die zulässige Betriebsspannung für den OP werden kann. Der 10-µF-Kondensator wurde eingefügt, damit die Schaltung schon beim Einschalten anspricht, falls ein Fehlstromsignal vorhanden ist.

Technische Daten:

Betriebsspannung	220 V/50/60 Hz
Temperaturbereich T$_{Umg}$	-20 bis +90 °C
Stromaufnahme	2 mA
Ansprech-Fehlstrom ohne Abgleich	0 bis 24 mA$_{eff}$
Ansprech-Fehlstrom mit Abgleich	0 bis 12 mA$_{eff}$
Relais	etwa 350 Ω

2.22 Schaltverstärker für Magnetventil mit BDY 88

Der Schaltverstärker mit BDY 88 (*Abb. 2.22*) arbeitet ohne Vorstufe und hält kurzzeitigen Kurzschlüssen stand. Der Schaltverstärker kann von LSL-Gliedern angesteuert werden.

Die Kurzschlußfestigkeit wird mit dem Transistor BCY 58 erzielt, der den Kurz-

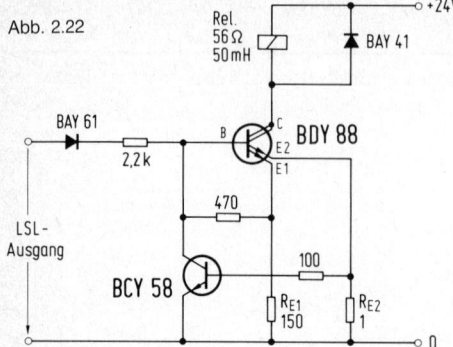

Abb. 2.22

schluß-Ausgangsstrom auf den Nennstrom des Ventiles begrenzt.

Die Schaltungsdimensionierung wurde für ein Magnetventil R = 56 Ω, L = 50 mH vorgenommen.

Magnetventile mit Schaltströmen bis 1 A bei 24 V können betrieben werden, wenn der Emitterwiderstand R_E angepaßt wird. Da die Kurzschlußverlustleistung $P_{VK} \approx 0{,}55$ V/R_{E2}. U_B beträgt, sollte der Emitterwiderstand möglichst optimal bemessen werden.

Die zulässige Kurzschlußzeit wird von der Größe des Kühlkörpers und der Kurzschluß-verlustleistung bestimmt.

2.23 Leistungsschalter für induktive Lasten

Beim Abschalten von induktiven Lasten treten am Schalter um so höhere Rückschlagspannungen auf, je kürzer die Abschaltzeit ist. Wegen der hohen Sperrspannung der Tran-

sistoren BUY 28 können mit diesen große Induktivitäten in sehr kurzer Zeit abgeschaltet werden. Die Beispiele nach *Abb. 2.23.1* und *2.23.2* zeigen Schaltungen zum Abschalten einer Magnetspule mit einer Induktivität von z. B. 38 mH und einem ohmschen Widerstand von 2,88 Ω, die bei einer Betriebsspannung von 24 V eine Leistung von etwa 200 W aufnimmt.

In den Beispielen nach Abb. 2.23.1 wird die Rückschlagspannung mit dem Widerstand R_P auf einen zulässigen Wert begrenzt, der mit einem entsprechenden Sicherheitsabstand unter dem für den Transistor BUY 28 zulässigen Wert von $U_{CER} = 420$ V liegt. Die Untersuchungen haben gezeigt, daß wegen der hohen Sperrspannung dieser Transistoren die sonst übliche Diode in Serie zu diesem Widerstand entfallen kann. Der Widerstand kann nämlich so hochohmig ausgeführt werden, daß der zusätzliche Stromverbrauch im geschalteten Zustand unbedeutend ist. Da der Transistor BUY 28 mit einem Ableitwiderstand von 100 Ω zwischen Basis und Emitter ausreichend gesperrt ist, entfällt auch die häufig verwendete Diode im Emitterkreis. Die mit dieser Schaltung erreichte Abschaltzeit ist 1,5 ms, wobei diese so definiert ist, daß der Strom durch die Induktivität auf ein Viertel des Anfangswertes abgesunken ist.

Noch kürzere Abfallzeiten kann man erreichen, wenn die Rückschlagspannung am Schalttransistor mit einer Z-Diode begrenzt wird, wie es das Beispiel nach Abb. 2.23.2 zeigt. Eine Kunstschaltung ermöglicht die

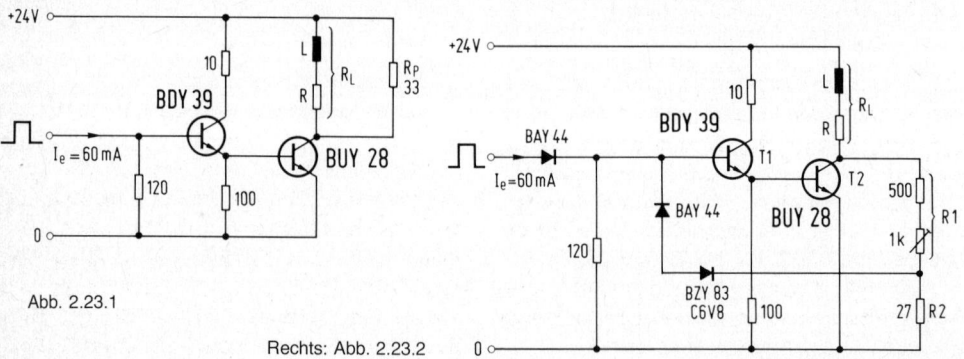

Abb. 2.23.1

Rechts: Abb. 2.23.2

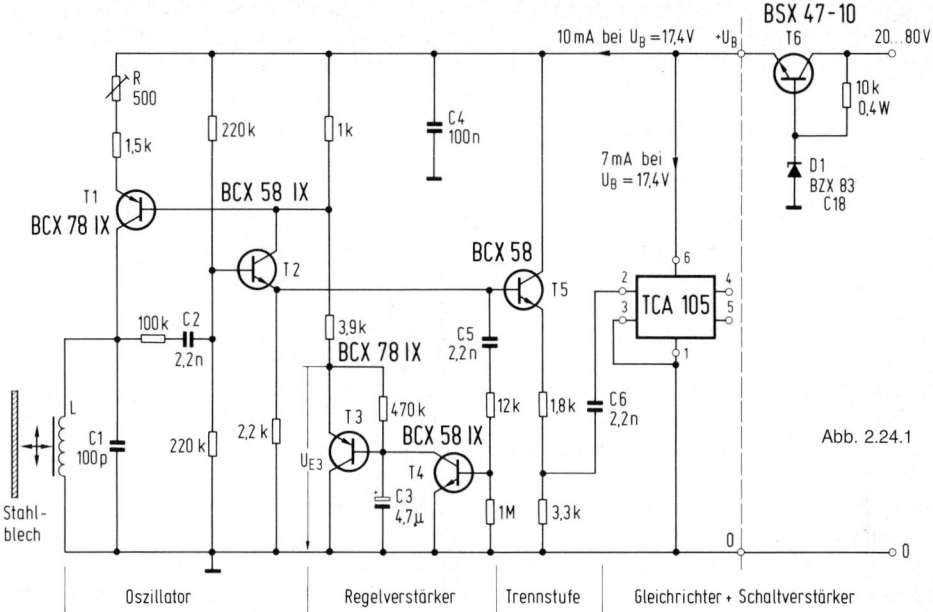

Abb. 2.24.1

Oszillator | Regelverstärker | Trennstufe | Gleichrichter + Schaltverstärker

Verwendung einer Z-Diode mit geringer Verlustleistung. Über den Spannungsteiler R 1/R 2 wird ein Teil der Sperrspannung am Schalttransistor über die Z-Diode dem Treibertransistor zugeführt. Mit dem Potentiometer kann im Spannungsteiler die zulässige Rückschlagspannung exakt eingestellt werden. Da ein direkter Zusammenhang zwischen Rückschlagspannung und Abfallzeit besteht, wird dadurch auch die Größe der Abschaltzeit festgelegt. Sie wurde im Versuchsaufbau mit 0,8 ms gemessen.

2.24 Induktiver Annäherungsschalter mit geregeltem Oszillator

Es wurde ein dynamischer, induktiver Annäherungsschalter (*Abb. 2.24.1*) entwickelt.

Er besitzt einen amplitudengeregelten Oszillator, der den Betrieb über einen großen Betriebsspannungs- und Temperaturbereich ermöglicht. Als Gleichrichter und Schaltverstärker wurde der TCA 105 eingesetzt.

Induktive Annäherungsschalter, deren Schaltabstände > 10 mm betragen sollen, sind nur schwer zu realisieren, da

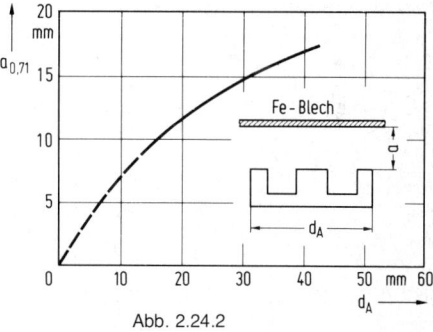

Abb. 2.24.2

1. mit größerem Abstand der benötigte Schalenkerndurchmesser nichtlinear wächst, so daß man die Annäherungsschalter nahe am max. Schaltabstand betreiben muß, um mit vertretbaren Schalenkerngrößen auszukommen. *Abb. 2.24.2* zeigt die Abhängigkeit des Abstandes $a_{0,71}$ eines Eisenbleches vom Außendurchmesser d_A eines Schalenkerns. $a_{0,71}$ ist dabei der Abstand, bei dem die Spu-

69

lengüte $Q = 0,71 \cdot Q_0$ beträgt. Q_0 ist die Spulengüte ohne Dämpfung.

2. beim Betrieb der Annäherungsschalter an der Empfindlichkeitsgrenze Parameterstreuungen der Bauteile, Betriebsspannungs- und Temperaturänderungen die Schwingung unterbrechen können.

Eine Regelschaltung zur Amplitudenstabilisierung des Oszillators ermöglicht den Aufbau stabiler Annäherungsschalter bis zur Empfindlichkeitsgrenze.

Der Oszillator besteht aus dem Schwingkreis L-C 1 und den Transistoren T 1, T 2. Als Induktivität wurde ein offener Schalenkern, $36 \oslash \times 22$, vorgesehen, dessen Güte von einem sich nähernden Eisenblech reduziert wird. Die Wicklung wurde auf einem halbierten Zweikammer-Spulenkörper aufgebracht. Mit dem Trimmer P 1 werden die Verstärkung des Oszillators und der Arbeitspunkt des Reglers eingestellt.

Die Amplitudenregelung erfolgt mit den Transistoren T 3 und T 4. Bei ansteigender Ausgangsamplitude wird der Transistor T 4 über C 5 leitend gesteuert. Der Transistor T 3 erhöht das Basispotential von T 1 und regelt die Amplitude zurück. Der Kondensator C 3 integriert die Hf-Impulse und erzeugt die Regelzeitkonstante des Oszillators. Die Regelzeitkonstante beträgt etwa 1 s, so daß der Annäherungsschalter auch noch relativ langsame Objekte registriert.

Der Transistor T 5 ist als Impedanzwandler vorgesehen.

eingesetzt und hat die Aufgabe, den Oszillator vom Gleichrichter zu trennen.

Als Gleichrichter und Schaltverstärker wurde die IS TCA 105 vorgesehen, deren gegenphasige Ausgänge 4 und 5 mit 50 mA belastet werden können.

Für einen erweiterten Betriebsspannungsbereich von $U_B = 20$ bis 80 V kann ein Spannungskonstanter T 5, D 1 vorgeschaltet werden.

Bis auf den Elko C 3 sind im Aufbau nur Keramikkondensatoren vorgesehen.

Abgleich:

$U_B = 17,5$ V: Mit P 1 am Regelverstärker die Spannung $U_{E3} = 5$ V einstellen.

2.25 Schwellenwertschalter

In der *Abb. 2.25.1* ist ein Spannungsdiskriminator gezeigt. Die Transistoren T 2 und T 3 arbeiten als Schmitt-Trigger. Der Inverter mit dem Transistor T 1 stellt an seinem Ausgang Q im LOW-Zustand ein für das Anschließen von Gattern der DTL-FC-Reihe genügend niedriges Ausgangspotential zur Verfügung.

Auch wenn die Eingangsspannung sich beliebig langsam ändert, erfolgt am Ausgang Q der Wechsel zwischen den beiden Potential-Zuständen aufgrund des Eigenkippvorgangs des Schmitt-Triggers sprunghaft. Durch die Hysterese $\Delta U_i = U_{is} - U_{iT}$ wird bei langsamem Ansteigen der Eingangsspannung ein unerwünschtes Triggern der Schaltung durch Störimpulse vermieden.

Verfügbare Ausgangsverzweigung (fan out) für das Anschließen von Gattereingängen

Technische Daten:

Betriebsspannung (ohne Spannungsstabilisierung, $T_u = 25\ °C$)	17,5 V (12,5 bis 21 V)
Stromaufnahme	≈ 17 mA (12,5 bis 20,5 mA)
Temperaturbereich ($U_B = 15$ bis 19 V)	-25 bis $+60\ °C$
max. Schaltabstand	18 mm
Schwingfrequenz	1 MHz
Zeitkonstante des Oszillators:	
Schwingung einschalten	$\approx 0,4$ ms
Schwingung ausschalten	≈ 1 ms
Regelzeitkonstante des Oszillators	≈ 1 s

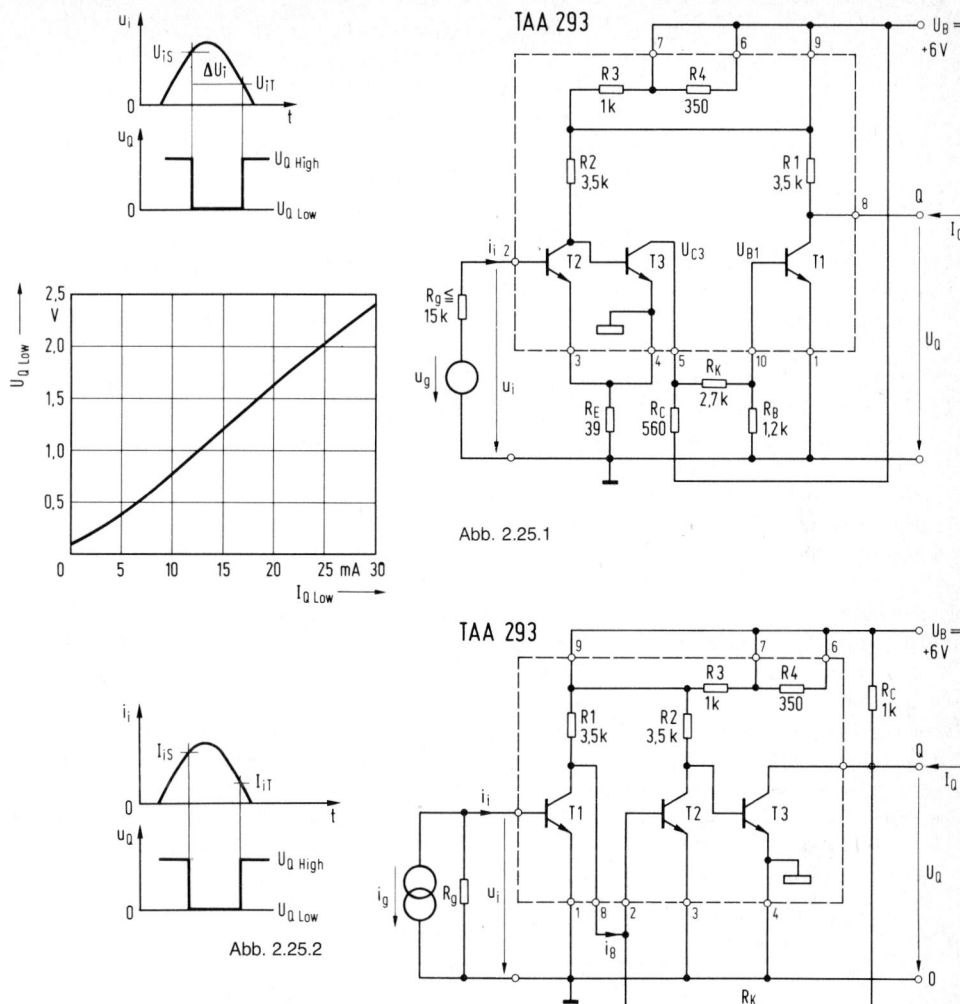

Abb. 2.25.1

Abb. 2.25.2

der DTL-FC-Reihe $\qquad$ N = 2,
bei einem Störabstand $\qquad$ M = 0,45 V.

Meßwerte (an einer Schaltung):

Schwellenwerte

0 °C: U_{is}	= 1,30 V,	U_{iT}	= 0,85 V
25 °C: U_{is}	= 1,25 V,	U_{iT}	= 0,80 V
75 °C: U_{is}	= 1,15 V,	U_{iT}	= 0,75 V

In der *Abb. 2.25.2* ist ein Stromdiskriminator gezeigt.

Beim Über- bzw. Unterschreiten bestimmter Schwellenwerte des Stromes i 8 wird über den Widerstand R_K vorübergehend eine Mitkopplung wirksam. Dadurch erfolgt ein sprunghafter Wechsel zwischen den beiden Schaltzuständen des eigentlichen Stromdiskriminators T 2, T 3. Dieses Eigenkippverhalten erfordert, daß die am Punkt 2 angeschlossene Quelle einen Widerstand > 100 Ω hat. Diese Forderung ist hier durch den Widerstand R 1 der Eingangsstufe T 1 erfüllt. Das Verhältnis der Widerstände R_K/R_C ist im Hinblick auf das Anschließen von Schaltungen der DTL-FC-Reihe so festgelegt, daß $U_{Q\ HIGH} \geqq 2,3$ V ist.

71

Meßwerte (an einer Schaltung)

ϑ °C	I mA	U_{QLow} V	I_{is} μA	I_{iT} μA
0	4 [1])	0,38	28	9,5
	25	1,4	30	14
25	3,8[1])	0,4	25,5	8,5
	25	1,4	27	12
	3,6[1]	0,5	18	6
75	25	1,8	22	10

Abb. 2.26

[1]) Mit diesem Wert wird beim Anschließen der Gatter der DTL-FC-Reihe eine Ausgangsverzweigung (fan out) von 2 erreicht.

I_{is} und I_{iT} hängen stark von der Stromverstärkung des Eingangstransistors in der Schaltung TAA 293 ab.

2.26 Stromgesteuerter Schwellwertschalter mit TCA 105

Abb. 2.26 zeigt einen einfachen stromgesteuerten Schwellwertschalter. Die Eingangsbeschaltung ist so ausgelegt, daß im Ruhezustand $I_I = 0$ der Eingangstransistor des TCA 105 sperrt. Damit ist der Ausgang Q (Anschluß 5) leitend und der Ausgang $\overline{Q}$ (Anschluß 4) gesperrt. Sobald am Eingang E ein zusätzlicher Strom eingespeist wird, schaltet die Eingangsstufe durch. Die Ausgänge wechseln jetzt in den jeweils komplementären Zustand.

Die Schaltung kippt, sobald der Eingangsstrom I_I einen Spannungsabfall von ungefähr 200 mV am Eingangswiderstand P = 250 Ω hervorruft. Der zu erwartende Fertigungsstreubereich der Schaltung beträgt ungefähr ± 50 mV. Je nach geforderter Genauigkeit sollte daher der Eingangswiderstand einstellbar sein. Die Schaltung, entsprechend Bild 9.4, ist für einen Kippunkt von $I_I = 2$ mA ausgelegt. Andere Stromwerte lassen sich durch eine geeignete Anpassung des Eingangswiderstandes R erzielen.

Der Widerstand R_H dient zur Einstellung der Schalthysterese. Sein Wert ist in weiten Grenzen variabel. Die resultierende Hysterese beträgt für die angegebenen Widerstandsbereiche ungefähr $I_{IH} \sim 100$ bis 400 μA. Weiterhin ist zu beachten, daß auch die Größe des Lastwiderstandes R_L an Ausgang 4 und die Höhe der verwendeten Speisespannung U_S die Hysterese beeinflussen. Günstige Werte liegen dabei für R_L unter 60 kΩ und für R_H über 1 MΩ.

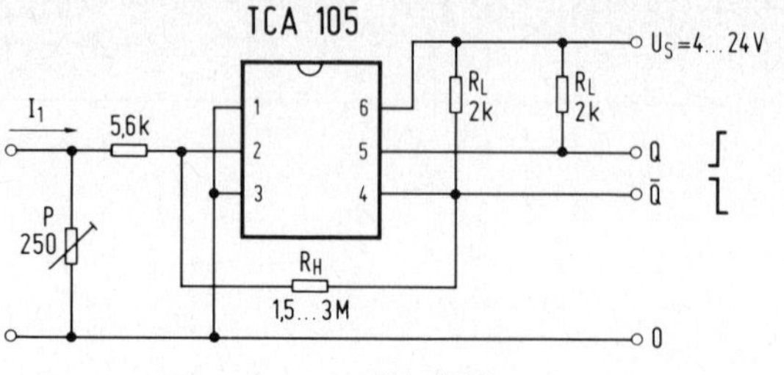

Bestückung:
1 TCA 105, Q 67000-A 527

2.27 Meßverstärker für größere Wechselspannungen

Häufig ist es erforderlich, höherfrequente Wechselspannungen für Meßzwecke zu erhalten. Der vorliegende Verstärker (*Abb. 2.27*) besitzt einen Frequenzbereich von 100 Hz bis 10 MHz. Die obere Grenzfrequenz ist im wesentlichen von der Größe der kapazitiven Belastung des Ausgangskreises abhängig. Die maximal erzielbare Ausgangsspannung ist von der Größe der Betriebsspannung und der Spannungsfestigkeit des verwendeten Transistors abhängig. Im vorliegenden Fall stehen am Ausgang Wechselspannungen bis 200 V_{ss} zur Verfügung. Der Eingangswiderstand des Verstärkers beträgt ca. 1 kΩ. Ist dieser für spezielle Anwendungen zu niedrig, so kann hier ein Emitterfolger vorgeschaltet werden. Der Emitter dieses Transistors wird direkt mit der Basis verbunden und erhält nach Masse einen Widerstand von 1 kΩ. Der Basisvorteiler des in Abb. 2.27 vorhandenen Endtransistors wird an die Basis des Emitterfolgers angeschlossen.

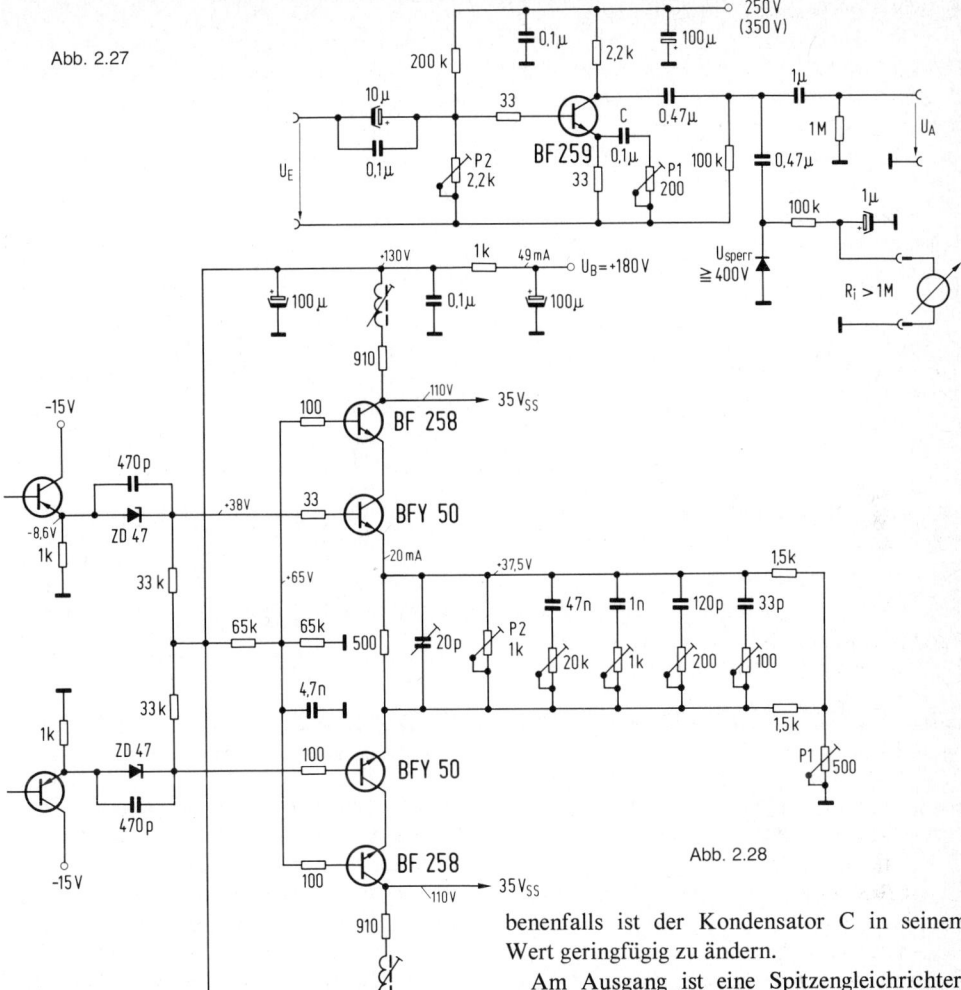

Abb. 2.27

Abb. 2.28

Mit dem Potentiometer P 2 wird der optimale Arbeitspunkt eingestellt. Dazu wird am Eingang ein Sinussignal von 10 kHz angeschlossen und bei langsamer Amplitudenerhöhung am Ausgang der Arbeitspunkt so eingestellt, daß ab einer bestimmten Ausgangsspannung sowohl an der positiven als auch an der negativen Halbwelle eine Begrenzung einsetzt. Mit dem Potentiometer P 2 wird das richtige Rechteckverhalten eingestellt. Dabei wird ein 1 kHz Rechtecksignal auf einwandfreie Sprungcharakteristik am Ausgang kontrolliert. Gege-

benenfalls ist der Kondensator C in seinem Wert geringfügig zu ändern.

Am Ausgang ist eine Spitzengleichrichterschaltung angeschlossen, die ein hochohmiges Meßgerät aussteuert. Durch entsprechende einmalige Eichung kann für Sinus- und für Rechteckform eine Skala für den Wert U_{ss} gefunden werden. Die dazu benötigte Gleichrichterdiode muß eine entsprechende Sperrspannung aufweisen.

2.28 Breitbandverstärker für Oszilloskop-Endstufen

In *Abb. 2.28* ist die Endstufe eines 50 MHz Breitbandverstärkers gezeigt. Das Steuersignal, welches am Eingang ein Gleichspannungspotential von −8,2 V aufweist, wird über die Zenerdioden auf das erforderliche Gleichspannungssignal von ca. 38 V gebracht. Es ist leicht verständlich, daß durch die Ankopplung mit Zenerdioden diese Endstufe an Steuerstufen angekoppelt werden kann, die innerhalb bestimmter Grenzen ein beliebiges Gleichspannungspotential aufweisen.

Für den symmetrisch aufgebauten Endverstärker steuert der Transistor BFY 50 den in Basisschaltung betriebenen BF 258 an. Die eigentliche Verstärkung erfolgt in dem Transistor BF 258. Durch diese Kaskadeschaltung wird eine hohe obere Grenzfrequenz bei guter Aussteuerlinearität erreicht. Das mittlere Plattenpotential − hier 110 V − wird bestimmt durch den mittleren Gleichstrom der Anordnung. Mit P 1 − 500 Ω − kann dieser Strom für beide Verstärkerzüge beeinflußt werden und somit auch das Plattenpotential den vorgesehenen Erfordernissen angepaßt werden. Das Potentiometer P 2 bestimmt die Größe der Gegenkopplung und damit die Verstärkung beider Endstufen. Die weiteren im Emitterzweig vorhandenen Einstellpotentiometer dienen zur Einstellung eines optimalen Sprungverhaltens des Verstärkers. Der 20 pF Trimmkondensator stellt im wesentlichen den Übertragungsbereich bei höheren Frequenzen sicher. Zur Einstellung kann dieser Verstärker entweder gewobbelt werden, oder aber wird mit einem Rechtecksignal sehr kurzer Anstiegszeit kontrolliert. Die Ausgangsspannung beträgt 35 V_{ss} je Stufe. Dieser Dynamikbereich ist abhängig von dem eingestellten mittleren Spannungspotential. Für die Oszilloskopröhre steht somit ein Steuersignal von 70 V_{ss} zur Verfügung.

Unter Einbuße der oberen Grenzfrequenz kann die Stufenverstärkung durch Erhöhen der 910-Ω-Arbeitswiderstände vergrößert werden. Um das mittlere Plattenpotential sicherzustellen, wird es dann jedoch erforderlich sein, bei kleinerem Steuerstrom die beiden 1,5-kΩ-Widerstände im Emitterzweig zu vergrößern. Aufgrund der vorgegebenen Verlustleistung sind die Endtransistoren mit einem Kühlstern auszurüsten.

Zur Anhebung der oberen Grenzfrequenz ist eine zusätzliche L-Kompensation vorgesehen. Es handelt sich um Spulen mit einem Durchmesser von 5 mm und einer Windungszahl von 10. Auch diese Spulen werden bei der Übertragung eines steilen Rechtecksignales auf steile Sprungkanten bei minimalem Überschwingen eingestellt.

2.29 Eichgenerator

In der Impulstechnik ist es häufig erforderlich, aktive Verstärkerschaltungen hinsichtlich der Übertragungseigenschaften und der Spannungsverstärkung zu untersuchen. In der Schaltung (*Abb. 2.29*) arbeiten die Transistoren T 1 und T 2 als astabiler Multivibrator. Durch die Schalter S 1 und S 2 ist es möglich, einmal bei geöffneten Schaltern ein sehr steiles Rechtecksignal von ca. 50 kHz zu erzeugen. Sind beide Schalter geschlossen, so steht hingegen am Ausgang ein Signal mit einer Frequenz von ca. 1,5 kHz. Je nachdem, ob S 1 oder S 2 geschlossen ist, ergeben sich am Ausgang kurze nadelförmige steile positive oder negative Rechteckschwingungen, deren Folgefrequenz ca. 1,5 kHz entspricht. Der negative Pegel des Ausgangssignales wird durch die Zenerdiode 3,3 V bestimmt, während der positive Pegel bei Sperrung von T 2 durch die Betriebsspannung begrenzt wird. Damit ergibt sich ein Signal von ca. 6 V_{ss}, das zur Steuerung des Emitterfolgers T 3 benutzt wird.

Der niederohmige Emitterkreis gewährleistet eine breitbandige Übertragung. Mit dem Potentiometer P wird die maximal gewünschte Ausgangsspannung z. B. 5 V_{ss}, 2 V_{ss} oder 1 V_{ss} eingestellt. Je nach Wunsch kann jetzt ein Ohmscher Spannungsteiler R 1...R_n aufgebaut werden. Dabei sollte die Summe der Teilerwiderstände ≤ 1 kΩ sein. Werden Teilerverhältnisse größer als 40 dB gefordert, so ist eine sorgfältige Abschirmung der Teilerstufe zu gewährleisten und die Massepunkte der Aus-

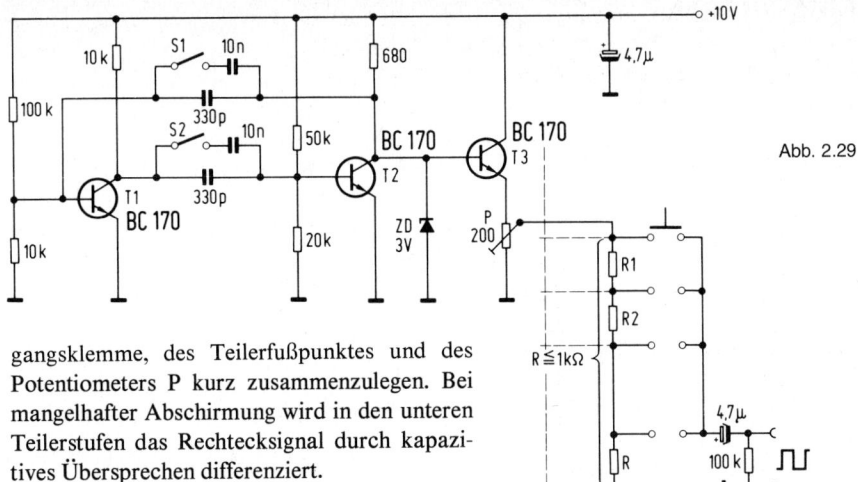

Abb. 2.29

gangsklemme, des Teilerfußpunktes und des Potentiometers P kurz zusammenzulegen. Bei mangelhafter Abschirmung wird in den unteren Teilerstufen das Rechtecksignal durch kapazitives Übersprechen differenziert.

2.30 Näherungsschalter

Der folgende Abschnitt zeigt 3 Möglichkeiten für den Aufbau induktiver Näherungsschalter mit dem integrierten Schwellwertschalter TCA 105. Die Ausgänge sind bei allen Schaltungen wie folgt definiert:

Oszillator schwingt:

Ausgang Q = L-Zustand (leitend)
Ausgang $\bar{Q}$ = H-Zustand (gesperrt)

Die Ausgänge nehmen den jeweils komplementären Zustand ein, sobald die Schwingung unterbrochen wird.

Abb. 2.30.1 zeigt eine außerordentlich wirtschaftliche Lösung für einen induktiven Schlitzschalter. Der Eingangstransistor des TCA 105 bildet zusammen mit den Induktivitäten 1,25 und 4,5 µH einen Dreipunktoszillator. Impulsverlauf und Frequenz der Schwingung hängen dabei weitgehend von der Spulenauslegung ab. Geeignete Bauformen sind zum Beispiel die Siferrit-Schalenkerne B 65511-M 000-R 025 oder B 65531-20040-A 001. Die typische Schwingfrequenz liegt mit den angegebenen Induktivitätswerten zwischen 2 und 3 MHz. Die Frequenz läßt sich durch geänderte Spulendaten im Bereich von 1 bis 10 MHz

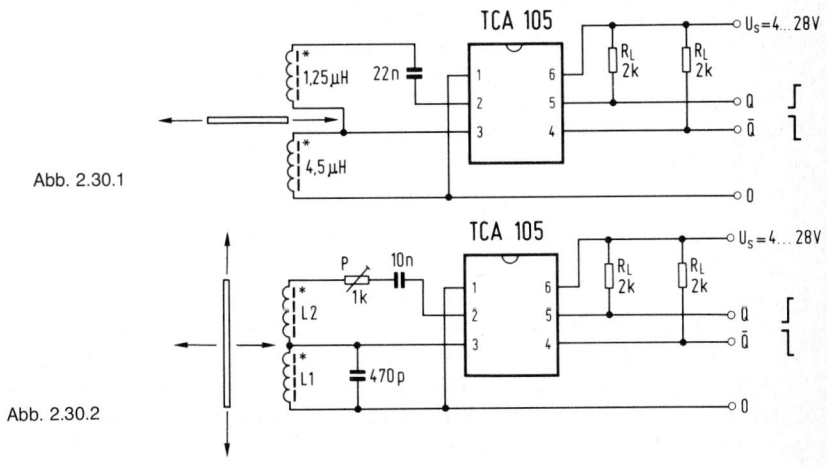

Abb. 2.30.1

Abb. 2.30.2

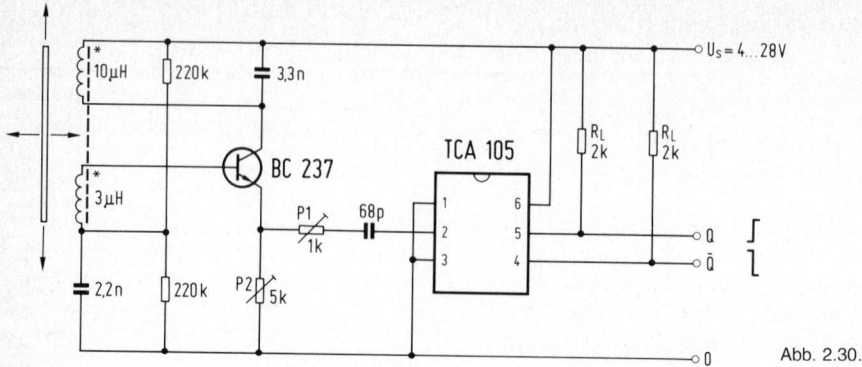

Abb. 2.30.3

variieren. Bei einem Betrieb unterhalb 1 MHz besteht die Gefahr, daß sich die Schwingfrequenz dem Ausgangszustand überlagert.

Die Oszillatorschwingung reißt ab, sobald ein Eisenteil zwischen den beiden Spulen eingeführt wird. Die erzielbare Schlitzbreite beträgt bei geeigneter Dimensionierung etwa 5 mm. Der Kondensator 22 nF dient als Koppelkondensator zur Potentialtrennung.

Abb. 2.30.2 zeigt eine weitgehend ähnliche Schaltung für Anwendungen als Stirnflächenindikator. Der Oszillator besteht hier aus einem Schwingkreis L 1 = 12,5 µH, C = 470 pF, der in erster Linie frequenzbestimmend ist. Erfolgt eine ausreichende Bedämpfung des Schwingkreises durch ein Metallteil, so wird die Schwingung unterbrochen. Die Annäherung des Metalles kann dabei sowohl aus horizontaler als auch vertikaler Richtung erfolgen. Zusätzlich ist der Oszillator mit einem Dämpfungswiderstand P = 1 kΩ für die Regelung des Schwingungseinsatzes versehen. Auf diese Weise ist eine Justierung des Schaltpunktes bei frontaler Annäherung in einem Abstandsbereich bis zu 1 mm möglich.

Die Schalthysterese beträgt dabei im Mittel 0,2 mm. Bei vertikaler Bewegungsrichtung des Metallstreifens hängen Hysterese und Schaltpunkt zugleich von der horizontalen Entfernung des Schalenkerns ab.

Das Schaltverhalten ist um so besser, je kleiner der Abstand ist. Eine praktische Erprobung ist hier am einfachsten. Als Richtwert sei hier eine erzielbare Hysterese von 0,6 bis 0,7 mm bei einem Abstand von 0,5 mm genannt.

Siferrit-Schalenkerne der Bauform B 65517-A 0000-R 001 eignen sich gut für den Aufbau des Oszillators. Die erforderlichen Windungszahlen für eine Halbschale von 9 × 5 mm betragen bei Verwendung von 0,1 mm CuL:

L 1: $n_1 = 20$ Windungen
L 2: $n_2 = 7$ Windungen

Näherungsschalter mit höherer Empfindlichkeit erfordern eine zusätzliche Transistorstufe entsprechend *Abb. 2.30.3*. Einstellpotentiometer für die Hysterese (P 1) und den Abstand (P 2) ermöglichen den Aufbau sehr genauer Näherungsschalter mit Schaltabständen von 3 bis 10 mm und je nach gewähltem Abstand einen Hysteresebereich von 0,3 bis 1 mm. Eine Bedämpfung ist sowohl aus horizontaler als auch vertikaler Bewegungsrichtung möglich.

Bestückung:
1 TCA 105, Q 67000-A 527
1 BC 237, Q 62702-C 276 und C 277

2.31 Statischer Wechselstromschalter

Mit Thyristoren oder Triacs lassen sich statische Schalter aufbauen, die gegenüber mechanischen Schaltern (Schützen) folgende Vorteile aufweisen:

a) kein Verschleiß,
b) lautloses Arbeiten,
c) geringe Steuerleistung.

Einen statischen Wechselstromschalter, der mit zwei Thyristoren arbeitet, zeigt *Abb. 2.31.1*. Nach Schließen des Schalters S gilt:

Zu Beginn einer Halbwelle, bei der z. B. Punkt B positiv gegenüber Punkt A ist, wird Th 1 durch einen Strom über D 2, R 2 gezündet. Ein Zünden von Th 2 ist in dieser Halbwelle nicht möglich, da die zur Zündung erforderliche positive Anodenspannung fehlt. Zu Anfang der nächsten Halbwelle wird dann Th 2 durch einen Strom über D 1, R 2 gezündet. Das wechselseitige Zünden der beiden Thyristoren setzt sich fort, solange der Schalter S geschlossen bleibt.

Für die Bestückung der Schaltung 1 können folgende Thyristoren und Dioden gewählt werden:

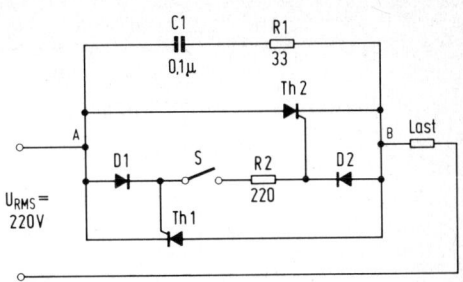

Abb. 2.31.1

Laststrom Th 1, Th 2		Kühlkörper
$I_{N\,RMS}$		
4 A	BT 100 A	1,5 mm, 6 x 6 cm² Al-Kühlblech
9 A	BT 101	56 256
9 A	BT 102	56 256
9 A	BTY 79 − 500 R	56 256
16 A	BTY 87 − 500 R	56 253
16 A	BTX 35 − 500 R	56 253
20 A	BTY-91 − 500 R	56 253
20 A	BTX 36 − 500 R	56 253
25 A	BTX 81 − 500 R	56 253
35 A	BTX 82 − 500 R	56 253
60 A	BTY 95 − 500 R	56 279
60 A	BTX 37 − 500 R	56 279
90 A	BTY 99 − 500 R	56 279
90 A	BTX 38 − 500 R	56 279

Dioden D 1, D 2: BY 127 oder BYX 10

Anstelle der Thyristoren läßt sich auch ein Triac verwenden. Eine entsprechende Schaltung für $I_{N\,RMS}$ = max. 25 A zeigt *Abb. 2.31.2*.

Der über den Schalter S fließende Strom ist bei beiden Schaltungen sehr gering. Es empfiehlt sich die Verwendung eines Reed-Relais.

Die Serienschaltung von R 1, C 1 stellt jeweils die Schutzbeschaltung für die Thyristoren bzw. den Triac dar.

2.32 Induktiver Annäherungsschalter

Diese Schaltung (*Abb. 2.32*) enthält einen Sinusoszillator (T 1) und einen Schaltverstärker (T 2) für die Betätigung eines Relais (I_{an} = 50 mA). Wird durch eine zwischen die Spulen geschobene Metallfahne die induktive Rückkopplung und damit die Schwingung des Oszillators unterbrochen, so sperrt der Schalttransistor, und das Relais fällt ab. Die Toleranz der Eintauchtiefe für den Schaltpunkt ist etwa ± 2 mm.

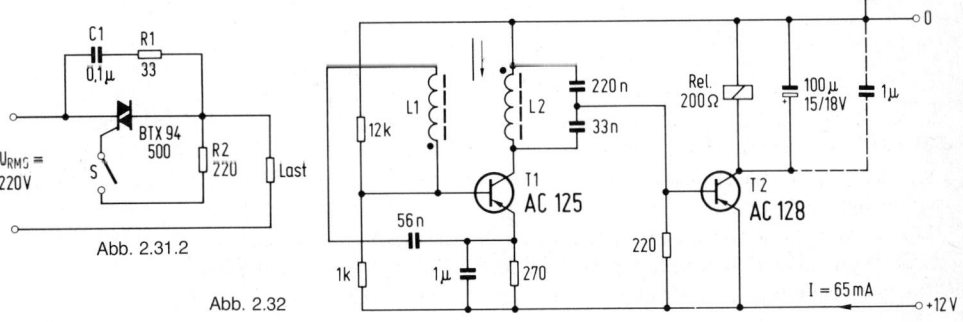

Abb. 2.31.2

Abb. 2.32

Die Schaltung arbeitet einwandfrei im Temperaturbereich −20 °C bis +70 °C, bei Betriebsspannungen von 10 V bis 15 V auch bei Verwendung von Transistoren mit extremen Stromverstärkungsfaktoren sowie bei Zusammentreffen aller ungünstigen Umstände.

Der Sinusoszillator schwingt auf einer Frequenz von 16,5 kHz. Als frequenzbestimmendes Element dient ein fest abgestimmter Schwingkreis im Kollektorkreis. Die Induktivitäten L 1 und L 2 betstehen aus je einer Schalenkernhälfte, auf welcher jeweils ein Spulenkörper befestigt ist. Die Rückkopplung erfolgt induktiv über die beiden Spulen, die sich in einem Abstand von 16 mm ± 20 % (lichte Weite) gegenüberstehen.

Spulendaten

L 1 = L 2 = 3 mH, 400 Wdgn. 0,2 CuL auf Ferroxcube-Schalenkernhälfte S 18/12, Typ 56 580 34/3B2, mit Spulenkörper VA 900 25. Die Punkte kennzeichnen gleiche Wicklungsenden bei durchweg gleichem Wicklungssinn.

Der Kollektorstrom des Transistors T 1 ist auf 4,5 mA eingestellt und sc stabilisiert, daß auch unter extremen Arbeitsbedingungen eine einwandfreie Funktion der Schaltung gewährleistet ist. Die Schaltung des Oszillators ist derart ausgelegt, daß sich die Verwendung von Elektrolytkondensatoren zur Entkopplung erübrigt.

Bei der gewählten Widerstandsanpassung tritt durch die Belastung des Oszillators mit dem Eingangswiderstand des Schaltverstärkers (T 2) keine Begrenzung der Oszillatoramplitude auf. Damit können auch keine unkontrollierten Schwingungszustände entstehen. Die Ein- und Ausschwingzeit des Oszillators ist kleiner als 2 ms.

Über eine kapazitive Anzapfung des Schwingkreises wird der Schaltverstärker auch unter ungünstigsten Umständen voll ausgesteuert. Der ungünstigste Fall tritt bei folgenden Arbeitsbedingungen auf: Beide Transistoren besitzen minimalen Stromverstärkungsfaktor, die Betriebsspannung ist 10 V und die Umgebungstemperatur −20 °C. Wird das Gerät bei Umgebungstemperaturen von weniger als −5 °C betrieben, so empfiehlt sich die (im Schaltbild gestrichel gezeichnete) zusätzliche Parallelschaltung eines 1-μF-Polyesterkondensators zum Relais. Wenn die Schwingung des Oszillators unterbrochen wird, sperrt der Transistor T 2, und das Relais fällt ab.

2.33 Induktive Schranke

Das Eintauchen einer Metallzunge zwischen zwei Spulenhälften läßt ein Relais abfallen. Die Schaltung eignet sich insbesondere als Endschalter. Die zum Schalten erforderliche Eintauchtiefe der Metallzunge läßt sich auf wenige zehntel Millimeter genau einstellen.

Die Schaltung (*Abb. 2.33*) enthält einen Meißner-Oszillator mit einer Schwingfrequenz von etwa 200 kHz. Die Spule des Kollektorschwingkreises ist in eine Hälfte eines Ferrit-Schalenkerns gewickelt. Die in der Basiszuleitung liegende Rückkopplungsspule ist in der zweiten Hälfte des Schalenkerns untergebracht. Beide Kernhälften stehen sich in einem Abstand von etwa 5 mm gegenüber. Über diesen Zwischenraum erfolgt die magnetische Kopplung der beiden Spulen.

An dem 1-kΩ-Potentiometer in der Emitterzuleitung erfolgt eine Gegenkopplung. Sie wird so eingestellt, daß der Oszillator gerade noch schwingt. Schiebt man jetzt eine Metallzunge zwischen die Spulen, so wird der Koppelfluß durch Wirbelströme in der Zunge bedämpft. Die Rückkopplung nimmt ab, und die Schwingungen setzen aus.

Am Kollektor des Oszillator-Transistors wird das Signal über einen 1-nF-Kondensator ausgekoppelt und zur Gleichrichtung an die Basis eines weiteren Transistors gebracht, der in Kollektorschaltung arbeitet. Wenn der Oszillator schwingt, liegt an dem Siebkondensator am Emitter dieses Transistors eine Gleichspannung, die der Basis des Endtransistors zugeführt wird und diesen durchsteuert. Das Relais ist dann angezogen. Es fällt ab, sobald die Schwingungen im Oszillator abreißen.

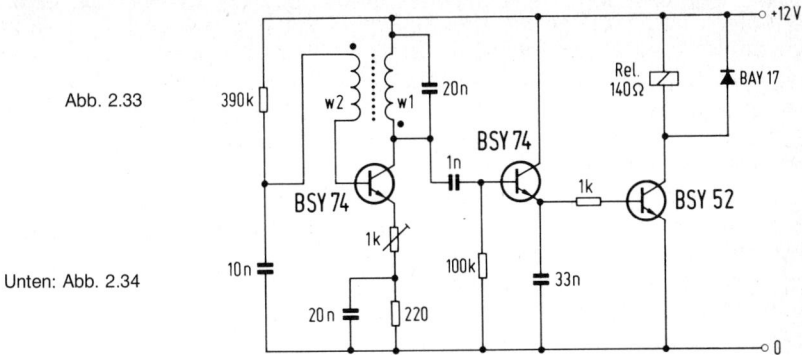

Abb. 2.33

Unten: Abb. 2.34

Daten der Spule:

Kerne: 2/2 Siferrit Schalenkerne 11 mm $\varnothing \cdot 7$, 1100 N 22
Wicklungen: W 1 = 40 Wdg. 0,12 mm $\varnothing$ CuL
Wicklungen: W 2 = 75 Wdg. 0,12 mm $\varnothing$ CuL

2.34 Annäherungsschalter

Die Schaltung (*Abb. 2.34*) enthält einen Huth-Kühn-Oszillator, dessen Schwingungen von ca. 100 kHz aussetzen, wenn ein Metallstück an die Luftspule des Basisschwingkreises angenähert wird. Der Kollektorschwingkreis enthält einen Trimmerkondensator, mit dem seine Resonanzfrequenz auf die des Basiskreises abgestimmt werden kann. Die Rückkopplung vom Kollektor des Transistors T 1 auf seine Basis erfolgt über den 100-pF-Trimmer. Die Schwingungen setzen aus, sobald der Basiskreis bedämpft oder verstimmt wird. Durch den 470-Ω-Gegenkopplungswiderstand in der Emitterzuleitung wird verhindert, daß die temperaturbedingten Kennwertänderungen des Transistors die Funktion der Schaltung wesentlich beeinflussen.

An den Oszillator ist eine Richtverstärkerstufe mit dem Transistor T 2 induktiv angekoppelt. Sie bewirkt, daß die Stromaufnahme der Schaltung bei 5 V Betriebsspannung von 15 mA auf 1,5 mA springt, wenn die Oszillatorschwingung aussetzt.

Zum Abgleich der Schaltung wird zunächst der Trimmerkondensator zwischen Kollektor und Basis von T 1 in eine mittlere Stellung gebracht. Dann wird der Trimmer im Kollektor-

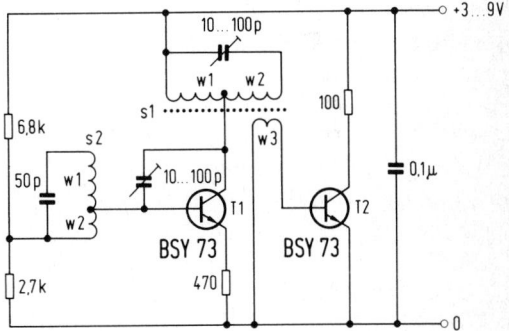

schwingkreis bei unbedämpfter Basisspule so eingestellt, daß die Stromaufnahme der Schaltung ein Maximum ist. Mit dem Trimmer zwischen Kollektor und Basis kann dann die Empfindlichkeit eingestellt werden.

Da die Arbeitsweise der Schaltung nicht beeinträchtigt wird, wenn sich die Speisespannung zwischen 3 V und 9 V ändert, kann die Schaltung wie ein veränderlicher Widerstand eingesetzt werden, d. h. man braucht keine getrennten Zuleitungen für Stromversorgung und Signal, sondern kommt mit zwei Leitungen aus. Das ist besonders dann vorteilhaft, wenn der Annäherungsschalter und der Signalempfänger räumlich weit auseinanderliegen.

Das Gerät kann nicht nur mechanische Endschalter ersetzen, sondern z. B. auch als Geber für Drehzahlmesser und Zähler dienen. Metallteile lösen beim Durchfallen durch die Luftspule einen Impuls aus. Die Schaltung spricht auf ferro- und paramagnetische Metalle empfindlicher an als auf diamagnetische.

Daten der Spulen:

Spule S 1:

Kern: Siferrit-Schalenkern 1 mm ⊘ · 7,
    1100 N 22 AL 100

Wicklungen: W 1 = 50 Wdg. 0,1 mm ⊘ CuL
        W 2 = 260 Wdg. 0,1 mm ⊘ CuL
        W 3 = 40 Wdg. 0,1 mm ⊘ CuL

Spule S 2:

Luftspule d_i = 18 mm ⊘, I = 7 mm

Wicklungen: W 1 = 750 Wdg. 0,13 mm ⊘ CuL
        W 2 = 250 Wdg. 0,13 mm ⊘ CuL

2.35 Hf-Verstärker für Breitbandübertragung

Für Oszilloskope und Digitalzähler ist es oftmals erforderlich, das Eingangssignal zu verstärken. In *Abb. 2.35* ist ein Verstärker gezeigt, der durch den benutzten Feldeffekttransistor einen hochohmigen Eingang besitzt. Der Feldeffekttransistor wird durch das in Serie mit dem Eingang liegende R-C-Glied sowie die beiden Schutzdioden D 1 und D 2 vor Überspannungen geschützt. Der Eingangswiderstand beträgt 1 MΩ. Die Diode D 3 dient lediglich einer Potentialreduzierung für die nachfolgende Basisspannung des Hf-Transistors. Der Widerstand 1,2 kΩ stellt den eigentlichen Arbeitswiderstand des Sourcefolgers dar. Mit dem Potentiometer P wird das Verhältnis U_A und U_E auf 10 dB gestellt. Die Spannungen werden im einfachsten Falle bei z. B. 1 MHz mit einem Millivoltmeter resp. einem Oszillo-

skop ermittelt. Es muß jedoch darauf geachtet werden, daß die Größe der Eingangsspannung nicht zu einer Übersteuerung des Verstärkers führt, was zwangsläufig ein falsches Meßergebnis nach sich zieht.

Mit dem Trimmer Tr wird der Verstärker auf beste Rechteckwiedergabe eingestellt. Dabei empfiehlt es sich, ein steiles Rechtecksignal mit einer Anstiegszeit < 15 ns zu benutzen. Wichtig ist, daß der Verstärker am Ausgang eine möglichst geringe kapazitive Belastung erfährt, also der Anschluß zum Meßobjekt extrem kurz ausgeführt wird.

Daten: Spannungsverstärker einstellbar 10 dB
    obere Grenzfrequenz ~ 60 MHz (abhängig von der kapazitiven Belastung am Ausgang)
    untere Grenzfrequenz ~ 200 Hz

2.36 Magnettaste mit Hallgenerator

Kontaktlose Schalter können vorteilhaft auf magnetischer Basis mit unseren Halbleiterbauteilen, Feldplatte oder Hallgenerator verwirklicht werden. Dem zusätzlichen Steuerstrombedarf des Hallgenerators, der allgemein für die einfachen Schalteranwendungen als Nachteil angesehen wird, steht die hohe, meist willkommene Feldempfindlichkeit entgegen. Für kleine zur Verfügung stehende Feldstärken ist die Verwendung von Hallgeneratoren

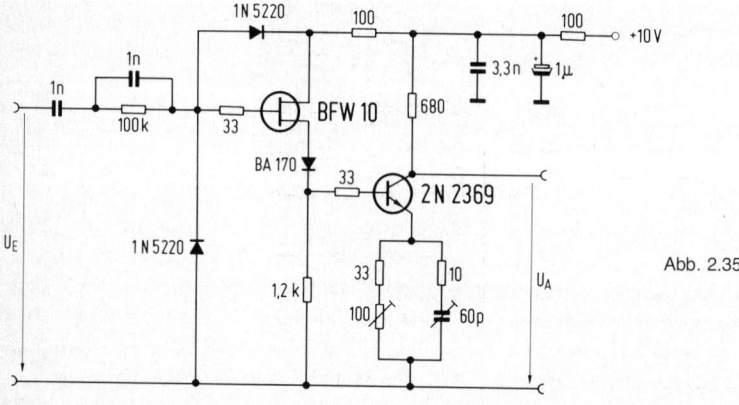

Abb. 2.35

zweckmäßiger. Das kleine Nutzsignal kann nur mit einem hochempfindlichen Differentialverstärker (OP) entnommen werden. In diesem Fall entspricht der Feldplattenstrom im Brückenzweig etwa dem Hallgeneratorsteuerstrom. Wegen der beiden Hallanschlüsse erübrigt sich eine zusätzliche Temperaturkompension.

Der einfache Aufbau des hier vorgeschlagenen, magnetisch beeinflußbaren Schalters (*Abb. 2.36.2*) konnte vor allem durch die hohe Verstärkung des Operationsverstärkers TAA

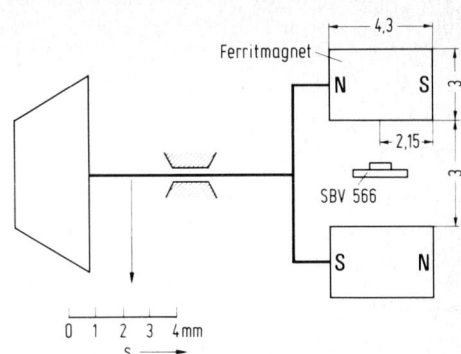

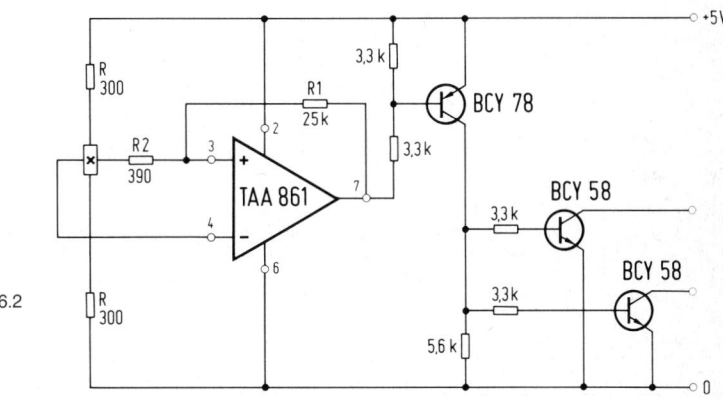

Abb. 2.36.2

861 erzielt werden. Auf diese Weise können die ohmsche Nullkomponente und deren Temperaturabhängigkeit, die Temperaturabhängigkeit des steuerseitigen Innenwiderstandes und vor allem die Empfindlichkeit abgefangen werden.

Neben der hohen Verstärkung des TAA 861 fällt natürlich dessen Eingangs-Nullspannung einschließlich Temperaturabhängigkeit ins Gewicht. Besonderes Augenmerk wurde bei der Wahl des Magnetsystems auf eine möglichst einfache, mechanische Konstruktion gelegt. Verwendet wurden anisotrope Ferritmagnete. Mit dem untersuchten System (*Abb. 2.36.1*) erfolgt im Hallgenerator eine Feldumkehr, so daß das mit einem Differenzverstärker verwertbare Nutzsignal praktisch doppelt so groß ist, wie ohne Feldumkehr. Für einen möglichst kleinen Ein- und Ausschaltweg sollte die Steigung der Hallspannung in Funktion vom Magnetweg groß sein. Bei diesen Magnet-

systemen liegt der Schaltpunkt in der Nähe des magnetischen Nullpunktes, in dem auch die größten Induktionsänderungen erfolgen. Ferner kann die nötige Vorspannung zur Festlegung eines definierten Einschaltweges bei dieser Anordnung am kleinsten sein und muß nur die Nullspannungen des Hallgenerators und Operationsverstärkers kompensieren.

Technische Daten:

Betriebsspannung	5 V ± 0,25 V
Steuerstrom des SBV 566	8 mA
Betriebsstrom bei	
Ausgang „0"	14 mA
Schalthysterese	ca. 300 G
Ansprechinduktion	ca. 100 bis 600 G

2.37 Feldplatten-Endschalter

Mit der Differenzfeldplatte GV 3 (FP 210 D 250) wurden Endschalter mit einer Schalt-

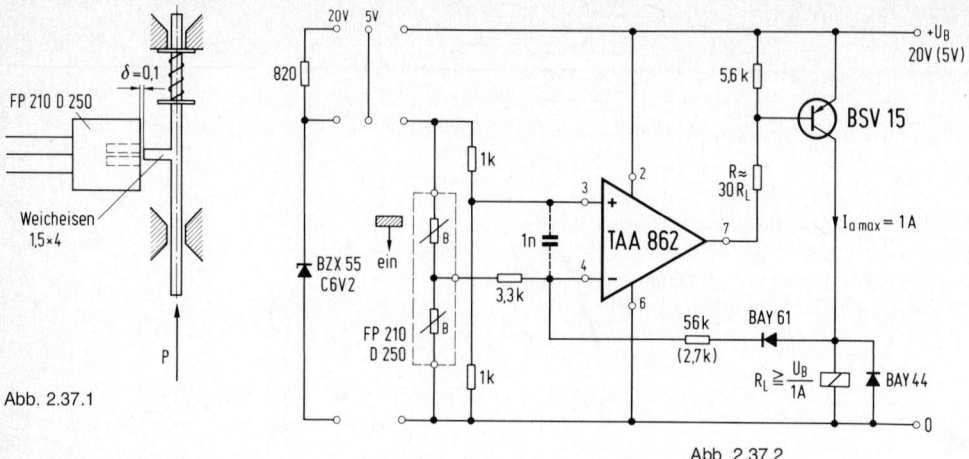

Abb. 2.37.1

Abb. 2.37.2

genauigkeit < 0,001 mm aufgebaut. Die Schalter können wahlweise mit 20 V oder TTL-kompatibel mit 5 V betrieben werden. Ihr Schaltstrom beträgt max. 1 A.

Abb. 2.37.1 zeigt den mechanischen Prinzipaufbau des Endschalters. Auf der *Abb. 2.37.2* ist die Schaltung ersichtlich.

Zur Hystereseerzeugung wurde die Rückkopplung der Schaltung so ausgeführt, daß Betriebsspannungsänderungen den Schaltpunkt praktisch nicht beeinflussen. Die Diode BAY 61 trennt die Rückkopplung so lange von der Brückenschaltung, bis deren Nullpunkt erreicht ist. Die Schaltgenauigkeit hängt weitgehend vom mechanischen Aufbau des Schalters ab, während die Temperaturabhängigkeit des Schaltpunktes von TK-Unterschieden der Feldplatten verursacht wird. Die am Eingang des Operationsverstärkers gestrichelt eingezeichnete Kapazität unterdrückt eventuell auftretende Störspannungen. Mit der Leistungsstufe BSV 15 wurde die Schaltung so erweitert, daß Ausgangsströme bis 1 A geschaltet werden können.

Technische Daten:

Betriebsspannung	20 V (5 V)
max. Schaltstrom	1 A
Schaltgenauigkeit	< 0,001 mm
max. Temperaturkoeffizient des Schaltpunktes	$\sim \pm 0,0004$ mm/°C

Hystereseweg	$\sim 0,3$ mm
Steilheit der Feldplatte	~ 3 V/mm

2.38 Potentialfreies Strommeßgerät mit Feldplatten

Zur potentialfreien Messung von Strömen wurde die in *Abb. 2.38.1* gezeigte Schaltung entwickelt. Als Meßfühler dienen zwei in einem Magnetkreis angeordnete Feldplatten FP 30 D 250 E in Differenzschaltung. Den mechanischen Aufbau des Magnetkreises zeigt *Abb. 2.38.2*.

Eine Umschaltung des Strommeßbereiches kann durch Abgriff bei den Wicklungen n 1 und n 1' erreicht werden. Bei einer AW-Zahl von 23 ist der Meßfehler < 0,2 %, ohne Instrumentenfehler.

Als Meßfühler werden zwei Feldplatten in einer Brückenschaltung (Abb. 2.38) verwendet. Der Ausgang der Brücke steuert den Differenzeingang des Operationsverstärkers TAA 862. Dieser regelt so lange den Anzeigestrom nach, bis die AW der beiden Spulen übereinstimmen. Durch die Verwendung von zwei gepaarten Feldplatten wird deren Temperaturkoeffizient weitgehend kompensiert. Die Brückenspannung wird mit einer Zenerdiode stabilisiert. Mit dem Trimmer P wird die Brücke abgeglichen und die Offsetspannung des

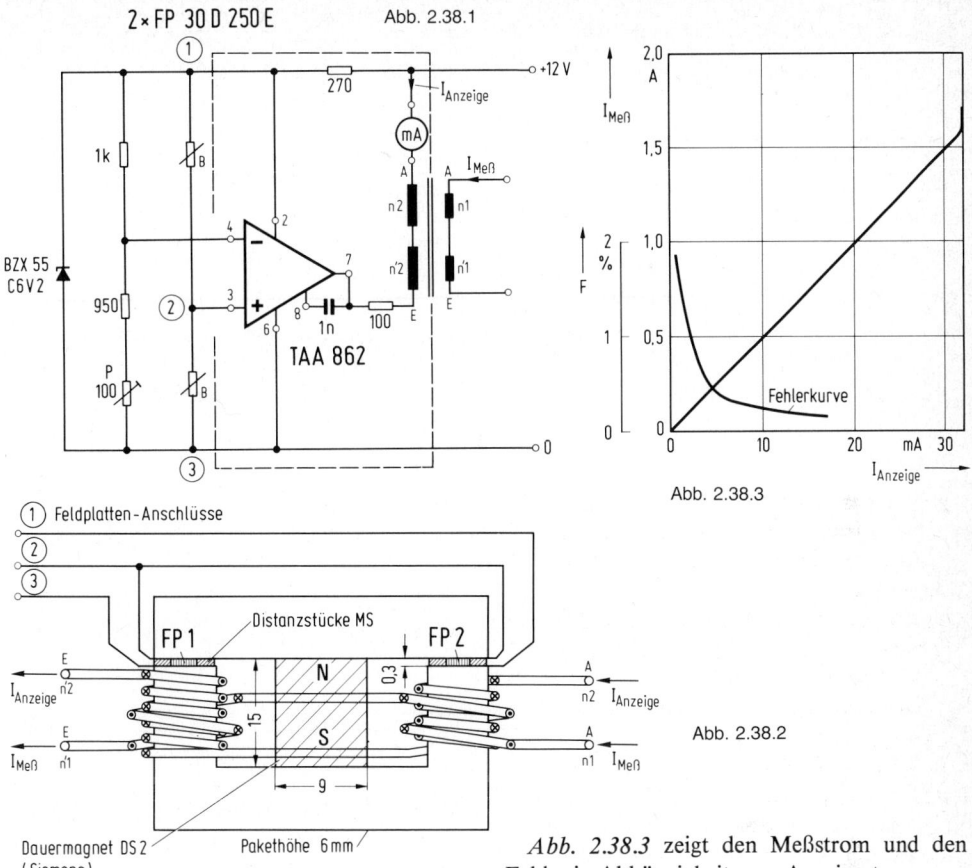

Abb. 2.38.1

Abb. 2.38.3

Abb. 2.38.2

Abb. 2.38.3 zeigt den Meßstrom und den Fehler in Abhängigkeit vom Anzeigestrom.

Operationsverstärkers kompensiert ($I_{Mess} = 0$). Der Anzeigestrom ist dem Meßstrom, entsprechend dem Verhältnis der Windungszahlen, direkt proportional. Zur Erhöhung der Empfindlichkeit wurde der innere Teil des EI-Kerns durch einen Permanentmagneten DS 2 ersetzt und dadurch die Feldplatten vorgespannt. Die Toleranz der Messing-Distanzstücke soll möglichst klein sein. Die Magnetkreis- und Wicklungsanordnung sowie der Wickelsinn sind der Abbildung zu entnehmen und müssen für die einwandfreie Funktion der Schaltung eingehalten werden. Durch die Aufteilung der Windungen auf zwei gleiche Spulen wird eine weitgehende Kompensation der Spulenfelder gewährleistet und die Belastung der Feldplatten von den AW unabhängig.

Technische Daten:

Betriebsspannung U_B 12 V ± 10 %
Stromaufnahme ($I_{Mess} = 0$) 20 mA
max. Umgebungs-
    temperatur   60 °C
Meßfehler bei $\Theta \geq 23$ AW   < 0,2 %
Meßfehler bei $\Theta \geq$ 5 AW   < 1 %

max. Meßstrom $I_{Mess} = \dfrac{69 \text{ AW}}{n\,1 + n\,1}$ [A]

Temperaturfehler:
bei max. I_{Soll} und T_u
    = 60 °C   ≤ 2,5 %
bei R-0-Paarung der
    Feldplatten   ≤ 1,3 %
Tr.: Kern EI 30 (VAC) Permenorm 5000 H 2,
Pakethöhe 6 mm

83

Wickeldaten: $n\,1' = n\,1 = \dfrac{69}{21_{\text{Mess}}}$ Wdg.;

$n\,2' = n\,2 = 1150$ Wdg, 0,1 CuL;
Spulenkörper: EE 20 nach DIN 41 303

2.39 Magnetischer Weg-Spannungswandler mit Feldplatten

Bei der vorgeschlagenen Schaltung (*Abb. 2.39.1*) läßt sich eine nahezu lineare Änderung der Ausgangsspannung in Abhängigkeit der Bewegung eines Magneten bzw. Weicheisenteiles realisieren.

Die mechanischen Anordnungen der Feldplattenanordnung zeigt *Abb. 2.39.2*, die verschiedenen Ausgangskennlinien *Abb. 2.39.3*. Bei 25 °C beträgt der Linearitätsfehler der Anordnung (1) etwa 5 % bei einer Wegänderung von 0,8 mm. Mit dem Feldplatten-Differentialfühler FP 210 D 250 nach Anordnung (2) läßt sich der Fehler noch weiter reduzieren.

Bei dem angegebenen Temperaturbereich von −10 °C bis +50 °C beträgt der Fehler ± 10 % bei (2) bezogen auf die +25-°C-Kurve. Eine weitere Temperaturkompensation ist sehr schwierig, da die TK-Änderung der Feldplatten bei verschiedenen Feldstärken über diesen geforderten Temperaturbereich etwas streut.

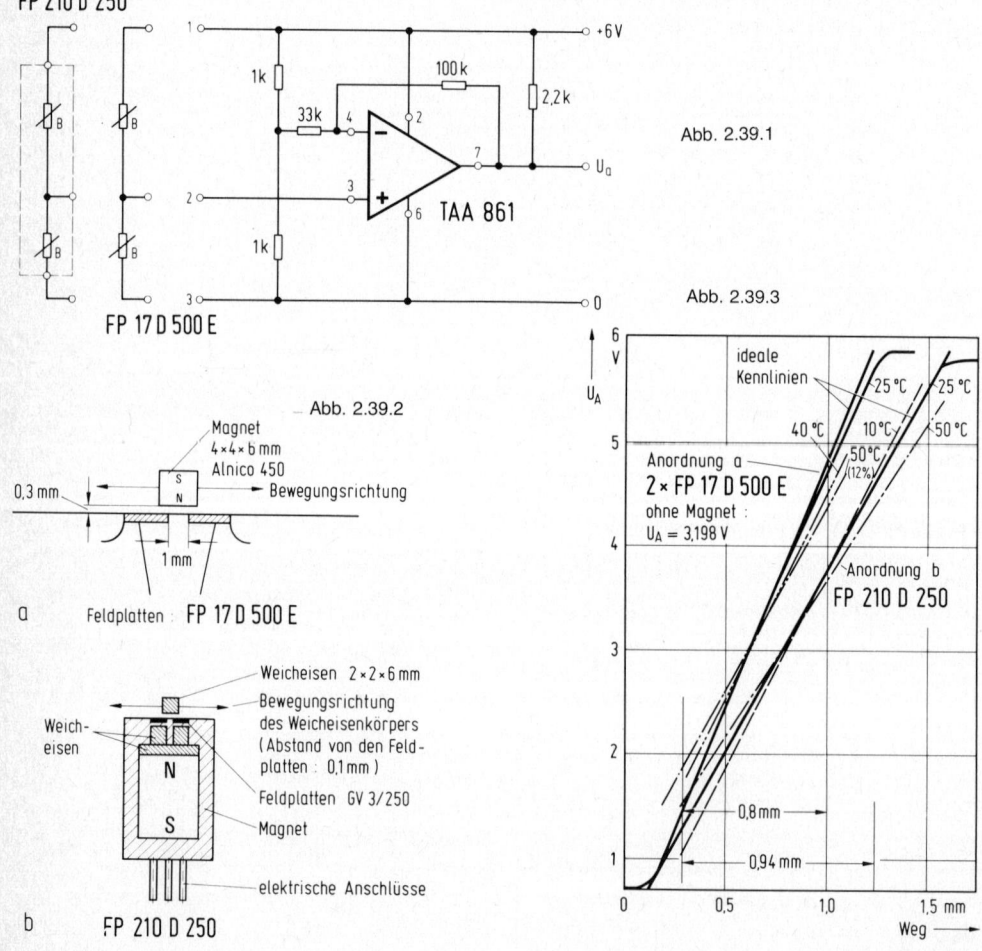

Abb. 2.39.1

Abb. 2.39.2

Abb. 2.39.3

Linearitäts- und Temperaturfehler können durch die Magnetkreisanordnung und Paarung der Feldplatten beeinflußt werden.

2.40 Druckmesser mit Feldplatte

Mit dem Feldplattenpaar FP 210 D 250 wurde eine Schaltung für einen Druckmesser entworfen (*Abb. 2.40*). Der Feldplattengeber bildet mit zwei Widerständen eine Brückenschaltung. Diese liegt am Eingang des Operationsverstärkers TAA 865. Durch die Verwendung eines Feldplattenpaares bleibt der große Temperaturkoeffizient einer Einzelfeldplatte bei Schwankungen der Umgebungstemperatur weitgehend ohne Einfluß. Die Brückenspannung wird mit einer Zenerdiode stabilisiert und damit von z. B. der Akkuspannung unabhängig. Mit dem Rückkopplungswiderstand R 1 und dem Abstand eines Eisenplättchens von der Feldplatte kann man entsprechend dem Hub, den Ausgangsstrom beeinflussen. Mit dem Widerstand R 2 kann der beiderseitige maximale Zeigerausschlag symmetrisch zur Mitte eingestellt werden.

2.41 Hf-Nachregelschaltung bei Wobblern (Amplitudengangkorrektur)

Bei Hf-Wobblern — besonders im Falle von Wobblern, die breitbandig mit großem Hub arbeiten — ist es nicht immer einfach, den Amplitudengang des Ausgangssignales klein zu halten. In der Schaltung *Abb. 2.41* ist eine Möglichkeit der Nachregelung bei Wobblern gezeigt, deren Schwingungserzeugung mit einer Röhrenschaltung arbeitet. Selbstverständlich kann diese Schaltung mit geringer Modifikation am Ausgang auch eine Transistornachregelstufe ansteuern.

Das Wobbelsignal wird an der Hf-Ausgangsbuchse des Wobblers gleichgerichtet und in positiver Richtung dem Feldeffekttransistor T 1 zugeführt. Der PNP-Transistor T 2 wird mit P in seinem Arbeitspunkt so eingestellt, daß die maximale Differenz der gleichgerichteten Hf-Amplitude gerade ausgeglichen wird. Dieses Signal wird über

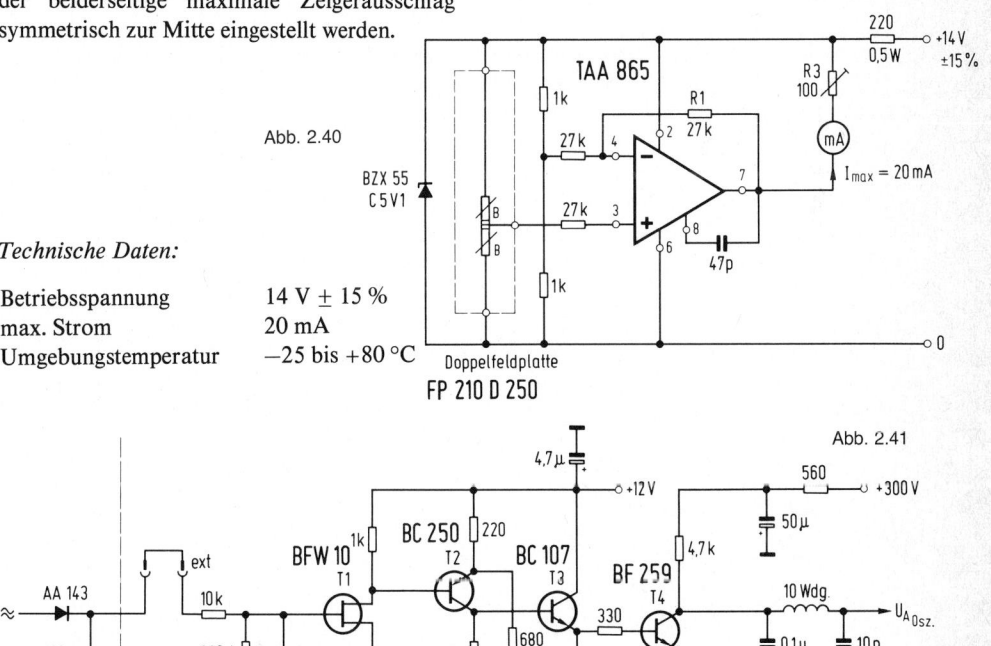

Abb. 2.40

Technische Daten:

Betriebsspannung   14 V ± 15 %
max. Strom   20 mA
Umgebungstemperatur −25 bis +80 °C

Abb. 2.41

85

den Emitterfolger T 3 dem Endstufentransistor T 4 zugeführt. Das dort befindliche Ausgangssignal am Kollektor steuert in richtiger Polarität die Anodenspannung des Hf-Oszillators nach.

Der Eingang des Verstärkers kann — wie erwähnt — einmal über einen nach Hf-Gesichtspunkten richtig dimensionierten Hf-Demodulator angesteuert werden, der sich intern im Wobbler befindet. Möchte man extern das Wobbelsignal direkt am Meßpunkt des Meßobjektes nachsteuern — das bringt optimale Vorteile — dann kann über die eingezeichnete externe Meßbuchse ein Durchgangsmeßkopf angeschlossen werden. Voraussetzung ist die eingezeichnete richtige Polarität der Hf-Diode.

2.42 Proportionalregler mit Relaisausgang

Obwohl dieser Regler (*Abb. 2.42*) als Stellausgang je ein Relais für positive und negative Abweichung der Regelgröße vom Sollwert besitzt, wird ein Proportionalbereich dadurch erreicht, daß die Relais periodisch anziehen und abfallen, wobei das Verhältnis von Öffnungs- zu Schließzeit etwa der Regelabweichung proportional ist.

Das Gerät kann beispielsweise zur Spannungsregelung mit Hilfe eines Stelltransformators eingesetzt werden. Ein Relais schaltet den Stellmotor auf Vorlauf, das andere auf Rücklauf. Die Drehzahl des Motors ist vom Impuls-Pausen-Verhältnis abhängig. Die Stromversorgung des Reglers muß von Ist- und Sollspannung unabhängig sein.

Beide Transistoren sind gesperrt, solange Ist- und Sollwert übereinstimmen. Bei einer Abweichung fließt in einem der Transistoren Strom, und das zugehörige Relais zieht an. Ein Arbeitskontakt schaltet einen Widerstand zur Basis-Emitter-Strecke parallel, über den der 100-µF-Kondensator teilweise entladen wird. Beim Unterschreiten der Transistor-Schwellspannung fällt das Relais wieder ab. Der Kontakt öffnet, und die Spannung am Kondensator beginnt zu steigen, bis das Relais wieder anzieht. Dieser Vorgang wiederholt sich periodisch. Die Schaltfrequenz kann mit der Kapazität des Kondensators geändert werden. Bei großen Regelabweichungen bleibt das Relais dauernd angezogen. Mit dem 1-kΩ-Potentiometer kann die Ansprechgrenze bzw. der Totbereich der Regelung eingestellt werden.

Die gegensinnig in Reihe geschalteten Dioden zwischen den Klemmen für Ist- und Sollwert überbrücken je nach Polarität der Regelabweichung einen Teil der Widerstandskette und erhöhen dadurch die Empfindlichkeit des Reglers.

2.43 Spannungsfrequenzwandler

Der vorliegende Spannungsfrequenzwandler (*Abb. 2.43*) besteht aus einem Integrator,

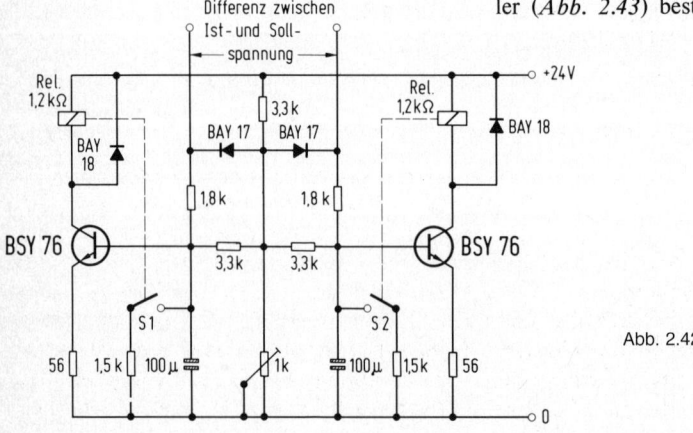

Abb. 2.42

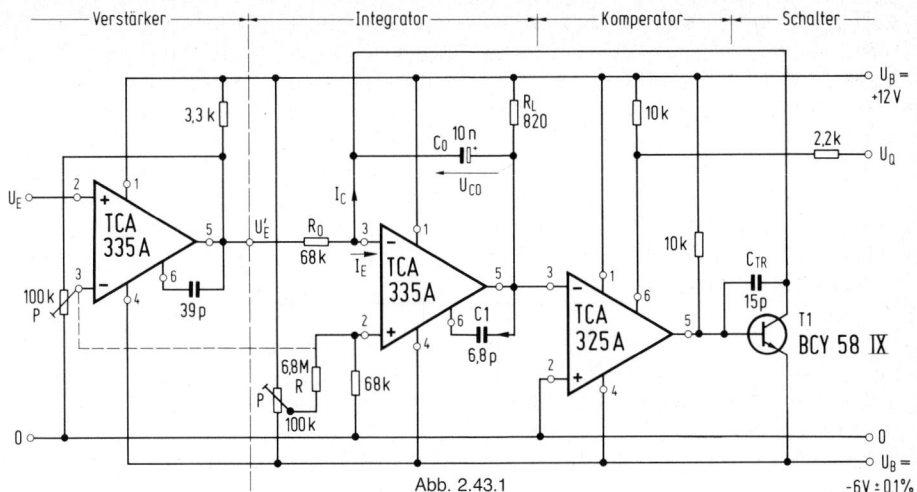

Abb. 2.43.1

Komparator und Schalter. Am Ausgang des Integrators erhält man eine der Eingangsspannung proportionale Sägezahnspannung, am Komparatorausgang Nadelimpulse mit etwa 5 µs Dauer und einer Impulshöhe entsprechend den Betriebsspannungen. Dem Integrator kann ein Verstärker vorgeschaltet werden. Damit wird der Wandlereingang hochohmig und generatorunabhängig. Die Schaltung ist so ausgelegt, daß der Frequenzhub zur Ausgangsspannung veränderlich ist.

Der Kondensator C_0 mit der eingezeichneten Polarität momentan geladen, wird von einem konstanten Strom $I_c = \dfrac{U'_E}{R_0} - I_E$ entladen. Als Integrationszeit t_i für die Ausgangsspannung des Integrators ergibt sich dabei:

$$I_c \cdot t_i = U_{C0} \cdot C_0$$

mit $I_c = \dfrac{U'_E}{R_0} - I_E$ und $U_{C0} = -U_{B-} - U_{CE\,Rest\,T1}$

$$t_i = \frac{-U_{B-} - U_{CE\,Rest\,T1}}{U'_E - I_E \cdot R_0} \cdot C_0 \ R_0$$

Hat sich C_0 nun soweit entladen, daß der invertierende Komparatoreingang das Nullpotential vom Eingang 2 unterschreitet, so sperrt der Ausgang, und der Schalttransistor T 1 legt den invertierenden Integratoreingang damit auf $U_{B-} \cdot C_0$ wird nun mit $\tau_c = C_0 \cdot R_L$

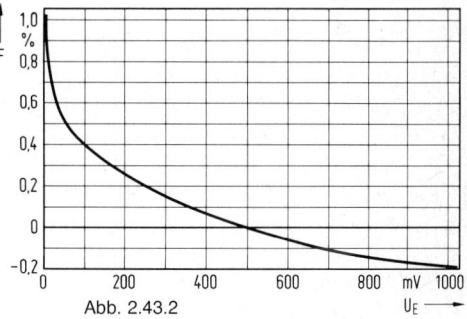

Abb. 2.43.2

geladen. Erreicht die Spannung $U_{C0} = -U_{B-} - U_{CE\,Rest}$, so schaltet der Komparator wieder durch und sperrt den Transistor. Nun beginnt die Entladung von C_0.

Für die Rücksetzzeit t_r ergibt sich

$$t_r = R_L \cdot C_0 \ \ln \frac{U_{B+} - U_{B-} - U_{CE\,Rest}}{U_{B+}}$$

Diese Rücksetzzeit ist aber von einer Zeitverzögerung t_v überlagert, die von C_f und C_{Tr} (zur Frequenzkompensation), von der Stromverstärkung des Darlingtonausgangs des Integrators und der des Schalttransistors sowie vom Integrator IS selbst bestimmt wird. Deshalb springt der Integratorausgang beim Sperren des Schalttransistors nicht sofort auf

87

U_{co} und der Integratoreingang 3 entsprechend auf Nullpotential. Eine Verkleinerung von C_f verringert diese Zeitverzögerung.

Ohne Vorverstärker wird R_0 durch ein Trimmpotentiometer 25 kΩ ersetzt. Damit wird die Ausgangsfrequenz des Wandlers bei einer Eingangsspannung von U'_E = 500 mV auf 500 Hz abgeglichen. Der Generatorwiderstand von U_E wirkt als Teilwiderstand von R_0. Der Offsetabgleich erfolgt dabei am Punkt 2 des Integrators.

Mit einem Vorverstärker wird der Wandler mit dem Potentiometer P abgeglichen, wobei die Spannungsverstärkung des Vorverstärkers entsprechend verändert wird. Die Offsetkompensation erfolgt nun gemeinsam für Vorverstärker und Integrator am Eingang 3 des Vorverstärkers, wobei R auf 680 kΩ erniedrigt wird.

Eine Änderung des Frequenzhubes erreicht man durch entsprechende Änderung von C_0 und R_0 bzw. P. Bei kleinerem Frequenzhub, z. B. 0 bis 100 Hz, muß $C_0 \cdot R_0$ um den Faktor 10 vergrößert werden. Bei höherem C_0 wird der Fehler bei höherer Frequenz vergrößert (durch längere Rücksetzzeit), bei höherem R_0 der Fehler bei niedrigen Frequenzen. Die Toleranz von U_{B-} geht als direkter Fehler bei der Integrationszeit ein. Bei höheren Meßspannungen U'_E kann der Eingangsstrom I_E des Integrators vernachlässigt werden, bei niedrigen U'_E wird der Fehler in erster Linie vom I_E verursacht. Bei hohen Eingangsspannungen verursacht die Rücksetzzeit den Meßfehler. Durch Verkleinerung von R_L wird

die Ladezeit t_r von C_0 erniedrigt, ebenso wird t_v herabgesetzt. Eine Grenze ist jedoch durch die Verlustleistung des TCA 335 A gegeben. Könnte der Kondensator C_f der Frequenzkompensation entfallen, wäre auch $t_v = 0$.

In *Abb. 2.43.2* ist der Linearitätsfehler der mit dem Vorverstärker dimensionierten Schaltung wiedergegeben.

Technische Daten:

Betriebsspannung	U_{B-}	-6 V $\pm$ 0,1 %
	U_{B+}	$+12$ V $\pm$ 1 %
Stromverbrauch	U_{B-}	2 mA
	U_{B+}	21 mA
Temperaturbereich	T_u	-25 bis $+70$ °C
Eingangsspannung	U_E	0 bis 1 V
Ausgangsfrequenz	f	0 bis 1000 Hz

Nadelimpulse
Dauer: 5 µs
Höhe: $U_{B+} - U_{B-}$
Genauigkeit ($U_E > 10$ mV)   < 1 %
R_0: B54322-A4683-F002
$a_R = \pm 50 \cdot 10^{-6}$/K Metallschicht
C_0: B32435-A2103-K (MKM)

2.44 Relaisanzugsverzögerungsschaltung

Eine Anzugsverzögerungsschaltung für ein Relais, bestückt mit den Planartransistoren BC 170 C und BC 174 A (beide mit Epoxy-Gehäuse), ist in *Abb. 2.44* dargestellt. Dank der hohen Stromverstärkung und des kleinen Kollektorreststromes lassen sich Zeiten bis 60 s und länger mit relativ kleinem Kondensator erzielen.

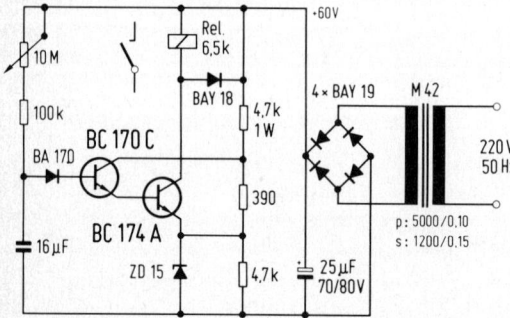

Abb. 2.44

3 Elektronische Schaltungen mit Impulssteuerung – Generatoren und Impulstechnik

3.1 Nadelimpulsgeber

Mit dem Nadelimpulsgeber (*Abb. 3.1.1*) können sehr schmale positive Impulse mit einer Dauer von unter 20 ns erzeugt werden. Der Ausgangspegel ist TTL-kompatibel. Das Spektrum dieser Impulse ist bis zu 25 MHz nahezu konstant und kann daher für Untersuchungen von Frequenzgängen mit einem Analyzer sehr gut verwendet werden. Bei 100 MHz tritt erst ein Abfall um −10 dB auf. Die Frequenz ist je nach gewünschter Auflösung von 50 Hz bis 50 kHz in 4 Stufen umschaltbar. Außerdem kann ein externes Signal zur Nadelimpuls-

der Ausgangsstrombegrenzung bei steigender Belastung ab.

Der Operationsverstärker TAA 861 A (*Abb. 3.1.1*) arbeitet in den vier oberen Stellungen des Schalters 8 als Rechteckimpulsgeber, wobei die Kondensatoren 4, 5, 6, 7 zur Festlegung der Frequenz dienen.

Die Impulse gelangen zu einem Inverter (15-1), der als Puffer dient. Am Ausgang ist ein umschaltbares Verzögerungsglied (16, 17, 18, 19) angeordnet, dessen Verzögerungszeit mit den oberen vier Schaltstellungen des Schalters 20 gewählt werden kann. Auf das

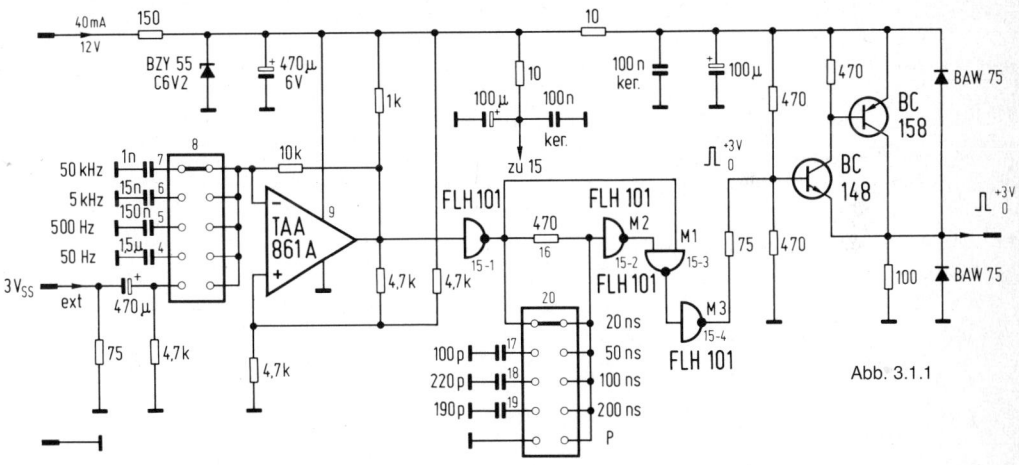

Abb. 3.1.1

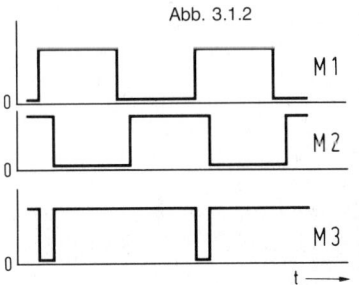

Abb. 3.1.2

forschung durchgeschaltet werden. Anstelle der Nadelimpulse kann auch die interne Mäanderschwingung oder das externe zugeführte und in Rechtecke umgeformte Signal an den Ausgang gegeben werden. Bei der kleinsten Impulsbreite (20 ns) ist der Innenwiderstand kleiner als 0,5 Ω. Bei größeren Impulsbreiten bleibt wohl der differentielle Innenwiderstand erhalten, jedoch nimmt die Amplitude infolge

Verzögerungsglied folgt ein weiterer Inverter 15-2, dessen Verzögerungszeit zusätzlich zur gewählten Verzögerung wirksam wird. Die an den Meßpunkten M 1 und M 2, Abb. 3.1.2, stehenden Signale werden im Und-Gatter 15-3 verknüpft, an dessen Ausgang Nadelimpulse (M 3) entstehen, deren Breite der gewählten Verzögerungszeit entspricht. In der obersten Schalterstellung erhält man die kleinste Impulsbreite entsprechend der Verzögerungszeit des Gatters 15-2. Über einen weiteren Inverter (15-4) und einen niederohmigen Ausgangsverstärker BC 148/158 gelangt das Signal an den Ausgang, der mit Schutzdioden versehen ist.

Anstelle von Nadelimpulsen können in der unteren Stellung des Schalters 20 auch Rechteckimpulse erzeugt werden. Der Eingang des Inverters 15-2 wird auf „Low" gelegt, der Ausgang M 2 wird „High" und die Impulse M 1

werden vom Gatter 15-3 ständig durchgeschaltet.

Anstelle der internen Rechteckschwingung kann auch ein aus einem an X_3 zugeführten externen Signal abgeleitetes Impulssignal zur Erzeugung der Nadelimpulse verwendet werden. Die Betriebsart wird in der untersten Stellung des Schalters 8 gewählt. Der TAA 861 A arbeitet dann als Schmitt-Trigger.

Mechanische Daten:

Abmessungen L · B · H   160 · 100 · 300 mm

Anschlüsse

X	31 polige Stiftleiste
1	Betriebsspannung +12 V
3	Eingang Fremdsteuerung
29	Ausgang
31	Masse

Elektrische Daten:

Betriebsspannung	U_{X1}	+12	V
Stromaufnahme	I_{X1}	+40	mA
Fremdsteuerung	U_{X3}	3	
Eingangswiderstand	R_{X3}	75	Ω
Ausgangswiderstand (an 75 Ω)	U_{X29}	+3	V_{ss}
Innenwiderstand ($t_{p1} = 20$ ns)	R_{X29}	$\leq 0{,}5$	Ω
Wiederholungsfrequenzen	f_{R1}	50	Hz
	f_{R2}	500	Hz
	f_{R3}	5	kHz
	f_{R4}	50	kHz
Impulsbreiten	t_{P1}	20	ns
	t_{P2}	50	ns
	t_{P3}	100	ns
	t_{P4}	200	ns
	t_{P5}	$1/2\,f_r$	
Frequenzstabilität	$\Delta f/f_R$	± 5	%
Impulsbreitenstabilität	$\Delta t/t_P$	± 5	%

Stückliste:

Pos.	Art	Wert			
1	R	75 E	5	C	150 n MKH
2	C	470 µ/3 V	6	C	15 n MKH
3	R	10 k	7	C	1 n Styro
4	C	1,5 µ MKH	8	S	5 U (Umschalter)
			9	IC	TAA 861 A

10	R	10 k
11	R	1 k
12	R	4,7 k
13	R	4,7 k
14	R	4,7 k
15	IC	FLH 101
16	R	470 E
17	C	100 p Styro
18	C	220 p Styro
19	C	190 p Styro
20	S	5 U (Umschalter)
21	R	75 E
22	R	470 E
23	R	470 E
24	T	BC 148
25	R	470 E
26	T	BC 158
27	R	100 E
28	D	BAW 75
29	D	BAW 75
30	R	150 E
31	D	BZY 55/C6V2
32	C	470 µ/6 V
33	R	10 E
34	C	100 n ker
35	R	10 E
36	C	100 n ker
37	C	100 µ/6,3 V
38	C	100 µ/6,3 V

bilden den eigentlichen Oszillator; T 3 dient der Auskopplung. — Der Emitter von T 1 führt über C 2 an die Basis von T 2, während der Kollektor von T 2 über ein Netzwerk wiederum mit der Basis von T 1 verbunden ist. Das Netzwerk besteht aus einem Hochpaß (C 3, C 4, R 6 + R 7), dem ein Tiefpaß (R 4, R 5, C 5) parallelgeschaltet ist. Die im Netzwerk auftretende Phasenverschiebung ist frequenzabhängig. Die Selbsterregung des Oszillatorteils erfolgt für diejenige Frequenz, die für eine Phasendrehung in der gesamten Rückkopplungsschleife von 0° (360°) auftritt. Die Schwingfrequenz läßt sich mit R 6 im Verhältnis 1:2 variieren. Mit der angegebenen Dimensionierung kann man einen Frequenzbereich von etwa 250 bis 500 Hz überstreichen. Über C 6, R 8 wird die Schwingung der Basis des Ausgangstransistors T 3 zugeführt, an dessen Kollektor die durch starke Übersteuerung von T 3 entstehende gewünschte Rechteckschwingung abgenommen werden kann.

Die Ausgangsspannung ist gleich der Betriebsspannung abzüglich der einige zehntel Volt betragenden Sättigungsspannung von T 3. Mit zunehmender Belastung sinkt die Amplitude der Ausgangsrechteckspannung entsprechend dem an R 10 auftretenden Spannungsabfall.

3.2 Rechteckgenerator

Die Schaltung (*Abb. 3.2*) stellt einen einfachen, mit Transistoren bestückten Rechteckgenerator dar. Die Transistoren T 1 und T 2

3.3 Multivibrator mit Thyristortetroden

Der Multivibrator (*Abb. 3.3*) erzeugt Rechteckimpulse bis zu 50 V, wobei durch entsprechende Dimensionierung ein Tastverhältnis

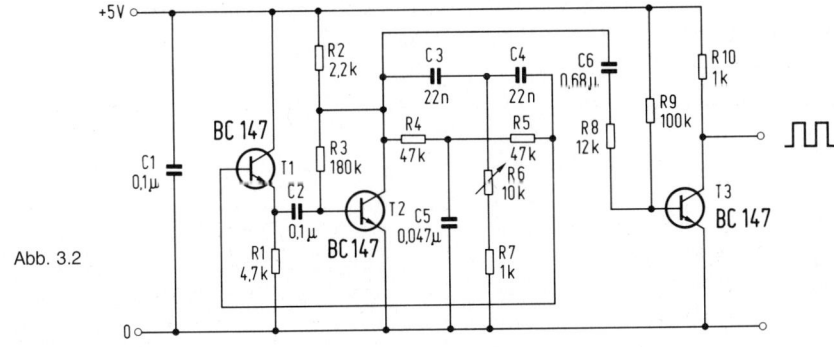

Abb. 3.2

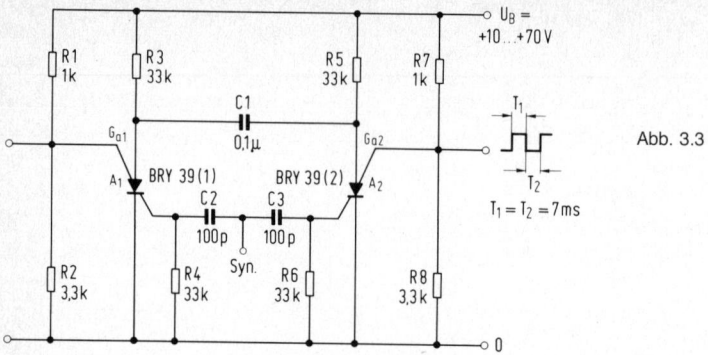

Abb. 3.3

T 1/ (T 1 + T 2) von 0,001 bis 0,999 möglich ist. Das gewählte Tastverhältnis ist von der eingestellten Frequenz völlig unabhängig.

Das Gerät arbeitet mit zwei Thyristor-Tetroden BRY 39. Das gewünschte Tastverhältnis ergibt sich aus der Wahl von R 3 und R 5. Die Kapazität C 1 bestimmt (zusammen mit R 3 und R 5) die Frequenz. Im Schaltbild wurde R 3 = R 5 gewählt, womit man ein Tastverhältnis von 0,5 (das heißt T 1 = T 2) erhält.

Zur Funktion der Schaltung sei folgendes gesagt: Beginnt man beispielsweise zu einem Zeitpunkt, in dem sich die BRY 39 (1) im Durchlaßzustand befindet: Die Anode A 1 liegt dann um den geringen Durchlaß-Spannungsabfall über dem Minuspotential; die Spannung an G_{a1} ist noch etwas niedriger. Wird nun durch einen negativen Impuls über C 1 die Spannung an A 1 kurzzeitig unter diejenige von G_{a1} abgesenkt, geht die BRY 39 (1) in den Sperrzustand über. Die Spannung an G_{a1} springt auf den durch den Spannungsteiler R 1, R 2 vorgegebenen Spannungswert, während die Spannung an A 1, entsprechend

der Zeitkonstanten $\tau 1 \approx R 3 \cdot C 1$ langsam ansteigt. Sobald die Spannung an A 1 den Spannungswert an G_{a1} übersteigt, zündet die BRY 39 (1), und die Spannungen an A 1 und G_{a1} sinken schlagartig auf die niedrigen Durchlaßwerte. Über C 1 wird dabei ein starker negativer Impuls auf die Anode A 2 der BRY 39 (2) übertragen und löst hier den Sperrzustand aus. Die Spannung an G_{a2} springt auf den durch den Spannungsteiler R 7, R 8 vorgegebenen Spannungswert, während die Spannung an A 2 entsprechend der Zeitkonstanten $\tau 2 \approx R 5 \cdot C 1$ langsam ansteigt. Sobald die Spannung an A 2 den Spannungswert an G_{a2} übersteigt, zündet die BRY 39 (2). Der nun an A 2 entstehende starke negative Impuls löscht (über C 1) die BRY 39 (1), und der oben geschilderte Vorgang wiederholt sich.

3.4 Quarzoszillator für 100 kHz

Bei dieser Oszillatorschaltung (*Abb. 3.4*) arbeitet der Quarz in der Nähe seiner Serienresonanzfrequenz. Verwendet wird ein 100-kHz-

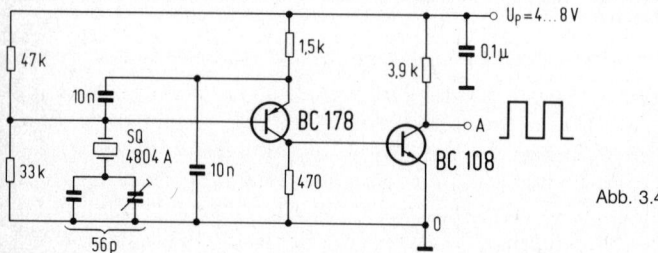

Abb. 3.4

Eichquarz SQ 4804 A. Durch Übersteuerung der nachgeschalteten Verstärkerstufe (BC 108) entsteht am Ausgang eine Rechteckspannung. Beim Anschließen integrierter Schaltungen der DTL-FC-Reihe beträgt die verfügbare Ausgangsverzweigung N = 8 (maximale Anzahl anschließbarer Gattereingänge). Takteingänge des Einflanken-JK-Flipflop FCJ 101 erfordern das Einfügen eines Gatters zur Erhöhung der Flankensteilheit.

Die Temperaturabhängigkeit der Arbeitsfrequenz wird hauptsächlich durch den Temperaturgang des Quarzes bestimmt. Er beträgt $+20 \cdot 10^{-6}$ bis $-65 \cdot 10^{-6}$ im Temperaturbereich zwischen 0 und 60 °C.

Ohne besondere Maßnahmen kann die relative Abweichung der Arbeitsfrequenz von der Nennfrequenz des Quarzes etwa $100 \cdot 10^{-6}$ betragen. Durch eine „Zieh"-Kapazität in Serie mit dem Quarz läßt sich ein Abgleich auf die Nennfrequenz erzielen. Wo eine Frequenztoleranz von $100 \cdot 10^{-6}$ ausreicht, wählt man als Serienkondensator eine Festkapazität von 56 pF. Für einen genaueren Abgleich ist ein Trimmkondensator vorzusehen, dem eine Festkapazität mit kleinem Temperatur-Koeffizienten parallel geschaltet wird.

Der Abgleich erfolgt durch Vergleich mit einer Normalfrequenz. Ein einfaches Verfahren ist z. B. das Abgleichen auf Schwebungs-Null mit der Trägerfrequenz des Langwellensenders Droitwich (200 kHz, Toleranz 10^{-9}) mit Hilfe eines Rundfunkempfängers.

Bei $U_P = 6$ V sowie bei einer Belastung des Ausgangs mit 2 Gattereingängen der DTL-RC-Reihe und mit C < 60 pF gilt für die Flanken der Ausgangsspannung

Anstiegszeit $t_r <$ 1 μs,
Abfallzeit t_f < 150 ns.

3.5 Sinusgenerator

Abb. 3.5 zeigt die Schaltung eines Sinusoszillators mit dem Operationsverstärker TAA 861. Die Schwingung wird mit Hilfe einer Wienbrücke erzeugt, die einen ausreichend großen

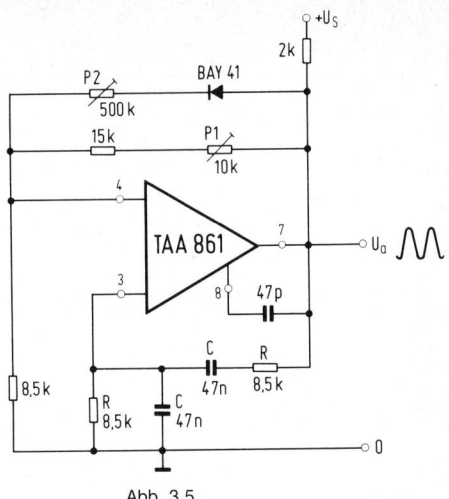

Abb. 3.5

Teil der Ausgangsspannung U_a auf den nichtinvertierenden Eingang (Anschluß 3) mitkoppelt. Die RC-Glieder 8,5 kΩ; 47 nF der Wienbrücke bestimmen die Resonanzfrequenz zu:

$$f = \frac{1}{2\pi RC}$$

für Bild 3.2 ergibt sich damit folgender Wert:

$$f = \frac{1}{2\pi \cdot 8,5 \cdot 10^3 \cdot 47 \cdot 10^{-9}} = \underline{400\,\text{Hz}}$$

Die Verstärkung der Schaltung muß groß genug sein, um ein einwandfreies Anschwingen sicherzustellen. Weiterhin muß die Schwingungsamplitude stabilisiert werden, damit die Kurvenform wenig von der Sinusform abweicht. Diese Amplitudenstabilisierung erfolgt in der Schaltung Abb. 3.5 über die Gegenkopplung zum invertierenden Eingang (Anschluß 4). Der Stabilisierungsvorgang geht dabei wie folgt vor sich:

Während des Anschwingens ist die Diode BAY 41 nicht leitend, so daß die Verstärkung von dem Teilerverhältnis der Widerstände (R_{Pot1} +15 kΩ): 8,5 kΩ abhängt. Für ein sicheres Anschwingen muß dieses Verhältnis in der gezeigten Schaltung etwas größer als 3 sein. Der Feinabgleich wird mit dem Trimmer P 1 vorgenommen. Die Diode BAY 41 öffnet mit zu-

93

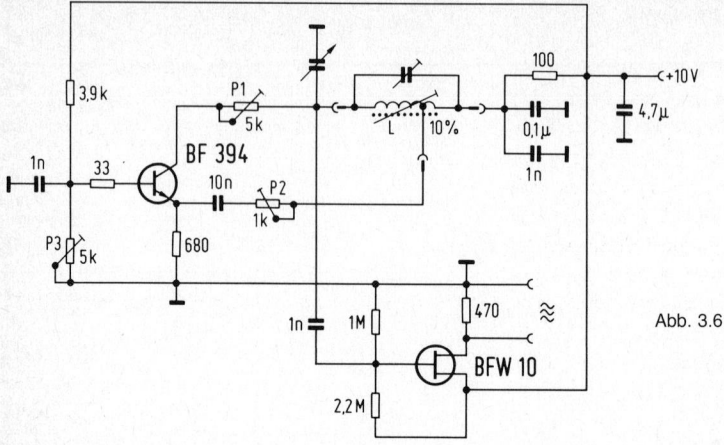

Abb. 3.6

nehmender Amplitude. Sie verringert die Verstärkung so weit, daß eine stabile Schwingung entsteht. Der Trimmer P 2 ermöglicht dabei einen Abgleich der Amplitudenhöhe. Der erzielte Klirrfaktor liegt bei dieser Schaltung unter 1 %.

Technische Daten:

Speisespannung	U_S	± 10 V
Oszillatorfrequenz	f	400 Hz
Klirrfaktor	k	<1 %

3.6 Oberwellenarmer Sender bis 200 MHz

In der *Abb. 3.6* ist eine Senderstufe zu sehen mit dem Hf-Transistor BF 394. Die Rückkopplung erfolgt phasenrichtig durch eine entsprechende Anzapfung der Spule bei ca. 10 % der Windungen und Einspeisung in den Emitterzweig. Die in Basisschaltung arbeitende Stufe ist wechselspannungsmäßig an der Basis nach Masse über den 1 nF kurzgeschlossen. Das 5 kΩ Einstellpotentiometer wird für einen mittleren Kollektorstrom von ca. 2,5 mA eingestellt. Die Basisspannung beträgt in dem Falle ca. +2,3 V. Bei höheren Frequenzbereichen kann es erforderlich sein, den Kollektorstrom durch Ändern der Basisvorspannung zu vergrößern. Die Spule L ist in ihrer Windungszahl abhängig von dem gewünschten Bereich. Es lassen sich die Frequenzbereiche von 50 kHz bis 200 MHz

realisieren, wobei ohne großen Amplitudenverlust ein Frequenzvariationsverhältnis von 1 : 2 mit einem Drehkondensator einstellbar ist. Der Einstellwiderstand P 2 bestimmt die Intensität der Rückkopplung. Der Einstellwiderstand P 1 wird so eingestellt, daß die Schwingung über den gesamten gewünschten Frequenzbereich stabil bestehen bleibt. Er erhält normalerweise dann einen Wert von ca. 2 bis 3 kΩ. Durch diese Maßnahme wird der Schwingkreis weitgehend von dem unsymmetrischen Schaltverhalten des Transistors entkoppelt, wodurch eine oberwellenarme Sinusschwingung zur Verfügung steht. Es empfiehlt sich, die Bauelemente P 1 und P 2 jeweils pro Bereich mit der Induktivität L umzuschalten, damit die einzelnen Bereiche optimal eingestellt werden können.

Das Hf-Signal wird am heißen Ende des Schwingkreises ausgekoppelt und dem Trennverstärker mit dem Feldeffekttransistor BFW 10 zugeführt. Zwischen Masse und Source steht das Hf-Signal zur Verfügung.

3.7 Leistungsoszillator

Monolithisch integrierte Schaltung in bipolarer Technik, vorzugsweise geeignet als elektronischer Taktgeber für Fahrtrichtungs- und Warn-Blinkanlagen in Kraftfahrzeugen mit 12-V-Batterie, jedoch auch als Impulsgenerator für

94

andere Anwendungen einsetzbar, z. B. für Intervall-Scheibenwischer.

Der TAA 775 G (*Abb. 3.71*) ist ein Oszillator, dessen Frequenz durch ein externes RC-Glied bestimmt wird, und der am Ausgang Rechteckimpulse liefert. Der Ausgangsanschluß liegt am Kollektor des in Emitterschaltung betriebenen Endtransistors. Eine Freilaufdiode zwischen Kollektor des Endtransistors und dem Anschluß für die Versorgungsspannung erlaubt den Betrieb mit induktiven Lastwiderständen.

Wie aus dem Anschlußschaltbild (Abb. 3.7.1) hervorgeht, hat der TAA 775 G zwei Oszillatoreingänge zum Anschluß des frequenzbestimmenden RC-Gliedes und einen Steuereingang. Eine Steuerspannung an diesem Eingang ermöglicht folgende Betriebsarten (siehe *Abb. 3.7.4*) a) Betrieb bei Nennfrequenz f_0, b) Betrieb bei erhöhter Frequenz f_0' und c) Blockieren des Oszillators. Bei Anlegen einer Steuerspannung für die Betriebsfälle a und b beginnt die Schwingung sofort mit dem EIN-Zustand. Da die Steuerspannung nur während des AUS-Zustandes wirksam wird, kann der Oszillator im EIN-Zustand erst nach Ablauf der normalen EIN-Phase blockiert werden.

Alle Spannungsangaben sind bezogen auf die Anschlüsse 3 und 8.

Grenzwerte:

Anschlüsse 3 und 8 an Masse

Versorgungsspannung	$U1$	15	V
Steuerspannung	$U7$	$< U1$	
Fremdspannung am Ausgang 10	$U10$	$< U1$	
Ausgangsstrom	$I10$	150	mA
Umgebungstemperaturbereich	T_U	-25 bis $+85$	°C

Statische Kennwerte:

bei $U1 = 12$ V, $U3 = U8 = 0$ V,
$T_U = 25$ °C (siehe *Abb. 3.7.2*)

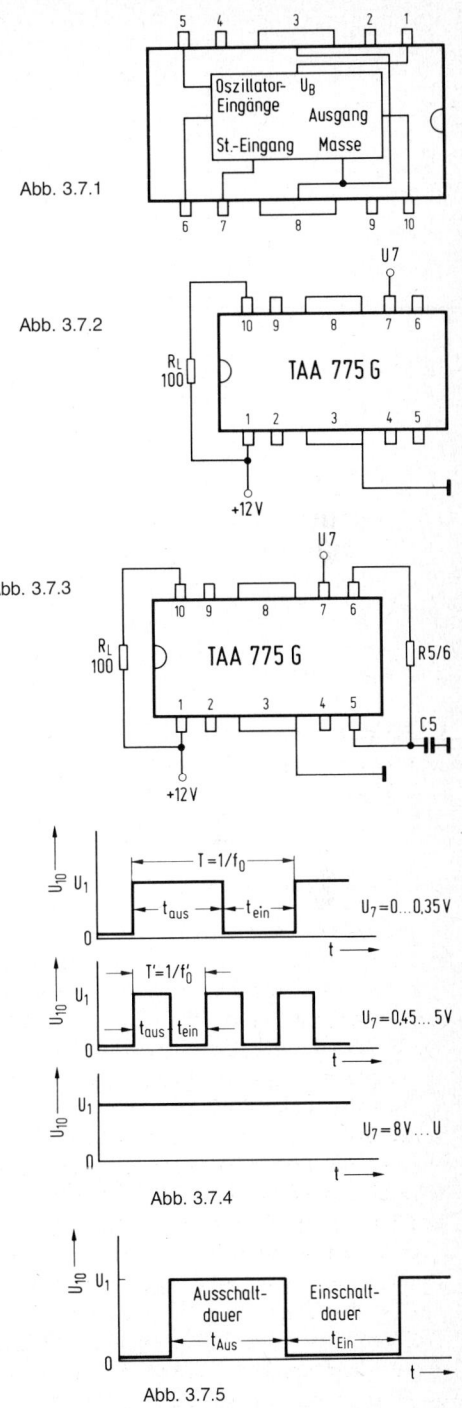

Abb. 3.7.1

Abb. 3.7.2

Abb. 3.7.3

Abb. 3.7.4

Abb. 3.7.5

95

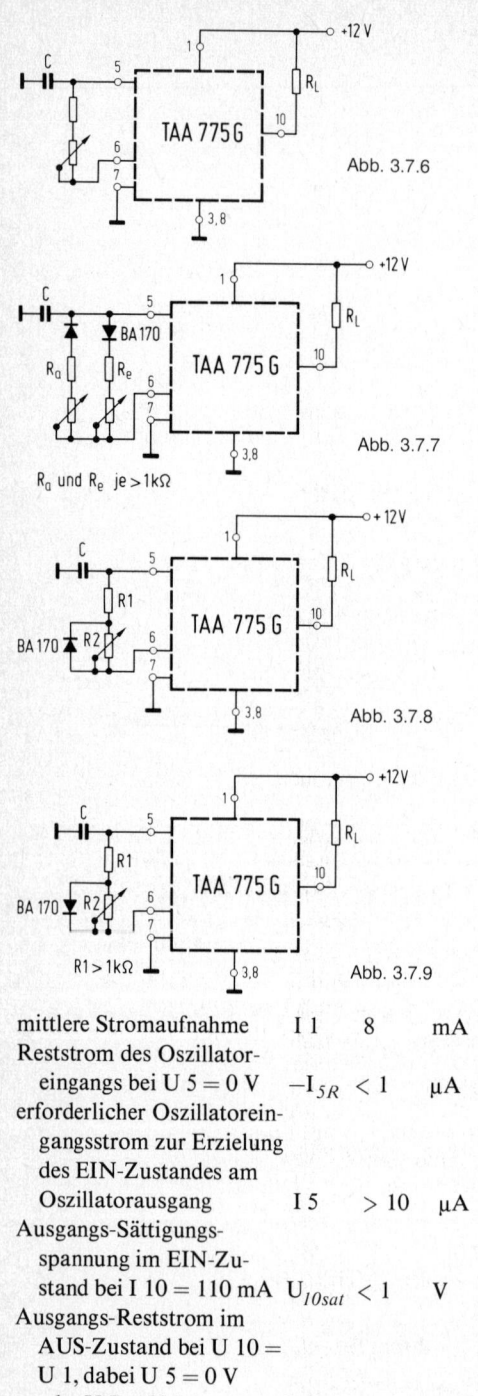

Abb. 3.7.6

Abb. 3.7.7

R_a und R_e je > 1kΩ

Abb. 3.7.8

R1 > 1kΩ

Abb. 3.7.9

mittlere Stromaufnahme	I 1	8	mA
Reststrom des Oszillatoreingangs bei U 5 = 0 V	$-I_{5R}$	< 1	µA
erforderlicher Oszillatoreingangsstrom zur Erzielung des EIN-Zustandes am Oszillatorausgang	I 5	> 10	µA
Ausgangs-Sättigungsspannung im EIN-Zustand bei I 10 = 110 mA	U_{10sat}	< 1	V
Ausgangs-Reststrom im AUS-Zustand bei U 10 = U 1, dabei U 5 = 0 V oder U 7 = U 1	I_{10R}	< 1	µA

Dynamische Kennwerte:
bei U 1 = 12 V, U 3 = U 8 = 0 V.
T_U = 25 °C (siehe *Abb. 3.7.3*)

frequenzbestimmender Widerstand	R 5/6 1 bis 120 kΩ
frequenzbestimmender Kondensator	C 5 beliebig, jedoch sind Leckströme zu beachten

Oszillatorfrequenz
(siehe *Abb. 3.7.4*)
bei U 7 = 0 bis 0,35 V

$$f_o = \frac{800}{R\ 5/6 \cdot C\ 5}\ Hz \qquad \begin{array}{l} R\ 5/6\ \text{in}\ k\Omega \\ C\ 5\ \text{in}\ \mu F \end{array}$$

bei U 7 = 0.45 bis 5 V
bei U 7 = 8 V bis U 1

$f_o' = 2{,}2\ f_o$
$f_o'' = 0$, Endtransistor gesperrt

EIN/AUS-Verhältnis (siehe Abb. 3.7.4)

bei U 7 = 0 bis 0,35 V
bei U 7 = 0,45 bis 5 V

$t_{ein}/t_{aus} = 0{,}8$
$t'_{ein}/t'_{aus} = 1{,}1$

Durch Änderung des zeitbestimmenden RC-Gliedes können Frequenz und Tastverhältnis der Ausgangsspannung des TAA 775 G in weiten Grenzen variiert werden. Für den Auflade-widerstand R_a bzw. den Entladewiderstand R_e sind die folgenden Bedingungen einzuhalten:

$1\ k\Omega < R_a < 120\ k\Omega$
$1\ k\Omega < R_e < 120\ k\Omega$

Der TAA 775 G kann für Frequenzen bis 20 kHz eingesetzt werden. Die im folgenden angegebenen Näherungsgleichungen gelten jedoch nur für Frequenzen bis etwa 4 kHz. *Abb. 3.7.5* zeigt den zeitlichen Verlauf der Ausgangsspannung bei angeschlossenem Lastwiderstand.

In *Abb. 3.7.6* ist der TAA 775 G als Impulsgenerator mit einstellbarer Frequenz und konstantem Tastverhältnis gezeigt. Aufladung und Entladung des zeitbestimmenden Kondensators über einen Widerstand.

Für die Schaltung nach *Abb. 3.7.6* gilt:

$$T = 1/f_0 = \frac{R \cdot C}{800}\ s \quad \begin{array}{l} R \text{ in } k\Omega \\ C \text{ in } \mu F \end{array}$$

$$t_{ein} = 0,45\ T$$
$$t_{aus} = 0,55\ T$$

In *Abb. 3.7.7* ist der TAA 775 G als Impulsgenerator mit einstellbarer Frequenz und einstellbarem Tastverhältnis gezeigt. Aufladung und Entladung des zeitbestimmenden Kondensators über getrennte Widerstandszweige.

Für die Schaltung nach *Abb. 3.7.7* gilt:

$$t_{ein} = 0,7 \cdot C \cdot R_e\ ms \quad R \text{ in } k\Omega$$
$$t_{aus} = C \cdot R_a\ ms \quad C \text{ in } \mu F$$

In *Abb. 3.7.8* ist der TAA 775 G als Impulsgenerator mit einstellbarer Einschaltdauer gezeigt.
Für die Schaltung nach Abb. 3.7.8 gilt:

$$t_{ein} = 0,6 \cdot C \cdot (R + R\ 2)\ ms \quad R \text{ in } k\Omega$$
$$t_{aus} = C \cdot R\ 1\ ms \quad C \text{ in } \mu F$$

In *Abb. 3.7.9* ist das TAA 775 G als Impulsgenerator mit einstellbarer Ausschaltdauer gezeigt.

Für die Schaltung nach Abb. 3.7.9 gilt:

$$t_{ein} = 0,7 \cdot C \cdot R\ ms \quad R \text{ in } k\Omega$$
$$t_{aus} = 0,75 \cdot C \cdot (R\ 1 + R\ 2)\ ms \quad C \text{ in } \mu F$$

3.8 Bistabile Kippstufe

Eine bistabile Kippstufe kann nur zwei stabile Schaltzustände annehmen. Der Übergang von einem Zustand in den anderen erfolgt sprungartig nach dem Anlegen eines entsprechenden Eingangssignals. In der Digitaltechnik werden die beiden Zustände häufig mit 0 (null) und L (eins) bezeichnet, wobei die zugehörigen Ausgangssignale jeweils definiert werden müssen.

Die bistabile Stufe wird auch Flipflop, bistabiler Multivibrator oder Eccles-Jordan-Schaltung genannt. Zwischen den gestrichelten Linien in *Abb. 3.8* ist die Grundschaltung wiedergegeben. Zwei Transistoren sind über Kreuz so miteinander gekoppelt, daß immer nur einer von ihnen Strom führen kann und der andere gesperrt ist. Dazu liegt jeweils die Basis des einen Transistors am Abgriff eines Spannungsteilers, der am Kollektor des anderen Transistors angeschlossen ist. Zur Erhöhung der Umschaltgeschwindigkeit sind den Kopplungswiderständen kleine Kondensatoren parallelgeschaltet.

Die Schaltung besitzt zwei Eingänge E 10 und E 20 sowie zwei Ausgänge A 1 und A 2,

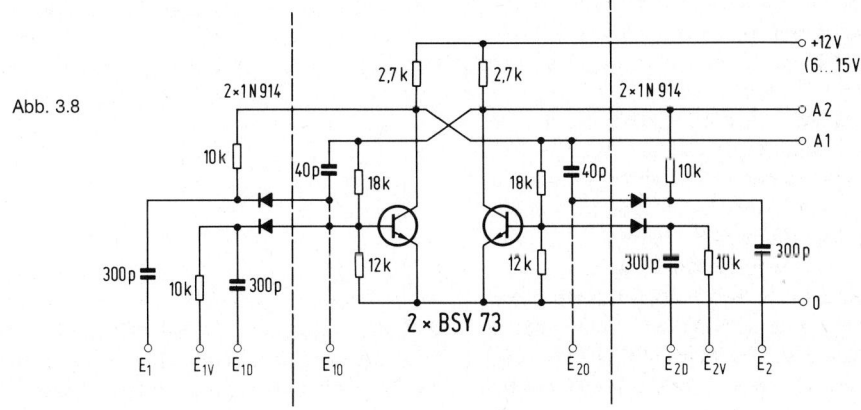

Abb. 3.8

die stets ein entgegengesetztes Signal aufweisen. Es soll nun definiert werden, daß sich die Stufe im Zustand „L" befindet, wenn der Ausgang A 1 ein positives Potential hat und im Zustand „0", wenn er das Potential 0 hat.

Meist werden bistabile Kippstufen in Digitalschaltungen so angesteuert, daß der leitende Transistor mit einem negativen Impuls gesperrt wird. Damit die Kippstufe einwandfrei arbeitet, ist auf jeder Seite des Flipflop vor dem Eingang ein „vorbereitendes" Netzwerk aus Diode, Kondensator und Widerstand erforderlich. Diese außerhalb der gestrichelten Linien gezeichneten Bauelemente sind sperrbare Impulsgatter mit zwei dynamischen Eingängen E 1 und E 2, die auch zu einem Eingang zusammengeschlossen werden können. Dann ändert die Stufe bei jedem negativen Eingangsimpuls ihren Schaltzustand. Dabei sorgen die sperrbaren Impulsgatter dafür, daß der Sperrimpuls immer nur an die Basis desjenigen Transistors gelangt, der gerade durchgesteuert ist. An der Diode vor der Basis dieses Transistors liegt nämlich vor dem Eintreffen des Schaltimpulses praktisch keine Spannung, da ihre Katode über den 10-kΩ-Widerstand mit dem Kollektor des durchgesteuerten Transistors verbunden ist. Ein negativer Impuls wird daher voll auf die Basis des Transistors übertragen.

In dem Netzwerk vor dem gesperrten Transistor liegt dagegen die Katode der Diode über den 10-kΩ-Widerstand nahezu auf plus Betriebsspannung. Die Diode ist in Sperrrichtung gepolt, und ein negativer Impuls kann sie nicht passieren, solange seine Amplitude kleiner ist als die Speisespannung. Das Durchsteuern des vorher gesperrten Transistors wird also durch den Eingangsimpuls nicht behindert.

3.9 Schnelle Flipflop-Stufe

Abb. 3.9 zeigt eine schnelle Flipflop-Stufe. Die beiden unteren Transistoren bilden den eigentlichen bistabilen Multivibrator, der über die Eingänge E 1 und E 2 in den Basiskreisen angesteuert wird. Zur Verstärkung des Ausgangssignals und zur Entkopplung der nachgeschalteten Stufe dienen die beiden oberen Transistoren, die in Kollektorschaltung arbeiten.

3.10 Monostabile Kippstufe

Die bistabile Kippstufe (*Abb. 3.10*) besitzt zwei statische Rückkopplungszweige: Je ein ohmscher Spannungsteiler führt vom Kollektor des einen Transistors zur Basis des anderen. Wird eine dieser statischen Rückkopplungen durch eine dynamische ersetzt, so erhält man eine monostabile Kippstufe. Die dynamische Rückkopplung wird in dieser Schaltung durch den Kondensator C zwischen dem Kollektor des rechten und der Basis des linken Transistors gebildet.

Im stabilen Zustand ist der linke Transistor durchgesteuert und der rechte gesperrt. Ein negativer Eingangsimpuls gelangt über die bereits von der bistabilen Kippstufe her bekannte Eingangsschaltung an die Basis des linken Transistors und sperrt diesen. Dadurch wird jetzt der rechte Transistor durchgesteuert. Der Spannungssprung an seinem Kollektor wird über den Kondensator C an den Punkt P übertragen, der nun ein negatives Potential annimmt, wobei die Diode D 2 einen Durchbruch der Basis-Emitter-Strecke des Transistors verhindert. Der linke Transistor bleibt nun auch nach dem Abklingen des Eingangssignals gesperrt. Dieser metastabile Zustand dauert so lange, bis der Kondensator C über den Widerstand R so weit aufgeladen ist, daß die Spannung am Punkt P größer ist als die Summe der Schwellspannungen von Transistor und Diode D 2. In diesem Augenblick steuert der linke Transistor wieder durch und sperrt den rechten.

Die Zeit t_m, während der die monostabile Kippstufe im metastabilen Zustand verharrt, ist durch die Größe des Kondensators C und des Ladewiderstandes R gegeben. Es ist $t_m \approx$ 0,7 RC. Ein Kondensator von 250 μF mit ei-

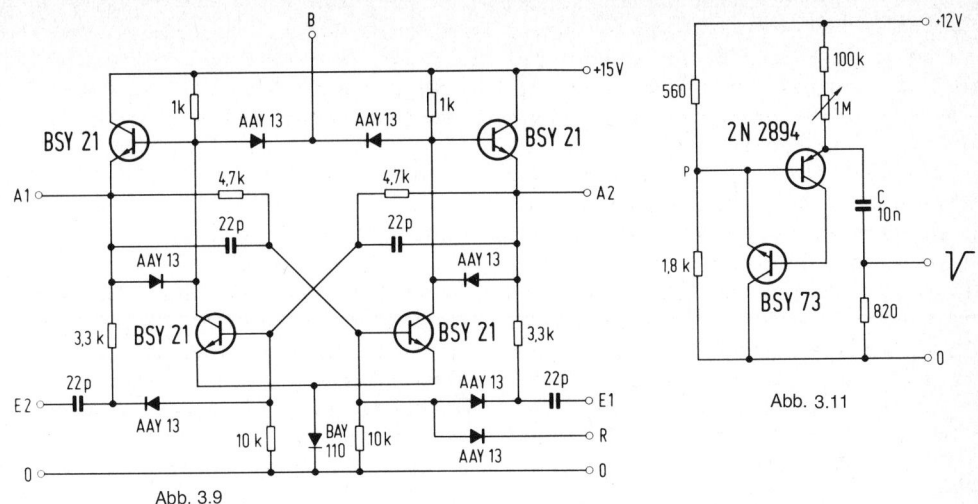

Abb. 3.9

Abb. 3.11

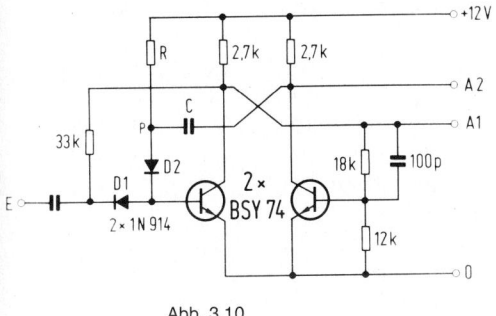

Abb. 3.10

3.11 Impulsgenerator mit zwei komplementären Transistoren

Im Gegensatz zum Sperrschwinger kommt diese Schaltung (*Abb. 3.11*) ohne Übertrager aus. Sie liefert negative Impulse, deren Amplitude etwa 8 V beträgt und deren Anstiegszeit bei 50 ns liegt.

Nach dem Einschalten der Versorgungsspannung sind zunächst beide Transistoren stromlos. Über den 100-kΩ-Widerstand und das Potentiometer wird nun der Kondensator C aufgeladen. Sobald seine Spannung größer wird als das Potential am Mittelpunkt P des Spannungsteilers, beginnt der obere Transistor durchzusteuern. Dadurch bekommt der untere Transistor Basisstrom. Er steuert ebenfalls durch und verstärkt mit seinem Kollektorstrom den Basisstrom des oberen Transistors. Durch diesen Rückkopplungsvorgang werden beide Transistoren völlig durchgesteuert und der Kondensator C entlädt sich über den 820-Ω-Widerstand an dem ein negativer Ausgangsimpuls abgegriffen wird.

Nach der Entladung des Kondensators reicht der geringe, über den 100-kΩ-Widerstand und das Potentiometer zufließende Strom nicht aus, um die Transistoren durchgesteuert zu halten. Sie sperren, und es beginnt eine neue Aufladung des Kondensators.

nem Entladewiderstand von 18 kΩ ergibt z. B. eine Kippzeit von 3,15 s.

Die Größe des Kondensators kann in weiten Grenzen geändert werden. Den Widerstand R kann man zur stetigen Einstellung durch ein Potentiometer ersetzen. Er darf jedoch nicht zu groß werden, da sonst im stabilen Zustand der Basisstrom für den linken Transistor zu klein wird und dieser nicht mehr ganz durchsteuert. Als Grenze ist etwa R = 100 kΩ anzusehen.

An den beiden Ausgängen können gegenphasige Signale abgenommen werden. Es ist zu beachten, daß die ansteigende Flanke am Ausgang A 2 relativ flach ist, da nach dem Sperren des rechten Transistors zunächst der Kondensator C aufgeladen wird.

Der Abstand der Impulse beträgt bei einem Ladekondensator von 10 nF und kurzgeschlossenem Potentiometer etwa 1,4 ms. Er kann mit dem Potentiometer stetig bis auf 15 ms vergrößert werden. Längere bzw. kürzere Impulsabstände werden durch größere bzw. kleinere Kapazitätswerte erreicht. Die Schaltung kann leicht so abgeändert werden, daß sie positive Impulse abgibt. Dazu ist der 820-Ω-Widerstand, an dem der Ausgangsimpuls abgenommen wird, nicht in Reihe mit dem Kondensator, sondern in die Emitterzuleitung des NPN-Transistors zu legen.

In einer weiteren Variante kann die Schaltung als Sägezahngenerator benutzt werden. Der 820-Ω-Widerstand wird dabei ganz weggelassen. Am oberen Belag des Kondensators C kann dann eine sägezahnähnliche Spannung abgenommen werden. Ihre ansteigenden Flanken sind Teile einer e-Funktion, da der Kondensator über einen Widerstand aufgeladen wird. Um einen linearen Anstieg zu erreichen, müssen der 100-kΩ-Ladewiderstand und das Potentiometer durch einen als Konstantstromquelle geschalteten PNP-Transistor ersetzt werden.

3.12 Sperrschwinger

Der Sperrschwinger (*Abb. 3.12*) ist ein Impulsgenerator mit einem Transistor und einem Übertrager. Er liefert kurze Impulse an sehr geringem Innenwiderstand. Die Folgefrequenz ist in weitem Bereich einstellbar.

Die Schaltung arbeitet folgendermaßen: Über den Widerstand R 1 wird der Kondensa-

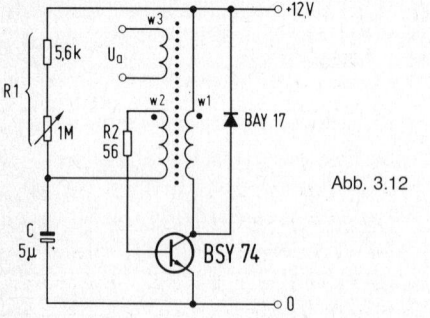

Abb. 3.12

tor C aufgeladen: Sobald die Schwellspannung des Transistors erreicht ist, fließt Basisstrom über die Wicklung W 2 und den Widerstand R 2, und der Transistor beginnt durchzusteuern. Die nun an der Wicklung W 1 liegende Spannung wird mit dem Übersetzungsverhältnis W 2/W 1 auf die Wicklung W 2 übertragen. Sie ist so gerichtet, daß der Transistor sofort durchsteuert. Sein Basisstrom ist nun gleich dem Ladestrom des Kondensators, der nach einer e-Funktion abnimmt. Der Kollektorstrom des Transistors steigt vom Einschaltaugenblick an wegen der Induktivität des Übertragers zunächst etwa linear und später, wenn der Kern in die Sättigung kommt, sehr steil an. Bei zunehmendem Kollektorstrom und gleichzeitig abnehmendem Basisstrom reicht zu einem bestimmten Zeitpunkt die Stromverstärkung des Transistors nicht mehr zur Durchsteuerung aus. Die Spannung an der Wicklung W 1 und damit die auf die Wicklung W 2 transformierte Spannung nehmen ab. Der Transistor wird nun völlig gesperrt und beide Wicklungen des Übertragers sind spannungslos. Die gespeicherte magnetische Energie fließt über die Freilaufdiode ab. Der auf eine negative Spannung aufgeladene Kondensator hält den Transistor gesperrt. Erst wenn der über R 1 zufließende Strom den Kondensator wieder bis zur Schwellspannung des Transistors aufgeladen hat, wird ein neuer Impuls abgegeben.

Der zeitliche Abstand zwischen zwei Impulsen bzw. die Impulsfolgefrequenz hängt u. U. von der Versorgungsspannung oder der Belastung des Ausgangs ab. Ist der Übertrager so ausgelegt, daß in seinem Kern die Sättigungsinduktion nicht erreicht wird, ist die Frequenz von der Versorgungsspannung nahezu unabhängig, nimmt aber mit steigender Belastung zu. Beim Betrieb im Sättigungsbereich ist die Frequenz lastunabhängig, steigt aber bei Erhöhung der Versorgungsspannung an.

Das Ausgangssignal kann entweder von einer Wicklung W 3 des Übertragers oder direkt am Kollektor des Transistors abgenommen werden. In der angegebenen Dimensionierung beträgt die Impulsdauer 0,5 ms. Die Folgefrequenz kann mit dem 1-MΩ-Potentiometer zwischen 0,8 Hz und 120 Hz eingestellt werden. Kürzere Impulszeiten und höhere Folgefrequenzen werden durch kleinere Induktivitäten und kleinere Kapazitäten erreicht.

Daten des Übertragers:

Kern: 22 mm ∅ · 13, Siferrit 1100 N 22, o.L.

Wicklungen: W 1 = 300 Wdg. 0,15 mm ∅ CuL

W 2 = 150 Wdg. 0,15 mm ∅ CuL

W 3 beliebig

Abb. 3.13

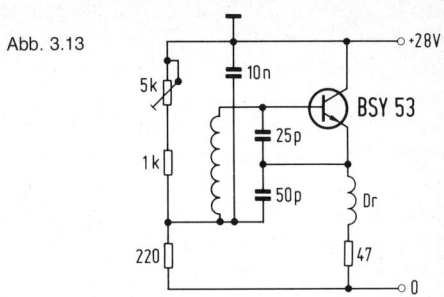

Unten: Abb. 3.14

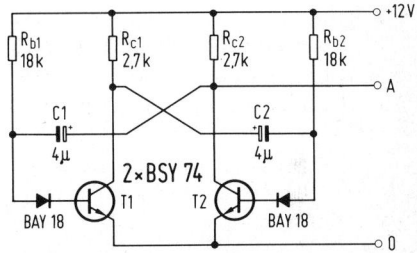

3.13 Oszillator in ECO-Schaltung

Die Schaltung (*Abb. 3.13*) zeigt einen elektronengekoppelten 30-MHz-Oszillator (ECO), bei dem der Kollektor und damit das Gehäuse des Transistors direkt mit dem Chassis verbunden werden kann. Somit ergeben sich optimale Kühlverhältnisse. Bei der angegebenen Dimensionierung kann bei 30 MHz eine Hf-Leistung von 0,8 Watt ausgekoppelt werden. Der Wirkungsgrad der Schaltung ist dabei 30 %.

3.14 Astabile Kippstufe

Die astabile Kippstufe, auch astabiler Multivibrator genannt, ist ein Rechteckgenerator. Sie entsteht, wenn beide statischen Rückkopplungen einer bistabilen Stufe durch dynamische ersetzt werden.

Die Schaltung (*Abb. 3.14*) arbeitet in beiden Phasen so wie die monostabile Kippstufe in der metastabilen Phase. Wenn der eine Transistor durchsteuert, wird der andere Transistor über den Koppelkondensator gesperrt. Dieser Zustand dauert so lange, bis der Kondensator über den zugehörigen Widerstand R umgeladen ist. Danach steuert der Transistor durch, und über den zweiten Koppelkondensator wird nun der andere Transistor gesperrt.

Bei gleich großen Kondensatoren und Widerständen R_b liefert die Schaltung eine Rechteckspannung mit dem Tastverhältnis 1 : 1 und der Frequenz $f \approx 1/(2 \cdot 0{,}7 \cdot R_b \cdot C)$. Das Tastverhältnis kann geändert werden, indem die Kondensatoren und — innerhalb gewisser Grenzen — die Widerstände R_b ungleich groß gemacht werden. Die Einschaltzeiten der beiden Transistoren T 1 und T 2 sind dann $t_1 \approx 0{,}7 \cdot R_{b1} \cdot C 1$ und $t_2 \approx 0{,}7 \cdot R_{b2} \cdot C 2$. Die Frequenz beträgt $f = 1/t_1 + f_2)$. Wenn man beide Einschaltzeiten unabhängig voneinander einstellen will, muß gewährleistet sein, daß sich die Kondensatoren in der Pause jeweils über die Kollektorwiderstände R wieder aufladen können. Dazu müssen folgende Bedingungen erfüllt sein: $t_1 > 3 R_{c2} \cdot C 1$ und $t_2 > 3 R_{c1} \cdot C 2$. Zur stetigen Einstellung der Einschaltzeiten können die Widerstände R_b durch Potentiometer ersetzt werden. Damit die Schaltung einwandfrei arbeitet, dürfen die Widerstände nicht zu groß werden, da sonst die Transistoren wegen zu geringen Basisstromes nicht mehr ganz durchgesteuert werden.

Als Grenze kann gelten: $R_{b1} < 0{,}5 B \cdot R_{c1}$; $R_{b2} < 0{,}5 \cdot B \cdot R_{c2}$, worin B der Mindestwert der Stromverstärkung bei dem jeweiligen Kollektorstrom ist. Bei zu kleinen Widerständen läuft die Schaltung u. U. beim Anlegen der Versorgungsspannung nicht an, da sofort beide

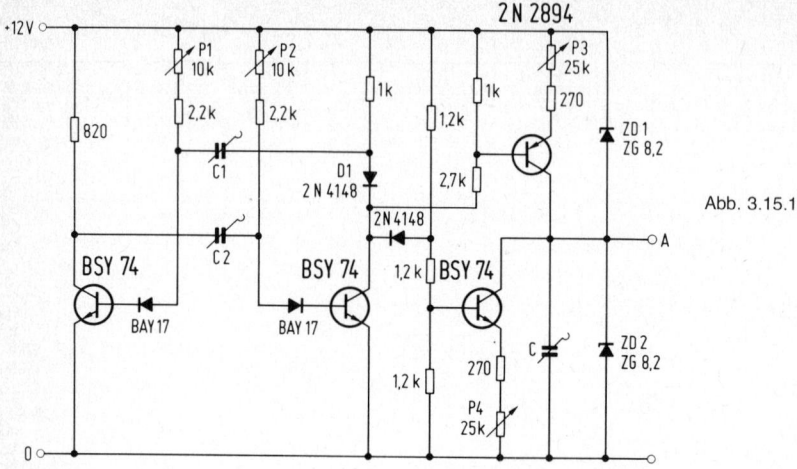

Abb. 3.15.1

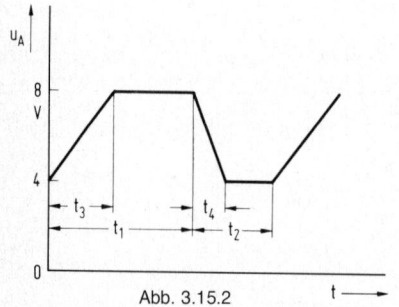

Abb. 3.15.2

Transistoren durchsteuern. Für diese untere Grenze kann als Richtwert gelten: $R_{b1} > 10 \cdot R_{c1}$; $R_{b2} > 10 \cdot R_{c2}$. Mit der angegebenen Dimensionierung liefert der Multivibrator eine Rechteckfrequenz von etwa 10 Hz.

3.15 Trapezspannungsgenerator

Dieser Generator (*Abb. 3.15.1*) liefert eine trapezförmige Ausgangsspannung gemäß *Abb. 3.15.2* bei der die Zeiten T 1 bis T 4 unabhängig voneinander eingestellt werden können. Die Schaltung enthält eine astabile Kippstufe. In der Kollektorzuleitung des rechten Transistors liegt eine Diode D 1. Sie ermöglicht beim Sperren des Transistors einen raschen Anstieg der Kollektorspannung dadurch, daß sie den Strompfad für die relativ langsame Aufladung des Kondensators C 1 vom Kollektor abtrennt.

Mit der steilen Rechteckspannung am Kollektor werden über Basisspannungsteiler zwei Konstantstromquellen so gesteuert, daß die Ströme wechselweise eingeschaltet sind. Die Diode D 2 verhindert, daß sich die Teiler gegenseitig beeinflussen. Die Quelle mit dem PNP-Transistor lädt den Ausgangskondensator C linear auf, die andere mit dem NPN-Transistor entlädt ihn. Die Kondensatorspannung kann nur bis zur Durchbruchspannung der Z-Diode D 4 ansteigen und nur bis zu einem Wert absinken, der gleich Speisespannung minus Durchbruchspannung von D 3 ist. Für den Rest der Teilperioden fließen die Konstantströme über die Z-Dioden, und die Ausgangsspannung bleibt ungeändert.

Grundsätzlich arbeitet die Schaltung auch ohne Z-Dioden, jedoch zeigt die Ausgangsspannung dann Einbrüche, die von den Umschaltzeiten der Stromquellen-Transistoren herrühren und die sich besonders bei Frequenzen über 10 kHz störend bemerkbar machen. Mit Z-Dioden bleibt die Kurvenform bis ca. 200 kHz einwandfrei.

Die Zeit T 1 kann durch Umschalten des Kondensators C 1 grob und mit dem Potentiometer P 1 fein eingestellt werden. Entsprechendes gilt für T 2. Die Summe T 1 + T 2 bestimmt die Periodendauer bzw. die Frequenz. Die Zeit T 3 kann mit dem Potentiometer

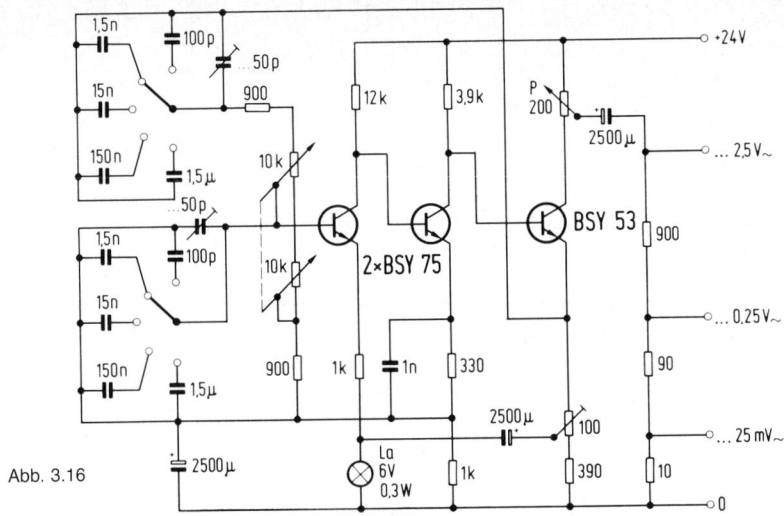

Abb. 3.16

P 3 verändert werden. Sie ist nach der Gleichung T 3 = C R$_E$ · U$_A$/U$_E$ zu berechnen. R$_E$ ist der gesamte Emitterwiderstand des PNP-Transistors, U$_E$ die daran abfallende Spannung, U$_A$ der Hub der Ausgangsspannung. Entsprechendes gilt für T 4.

Wählt man die Kapazitäten C 1 und C 2 zehnmal so groß wie C und bringt die Potentiometer P 3 und P 4 auf größten Widerstand, so entartet die Trapezform zu einem gleichseitigen Dreieck. T 1 ist dann gleich T 3 und T 2 gleich T 4.

Der Ausgang darf nur wenig belastet werden. Sonst werden die im Leerlauf geraden Trapezflanken krumm.

3.16 RC-Generator

Für Sinusgeneratoren im Frequenzbereich bis etwa 1 MHz haben sich Schaltungen mit einer Wien-Robinson-Brücke als frequenzbestimmendem Glied gut bewährt. Diese Brücke enthält in einem Zweig die Reihenschaltung und im benachbarten Zweig die Parallelschaltung eines Widerstandes mit einem Kondensator. Die beiden gegenüberliegenden Zweige bestehen aus Widerständen.

Der RC-Generator (*Abb. 3.16*) enthält einen Verstärker, dessen Eingangs- und Ausgangsspannung im ganzen Frequenzbereich gleichphasig sind. Der Verstärkerausgang ist an die eine Diagonale der Wien-Brücke angeschlossen. In der anderen Diagonalen liegt der Verstärkereingang. Damit diese Anordnung schwingt, darf das zurückgekoppelte Signal in der Brücke keine Phasenverschiebung erfahren. Diese Bedingung ist nur für eine einzige Frequenz erfüllt, nämlich für diejenige, bei der die Blindwiderstände der beiden kapazitiven Brückenzweige gleich groß sind.

Der gesamte Frequenzumfang von 10 MHz wird in der vorliegenden Schaltung in fünf Bereiche unterteilt. Beim Übergang von einem Bereich auf den anderen werden die frequenzbestimmenden Kondensatoren umgeschaltet. Die Einstellung innerhalb der Bereiche geschieht stufenlos mit einem Tandempotentiometer.

Der Verstärker besteht aus drei Transistorstufen, die galvanisch miteinander gekoppelt sind. Die beiden ersten Stufen arbeiten in Emitterschaltung. Die dritte Stufe wird als Split-Load-Schaltung betrieben: Das Ausgangssignal wird sowohl am Emitter als auch am Kollektor abgegriffen. Die am Emitter abgenommene Spannung, die mit der Eingangsspannung in Phase liegt, wird der Brücke zugeführt. An dem 200-Ω-Potentiometer in der

103

Kollektorzuleitung wird die Ausgangsspannung abgegriffen. Rückkopplungs- und Ausgangsspannung sind praktisch vollkommen entkoppelt, so daß weder die Amplitudenregelung noch der Klirrfaktor oder die Frequenz von der Last am Ausgang beeinflußt werden.

Alle Stufen des Verstärkers sind gleichstrommäßig stark gegengekoppelt, um stabile Arbeitspunkte zu erhalten. Die nicht überbrückten Emitterwiderstände wirken gleichzeitig als Wechselstromgegenkopplung. Die stärkste Wechselstromgegenkopplung erfolgt jedoch vom Abgriff des 100-Ω-Trimmers in der Emitterzuleitung der letzten Stufe auf die Lampe in der Emitterzuleitung der ersten Stufe. Diese Lampe bildet einen der ohmschen Brückenzweige. Sie stellt als Kaltleiter einen aussteuerungsabhängigen Widerstand dar und wird zur Stabilisierung der Signalamplitude benutzt. Das Maß der Gegenkopplung und damit die Maximalamplitude der Ausgangsspannung wird mit dem 100-Ω-Trimmer eingestellt.

Die Ausgangsspannung beträgt maximal $U_{A\,eff} = 2{,}5$ V, der Frequenzbereich 10 Hz bis 1 MHz. Der Klirrfaktor ist bei 1 kHz kleiner als 0,2 %.

3.17 Sinusoszillator

Für einfache Meß- und Steueraufgaben ist es oft erforderlich, ein Sinussignal bestimmter Frequenz und Amplitude zur Verfügung zu haben. In *Abb. 3.17* ist eine Schaltung gezeigt, in deren Rückkopplungszweig vom Kollektor zur Basis ein Phasenschieberzweig,

bestehend aus R 1; R 2 und C 1; C 2 aufgebaut ist. Durch Ändern dieser Komponenten läßt sich der Frequenzbereich entsprechend beeinflussen. Der Schwingeinsatz wird mit dem Potentiometer P eingestellt. Dieser Arbeitspunkt bestimmt ebenfalls die Größe der Verzerrung des Signales. Der Ausgang ist relativ niederohmig (1 kΩ), so daß praktisch viele Arten von anschließenden Steuerschaltungen benutzt werden können.

3.18 Monostabile Kippstufe

Im Ruhezustand liegt der Ausgang der monostabilen Kippstufe entsprechend (*Abb. 3.18*) hoch. Am invertierenden Eingang (Anschluß 4) steht über dem Gegenkopplungszweig mit dem Widerstand R 3 und der Diode BAY 63 die Diodenflußspannung U_D (ca. 650 mV). Am nichtinvertierenden Eingang liegt über dem Spannungsteiler R 1 : R 2 des Mitkopplungszweiges eine geringfügige positivere Spannung (ca. 800 mV) als am invertierenden Eingang. Der Verstärkerausgang bleibt daher in der positiven Endlage.

Negative Eingangsflanken an E lösen den Kippvorgang aus. Über den Koppelkondensator 10 nF gelangen diese Impulse an den nichtinvertierenden Eingang.

Die Spannung des nichtinvertierenden Eingangs sinkt kurzzeitig auf einen Wert unterhalb der Diodenflußspannung ab. Dieser Polaritätswechsel der Eingangsspannung U 34 kippt den Operationsverstärker TAA 861. Der

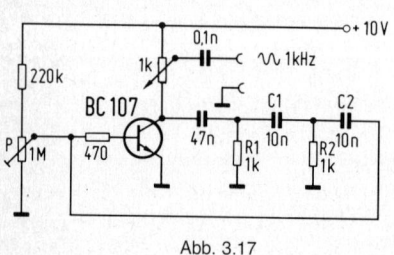

Abb. 3.17

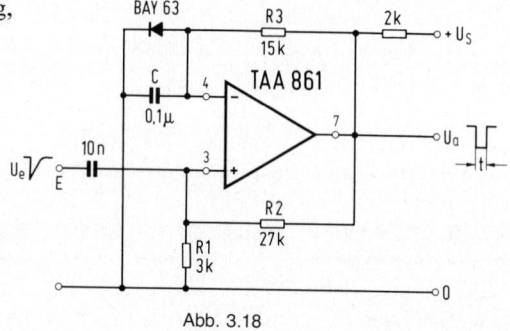

Abb. 3.18

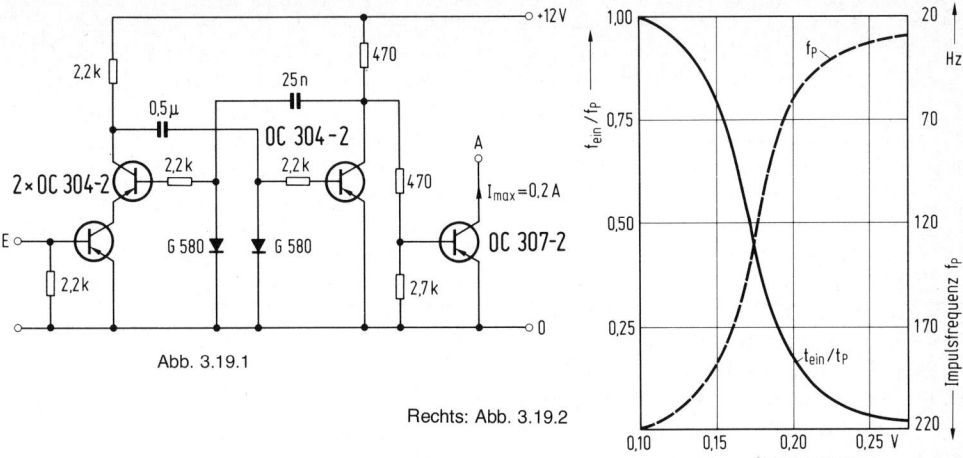

Abb. 3.19.1

Rechts: Abb. 3.19.2

Ausgang der monostabilen Kippstufe springt auf $U_{a-} \sim -U_S$. Am nichtinvertierenden Eingang steht jetzt über die Mitkopplung eine negative Spannung (ca. -800 mV). Gleichzeitig wird die Diode BAY 63 gesperrt, und die Umladung des zeitbestimmenden Kondensators C beginnt. Die monostabile Kippstufe fällt in ihre Ruhelage zurück, sobald die Spannungswerte an C und am nichtinvertierenden Eingang gleich hoch sind.

Positive Impulsflanken an E bleiben wirkungslos, da der Verstärkerausgang im Ruhezustand bereits in der positiven Endlage steht.

Die Verzögerungszeit der Kippstufe ergibt sich unter der Voraussetzung, daß $R\,2 \gg R\,1$ ist zu:

$$t \sim R_3 C \left(\frac{R_1}{R_2} + \frac{U_D}{U_S} \right) \text{ s}$$

mit den Werten der Abb. 3.18 folgt bei $U_S = \pm 10$ V:

$$t \sim 15 \cdot 10^3 \cdot 0,1 \cdot 10^{-6} \left(\frac{3}{27} + \frac{0,65}{10} \right) \sim \underline{250\,\mu s}$$

Die Erholzeit der Kippstufe beträgt ungefähr $\frac{1}{10} t$, da die Entladung des Kondensators C über die niederohmige Diodenstrecke erfolgt. Die Empfindlichkeit der Kippstufe läßt sich mit dem Teilerverhältnis der Widerstände R 1 und R 2 einstellen.

Positive Störspitzen am nichtinvertierenden Eingang können die Ausgangsimpulsdauer verkürzen. Für diesen Fall ist eine entsprechende Eingangsbeschaltung, zum Beispiel mit einer Kappdiode, vorzunehmen.

Technische Daten:

Speisespannung	U_S	± 10 V
Kippspannung	U_e	-150 mV
Ausgangsspannung		
im Ruhezustand	U_{at}	9 V
Ausgangsspannung gekippt	U_{a-}	-9 V
Verzögerungszeit	t	$250\,\mu s$

3.19 Impulsbreitenregler

Diese Schaltung (*Abb. 3.19.1*) erzeugt periodische Ausgangsimpulse, deren Tastverhältnis von der angelegten Steuerspannung bestimmt wird. *Abb. 3.19.2* zeigt den Zusammenhang zwischen Steuerspannung und dem Verhältnis Einschaltdauer t_{ein} zu Periodendauer t_p (ausgezogen) und Impulsfrequenz t_p (gestrichelt).

Hauptbestandteil der Schaltung ist eine astabile Kippstufe. Zur Erklärung denke man sich den Hilfstransistor in der Emitterzulei-

105

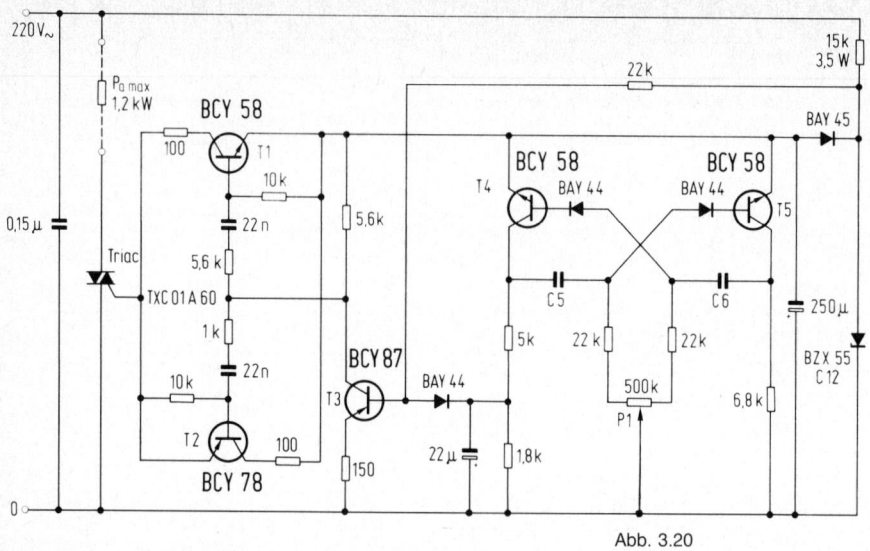

Abb. 3.20

tung des linken Kippstufen-Transistors überbrückt. Es sei angenommen, daß der linke
Transistor gesperrt ist und der rechte durchgesteuert, weil ein exponentiell abnehmender
Ladestrom des 0,5-µF-Kondensators über
seine Basis fließt. Dieser Zustand bleibt erhalten, solange der Ladestrom zur Durchsteuerung ausreicht. Danach beginnt der rechte Transistor zu sperren. Der nun einsetzende
Ladestrom des 25-nF-Kondensators steuert
den linken Transistor durch. Wegen der kreuzweisen kapazitiven Rückkopplung hat die
Schaltung Kippverhalten.

Während jetzt der linke Transistor durchgesteuert ist, entlädt sich der 0,5-µF-Konden-
sator über eine Diode. Diese Entladung ist
abgeschlossen, bevor der Ladestrom des 25-nF-
Kondensators so weit abgeklungen ist, daß
die Stufe wieder kippt.

Bei nicht überbrücktem Steuertransistor
wirkt dieser wie ein veränderlicher Zusatz-
widerstand im Ladekreis. Durch eine Steuerspannung an seiner Basis kann die Dauer des
Ausgangsimpulses beeinflußt werden.

An die astabile Kippstufe ist über einen
Widerstandsteiler der Endtransistor ange-

schlossen. Er kann mit ca. 200 mA belastet
werden.

3.20 Periodische Schwingungspaketsteuerung

Die entstandene Schwingungspaketsteue-
rung (*Abb. 3.20*) dient zur stufenlosen Lei-
stungs- und Temperatureinstellung von wärmetechnischen Geräten, wie Elektro-Öfen,
Kochplatten, Lötkolben usw. Die Leistung
ist durch die prozentuale Einschaltdauer des
Taktgebers mittels des Potentiometers P 1
zwischen 2 und 96 % stufenlos einstellbar.
Der Taktgeber, ein astabiler Multivibrator,
schaltet den Eingangstransistor T 3 des Null-
spannungsschalters im jeweils vorgewählten
Tastverhältnis, zwischen den erwähnten Grenzen. Die Frequenz des Taktgebers bestimmt
die Einschalthäufigkeit des Verbrauchers und
richtet sich nach dessen thermischer Zeitkonstante. Je nach Größe der Kondensatoren C 5
und C 6 ergeben sich die in den technischen
Daten angegebenen Taktfolgen. Der Kondensator C 3 verzögert das Einschalten des
Transistors T 3 und läßt keine Fehlimpulse
auslösen. Durch ein plötzliches Schalten von
T 3 außerhalb der Nulldurchgänge würde
ebenfalls das Differenzierglied ansprechen.

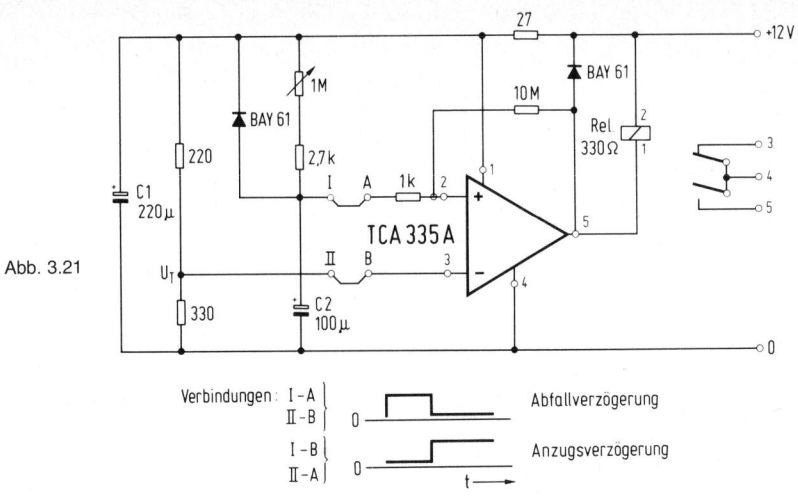

Abb. 3.21

Verbindungen: I‑A / II‑B } Abfallverzögerung
I‑B / II‑A } Anzugsverzögerung

Technische Daten:

Netzspannung	220 V ~ ± 10 %
max. Last (ohmsche Last)	1,2 kW
Sinus Paketsteuerung	2 bis 96 %
Taktfolge C 5, C 6 = 50 µF	T = 30 s
= 1 µF	T = 0,6 s
= 0,15 µF	T = 0,05 s
Triac TC	TX C01 A60
Leistungsregler	Potentiometer P1 500 kΩ

3.21 Verzögerungsschaltung

Operationsverstärker mit Darlington-Eingang eignen sich u. a. besonders in Verzögerungsschaltungen. Für einen speziellen Anwendungsfall wurde eine Schaltung (*Abb. 3.2.1*) dimensioniert, die je nach Einstellung der Verzögerungszeiten zwischen 0,2 bis 100 s erlaubt. Die Wiederbereitschaftszeit < 250 ms ist dabei klein. Die Verzögerungszeit läuft ab, sobald die Betriebsspannung (± 12 V) an die Schaltung gelegt wird.

Der Operationsverstärker TCA 335 A ist ohne zusätzliche Transistorverstärkerstufe in der Lage, das hier als Verbraucher vorgesehene Karten-E-Relais direkt zu schalten. Verbindet man die Klemmen I mit A und II mit B, ergibt sich eine Abfallverzögerung. Werden statt dessen die Klemmen I mit B und II mit A verbunden, erhält man eine Anzugsverzögerung.

Technische Daten:

Betriebsspannung	10 bis 16 V
Aufnahmestrom	55 mA
Verzögerungszeit einstellbar	0,2 bis 100 s
Wiederbereitschaftszeit	< 250 ms
Schaltleistung	~ 2 kVA
Umgebungstemperatur im Betrieb	0 bis 70 °C
Lagertemperatur	−40 bis +125 °C
Relais	E V23027-A0002-A101
Kondensator C 1, 220 µF	
Kondensator C 2, 100 µF	B41588-B41107T

3.22 Verzögerungsschaltungen mit Thyristoren

Neben den bekannten Verzögerungsschaltungen mit Transistoren eignen sich Thyristoren als Schaltelemente in elektronischen Verzögerungsschaltungen. Die Schaltung wird dann besonders einfach, wenn nicht allzu hohe Forderungen an die Genauigkeit gestellt werden. Besonders vorteilhaft können relativ leistungsstarke Verbraucher wie Schütze, Magnete, Ventile, Warnsirenen usw. direkt in den Thyristorlastkreis geschaltet werden. In der Schaltung *Abb. 3.22.1* wird die Genauigkeit

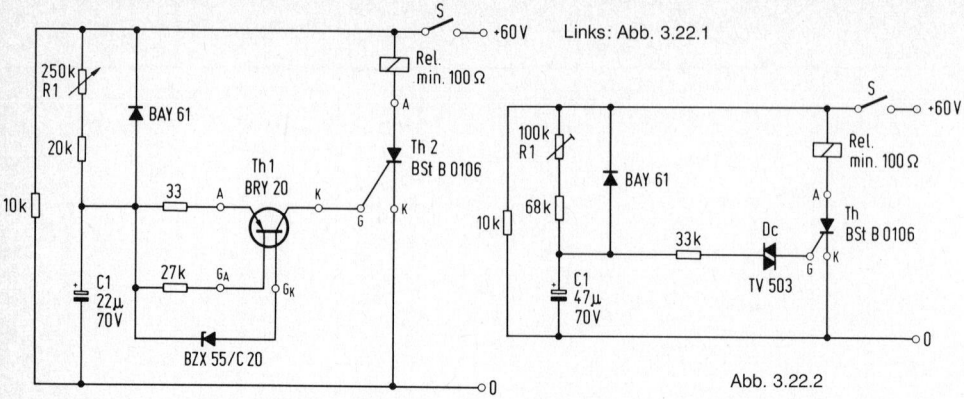

Links: Abb. 3.22.1

Abb. 3.22.2

durch die Zenerdiode bestimmt und ist dadurch recht gut. Die Sperreigenschaften der Tetrode BRY 20 gestatten dabei einen hochohmigeren RC-Zeitkreis, als in der Schaltung *Abb. 3.22.2*. Die Durchbruchspannung und die dabei garantierten Sperrströme des Diacs TV 503 in Abb. 3.22.2 streuen etwas stärker, deshalb können die Anforderungen an diese Schaltung nicht zu hoch gestellt werden.

Technische Daten:

Batteriespannung	60 V $\pm$ 10 %
max. Lastwiderstand RL	860 Ω
min. Lastwiderstand RL	100 Ω
Verzögerungszeit	0,3 bis 3,6 s
Thyristor Th 2	B St B0106
Thyristor Th 1	BRY20

Mit dem Schließen des Schalters S in der Schaltung (Abb. 3.22.1) beginnt die Aufladung des Kondensators über die Ladewiderstände R 1. Sobald die Kondensatorspannung die Durchbruchspannung der Zenerdiode erreicht und überschreitet, fließt der für die Thyristor-Tetrode BRY 20 nötige Steuerstrom. Die Thyristor-Tetrode zündet und ihre Anoden-Katoden-Strecke wird leitend. Die Kondensatorspannung bricht zusammen und es entsteht ein Ansteuerimpuls für das Thyristor-Gate. Der Thyristor zündet und der Lastwiderstand wird an volle Versorgungsspannung gelegt.

Die Verzögerungszeit ist mit dem Potentiometer R 1 einstellbar. In der Schaltung (Abb.

3.22.2) bestimmt der Diac die Schwellenspannung der Verzögerungsschaltung. Beim Anschalten der Versorgungsgleichspannung an das Zeitglied durch den Schalter S beginnt die RC-Aufladung. Beim Erreichen der Schwellenspannung, die bestimmt wird durch die Nullkippspannung der Diac (ca. 30 V), zündet diese und bricht auf der Durchlaßspannung zusammen. Der entstehende Kondensator-Entladestromstoß am Thyristor-Gate zündet den Thyristor und der Verbraucher erhält die volle Spannung. Die Verzögerungszeit ist mit dem Potentiometer R 1 einstellbar.

Technische Daten:

Batteriespannung	60 V $\pm$ 10 %
max. Lastwiderstand	860 Ω
min. Lastwiderstand	100 Ω
Verzögerungszeit	0,3 bis 3,8 s
Diac Dc	TV 503
Thyristor Th	B St B0106

3.23 Verzögerungsschaltung mit einem Operationsverstärker

Mit dem Operationsverstärker TAA 861/865/A lassen sich verhältnismäßig einfach lange Ansprechverzögerungen erreichen. Wird an die Verzögerungsschaltung in *Abb. 3.23* Betriebsspannung U_B gelegt, so zieht das ausgangsseitig geschaltete Relais sofort an, fällt aber bereits nach der vorbestimmten Verzögerungszeit wieder ab.

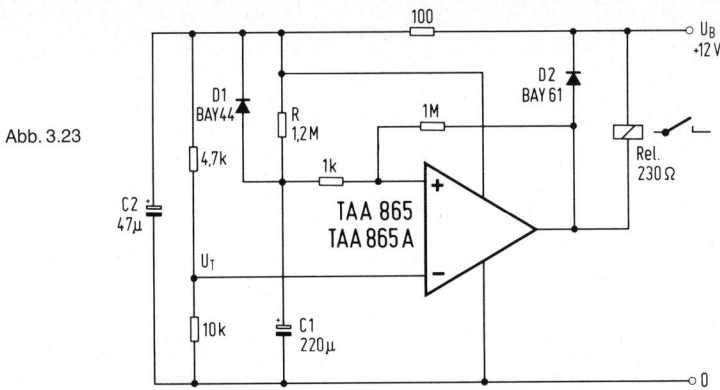

Abb. 3.23

Anstelle des Relais könnte ebenso ein entsprechender Magnet oder eine Signallampe sein. Die Funktion der Schaltung ist dadurch gegeben, daß im Einschaltmoment am invertierenden Eingang (−) die Widerstandsteilerspannung U_T liegt, während der nichtinvertierende Eingang (+) infolge des noch nicht geladenen Kondensators C 1 negativer ist.

Der Operationsverstärker ist also ausgangsseitig leitend und damit das Relais angezogen. Dieser Zustand hält aber nur solange an, bis die Spannung des sich über den Widerstand R aufladenden Kondensators C den Wert am Teiler U_T erreicht hat. Dann ist der nichtinvertierende Eingang positiver und der Verstärker ausgangsseitig gesperrt. Die Widerstände 1 kΩ und 1 MΩ dienen zur Erzeugung einer eindeutigen Schaltschwelle.

Die Teilspannung wurde so gewählt, daß die Verzögerungszeit genau der Zeitkonstante des RC-1-Gliedes entspricht. Die Verzögerungszeit kann also nach der Formel

$$t_v[s] = R\,[\Omega] \cdot C\,[F]$$

ermittelt werden. Infolge der großen Leckströme bei Elektrolytkondensatoren, sollte der Kondensator nicht größer als 1000 µF gewählt werden. Der Widerstand R kann zwischen den Größen 1 kΩ und 1,2 MΩ variiert werden.

Für eine kurze Wiederholungszeit sorgt die Diode D 1, die im spannungslosen Zustand den Widerstand R überbrückt und den Kondensator über die niederohmigen Teilerwiderstände entlädt.

Technische Daten:

Betriebsspannung U_{Batt}	12 V ± 12 %
Verzögerungszeit t_v	ca. 260 s
Wiederbereitschaftszeit t_w	ca. 12 s
Relais	V 239 16 A −
	0005 − A 101
Schaltleistung	120 W −/3,5 kW~

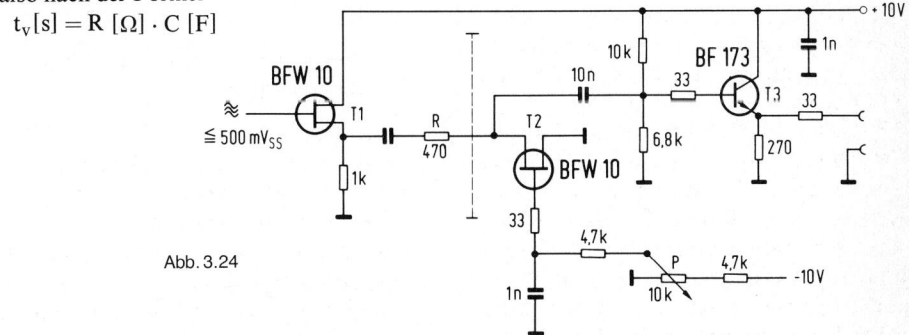

Abb. 3.24

3.24 Spannungsnachregelung mit Feldeffekttransistor

Die in *Abb. 3.24* gezeigte Schaltung gestattet es, mit einem Hf-Feldeffekttransistor Wechselspannungen in der vorliegenden Schaltungsauslegung von 50 kHz bis 200 MHz in der Amplitude zu regeln. Hier wird von der Tatsache Gebrauch gemacht, daß ein Feldeffekttransistor im Source-Drain-Spannungsbereich bis ca. 500 mV ein Widerstandsverhalten aufweist, dessen Größe mit dem Gatepotential — Potentiometer P — beeinflußt wird.

Der Transistor T 1 dient zur Entkopplung der Regelstufe vom Generator. Die Spannungsteilung erfolgt durch den Widerstand R (470 Ω) und den differentiellen Wechselstromwiderstand des Feldeffekttransistors. Die Größe des Widerstandes richtet sich nach der gewünschten oberen Grenzfrequenz, resp. nach der durch schädliche Kapazitäten entstandenen Spannungsteilung am unteren Zweig des Teilers. Die Höhe der erzielbaren Spannungsteilung ist von der Größe des Widerstandes R und des verwendeten Feldeffekttransistors abhängig. Je nach Frequenzgebiet und sorgfältiger Abschirmung und Verdrahtung können Werte bis 40 dB erreicht werden. Das reduzierte Signal wird einer Auskoppelstufe T 3 zugeführt, an deren Ausgang das geregelte Signal mit einem Ri von 60 Ω zur Verfügung steht.

3.25 Langzeitschalter

Mit dem Öffnen des Schalters S (*Abb. 3.25*) wird ein elektrischer Vorgang eingeleitet, der nach Ablauf der Verzögerungszeit t zu einem Ansprechen des Relais Rel führt. Durch das Relais werden dann die eigentlichen, um t verzögerten Schaltvorgänge beim Verbraucher ausgelöst. Die Verzögerungszeit wird durch die Bemessung von R 1 und C 1 bestimmt. Z. B. gilt für

R 1 = 20 MΩ, C 1 = 1 µF: $t_V \approx$ 1 min
R 1 = 100 MΩ, C 1 = 6,8 µF: $t_V \approx$ 30 min

Bei geschlossenem Schalter S wird C 1 auf die Spannung $u_C = U 1$ aufgeladen. Die Spannung u_{GC} ist Null, so daß sich die integrierte Schaltung TAA 320, die mit C 1 zusammen einen Miller-Integrator bildet, im Sperrzustand befindet. Wegen des fehlenden Spannungsabfalls an R 3 und R 4 ist auch T 2 und als Folge davon T 3 gesperrt und das Relais stromlos. Wird der Schalter geöffnet, erfolgt die Entladung von C 1 über R 1, und u_{GC} beginnt anzusteigen. Bei Erreichen der „pinch off"-Spannung $u_{GC} = U_p$ setzt der Millereffekt ein, der eine Umladung von C 1 einleitet und

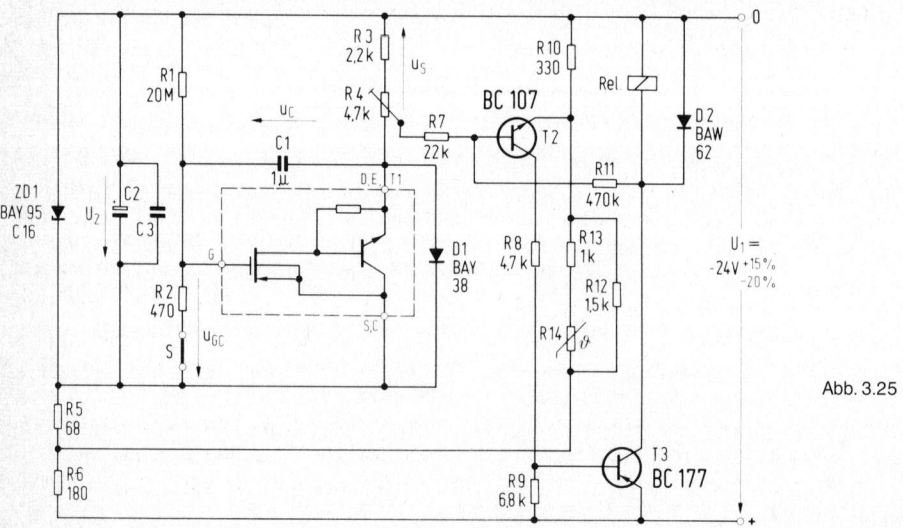

Abb. 3.25

einen sehr langsam und nahezu linear ansteigenden Strom durch R 3 und R 4 fließen läßt. Bei einer bestimmten, an R 4 einstellbaren Spannung wird T 2 aufgesteuert. Der einsetzende Kollektorstrom von T 2 erzeugt an R 9 eine Basisspannung, die auch T 3 in den leitenden Zustand überführt. Der am Kollektor von T 3 entstehende Spannungsanstieg (in positiver Richtung) gelangt über R 11 an die Basis von T 2. Hierdurch wird ein Rückkopplungsvorgang eingeleitet, der zu einem sehr steilen Anstieg des Kollektorstromes von T 3 und damit des Relaisstromes führt. Unregelmäßigkeiten im Schaltverhalten des Relais können sich wegen des sehr steilen Stromanstiegs praktisch nicht auswirken.

Um den Einfluß von Schwankungen der Betriebsspannung auf die Verzögerungszeit möglichst gering zu halten, werden zwei Maßnahmen durchgeführt:

a) Die Betriebsspannung für den Zeitgeberteil wird mittels einer Z-Diode weitgehend stabilisiert.

b) Es wird eine Abhängigkeit der durch die Emitterspannung von T 2 bestimmten Schwellenspannung von der Betriebsspannung in der Weise hergestellt, daß die trotz Stabilisierung verbleibenden Spannungsänderungen kompensiert werden.

Änderungen der Betriebsspannung führen wegen der fast konstanten Spannung über der Z-Diode zu einer nahezu gleichgroßen Spannungsänderung an dem aus R 5, R 6 gebildeten Spannungsteiler, die über die Widerstandskombination R 12, R 13 und R 14 die Emitterspannung von T 2 beeinflußt. Auf diese Weise erfolgt eine weitgehende Kompensation dadurch, daß z. B. eine Vergrößerung der Verzögerungszeit t_V (durch Erniedrigung von U 1) mittels einer Verkleinerung der Schwellenspannung aufgefangen wird (und umgekehrt).

Die Diode D 2 ist erforderlich, weil beim Schließen des Schalters S durch den geladenen Kondensator C 1 kurzzeitig eine Spannung an die integrierte Schaltung TAA 320 gelegt wird, deren Polarität der Betriebsspannung entgegengesetzt ist. Die Diode D 2 schließt die beim

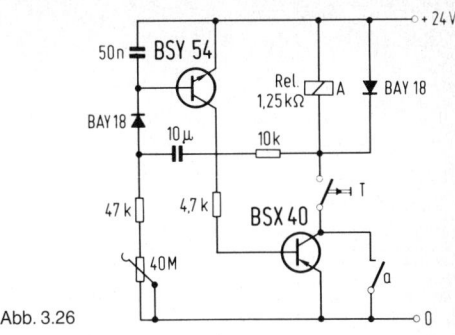

Abb. 3.26

Abschalten des Relais entstehende induktive Spannungsspitze kurz.

Der der Z-Diode parallelliegende Kondensator C 2 ist so groß zu bemessen, daß die Spannung U 2 während der Umladung von C 1 praktisch konstant bleibt. Für die Größe von C 2 gilt als Richtwert C 2 ≈ 100 C 1. Der Keramikkondensator C 3 schließt Störspannungen höherer Frequenz kurz.

3.26 Zeitgeber mit komplementären Transistoren

Das Relais (*Abb. 3.26*) fällt nach kurzzeitigem Drücken der Taste T ab. Beide Transistoren werden stromlos. Der 10-µF-Kondensator war vorher etwa auf die Speisespannung aufgeladen. Mit dieser Spannung wird jetzt der NPN-Transistor gesperrt. Damit seine Basis-Emitter-Durchbruchspannung nicht überschritten wird, muß eine Schutzdiode vorgesehen werden.

Der 10-µF-Kondensator lädt sich der Stellung des 40-MΩ-Potentiometers entsprechend schneller oder langsamer um. Sobald die Schutzdiode leitend wird, fließt Basisstrom in den NPN-Transistor und ein um das Produkt der Stromverstärkungsfaktoren beider Transistoren verstärkter Strom durch das Relais. Dadurch entsteht an der Wicklung ein Spannungsabfall, der über das RC-Glied 10 µF, 10 kΩ zurückgekoppelt wird und zum raschen Durchschalten beider Transistoren führt. Für die Auslösung dieses Kippvorgangs genügt ein Basisstrom von 0,5 µA.

111

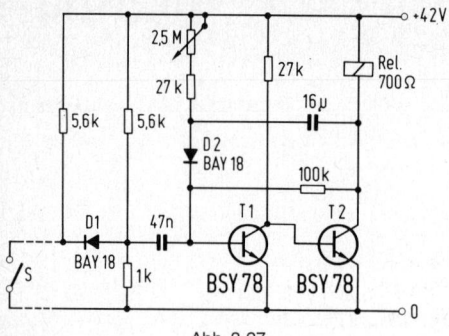

Abb. 3.27

Ein Selbsthaltekontakt sorgt dafür, daß die Schaltung nach der Umladung des Kondensators nicht so wie Schaltung 67 in den Sperrzustand zurückkippt.

Die Eigenzeit kann mit Hilfe des 40-MΩ-Potentiometers zwischen 1 s und 300 s variiert werden. Bei der längsten einstellbaren Zeit beträgt der durch die Halbleiter-Bauelemente bedingte Temperaturfehler ca. 10^{-23}/grd.

Wiederholtes Öffnen und Schließen der Auslösetaste während des Zeitablaufes hat keine Auswirkung. Durch Offenhalten des Kontaktes über die Eigenzeit hinaus kann der Zeitablauf beliebig verlängert werden.

3.27 Zeitgeber mit monostabiler Kippstufe

Seine Besonderheiten sind, daß der Eingang einen Störschutz besitzt, der beispielsweise bei der Steuerung von Maschinen eine größere Sicherheit gegen Fehlschaltungen infolge von Störsignalen bietet. Ferner kann der Zeitablauf durch Öffnen des Schalters S vorzeitig beendet werden.

Im Ruhezustand ist der Eingangstransistor (*Abb. 3.27*) durchgesteuert, der Ausgangstransistor gesperrt und das Relais abgefallen. Der linke Belag des 47-nF-Kondensators liegt auf einem Potential von etwa 7 V, das durch den Teiler 5,6 kΩ, 1 kΩ bestimmt wird. Der echte Belag nimmt die Schwellspannung des Eingangstransistors an.

Beim Schließen des Schalters S entsteht am Basisanschluß des Eingangstransistors ein ne-

gativer Impuls von ca. 6 V. Dadurch wird dieser Transistor gesperrt, der Endtransistor stromführend, und das Relais zieht an. Bleibt der Schalter S geschlossen, so kippt die Schaltung nach Ablauf der Eigenzeit in den Ruhezustand zurück. Im Umschaltaugenblick wird der Basisstrom für den Eingangstransistor dem 16-µF-Kondensator entnommen. Danach fließt er über den 100-kΩ-Rückkopplungswiderstand. Wegen dieses zusätzlichen Widerstandes wird der Maximalwert des zeitbestimmenden Potentiometers nicht durch den Basisstrombedarf des Eingangstransistors begrenzt. In der angegebenen Dimensionierung läßt sich daher die Eigenzeit der Schaltung in dem großen Bereich von ca. 0,3 s bis 25 s variieren.

Der 16-µF-Kondensator verhindert das Entstehen von Spannungsspitzen an der Relaisspule, so daß keine zusätzliche Freilaufdiode erforderlich ist.

Wird der Schalter S vor Ablauf der Eigenzeit der monostabilen Kippstufe wieder geöffnet, so überträgt der 47-nF-Kondensator den am Teiler entstehenden positiven Spannungssprung auf die Basis des Eingangstransistors, und die Schaltung kippt zurück.

Die Diode D 2 sperrt die negative Spannung am 16-µF-Kondensator von der Basis des Eingangstransistors ab. Sie verhindert, daß dessen Basis-Emitter-Durchbruchspannung überschritten wird, daß die Schaltung von der negativen Rückflanke der Abschaltspannung am Relais erneut angestoßen wird, und ermöglicht außerdem das Abkürzen der eingestellten Schaltzeit durch Öffnen des Schalters.

Im Ruhezustand ist die Diode D 1 um ca. 35 V in Sperrichtung vorgespannt. Störimpulse auf der Schalterleitung müssen bei einem Abschlußwiderstand von 5,6 kΩ diese Spannung übersteigen, bevor sie die Schaltung auslösen können.

3.28 Zeitgeber mit Miller-Integrator

Der Miller-Integrator (*Abb. 3.28*) ist gekennzeichnet durch die kapazitive Gegenkopplung vom Kollektor auf die Basis eines Transistors.

In der hier beschriebenen Schaltung wirkt die Kaskadenschaltung der beiden Eingangstransistoren wie ein einziger Transistor mit sehr hoher Stromversorgung.

Nach dem Schließen der Taste S wird der Kondensator auf die Betriebsspannung aufgeladen. Die Zeitkonstante dieses Vorgangs beträgt 33 ms. Das Relais zieht praktisch unverzögert an. Im Zeitpunkt des Öffnens der Taste beginnt der Miller-Integrator zu arbeiten. Es fließt Strom in die Basis des Eingangstransistors, und an dem 3,3-kΩ-Arbeitswiderstand entsteht ein wachsender Spannungsabfall. Diese Spannungsänderung wird über den Kondensator auf die Basis übertragen. Sie wirkt in Sperrrichtung und somit als Gegenkopplung. Das Kollektorpotential nimmt linear mit der Zeit ab, bis es nach der Laufzeit t ≈ R · C auf die Sättigungsspannung des Transistors gefallen ist. Dann wird die Diode D 2 leitend und der Endtransistor gesperrt. Durch das Rückkopplungsglied aus der Diode D 1 und dem 10-kΩ-Widerstand bekommt die Schaltung Kippverhalten. Die Doppeldiode D 3 ermöglicht ein sicheres Sperren des Endtransistors.

Die Schaltung unterscheidet sich von den vorher beschriebenen monostabilen Kippschaltungen dadurch, daß sie beim Schließen der Taste einen stabilen Zustand annimmt und die Eigenzeit erst nach dem Öffnen beginnt. Ferner ist sie nachschaltbar, d. h. bei wiederholtem Schließen der Taste S wird jedesmal der Kondensator wieder auf die volle Speisespannung aufgeladen, und der Zeitablauf beginnt von neuem.

Die Schaltung kann auch als abfallverzögertes Relais mit einer maximalen Verzögerungszeit von 5 Minuten eingesetzt werden.

3.29 Schmitt-Trigger

Der Schmitt-Trigger (*Abb. 3.29*) ist ein einfaches Beispiel für einen Analog-Digital-Wandler. Sein Ausgang A kann in Abhängigkeit von der Größe der Eingangsspannung nur zwei verschiedene Zustände annehmen. Bei niedriger

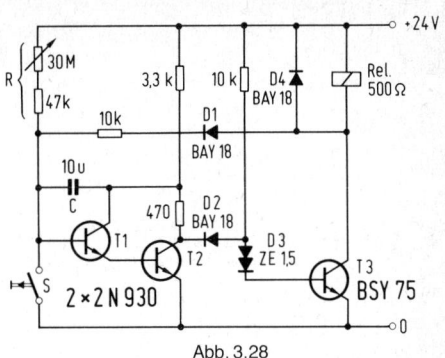

Abb. 3.28

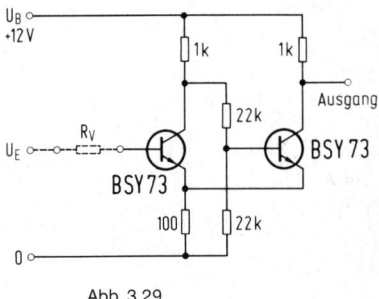

Abb. 3.29

Eingangsspannung U_E ist der linke Transistor gesperrt und der rechte durchgesteuert. Das Potential des Ausgangs A wird dann durch das Teilverhältnis von Kollektor- und gemeinsamem Emitterwiderstand bestimmt und beträgt etwa 1/11 der Versorgungsspannung U_B. Bei anwachsender Eingangsspannung U_E ändert sich dieses Potential zunächst nicht. Der Umschaltpunkt wird erst erreicht, wenn die Eingangsspannung den Spannungsabfall am gemeinsamen Emitterwiderstand zuzüglich der Schwellspannung des linken Transistors überschreitet. Dieser Transistor beginnt dann durchzusteuern. Das Potential an seinem Kollektor nimmt ab, und der rechte Transistor beginnt zu sperren. Dadurch verringert sich zunächst der Strom durch den gemeinsamen Emitterwiderstand. Der Spannungsabfall an ihm wird geringer, was für den linken Transistor eine Vergrößerung der Spannung zwischen Basis und Emitter bedeutet. Infolge dieser Mitkopplung setzt ein Kippvorgang ein, nach dessen Ab-

113

lauf der linke Transistor durchgesteuert und der rechte gesperrt ist. Das Potential am Ausgang ist nun gleich der Versorgungsspannung U_B.

Dieser Zustand bleibt erhalten, bis die Eingangsspannung wieder abnimmt und einen bestimmten Spannungswert unterschreitet. In ähnlicher Weise wie oben beschrieben, kippt dann die Schaltung in den Ausgangszustand zurück.

Die Spannungsdifferenz zwischen den Umschaltpunkten bei wachsender und sinkender Eingangsspannung wird als Hysteresespannung U_H bezeichnet. Sie wird u. a. durch die Schwellspannung des linken Transistors beeinflußt und ist abhängig von der Größe des Vorwiderstandes R_V. In der vorliegenden Dimensionierung ist z. B. für $R_V = 0$, also reine Spannungssteuerung, $U_H \approx 0{,}6$ V. Für $R_V = 15$ kΩ wird $U_H \approx 0{,}2$ V. Der Vorwiderstand R_V, in dem auch der Ausgangswiderstand der Signalquelle enthalten ist, kann nicht beliebig groß gemacht werden. Der Spannungsabfall, den der Basisstrom des linken Transistors an ihm hervorruft, darf nicht größer sein als die Hysteresespannung bei reiner Spannungssteuerung, da sonst der Trigger nicht mehr schaltet, sondern als Verstärker arbeitet.

Soll mit dem Ausgangssignal des Schmitt-Triggers ein NPN-Transistor gesteuert werden, dessen Emitter am Potential Null liegt, so empfiehlt sich als Koppelelement eine Z-Diode. Ferner ist es möglich, den Kollektorstrom des rechten Transistors über die Basis-Emitter-Strecke eines PNP-Transistors zu leiten.

3.30 Schneller Schmitt-Trigger

Mit den Schalttransistoren 2 N 2369 ist nach *Abb. 3.30* ein Schmitt-Trigger aufgebaut. Der Pegelregler P ändert über den Emitterfolger T 1 das Basispotential von T 2. Dadurch kann kontinuierlich das Triggerniveau eingestellt werden. Gleichzeitig werden unerwünschte Schaltungsspitzen des Schmitt-Triggers vom Steuereingang getrennt.

Die Diode ITT 777 gibt während des Umschaltvorganges ein definiertes Steuersignal von 0,6 V_{ss} an die Basis von T 3. Der Potentialsprung vom Kollektor T 2 auf der Basis T 3 wird durch die Zenerdiode ZP 6,8 überbrückt. Durch diese Schaltmaßnahme wird eine direkte Kopplung ohne störende RC-Glieder erreicht. Der Arbeitswiderstand von T 3 wird niederohmig auf 470 Ω bemessen.

Durch die Diode D 3 wird das Steuerrechtecksignal in negativer Richtung begrenzt. Dadurch wird einmal erreicht, daß das Ausgangssignal in seiner Amplitude weitgehend unabhängig von Ausgangsspannungsschwankungen ist. Der Arbeitswiderstand in positiver Richtung des Rechtecksignales hat eine Höhe von 470 Ω. Schaltet der Transistor T 3 durch, so ist von ca. +5 V bis 0 V die Parallelschaltung des 470-Ω-Widerstandes und des differentiellen Wechselstromwiderstandes des Transistors T 3 sowie des 750-Ω-Widerstandes wirksam. Schaltet der Transistor und 0 V, so sperrt die Diode D 3 den Ausgang von dem Schaltkreis ab und der 750-Ω-Widerstand am Ausgang bestimmt das Rechteckverhalten während der Zeit der

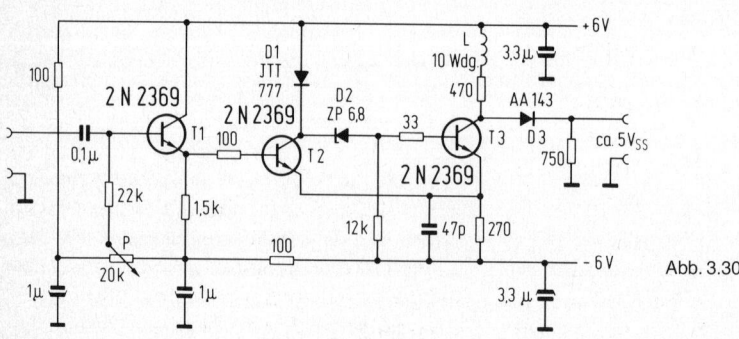

Abb. 3.30

negativen Rechteckwelle. Durch diese Maßnahme wird ein konstantes Rechtecksignal unabhängig von Pegelschwankungen erreicht.

3.31 Schmitt-Trigger mit einem Operationsverstärker

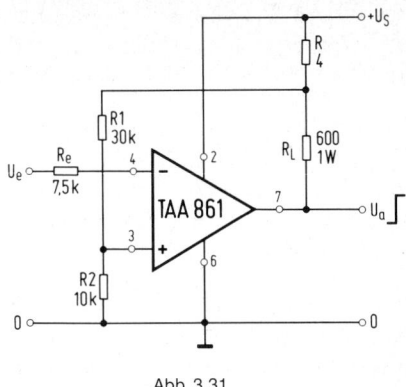

Abb. 3.31

Abb. 3.31 zeigt einen Schmitt-Trigger. Im folgenden ist nun die Dimensionierung dieses Schmitt-Triggers unter bestimmten Voraussetzungen für die Hysterese und die Kippschwelle näher erläutert.

Das Teilerverhältnis der Widerstände R 1 und R 2 am nichtinvertierenden Eingang (Anschluß 3), die Speisespannung U_S und die Eingangsnullspannung U_{EOS} bestimmen die Kippschwelle U_{eK} zu:

$$U_{eK} = \frac{U_s R_s}{R_1 + R_2} + U_{EOS} \text{ V} \qquad [1]$$

Die Hysterese U_H hängt von den Teilern $R : R_L$ im Laststromkreis und R 1 : R 2 im Mitkopplungszweig, sowie von der Ausgangsspannung U_{a0} im gekippten Zustand wie folgt ab:

$$U_H = \frac{(U_S - U_{a0}) R R_2}{(R + R_L)(R 1 + R 2)} \text{ V} \qquad [2]$$

Kippschwelle und Hysterese sind unter der Voraussetzung, daß $R \ll$ R 1, R 2, R_L ist, weitgehend unabhängig voneinander einstellbar. Zuerst wird die Kippspannung U_{eK} mit den Widerständen R 1 und R 2 auf den gewünschten Wert festgelegt. Danach wird die geforderte Hysterese U_H mit R eingestellt.

Die Voraussetzungen für die Dimensionierung lauten:

Speisespannung	U_S	20 V
Kippschwelle	U_{eK}	5 V
Hysterese	U_H	30 mV
Lastwiderstand	R_L	600 Ω

Unter Vernachlässigung der Eingangsnullspannung U_{EOS} folgt aus Gleichung 1:

$$R 1 = R 2 \left(\frac{U_s}{U_e} - 1\right) = R 2 \left(\frac{20}{5} - 1\right)$$

$$R 1 = 3R2$$

Die Wahl der Widerstände R 1 und R 2 ist in erster Linie durch den erforderlichen Widerstand R_e bestimmt. Weiterhin ist zu berücksichtigen, daß die Temperaturdrift der Schaltung am geringsten ist, wenn die Bedingung

$$R_G + R_e = \frac{R 1 R 2}{R 1 + R 2} \quad \text{erfüllt ist.}$$

Dabei ist R_G der Generatorwiderstand.

Soll der Widerstand R_e zum Beispiel 7,5 kΩ betragen, so folgt unter Vernachlässigung von R_G:

R 1 = 30 kΩ und R 2 = 10 kΩ

Der Widerstand R läßt sich aus Gleichung 2 errechnen. Die Ausgangsspannung U_{a0} entspricht der Restspannung des TAA 861 und beträgt ungefähr 1 V. R wird im Nenner vernachlässigt, da $R \ll R_L$ ist.

$$R = \frac{U_H R_L (R_1 + R_2)}{(U_S - U_{a0}) R_2}$$

$$R = \frac{30 \cdot 10^{-3} \cdot 600 \cdot (10 + 30) \cdot 10^3}{(20 - 1) \cdot 10 \cdot 10^3} \sim \underline{\underline{4 \ \Omega}}$$

Für den Fall, daß sich die gewünschte Hysterese nicht mit der geforderten Kippschwelle vereinbaren läßt, ist der Fußpunkt des Widerstandes R 2 an eine zusätzliche Gleichspannung zu führen. Auf diese Weise ist es möglich, U_{eK} unabhängig von U_S einzustellen.

115

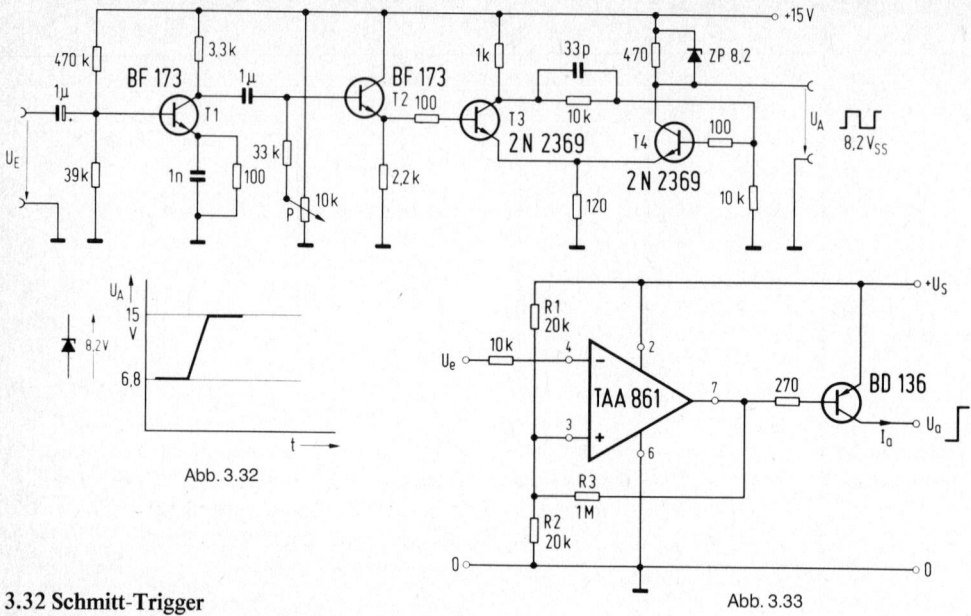

Abb. 3.32

Abb. 3.33

3.32 Schmitt-Trigger
mit konstantem Ausgangspegel

Ein Frequenzmeßgerät in analoger Ausführung, so z. B. auch ein Drehzahlmesser, benötigt zum Auszählen der Impulse, d. h. zum Umsetzen der in den Impulsen enthaltenen Leistung in eine analoge Gleichspannung, ein Signal konstanter Amplitude. Das ist ganz einfach deshalb erforderlich, weil eine Amplitudenänderung sofort in die Auswertung der Anzeige — welche eigentlich die Impulsfolgen auswerten soll — eingeht.

Die Schaltung in *Abb. 3.32* sorgt auf einfachste Art für ein konstantes Rechteckausgangssignal des Schmitt-Triggers. Das Problem einer derartigen Schaltung ist bekanntlich in dem indifferenten Verhalten des Endtransistors beim Durchschalten im Bereich kleiner Kollektorspannungen zu suchen. Besonders dann tritt dies schwerwiegend in Erscheinung, wenn der Transistor kapazitiv beschaltet ist und die Steuerfrequenz in weiten Bereichen geändert werden kann.

In der *Abb. 3.32* ist ein Schmitt-Trigger mit einer Verstärker- und Trennstufe im Eingang gezeigt. Zu dem eigentlichen Schmitt-Trigger ist nicht viel zu sagen, da dieser aus

vorherigen Betrachtungen als bekannt vorausgesetzt wird. Soll der Ausgang für hohe Impulsfolgen mit kleinen Anstiegszeiten ausgelegt werden, so ist gegebenenfalls ein Emitterfolger an den Ausgang zu schließen, wobei die gleich zu beschreibende Amplitudenstabilisierung dann an dem Ausgang dieser Stufe gelegt werden muß.

Die Zenerdiode am Ausgang des Schmitt-Triggers ist im Falle der Sperrung des Transistors T 4 ebenfalls ohne Spannung und damit ohne Einfluß. Das bedeutet, daß im gesperrten Zustand am Ausgang eine Spannung von +15 V entsteht, die der Betriebsspannung des Gerätes entspricht. Wird der Transistor durchgeschaltet, so wird die Zenerdiode ab 8,2 V — gemessen von der Betriebsspannung 15 V — leitend und hält damit völlig unabhängig vom weiteren Spannungsverlauf des Transistors T 4 die Ausgangsspannung auf 6,8 V fest. Es ist verständlich, daß durch entsprechende Wahl der Zenerdiode die Ausgangsspannung einer praktischen Forderung angepaßt werden kann.

3.33 Leistungs-Schmitt-Trigger

Der Operationsverstärker TAA 861 hat einen Eintaktausgang, der für hohe Ströme geeignet ist. Dadurch ist es möglich, besonders einfach PNP-Leistungstransistoren anzusteuern. *Abb. 3.33* zeigt hierzu die Schaltung eines Schmitt-Triggers mit der Leistungsendstufe BD 136.

Die Endstufe ist hier nicht in die Mitkopplung einbezogen, da besonders bei hohen Lastströmen Stabilitätsprobleme auftreten können. Die Kippschwelle ist durch das Teilerverhältnis der Widerstände R 1 und R 2 und die verwendete Versorgungsspannung wie folgt angegeben:

Einschaltschwelle (Ausgangstransistor BD 136 leitend):

$$U_{eKein}\ U_s\ \cfrac{R\,2}{R\,2 + \cfrac{R\,1\,R\,3}{R\,1 + R\,3}}\ V$$

Ausschaltschwelle (Ausgangstransistor BD 136 gesperrt):

$$U_{eKaus} = U_s\ \cfrac{\cfrac{R\,2 \cdot R\,3}{R\,2 + R\,3}}{R\,1 + \cfrac{R\,2 \cdot R\,3}{R\,2 + R\,3}}\ V$$

Die Hysterese läßt sich mit dem Widerstand R 3 verändern. Dabei gilt näherungsweise:

$$U_H \sim U_s\ \frac{R\,1 \cdot R\,2}{R\,1 + R\,2}\ \ \frac{1}{R\,3}\ V$$

Bei einer überschlägigen Berechnung der Kippschwelle U_{eK} läßt sich der Widerstand R 3

vernachlässigen, da R 3 $\gg$ R 1 und R 2 ist. Damit folgt bezogen auf Abb. 3.33 bei einer Speisespannung $U_s = 20$ V:

$$U_{eK} \sim 20\ \frac{20}{20 + 20} \sim \underline{\underline{10\,V}}$$

Die Hysterese ergibt sich wie folgt:

$$U_H \sim 20\ \frac{20 \cdot 10^{-3} \cdot 20 \cdot 10^{-3} \cdot 1}{(20 + 20) \cdot 10^{-3} \cdot 10^{-6}} \sim \underline{\underline{200\,mV}}$$

Im Ruhezustand nimmt der Schmitt-Trigger nur ungefähr 1 mA auf, da die Endstufe des Operationsverstärkers gesperrt ist. Der Serienwiderstand 270 Ω begrenzt den Ausgangsstrom des TAA 861 auf den maximal möglichen Wert von 70 mA. Dieser Strom reicht aus, um den Leistungstransistor BD 136 bis zur zulässigen Grenze von $I_a = 1{,}5$ A sicher durchzusteuern. Zum Anschluß sei noch auf die erforderliche Wärmeableitung des BD 136 hingewiesen.

Technische Daten:

Speisespannung	U_S	20 V
Kippschwelle	U_{cK}	10 V
Hysterese	U_H	0,2 V
Eingangswiderstand	R_e	10 kΩ
Maximaler Ausgangs-strom	I_a	1,5 A

3.34 Frequenzteiler mit Sperrschwinger

Mit Sperrschwingern kann die Frequenz einer periodischen Impulsfolge untersetzt werden. Voraussetzung ist dabei, daß Frequenz und

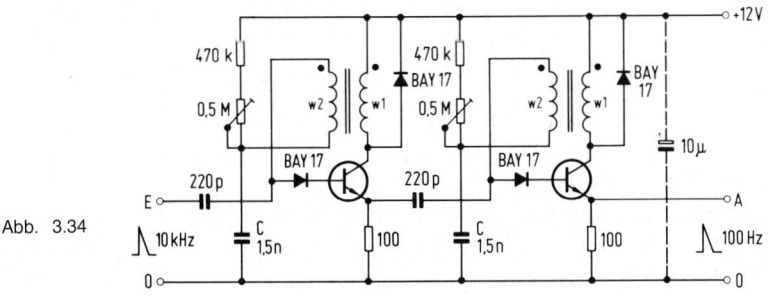

Abb. 3.34

117

Amplitude der Eingangsimpulse konstant bleiben. Bei nichtperiodischen Impulsfolgen muß die Untersetzung mit Binärzählern vorgenommen werden.

Das Übersetzungsverhältnis des Übertragers ist so zu wählen, daß auf der Basisseite eine relativ große negative Spannung auftritt. In der Basiszuleitung ist daher eine Diode erforderlich, um einen Durchbruch der Basis-Emitter-Strecke zu vermeiden.

Das Schaltbild *Abb. 3.34* zeigt eine zweistufige Untersetzerschaltung. Jede Stufe teilt durch den Faktor 10. Das 0,5-MΩ-Potentiometer ist in jeder Stufe so einzustellen, daß der freilaufende Sperrschwinger die etwas mehr als zehnfache Periodendauer des zu untersetzenden Signals hat. Nach dem Anlegen des Eingangssignals wird der Sperrschwinger dann bei jedem zehnten Impuls getriggert. Das geschieht auf folgende Weise: Unmittelbar nachdem der Sperrschwinger einen Impuls abgegeben hat, liegt der Punkt P auf einem negativen Potential, das wegen der Aufladung des Kondensators C über den 470-kΩ-Widerstand und das Potentiometer nach einer e-Funktion ansteigt. Dieser ansteigenden Spannungskurve sind die positiven Eingangsimpulse überlagert, die über den 220-pF-Kondensator zugeführt werden. Bei richtiger Einstellung des Potentiometers reicht die Spannungsspitze am Punkt P bis zum neunten Impuls nicht zum Triggern des Sperrschwingers aus. Beim zehnten Impuls jedoch erreicht die Spannungsspitze an diesem Punkt ein positives Potential, das größer ist als die Summe der Schwellspannungen von Transistor und Diode. Der Transistor steuert durch und gibt einen Ausgangsimpuls ab, der zum Ansteuern weiterer Stufen benutzt werden kann.

Die Amplitude der Eingangsimpulse sollte etwa 5 V betragen. Ferner muß die Versorgungsspannung einer niederohmigen Quelle entnommen werden, damit sich die Stufen nicht gegenseitig beeinflussen. Es empfiehlt sich, parallel zur Versorgungsspannung einen 10-µF-Kondensator zu legen. Die Höhe der Spannung darf um maximal $\pm$ 5 % schwanken.

Falls erforderlich, ist eine Stabilisierung mit Z-Diode und Vorwiderstand durchzuführen.

Daten der Übertrager:

Kern: M 20/5, Dyn. Blech IV, o.L.,
Wicklungen: W 1 = 200 Wdg. 0,12 mm $\oslash$ CuL
W 2 = 600 Wdg. 0,12 mm $\oslash$ CuL

3.35 Batterie-Weidezaungerät

Ein Elektrozaungerät setzt einen Elektrozaun unter Spannungsimpulse. Dabei dürfen bei der Berührung mit dem Zaun weder Menschen noch Tiere zu Schaden kommen. Nach den VDE-Vorschriften soll der Spannungsimpuls mindestens 2000 V, höchstens aber 5000 V bei 1 MΩ/10 nF Last betragen. Der Zaun besitzt seine volle Wirkung, wenn bei Nennbelastung 50 kΩ/10 nF (Normzaun) der Spannungsimpuls noch mindestens 2000 V beträgt. Die Impulsfolge darf 1 s $\pm$ 25 % betragen, wobei die Strommenge je Impuls von 2,5 mA s nicht überschritten werden darf. Die Impulsdauer am Zaun wurde mit ca. 2 ms festgelegt.

Die elektrischen Anforderungen an ein solches Gerät sind verständlicherweise sehr hoch. Einmal soll der Stromverbrauch möglichst klein sein, d. h. das Gerät muß einen sehr guten Wirkungsgrad haben. Weiterhin soll sich an den Aufnahmewerten des Gerätes nichts Wesentliches ändern, wenn der Ausgang des Gerätes kurzgeschlossen, unterbrochen, nur kapazitiv oder reell belastet wird. Gleichzeitig kann das Gerät hohen Umgebungstemperaturen ausgesetzt werden.

Die Transistoren BCY 58, 78 und BSX 45 (*Abb. 3.35*) bilden mit den dazugehörigen passiven Bauelementen den Steuerimpulsvibrator. Mit dem 250-Ω-Potentiometer wird die Durchschaltzeit des Impulses eingestellt, sie beträgt hier 4,2 ms. Die Impulsfolge wird mit dem 25-kΩ-Potentiometer eingestellt, sie beträgt 1,25 s. Die einmalige Einstellung soll sorgfältig vorgenommen werden. Für den Hauptstromkreis ist ein Transistor 2 N 3055 erforderlich. Die Par-

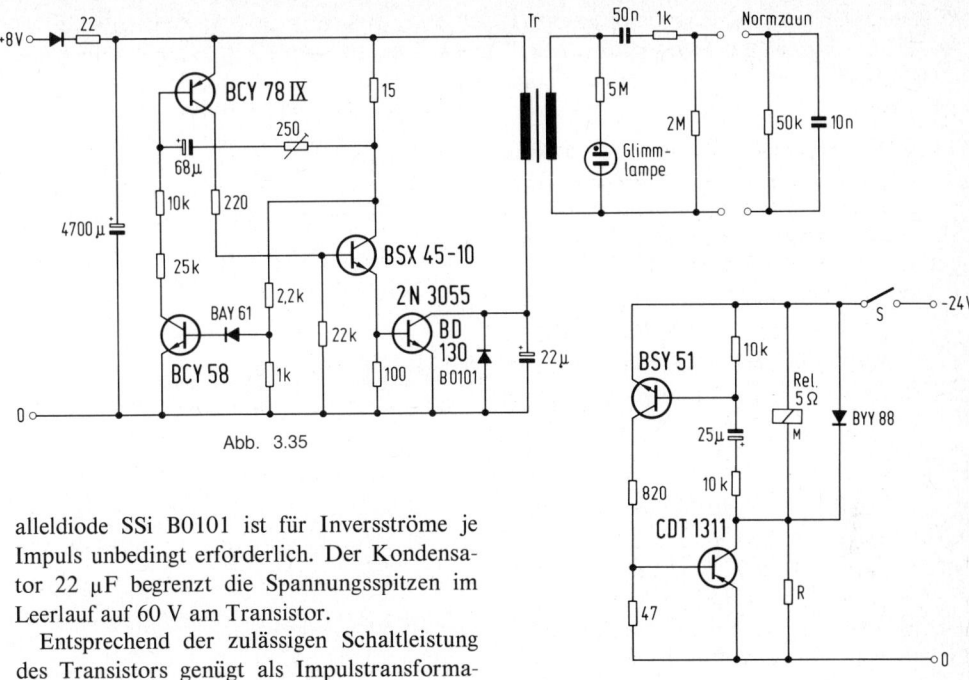

Abb. 3.35

Abb. 3.36

alleldiode SSi B0101 ist für Inversströme je Impuls unbedingt erforderlich. Der Kondensator 22 µF begrenzt die Spannungsspitzen im Leerlauf auf 60 V am Transistor.

Entsprechend der zulässigen Schaltleistung des Transistors genügt als Impulstransformator M 65. Der Transformator muß als Energiespeicher einen Luftspalt von 0,5 mm haben. Die Hochspannungswicklung muß sehr sorgfältig gewickelt werden. Die Last wird sekundärseitig mit einem Kondensator 50 nF angekoppelt. Das ist erforderlich um insbesondere bei ausgangsseitigem Kurzschluß keine Rückwirkungen auf den Transistor 2 N 3055 zu bekommen. Anstelle des Kondensators kann auch eine Diode mit 1000 V Sperrspannung und 100 mA Stoßstrom (1 N 4007) eingesetzt werden. Zur Funktionskontrolle wurde eine Glimmlampe vorgesehen. Als Betriebsspannung wurden 8 V gewählt; das ist ungefähr die Arbeitsspannung einer 9-V-Batterie. Obwohl der mittlere Aufnahmestrom nur 16 mA beträgt, fließt in der Schaltung der Durchschaltzeit des Transistors 2 N 3055 ein Impuls von 5 A. Der Innenwiderstand der Batterie muß deshalb mit einem Parallelkondensator von 2,5 bis 5 µF herabgesetzt werden.

Technische Daten:

Batteriespannung	U_{Batt}	8 V
Batteriestrom	J_{Batt} mitt	16 mA

Kollektorspitzenstrom	I_C	7 A
Impulsfolge	T	1,25 s
Impulsdurchschalt-zeit	t_1	4,2 ms
Impulssperrzeit (= Zaun-Impulsdauer!)	t_2 (50 kΩ// 10 nF)	2 ms
Ausgangsspannung	U_a	
Last	50 kΩ// 10 nF	2,4 kV
Last	1 MΩ// 10 nF	3,7 kV
Leerlauf		6 kV
max. Umgebungstemperatur		60 °C

Trafo
M 65 Dyn BI IV
0,5 mm Luftspalt
n_1 = 50 Wdg 1,0 CuL
n_2 = 5000 Wdg 0,12 CuL

119

3.36 Magnetsteuerschaltung für erhöhte Anzugserregung mit monostabiler Kippstufe

Die Schaltung (*Abb. 3.36*) ist für nur eine Versorgungsspannung ausgelegt. Die erhöhte Anzugerregung wird dadurch gewonnen, daß nach dem Einschalten der Vorwiderstand R während der Eigenzeit der monostabilen Kippstufe kurzgeschlossen wird und der Magnet somit an der vollen Betriebsspannung liegt. Die Größe des Vorwiderstandes R richtet sich nach der im stationären Zustand gewünschten Halteerregung.

Der beim Schließen des Schalters S einsetzende Ladestrom des Kondensators wird durch den NPN-Transistor verstärkt. Die Kapazität des Kondensators kann daher um den Stromverstärkungsfaktor dieses Transistors kleiner sein als in der Schaltung 63. Ist der Ladestrom so weit abgeklungen, daß die Spannung am Kollektor des PNP-Transistors zu steigen beginnt, so überträgt sich diese Spannungsänderung auf die Basis des Steuertransistors und sperrt ihn. Wegen der kräftigen Rückkopplung über das RC-Glied geht das in einigen Mikrosekunden vor sich, und die Umschaltverluste sind vernachlässigbar. Allerdings muß jetzt durch eine Freilaufdiode, die parallel zur Spulenwicklung liegt, verhindert werden, daß eine Spannungsspitze induziert wird.

3.37 Sinusoszillator von 1 kHz bis 1 MHz

Bei manchen Meßschaltungen ist es erforderlich, einen Sinusoszillator einfachster Bauweise zu benutzen, bei dem der eigentliche Schwingkreis wechselspannungsmäßig einseitig an Masse liegt und keine zusätzliche Anzapfung für eine Rückkopplung aufweist.

In *Abb. 3.37* ist eine derartige Schaltung gezeigt. Der Schwingkreis kann je nach Bedarf von 1 kHz über 1 MHz ausgelegt werden. Dabei werden auch bei großen Schwingkreiskapazitäten von z. B. 5 nF bei 1 MHz und 10 nF bei 500 kHz sehr gute Schwingeigenschaften

erreicht. Der Schwingeinsatz wird mit P 2 eingestellt. Dabei entstehen gleich große Basisspannungen an T 1 und T 2. Der Transistor T 3 stellt die Größe des Schwingkreisstromes von T 1 und T 2 ein. Er bestimmt somit die Amplitude der Hf-Schwingung, deren Größe mit P 1 eingestellt wird. Das Potentiometer P 1 kann im Bedarfsfalle durch eine automatische Nachregelspannung ersetzt werden. Die Ausgangsspannung ist so einstellbar zwischen 100 mV bis 5 V.

3.38 Bewegungsdetektor nach dem Doppler-Prinzip

Durch die Bewegung ultraschallreflektierender Objekte erfährt die Frequenz des reflektierten und vom Bewegungsdetektor aufgenommenen Ultraschalls eine Änderung (aufgrund des Doppler-Effektes), die sich zu

$$\Delta f = 2f \frac{\upsilon}{\upsilon_L}$$

berechnet. Hierin bedeutet

Δf die Frequenzänderung,

f die Frequenz des erzeugten Ultraschalls,

v die Geschwindigkeit des bewegten Objektes (relativ zur Anordnung),

υ_L die Schallgeschwindigkeit in Luft (≈ 340 m/s).

Z. B. erhält man für $f = 37$ kHz und $y = 1$ m/s eine Frequenzänderung $\Delta f \approx 220$ Hz. Durch Interferenz der von feststehenden und bewegten Objekten reflektierten Ultraschallwellen entsteht dann eine Schwebung von 220 Hz. Diese muß vom Bewegungsdetektor erkannt und angezeigt werden. Auch der Nachweis durch einen Frequenzdiskriminator ist möglich. Die in *Abb. 3.38* gezeigte Schaltung dient zum Nachweis solcher Schwebungen.

Das reflektierte Ultraschallsignal eines Senders wird vom Wandler W (VALVO 82222 293 18281) in eine elektrische Schwingung umgeformt, die am Eingang des aus T 1 und T 2 aufgebauten zweistufigen Verstärkers liegt. Nach der Gleichrichtung der verstärkten Trägerschwingung in einer unsymmetrischen Span-

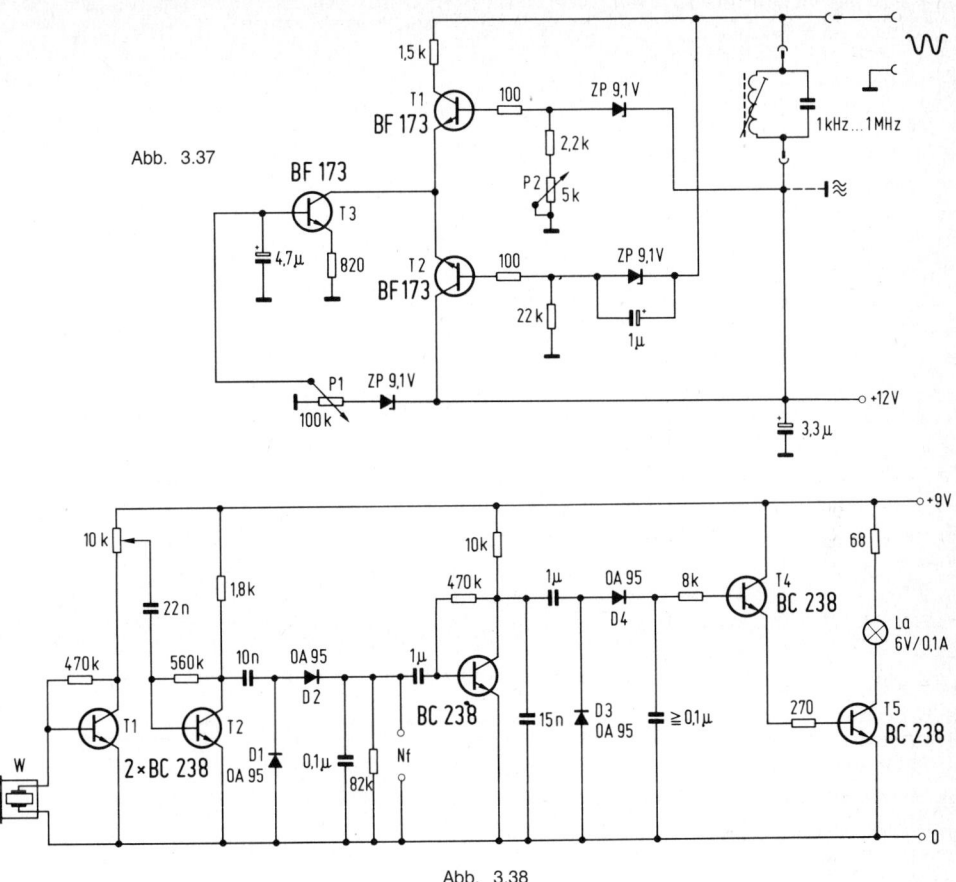

Abb. 3.37

Abb. 3.38

nungsverdopplerschaltung (D 1, D 2), erhält man das niederfrequente Schwebungssignal. Dieses wird nach einstufiger Verstärkung (T 3) einem zweiten Gleichrichter (D 3, D 4) zugeführt. Mit dem entstehenden Gleichspannungssignal kann dann, nach weiterer Verstärkung (T 4, T 5), ein Relais betätigt oder eine Glühlampe zum Leuchten gebracht werden.

Mit der angegebenen Schaltung können Signale mit Frequenzen zwischen 5 Hz und 1 kHz erkannt werden. Dies entspricht Geschwindigkeiten des bewegten Objektes zwischen 0,02 m/s und 5 m/s. Eine derartige Anlage ist somit hervorragend als Einbruchssicherung geeignet.

3.39 Einfache Ultraschallsender

Nachfolgend werden drei einfache Ultraschallsender behandelt, die alle mit dem VALVO-Luftultraschallwandler Typ 8222 293 15380 arbeiten.

Abb. 3.39.1 zeigt eine Oszillatorschaltung mit induktiver Rückkopplung. Der Abgleich auf maximalen Schalldruck erfolgt durch Ändern der Spuleninduktivität. Man erreicht einen Schalldruck von 0,45 Pa in 1 m Entfernung. Die Frequenz beträgt etwa 35,5 kHz.

In *Abb. 3.39.2* ist eine Oszillatorschaltung abgebildet, bei der zur Rückkopplung ein Teil der Ausgangsspannung über einen Kondensator von 0,1 µF auf die Basis des linken Tran-

121

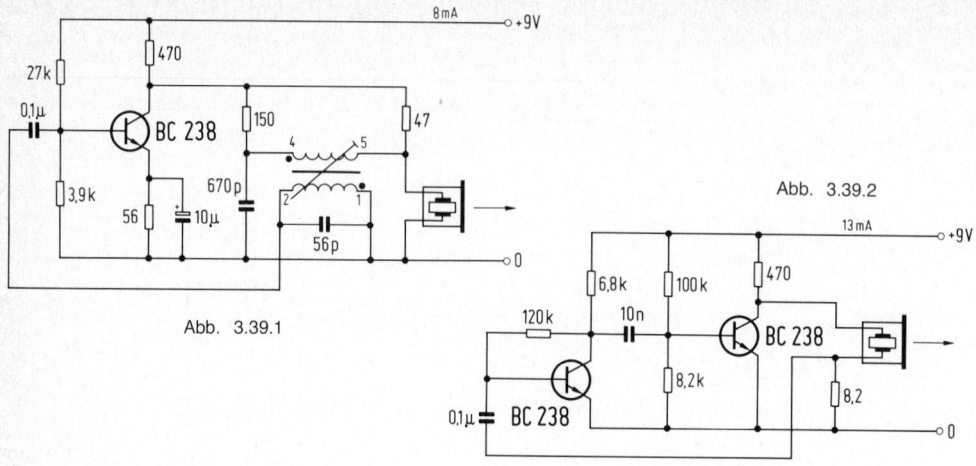

Abb. 3.39.2

Abb. 3.39.1

sistors zurückgeführt wird. Erreichbarer Schalldruck 0,5 Pa in 1 m Entfernung. Frequenz ca. 36 kHz.

Abb. 3.39.3 zeigt eine Multivibratorschaltung, bei der der Wandler in seiner Parallelresonanzfrequenz (ca. 39 kHz) erregt wird. Der Schalldruck beträgt 0,35 Pa in 1 m Entfernung.

Übertragerangaben: (Abb. 3.39.1)

1 VALVO-Miniput-Bausatz
Rahmenkern Ferroxcube 3B 3122 104 91460,
Gewindekern Ferroxcube 3B 4322 020 32250,
Spulenkörper 4312 021 29670
Induktivität: $L_{1-2} \approx 180 \ \mu H$
Windungszahlen: $N_{1-2} = 120$ Wdg..
$\qquad$ 0,14 CuL,
$\qquad N_{4-5} = 60$ Wdg..
$\qquad$ 0,14 CuL

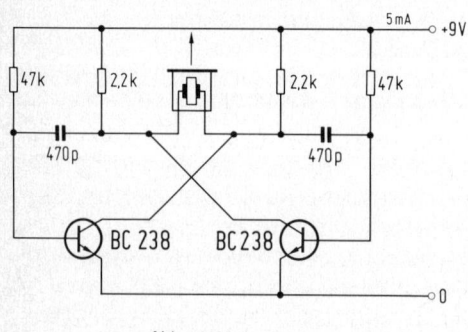

Abb. 3.39.3

3.40 Ultraschall-Sender für Echolot

Dieser einfache, für Echolote entworfene Ultraschall-Sender arbeitet in einem Frequenzbereich von 150 bis 180 kHz, gibt eine Impulsleistung von etwa 1 bis 1,5 W ab und weist bei einer Batteriespannung von 9 V einen Stromverbrauch von nur 3 mA auf.

Der eigentliche, mit dem Transistor T 1 aufgebaute Oszillator (*Abb. 3.40.1*) arbeitet mit induktiver Rückkopplung. Er schwingt, sobald an den Tasteingang eine positive Spannung von 3 V gelegt wird. Die Endstufe ist induktiv an den Oszillator gekoppelt. Sie arbeitet nur, während der Oszillator schwingt; in den Schwingungspausen fließt kein Strom durch T 2. Der abgleichbare Ausgangsübertrager dient als Kompensationsinduktivität L_p; außerdem wird mit ihm der Wandler an die Endstufe angepaßt.

Der Abgleich des Senders auf die richtige mechanische Resonanzfrequenz des Wandlers ist schwierig, da dieser mehrere Resonanzstellen aufweist, die sich elektrisch kaum voneinander unterscheiden. Sind die Übertrager jedoch genau nach Vorschrift angefertigt, dürfte der nachstehend beschriebene Abgleich zum Erfolg führen.

Der Abgleich erfolgt unter folgenden Voraussetzungen: Der Wandler ist angeschlossen und in ein Gefäß mit mindestens 10 l Wasser

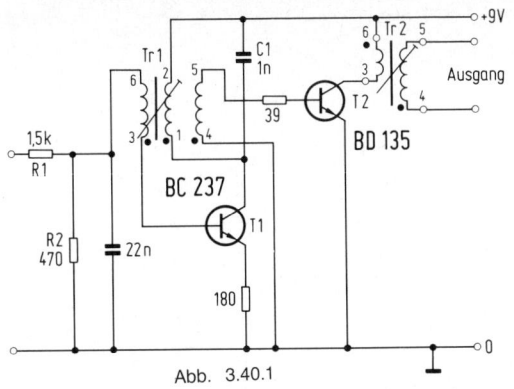

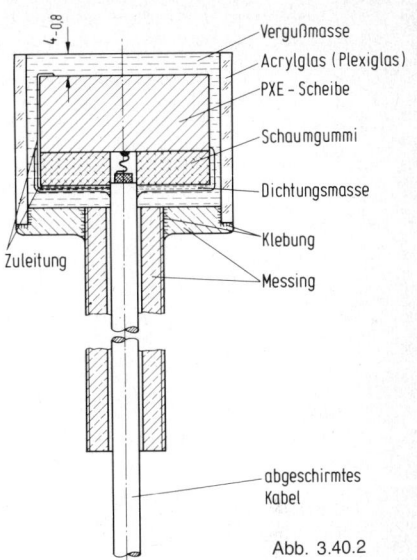

Abb. 3.40.1

Abb. 3.40.2

Technische Daten: (Schallwandler)

Frequenz	168...176 kHz
Kapazität (1 kHz, 5 m Kabel)	1550 pF
Kompensations-Induktivität L_p	0,8 mH
Impedanz Z_s bei f_s (mit L_p)	1,3 kΩ
6 dB-Bandbreite (ohne Lastwiderstand)	17 kHz
6 dB-Winkel der Richtcharakteristik bei Impuls-Echo-Betrieb	≈ 13°
Minimale Impulslänge	80 μs ≙ 12 cm

Spulendaten:

2 VALVO-Miniput-Bausätze
Rahmenkern Ferroxcube 3B 3122 104 91460
Gewindekern Ferroxcube 3B 4322 020 32250
Spulenkörper 43 12 021 29670

Windungszahlen:

Tr 1: N_{3-6} = 30 Wdg.
      N_{2-1} = 200 Wdg.   } 0,08 CuL
      N_{4-5} = 70 Wdg.

Tr 2: N_{6-3} = 22 Wdg.
      N_{5-4} = 177 Wdg.   } 12 · 0,03 CuLS

getaucht; der Sender erhält die gewählte Tastfrequenz; die Abgleichstifte der Übertrager befinden sich in Mittelstellung; in der Leitung zum Pluspol der Batterie liegt ein mit einem Elektrolytkondensator von 1000 μF überbrücktes mA-Meter.

Unter Betrachtung des mA-Meters werden nun wechselweise Tr 1 auf Strommaximum und Tr 2 auf Stromminimum abgeglichen. Der Abgleich ist beendet, wenn sich keine Änderungen im angegebenen Sinne mehr erzielen lassen.

Der benutzte Schallwandler enthält eine PXE-4-Scheibe von 31,75 mm Durchmesser und 12,7 mm Höhe; *Abb. 3.40.2*.

3.41 Ultraschall-Empfänger für Echolot

Der Ultraschall-Empfänger *(Abb. 3.41)* hat bei einer Betriebsspannung von 9 V einen Stromverbrauch von nur 5 mA. Der Empfänger kann auf eine im Bereich von 150 bis 180 kHz liegende Frequenz abgestimmt werden. Die 6 dB-Bandbreite beträgt etwa 20 kHz, so daß nur Impulse mit mehr als 70 μs Dauer voll verstärkt werden.

123

Der Eingang (1) ist direkt mit dem Ausgang des Senders und damit auch mit dem Schwinger verbunden. Beim Auftreten eines Sendeimpulses wird die Signalspannung an der Basis von T 1 durch die Dioden D 1, D 2 auf deren niedrige Durchlaßspannungswerte begrenzt, während die Dioden für das sehr viel kleinere Echosignal keine merkliche Belastung darstellen.

Die Transistoren T 1 und T 5 bilden einen zweistufigen Hochfrequenzverstärker. Mit dem verstärkten Signal wird dann, nach Gleichrichtung mit der Diode D 3 der als Schwellenwertschalter arbeitende Ausgangstransistor T 6 angesteuert, dessen Schaltschwelle sich mit R 6 einstellen läßt.

Neben den bisher erwähnten Stufen enthält der Verstärker noch einen mit den Transistoren T 2, T 3 und T 4 arbeitenden zusätzlichen Schaltungsteil, mit dem die Verstärkung der ersten HF-Stufe zeitabhängig gesteuert wird. Die Verstärkung von T 1 ist nach der Abgabe jedes Sendeimpulses zunächst relativ klein; sie steigt dann stetig an und erreicht noch vor Eintreffen des nächsten Sendeimpulses den vollen Wert. Die zeitabhängige Verstärkungssteuerung ist besonders dann von Vorteil, wenn die Echos nicht analog, z. B. mit einer rotierenden Glimmlampe angezeigt, sondern mit einer Zeitmeßvorrichtung ausgewertet werden sollen, da dann die Anfälligkeit gegenüber Störechos von Pflanzen und Fischen besonders groß ist. Durch die zeitabhängige Verstärkung ergeben die (stets zuletzt eintreffenden) Bodenechos die stärksten Signale, so daß sie sich leichter von Störechos trennen bzw. unterscheiden lassen.

Die sich periodisch ändernde Verstärkung erreicht man auf folgende Weise: Die Basis von T 4 erhält synchron mit den Sendeimpulsen positive Rechteckimpulse. Jeder Impuls führt zu einer Aufladung von C 2 und damit (über T 2) zu einer Erhöhung der Emitterspannung von T 1. Diese Spannungserhöhung und die damit verbundene Herabsetzung der Verstärkung von T 1 wird durch die Entladung von C 2 bis zum Eintreffen des nächsten Sendeimpulses wieder rückgängig gemacht. Mit R 3

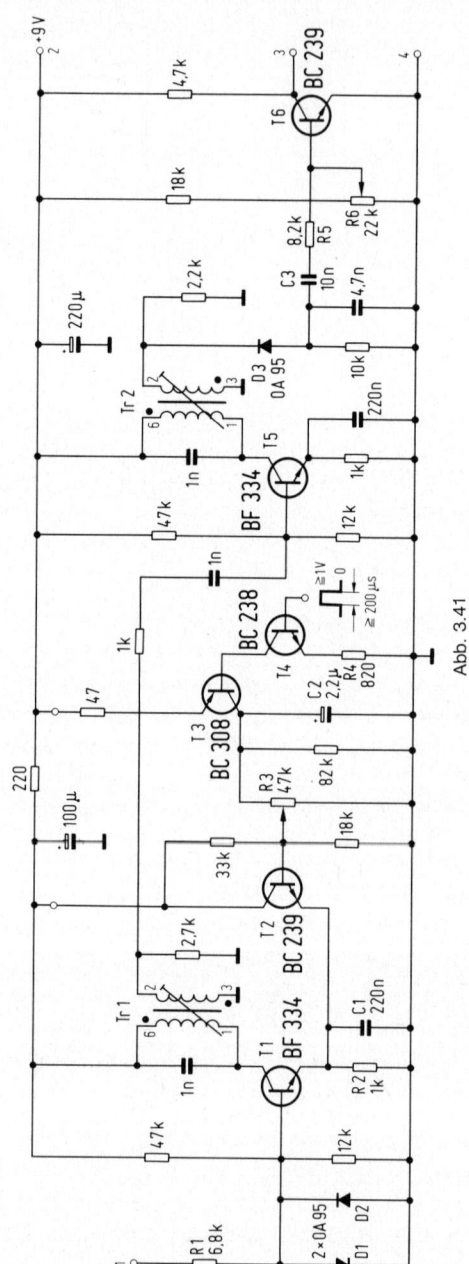

Abb. 3.41

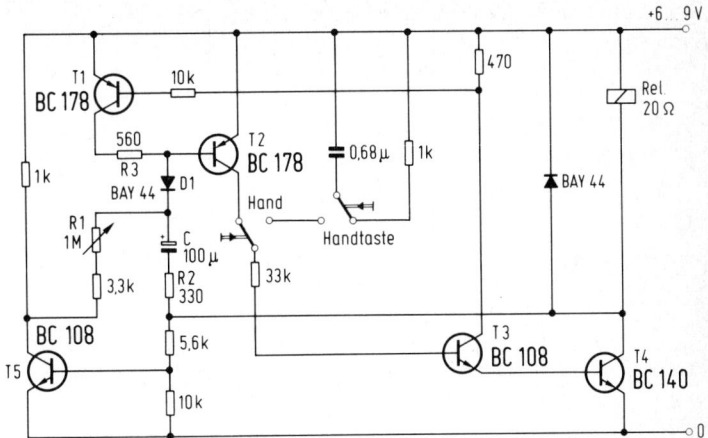

Abb. 3.42

läßt sich eine Anpassung des Verstärkungsverlaufs an die jeweils vorliegenden praktischen Gegebenheiten vornehmen.

Spulendaten:

2 VALVO-Miniput-Bausätze
Rahmenkern-Ferroxcube 3B 3122 104 91460
Gewindekern Ferroxcube 3B 4322 020 32250
Spulenkörper 4312 021 29670

Windungszahlen (Tr 1 = Tr 2):
$N_{6-1} = 200$ Wdg., $10 \cdot 0,03$ CuLS
$N_{3-2} = 95$ Wdg., $10 \cdot 0,03$ CuLS

3.42 Steuerschaltung für automatischen Diaprojektor

Für automatische Diaprojektoren benötigt man einen Impulsgeber, der in einem einstellbaren zeitlichen Abstand kurze Schaltimpulse für das Einschieben des nächsten Dias liefert.

Die Schaltung in *Abb. 3.42* zeigt eine dafür geeignete Anordnung. Als Taktgeber wird ein astabiler Multivibrator mit Komplementärtransistoren verwendet.

Während der Impulsdauer ist der Transistor T 5 gesperrt, alle anderen Transistoren sind durchgeschaltet, und der Elektromagnet am Ausgang hat angezogen. Dieser Zustand bleibt bestehen, solange der Ladestrom des Kondensators C ausreicht, um den Transistor T 2 durchzusteuern. Nach dem drei- bis vierfachen Wert der Zeitkonstanten R 2 · C werden der Transistor T 2 und damit auch die Transistoren T 1, T 3 und T 4 gesperrt. Der Transistor T 5 wird leitend. Der Kondensator C entlädt sich nun über die Widerstände R 1 und R 2 und über den Transistor T 5. Da der Widerstand R 1 einen viel größeren Wert hat als der Widerstand R 2, bestimmt er die Dauer der Entladung und damit die Länge der Impulspause. Bei der Einstellung der Impulspause kann der Widerstand R 1 fast beliebig verkleinert werden, ohne daß der Kippvorgang gestört wird. Dies wird durch die stabilisierende Wirkung des zusätzlichen Transistors T 5 erreicht.

In dieser Kippschaltung kann als zeitbestimmendes Glied ein Elektrolytkondensator verwendet werden, ohne daß die Konstanz der Impulspause darunter wesentlich leidet. Es können deshalb sehr leicht lange Impulspausen, in diesem Fall bis etwa 65 s, erzielt werden.

In der Schaltung ist auch eine Taste für die Umschaltung von Automatik in Handbetrieb vorgesehen.

125

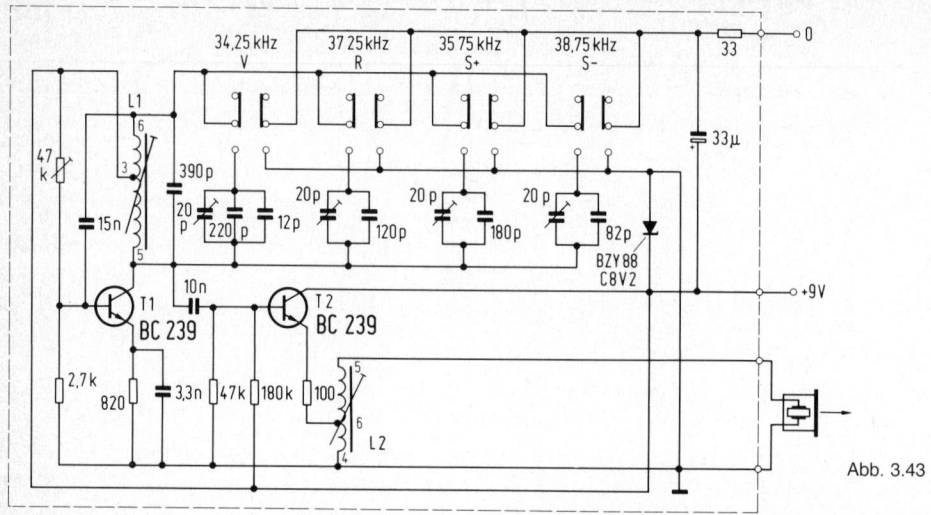

Abb. 3.43

Technische Daten:

Betriebsspannung	6 bis 9 V
Lastwiderstand	20 Ω
Impulsdauer	100 ms
Impulspause (einstellbar)	3 bis 65 s
Max. Umgebungs-temperatur	60 °C

3.43 4-Kanal-Ultraschallsender für Diaprojektoren

Zur Fernsteuerung von Diaprojektoren werden in der Regel vier Kanäle mit unterschiedlichen Frequenzen benötigt, und zwar für Vorwärtstransport, Rückwärtstransport, „Schärfe vor" und „Schärfe zurück". In dieser Schaltung (*Abb. 3.43*) wird der Sender einer derartigen, mit Ultraschall arbeitenden Fernsteuerungsanlage beschrieben, der mit dem VALVO-Luftultraschallwandler Typ 8222 293 15380 ausgerüstet ist.

Der mit dem Transistor T 1 aufgebaute Oszillator arbeitet in Dreipunktschaltung. Die vier Frequenzen werden durch Zuschalten unterschiedlicher Kreiskapazitäten erzeugt, während die Kreisinduktivität L 1 unverändert bleibt. Die Ankopplung des Ultraschallwand-

lers erfolgt über einen in der Emitterleitung von T 2 liegenden Anpassungstransformator L 2. Eine Stabilisierung der Versorgungsspannung wird durch die Z-Diode BZY 88/C 8 V 2 in Verbindung mit dem Vorwiderstand von 33 Ω erreicht.

Die Buchstaben unter den Frequenzangaben bedeuten:

V = Vorwärtstransport
R = Rückwärtstransport
S+ = Schärfe vor
S− = Schärfe zurück

Daten der Spule:

Rundspule: $d_i = 10$ mm ∅, I = 9 mm, auf Ferritstab 9,6 mm ∅, I = 50 mm

Wicklungen: W 1 = 150+50+50+150 Wdg., 0,2 mm ∅ CuL
W 2 = 10+10 Wdg., 0,2 mm ∅ CuL

Spulendaten:

2 VALVO-Miniput-Bausätze
Rahmenkern Ferroxcube 3B 3122 104 91460,
Gewindekern Ferroxcube 3B 4322 020 32250,
Spulenkörper 4312 021 29670

L 1, $_{5-3}$ = 35 mH, L 1, $_{3-6}$ = 79 μH
L 2, $_{5-6}$ = 5,1 mH, L 2, $_{6-4}$ = 480 μH

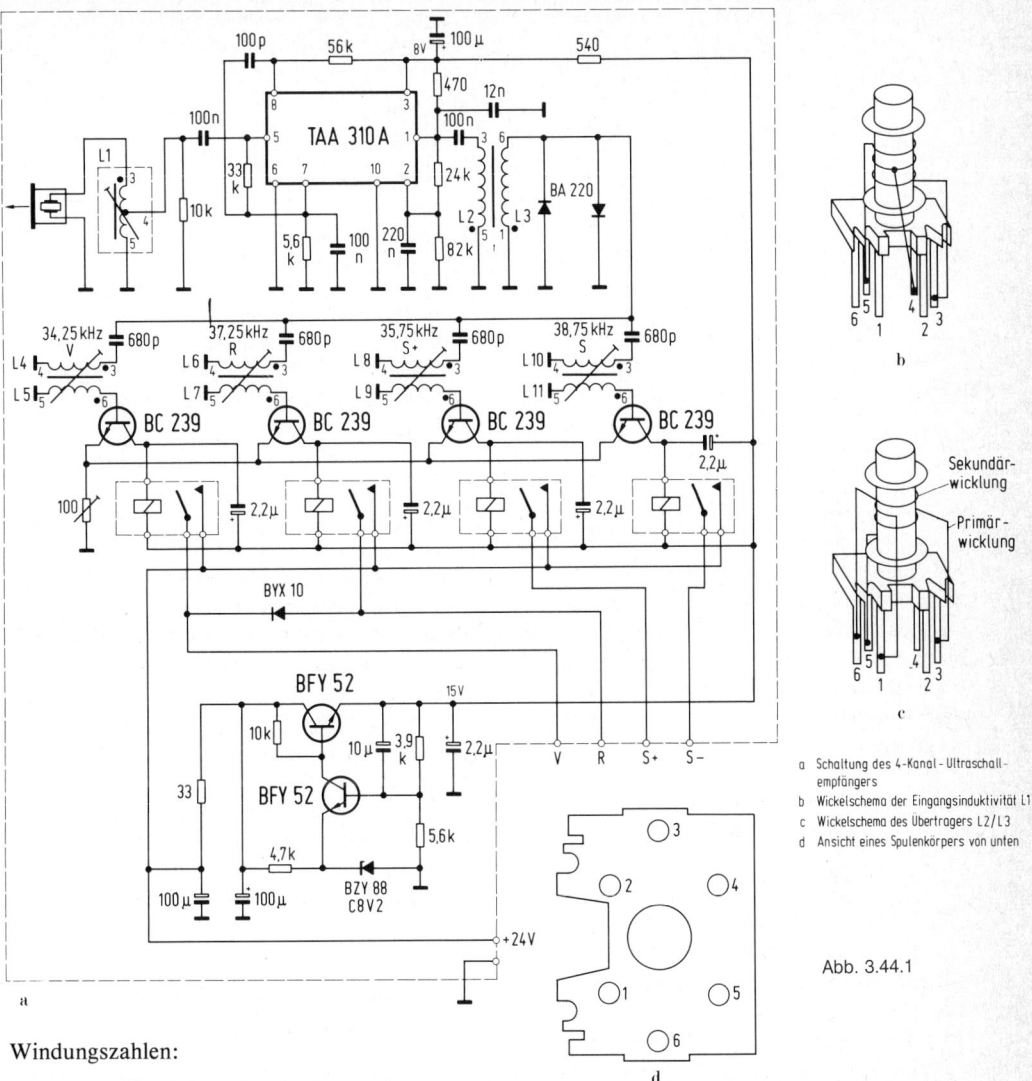

a Schaltung des 4-Kanal-Ultraschall-
empfängers
b Wickelschema der Eingangsinduktivität L1
c Wickelschema des Übertragers L2/L3
d Ansicht eines Spulenkörpers von unten

Abb. 3.44.1

Windungszahlen:

$N\,1,_{5-3} = 1150$ Wdg., 0,06 CuL
$N\,1,_{3-6} = \quad 55$ Wdg., 0,06 CuL
$N\,2,_{5-6} = \quad 440$ Wdg., 0,1 CuL
$N\,2,_{6-4} = \quad 140$ Wdg., 0,1 CuL

3.44 4-Kanal-Ultraschallempfänger für Diaprojektoren

Mit diesem 4-Kanal-Ultraschallempfänger (*Abb. 3.44.1a-d*), der zusammen mit dem 4-Kanal-Ultraschallsender als Fernsteuerungsanlage für Diaprojektoren eingesetzt werden kann, läßt sich eine Entfernung von 10 m sicher überbrücken.

Der Empfängerwandler Typ 8222 293 15380 empfängt die Ultraschallsignale und wandelt sie in elektrische Schwingungen um, die dem Eingang des mit der integrierten Schaltung TAA 310 A aufgebauten Verstärkers zugeführt werden. Der Empfangsfrequenzbereich erstreckt sich von 30 bis 45 kHz. Diese relativ

127

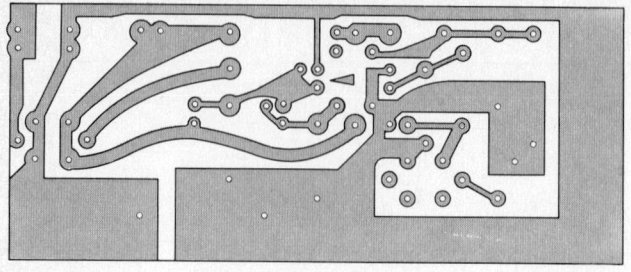

Abb. 3.44.2a

große Bandbreite wird durch die angezapfte Induktivität L 1 in Verbindung mit dem Dämpfungswiderstand von 10 kΩ erreicht. An den Verstärkerausgang sind über einen Anzapfungstransformator vier parallelliegende, auf die vier Kanalfrequenzen abgestimmte Serienresonanzkreise angeschlossen. Die beiden antiparallel liegenden Dioden BA 220 dienen der Spannungsbegrenzung. Man erreicht damit, daß die an die Resonanzkreise gelieferte Signalamplitude eine von der Entfernung zwischen Oszillator und Empfänger weitgehend unabhängige Größe hat, und daß die Gefahr des gleichzeitigen Ansprechens von mehreren Kanälen verringert wird.

Jedem Kanal ist ein Relais zugeordnet, welches über einen Transistor BC 239 angesteuert wird. Ohne Eingangssignal sind alle vier Transistoren gesperrt, die Relais stromlos und deren Arbeitskontakte geöffnet. Beim Eintreffen eines Signals wird der betreffende Resonanzkreis erregt und der dazugehörige Transistor in den (auf die Basis bezogenen) positiven Halbwellen periodisch aufgesteuert. Die Kollektorstromimpulse laden den am Kollektor angeschlossenen Kondensator von 2,2 µF auf und führen bei einer bestimmten Kondensatorspannung zum Ansprechen des Relais. Mit dem einstellbaren Widerstand von 100 Ω kann man erreichen, daß sich beim Ansprechen eines Kanals die Emitterspannungen aller vier Transistoren erhöhen und damit eine Blockierung der drei anderen Kanäle auftritt. Auf diese Weise wird ein gleichzeitiges Ansprechen von zwei Kanälen erschwert, welches durch Frequenzabweichungen oder mangelhaften Abgleich der Resonanzkreise auftreten könnte.

Die räumliche Anordnung der zum Eingangsverstärker gehörenden Bauelemente ist recht kritisch. Es wird daher empfohlen, einen Aufbau entsprechend der in *Abb. 3.44.2* gezeigten Weise vorzunehmen.

Eingangsinduktivität L 1: VALVO-Miniput-Bausatz

Rahmenkern Ferroxcube 3B 31221049 1460
Gewindekern Ferroxcube 3B 4322 020 32250
Spulenkörper 4312 021 29670
Gehäuse 3122 990 94130
$L 1_{,3-5} = 7$ mH
$N 1_{,3-5} = 480$ Wdg., 0,1 CuL (Anzapfg. bei 240 Wdg.)

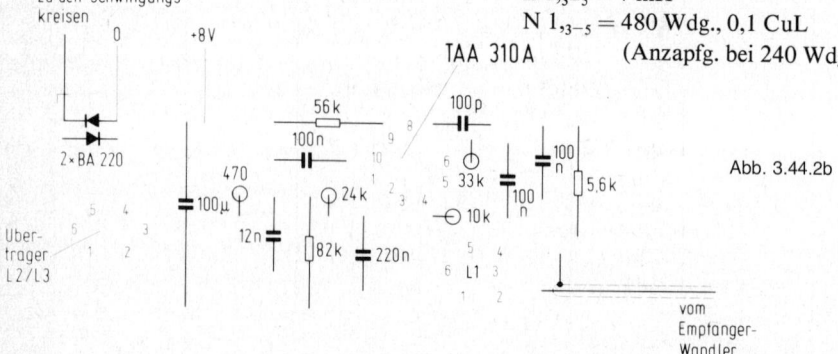

Abb. 3.44.2b

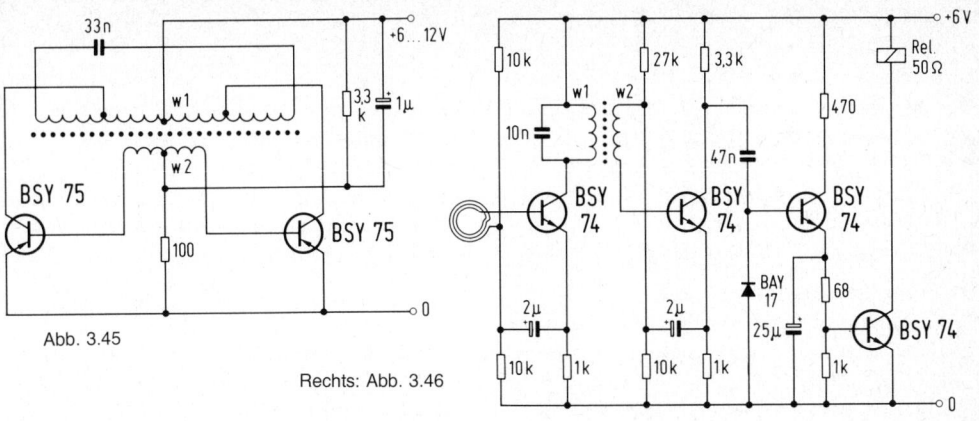

Abb. 3.45

Rechts: Abb. 3.46

Übertrager und Schwingungskreise (L 2 bis L 11)
5 VALVO-Makronova-Bausätze
Rahmenkern Ferroxcube 3 D3 4322 020 37030
Gewindekern Ferroxcube 3 D3 4312 020 32150
Spulenkörper 431202129650

$$
\left.\begin{array}{ll}
N\,2 & = 840 \text{ Wdg.} \\
N\,3 & = 450 \text{ Wdg.}
\end{array}\right\} 0{,}09 \text{ CuL}
$$

$$
\left.\begin{array}{ll}
N\,4 & = 1000 \text{ Wdg.} \\
N\,5 & = 65 \text{ Wdg.} \\
N\,6 & = 920 \text{ Wdg.} \\
N\,7 & = 56 \text{ Wdg.} \\
N\,8 & = 960 \text{ Wdg.} \\
N\,9 & = 60 \text{ Wdg.} \\
N\,10 & = 885 \text{ Wdg.} \\
N\,11 & = 56 \text{ Wdg.}
\end{array}\right\} 0{,}1 \text{ CuL}
$$

Der Widerstand der verwendeten 12-V-Reed-kontaktrelais beträgt ca. 1 kΩ.

3.45 Sender für induktive Fernsteuerung

Der hier beschriebene Sender (*Abb. 3.45*) eignet sich in Verbindung mit dem Empfänger besonders zur Fernbedienung von Garagentoren.

Der Sender ist ein Gegentakt-Sinusoszillator, der mit einer Frequenz von etwa 9 kHz schwingt. Er ähnelt dem Gegentakt-Spannungswandler nach Schaltung 16. Die Primärwicklung W 1 bildet mit dem 33-nF-Kondensator den frequenzbestimmenden Schwingkreis. Um die Dämpfung möglichst klein zu halten, liegen die Anschlußpunkte der Kollektoren an Anzapfungen der Wicklung. Der Kern der Spule besteht aus einem Ferritstab, in dessen Umgebung sich ein kräftiges Streufeld ausbildet. Durch Verschieben des Ferritstabes in der Spule läßt sich die Induktivität und damit die Schwingfrequenz des Oszillators verändern.

Der 1-μF-Kondensator zwischen dem Pluspol der Versorgungsspannung und der Mittelanzapfung der Steuerwicklung W 2 dient als Anschwinghilfe. Die Schaltung kann an Versorgungsspannungen von 6 V bis 12 V angeschlossen werden. Die Stromaufnahme beträgt 6 V 15 mA und bei 12 V 35 mA.

Bei der Anwendung als Garagentor-Fernbedienung wird das Gerät an der Unterseite oder hinter der Stoßstange des Kraftfahrzeuges angebracht. Die Montage muß so erfolgen, daß der Ferritkern senkrecht steht. Zum Empfang dient dann eine im Zufahrtsweg verlegte Induktionsschleife. Beim Überfahren dieser Schleife muß der Sender kurz eingeschaltet werden.

3.46 Empfänger für induktive Fernsteuerung

Dieser Empfänger (*Abb. 3.46*) ist speziell für den beschriebenen 9-kHz-Sender zugeschnitten. Als Aufnehmerspule dienen drei

Drahtwindungen mit ca. 1 m Durchmesser. Zweckmäßigerweise verlegt man ein dreiadriges Kabel, dessen Adern hintereinandergeschaltet werden. Die vom Sender in dieser Spule induzierte Spannung wird einem mehrstufigen Verstärker zugeführt, in dessen Ausgang ein Relais liegt, das beim Eintreffen eines Signals vom Sender anzieht.

Damit Störungen durch Fremdfelder und Brummeinstreuungen vermieden werden, liegt im Kollektor der ersten Verstärkerstufe ein Parallel-Resonanzkreis, der auf die Senderfrequenz abgestimmt ist. Die Steuerspannung für die zweite Stufe wird induktiv ausgekoppelt. Hinter der zweiten Verstärkerstufe wird das Signal mit einem in Kollektorschaltung arbeitenden Transistor gleichgerichtet. Die an seinem Emitter auftretende Gleichspannung wird gesiebt und dem Endtransistor zugeführt, in dessen Kollektorzuleitung das Relais liegt. Eine Freilaufdiode ist hier nicht erforderlich, da der Endtransistor wegen des 25-μF-Siebkondensators nur allmählich sperrt. Das Relais zieht an, wenn der Sender im Abstand bis zu 2 m über der Empfangsspule eingeschaltet wird.

Daten der Filterspule:
Kern: 1 Satz Siferrit Schalenkerne 18 ∅ · 14, 1100 N 22 AL 160
Wicklungen: W 1 = 420 Wdg., 0,15 mm∅CuL
W 2 = 150 Wdg., 0,15 mm∅CuL

4 Elektronische Schaltungen mit Signalgebung und Überwachung – Kraftfahrzeugelektronik und Drehzahlregelung

4.1 Transistorzündung mit elektronischer Drehzahlbegrenzung

Die Nenndrehzahl eines Benzinmotors soll nach Möglichkeit nicht überschritten werden. Die Elektronik des Drehzahlmessers formt und integriert die Unterbrecherimpulse zu einem drehzahlabhängigen Gleichstromsignal. Dieses kann zum Abschalten der Zündung verwendet werden.

Der Drehzahlmesser (*Abb. 4.1.1*) ist für einen Sechszylinder-Viertakt-Motor ausgelegt. Die Drehzahl wird von einem Voltmeter angezeigt. Zum Abgleich dient das Verstellpotentiometer R 1. Es entspricht 1 V Spannung genau 1000 U/min.

Die Grundschaltung des Drehzahlmessers ist ein monostabiler Multivibrator. Bei im ruhenden Zustand angelegter Betriebsspannung ist der Transistor T 2 über den Widerstand R 1 durchgesteuert. Über den Widerstand R 3 ist damit der Transistor T 1 leitend, der Transistor T 3 gesperrt. Am Ausgang A 1 liegt also keine Signalspannung. Wird im Betriebsfall der Unterbrecherkontakt betätigt, so gelangen im geöffneten Zustand über Kondensator C 2 und Diode D 1 kurze positive Nadelimpulse an die Basis des Transistors T 1, die diesen regelmäßig sperren. Ein positiver Strom kann fließen, weil die Betriebsspannung immer höher ist als die mit einer Z-Diode stabilisierte Spannung am Drehzahlmesser.

Der Transistor T 1 bleibt aber nicht nur während der Nadelimpulse gesperrt, sondern auch während der gesamten Sperrzeit des monostabilen Multivibrators. Die Sperrzeit wird im wesentlichen durch die Zeitkonstante des R-1-C-1-Gliedes bestimmt. Der Kondensator C 1 lädt sich bei durchgeschalteten Transistoren T 1 und T 2 sehr rasch auf. Beim Entladen

tritt über die Widerstände R 1 und R 4 an der Basis von Transistor T 2 eine Sperrspannung auf.

Weil der Transistor T 3 gegensinnig zum Multivibrator arbeitet, wirkt sich an seinem Kollektor (Ausgang A 1) die Sperrzeit als Impulszeit aus. Bei der Dimensionierung muß man darauf achten, daß die Impulszeit etwas kleiner (z. B. 90 %) ist als zeitlich kleinste Folge der Unterbrecherimpulse.

Am Ausgang A 1 entstehen Rechteckimpulse. Ihr Mittelwert, den das Meßinstrument anzeigt, ist ein Maß für die Drehzahl.

Der Drehzahlbegrenzer hat die Aufgabe, bei einer bestimmten vorgegebenen Drehzahl die nachfolgende Zündung abzuschalten und sie mit möglichst kleiner Schalthysterese wieder wirksam werden zu lassen. Im Moment des Ansprechens dürfen darüber hinaus keine undefinierten Zündungen entstehen. Der Drehzahlbegrenzer ist also im wesentlichen ein Meßverstärker mit einer Gatterfunktion. In dem in Abb. 4.1.1 gezeigten Lösungsvorschlag müssen zunächst die am Eingang E 1 anstehenden Impulsfolgen integriert und gesiebt werden. Diese Aufgabe übernimmt das RC-Netzwerk hinter der Entkopplungsdiode D 2. Der entstehende Gleichspannungswert wird dabei gegenüber dem Anzeigewert des Drehzahlmessers etwas abgesenkt. Der Operationsverstärker TCA 335 A vergleicht den gesiebten Drehzahlmeßwert mit der Spannung am Spannungsleiter R 5, R 6, wobei R 6 so eingestellt ist, daß der Verstärker TCA 335 A bei der gewünschten maximalen Drehzahl ausschaltet.

Mit dem Verstärker schalten auch die Transistoren T 4 und T 5 aus; über T 5 wird auch der Eingang E 2 für die Transistorzündung ge-

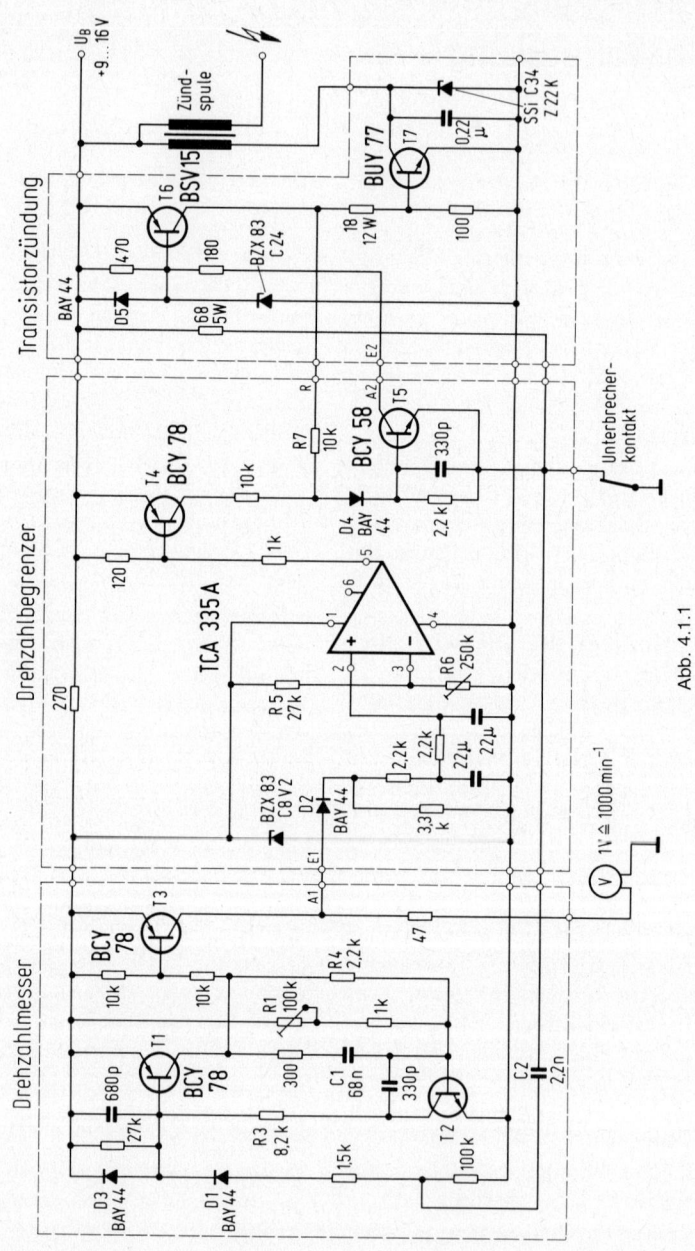

Abb. 4.1.1

sperrt. Wegen des Rückkopplungswiderstandes R 7 sperrt Transistor T 5 allerdings nur, wenn die Zündung gerade keinen Strom führt. Ist dies nicht der Fall, so wird die darauffolgende reguläre Zündung noch ausgeführt und dann erst gesperrt. Damit wird eine undefinierte Fehlzündung vermieden.

Bei der Transistorzündung betätigt der 3fach diffundierte Zündtransistor T 7 (BUY 77) die Zündspule. Im geschalteten Zustand wird in der Zündspule Energie gespeichert, die im Moment des Abschaltens an die Zündkerzen abgegeben wird. Der Transistor T 7 ist gegen Überspannungsspitzen mit einer 220-V-Z-Diode geschützt. Zur Aussteuerung dient der Treibertransistor T 6.

Die *Abb. 4.1.2 a, b, c, d* und *e* veranschaulichen den Abschaltvorgang. In Abb. 4.1.2a erreicht die drehzahlabhängige Spannung U_n die Schaltschwelle des Operationsverstärkers, die sperrt. Wenn in diesem Augenblick der Unterbrecherkontakt geöffnet ist (Abb. 4.1.2b), dann wird die Zündung sofort abgeschaltet (Abb. 4.1.2c). Ist im Abschaltmoment der Unterbrecher geschlossen (Abb. 4.1.2d) so erfolgt noch eine Zündung, wenn der Unterbrecher öffnet (Abb. 4.1.2e). Wenn die Drehzahl auf 6500 min^{-1} abgenommen hat, wird die Zündung wieder eingeschaltet.

In der Tabelle sind die technischen Daten der Transistorzündung zusammengestellt.

Technische Daten der Transistorzündung:

a Schaltschwelle 6600 min^{-1}
b Impulsfolge am Unterbrecherkontakt; Kontakt zur Zeit t_s geöffnet
c Zündimpulse
d Impulsfolge am Unterbrecherkontakt; Kontakt zur Zeit t_s geschlossen
e Zündimpulse
U_n Spannung bei der Drehzahl n
U_k Spannung am Unterbrecherkontakt
U_p Spannung an der Primärwicklung der Zündspule

Rechts: Abb. 4.1.2

Wirkungsweise der Drehzahlbegrenzung

Betriebsspannung	9 bis 16 V
Abschaltdrehzahl	3000 bis 6600 min^{-1}, mit R 6 einstellbar
Schalthysterese	< 100 min^{-1}
Innenwiderstand des Drehzahlinstrumentes	> 1 kΩ
Primärzündspannung	220 V
maximaler Primärzündstrom	5 A

4.2 Transistorzündung mit üblichem Unterbrecher

Die Transistorzündung (*Abb. 4.2*) arbeitet nach dem Speicherprinzip wie die übliche Unterbrecherzündung. Der Strom durch die Zündspule wird vom Transistor geschaltet, der Unterbrecher steuert lediglich den Basisstrom des Steuertransistors. Die wesentlichen Hauptmerkmale der Transistorzündung sind:

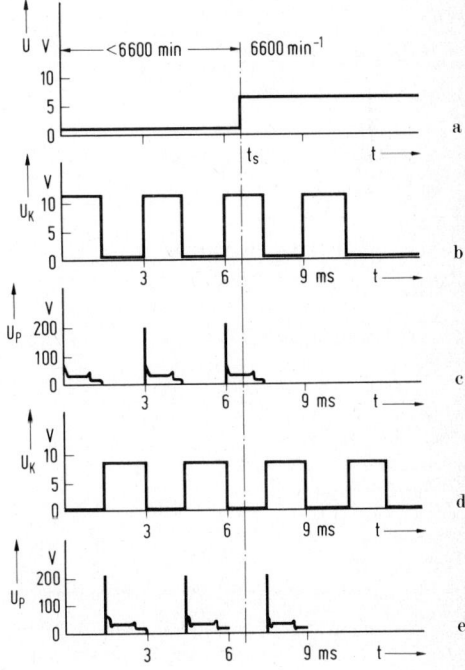

133

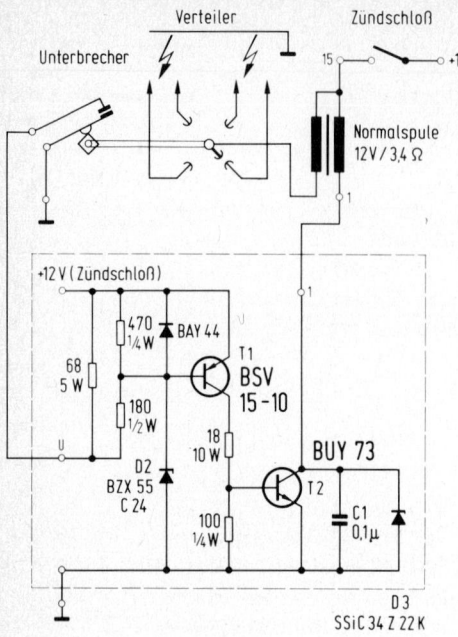

Abb. 4.2

1. Unterbrecherentlastung
2. Gleichmäßige Zündimpulse
3. Möglichkeit von Hochleistungs-Zündanlagen mit neuen „Super-Zündspulen".
4. Geringe Motor-Abgase durch dauernd optimal eingestellte Zündung
5. Weitgehende Wartungsfreiheit

In der vorliegenden Transistorzündung wurde der hochsperrende Leistungstransistor BUY 73 eingesetzt und erprobt.

Mehrere Versuchsschaltungen der Transistorzündung wurden in verschiedenen Fahrzeugen mit Erfolg erprobt.

Es gibt zwei verschiedene Zündsysteme für Kraftfahrzeuge:

a) Kondensatorzündung
b) Spulenzündung

zu a)

Bei der Kondensatorzündung wird die Energie für den Zündimpuls in einem Kondensator gespeichert und im Zündzeitpunkt auf die Zünd-spule geschaltet (z. B. mit Thyristor). Diese Zündung arbeitet nach dem sogenannten Durchlaßprinzip.

zu b)

Die Energie für den Zündimpuls wird in der Induktivität der Zündspule gespeichert. Die Zündung erfolgt dann, wenn der Spulenstrom abgeschaltet wird. Die Anlage arbeitet nach dem Speicherprinzip. Der Vorteil dieser üblichen Zündung ist ein verhältnismäßig langandauernder Zündfunke. Es gibt keine Entflammungsschwierigkeiten im Zylinder und dadurch nur wenig schädliche Abgase.

Die Kapazität C 1 läßt die Abschaltspannungsspitze langsamer aufbauen als die Sperrfähigkeit des Transistors einsetzt; damit bleiben die Schaltverluste klein. Die Kapazität darf nicht zu groß sein, sonst erfolgt der Spannungsanstieg zu langsam und die Primärzündspitze wird auf Werte < 220 V verlagert. Die Sperrspannung am Transistor wird auf ca. 220 V mit der Z-Diode SSi C 34 Z 22 K begrenzt. Wenn der Transistor den Zündstrom abschaltet, tritt eine Spitzenverlustleistung von 27 W auf (Umschaltdauer 5 µs). Die höchsten Transistorverluste treten auf, wenn die Zündung bei stillstehendem Motor und geschlossenem Unterbrecher eingeschaltet ist (Dauerverluste 2,1 W). Als Steuertransistor ist der schnelle Schalttransistor BSV 15 eingesetzt. Die Kollektor-Emitter-Restspannung des Zündtransistors BUY 73 soll klein sein, da die von ihr bewirkte Stromminderung quadratisch in die Zündenergie eingeht, und die Zündenergie mit steigender Drehzahl kleiner wird. Der Betrieb dieser Transistorzündung ist bei abgeklemmtem Zündkabel zulässig.

Technische Daten:

Batteriespannung	14 V (8 bis 16 V)
Zündspulenwiderstand	ca. 3,4 Ω
Zündspannung ohne Kerze	ca. 22 kV
Brennspannung an Zündkerze	1,2 bis 1,8 kV

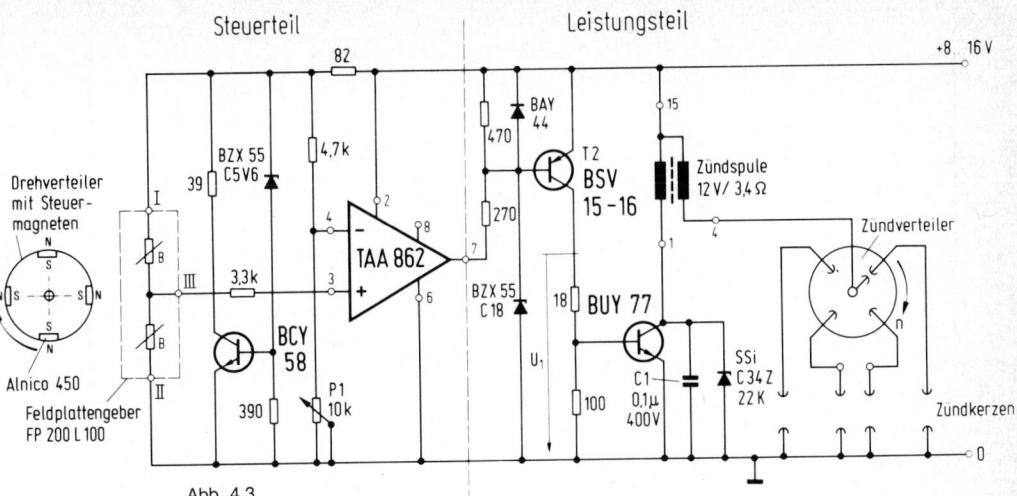

Abb. 4.3

Zündkerzenstrom	
(Sägezahnimpuls)	40 mA
Brenn-Impulsdauer	1,4 bis 1,6 ms
Transistor-	
Sperrspannung	220 bis 250 V

4.3 Kontaktloser Unterbrecher für Transistorzündanlage

Der Ersatz des mechanischen Unterbrechers durch eine elektronische Zündungssteuerung, den sog. kontaktlosen Unterbrecher, ergibt eine wesentliche Verbesserung der Zündanlage.

In der Schaltung *Abb. 4.3* wird die Zündung von einem Drehverteiler mit 4 Magneten über einen Feldplattengeber berührungslos gesteuert. Die wichtigsten Merkmale dieser Zündanlage sind:

1. Fortfall des mechanischen Unterbrechers
2. Zündung wird verschleiß- und wartungsfrei
3. Prellfreie Zündungssteuerung
4. Gleichmäßige Zündimpulse
5. Möglichkeit von Hochleistungszündungen mit großem Primärstrom
6. Leistungserhöhung durch Vergrößerung der Stromflußzeit
7. Geringe Motorabgase durch dauernd optimal eingestellte Zündung

Der Drehverteiler und der Feldplattengeber können zusammen mit dem Hochspannungs-Zündverteiler im Verteilergehäuse eingebaut werden. Die Zündwinkelverstellung über den Drehzahl- und Lastbereich erfolgt wie bisher.

Zündanlage mit Kontakt-Unterbrecher:

Bei der Spulenzündung schaltet der Unterbrecher den Strom durch die Primärspule; die Zündspannung (ca. 20 kV) entsteht beim Abschalten des Stromes. Die hohe Strom- und Spannungsbelastung des Unterbrechers ist ein Hauptproblem der Zündung. Bedingt durch Verschmutzung und Kontaktabbrand muß die Zündung regelmäßig gewartet werden (Auswechseln des Unterbrechers, Einstellen des Zündwinkels).

Mit dem hier vorgeschlagenen kontaktlosen Unterbrecher fallen diese Probleme nicht mehr an. Die Schaltung ist in einen Steuer- und in einen Leistungsteil aufgeteilt.

Funktion der Schaltung:

Der Zündzeitpunkt und die Zündfolge werden von einem Drehverteiler mit 4 kleinen Magneten bestimmt. Die Magnete sind um jeweils 90 Grad versetzt angebracht, wie es für den Betrieb eines Vierzylinder Viertaktmotors erforderlich ist.

Wenn der Drehverteiler läuft, dann erzeugt jeder der 4 Magnete einen Wechselspannungs-

135

impuls im Feldplattengeber. Der Steuerimpuls wird am Mittelabgriff III abgenommen, der nachgeschaltete Signalverstärker TAA 862 (Abb. 4.3) schaltet, wenn der mit dem Regelpotentiometer P 1 eingestellte Schwellwert erreicht ist. Damit wird über T 2 und den Haupttransistor BUY 77 der Primärstrom eingeschaltet. Sinkt die Spannung wieder unter den Schwellwert, dann wird der Primärstrom unterbrochen. In diesem Moment baut sich die zur Zündung erforderliche Hochspannung an der Zündkerze auf.

Feldplattengeber:

Der Feldplattengeber besteht aus zwei zusammengeschalteten „vorgespannten Feldplatten" mit gleichem ohmschen Widerstand. Durch die Hintereinanderschaltung zweier gleicher Elemente und mit Mittelabgriff der Signalspannung, wird die große Temperaturabhängigkeit der einzelnen Feldplatten mit ausreichender Genauigkeit kompensiert. Die Gleichspannung am Punkt III bleibt temperaturstabil. Wird ein Magnet in ausreichend kleinem Abstand am Feldplattengeber vorbeigeführt, wird das wirksame Magnetfeld durch die eine Feldplatte geschwächt und das Magnetfeld durch die zweite Feldplatte verstärkt. Am Mittelabgriff wird ein sinusförmiger Steuerimpuls abgenommen. Der Zündstrom wird mit der anfänglich flachen Signalflanke eingeschaltet und mit der steilen Wendeflanke abgeschaltet. Die erforderliche Winkelgenauigkeit von $\pm$ 0,5 Grad kann nur mit der steilen Wendeflanke des Steuerimpulses erreicht werden. Die Impulsdauer wird durch die Magnete (Abmessungen, Magnetisierungsart) festgelegt.

Die Spannungsstabilisierung für den Feldplattengeber wird mit einer Parallelregelung durchgeführt; damit ist der Eingang (Anschluß I, II, III) kurzschlußfest. Die Schließzeit (Stromflußzeit) wird mit dem Potentiometer P 1 eingestellt. Die kontaktlose Zündungssteuerung ist auch bei fast völlig entladener Batterie bei z. B. $U_{Batt} > 2$ bis 3 V betriebsbereit. In unserem Versuchsaufbau wurde die bisherige Art der Zündwinkelverstellung beibehalten. Schließverhältnis, Primärzündenergie:

Das Schließverhältnis gibt die Stromflußzeit in der Primärspule an.

$$V_S = \frac{t_s}{t_s + t_ö} \cdot 100\,\% \qquad \begin{array}{l} t_s = \text{Schließzeit} \\ t_ö = \text{Öffnungszeit} \end{array}$$

Mit mechanischem Unterbrecher ist ein Schließverhältnis von ca. 60 % üblich. Größere Einschaltzeiten sind wegen dem damit verbundenen kleineren Kontaktabstand schädlich für den Unterbrecher. Das Schließverhältnis kann mit dem kontaktlosen Unterbrecher wesentlich größer als bei der üblichen Zündung gewählt werden. D. h., bei gleichbleibender Zündspule steht also mit der kontaktlosen Steuerung mehr Zündenergie bei hohen Drehzahlen zur Verfügung. Damit ist die bei höherdrehenden Motoren bisher angewandte Methode der Primärstromerhöhung mit niederohmigen Zündspulen zum Teil nicht mehr notwendig. Die Öffnungszeit muß so gewählt sein, daß sich der Kondensator C 1 parallel zum Transistor BUY 77 über die Zündspule entlädt.

Technische Daten:

Batteriespannung	8 bis 16 V
Zündspulenwiderstand	$> 3,1\,\Omega$
Primärzündspannung	220 V
Sekundärzündspannung	22 kV
Feldplattengeber	FP 200 L 100
Steuermagnet	Al NiCo 450
Luftspalt	0,70 mm
Schließverhältnis	90 %
zul. Umgebungstemperaturbereich	-40 bis $+125\,°C$

4.4 Kontaktlose Thyristorzündanlage für 2-Takt-Motor

Die Zündanlagen für Mehrzylinder-Zweitakt-Motore arbeiten ohne Zündverteiler. Es ist deshalb für jeden Zylinder eine eigene Zündspule mit zugehöriger Steuerung notwendig.

Für einen Zweitakt-Motor wurde eine Thyristorzündanlage (*Abb. 4.4*) entwickelt, wobei.

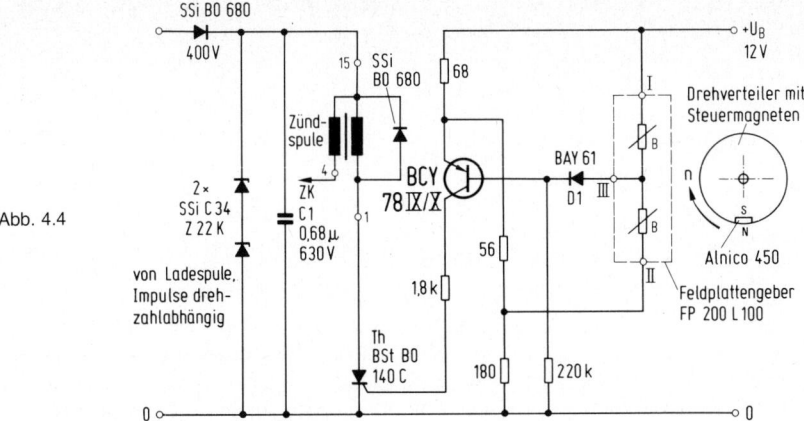

Abb. 4.4

die Zündung kontaktlos über den Feldplattengeber FP 200 L 100 mit einem Magnet gesteuert wird. Zu bemerken ist, daß für jeden Zylinder ein Geber erforderlich ist.

Die Zündenergie wird von einer Ladespule geliefert. Die Spannung am Kondensator ist drehzahlabhängig und zum Schutz der Thyristoren auf 400 V begrenzt.

Der Steuermagnet erzeugt einen Wechselspannungsimpuls am Mittelabgriff III des Feldplattengebers. Der sich vorbeibewegende Magnet muß so gepolt sein, daß dieser Impuls mit der positiven Halbwelle beginnt. Während der negativen Halbwelle wird der Transistor leitend und zündet den Thyristor Th. Dieser schaltet die Zündspule an den Kondensator C 1 und über die Zündspule ZS erfolgt die Zündung an der Zündkerze ZK. Wenn der Kondensator wieder entladen ist, sperrt der Thyristor. Der Kondensator C 1 wird nachgeladen bis der Magnet die nächste Feldplatte ansteuert.

Die Winkelgenauigkeit bleibt unabhängig von der Umgebungstemperatur durch den Einsatz der Differenzfeldplatte FP 200 L 100 und der Diode D 1 erhalten. Diese Diode kompensiert den Temperaturkoeffizienten des Transistors BCY 78. Im Geber sind zwei gleiche Feldplatten-Elemente hintereinander geschaltet, wodurch die an sich große Temperaturabhängigkeit der einzelnen Feldplatte ausreichend kompensiert wird. Die Amplitude des von der Feldplatte stammenden Steuersignals ist unab

hängig von der Drehzahl des in Frage kommenden Drehzahlbereichs.

Technische Daten:

Batteriespannung	14 V (10 bis 16 V)
Primärzündspannung	400 V
Sekundärzündspannung ohne Zündkerze	32 kV
Sekundärzündspannung an 100 kΩ (bei 2000 U/min)	11 kV
Sekundärzündspannung an 100 kΩ (bei 1000 U/min)	8 kV
Steuersignal an der Feldplatte	1,5 V
Luftspalt zwischen Steuermagnet und Feldplatte	1 mm

4.5 Thyristorzündanlage

Das Prinzip der Thyristorzündanlage ist bekannt: Ein Speicherkondensator wird auf eine bestimmte Spannung aufgeladen und über einen Thyristor und die Primärwicklung der Zündspule entladen. Der Kondensatorzündanlage nach *Abb. 4.5* liegt ein neuartiges Ladeprinzip des Speicherkondensators zugrunde. Dieser wird durch einen einzigen Impuls aufgeladen, den eine monostabile Sperrschwingerschaltung liefert. Bei dieser Betriebsweise steht die Zündenergie unabhängig von der Drehzahl

137

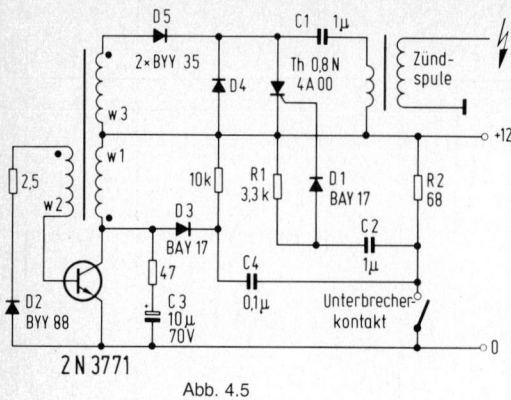

Abb. 4.5

Transformatordaten:

Kern El 54/18, Dyn. Bl. IV, 0,2 mm Luftspalt

W 1 =   19 Wdg. 1,5 ⌀ CuL

W 2 =   10 Wdg. 1,0 ⌀ CuL

W 3 = 600 Wdg., 0,2 ⌀ CuL

4.6 Thyristorzündschaltung mit gleichmäßiger Zündenergie

In *Abb. 4.6.1* ist die Gesamtanordnung einer solchen Zündanlage dargestellt. Der Primärzündkreis besteht aus der Reihenschaltung der Primärwicklung W_s der Zündspule, dem Zündkondensator C 1 und dem Thyristor. An die Sekundärwicklung W_p sind in üblicher Weise über den Zündverteiler die Zündkerzen angeschlossen.

Der Thyristor wird beim Öffnen des Unterbrecherkontaktes über ein Netzwerk gezündet, das aus den Widerständen R 1, R 2, dem Kondensator C 2 und der Diode D 1 besteht.

Zum pulsweisen Aufladen des Zündkondensators C 1 dient ein triggerbarer Sperrschwinger. Er enthält einen Übertrager mit der Arbeitswicklung W 1, der Rückkopplungswicklung W 2 und der Freilaufwicklung W 3. Der im Basiskreis des Transistors liegende Widerstand R 3 begrenzt den Steuerstrom; die Schutzdiode D 2 verhindert, daß die Abbruchspannung der Basis-Emitter-Diode des Transistors überschritten wird. Das RC-Glied parallel zur Kollektor-Emitter-Strecke des Transistors dient zur Dämpfung von unerwünschten hochfrequenten Schwingungen. Die Freilaufdiode ist über eine Diode D 5 an den Zündkondensator C 1 angeschlossen.

Beim Schließen des Unterbrecherkontaktes gelangt über den Kondensator C 4 und die Diode D 3 ein negativer Impuls an die Arbeitswicklung W 1 des Ladeübertragers. Dadurch wird in der Rückkopplungswicklung W 2 eine Spannung erzeugt, die den Transistor durchsteuert. Es beginnt ein Kollektorstrom zu fließen, der wegen der Induktivität der Wicklung etwa linear ansteigt bis der durch den Widerstand R 3 bestimmte Basisstrom eine wei-

immer gleichmäßig zur Verfügung. Mit der vorliegenden Dimensionierung der Zündanlage ist eine maximale Zündfolgefrequenz von 300 Hz zu erreichen, das entspricht einer Motordrehzahl von 9000 U/min bei einem Vierzylinder-Viertaktmotor. Die Schaltung erfüllt ihre Funktion in einem Batteriespannungsbereich von 6,5 Volt bis 16 Volt, ist also für Wagen mit 12-V-Batterie ausgelegt.

Die Ladeschaltung zum pulsweisen Aufladen des Zündkondensators enthält einen Ladeübertrager mit einer Arbeitswicklung W 1, einer Rückkopplungswicklung W 2 und einer Sekundärwicklung W 3. Diese monostabile Kippschaltung wird beim Schließen des Unterbrecherkontaktes durch einen negativen Impuls über den Kondensator C 4 und die Diode D 3 getriggert. Beim Abschalten des Transistors wird die gespeicherte magnetische Energie in Form eines Stromstoßes durch die Sekundärwicklung W 3 und die Diode D 5 auf den Zündkondensator C 1 im Primärzündkreis übertragen. Die Zündanlage ist dann betriebsbereit.

Der Primärzündkreis besteht aus der Reihenschaltung von Zündspulen-Primärwicklung, Zündkondensator und Thyristor. Der Thyristor wird beim Öffnen des Unterbrecherkontaktes über ein Netzwerk gezündet, das aus den Widerständen R 1, R 2, dem Kondensator C 2 und der Diode D 1 besteht.

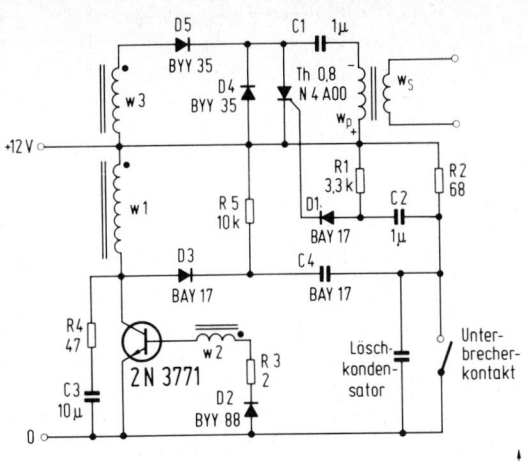

Daten des Transformators :
Kern El 54/18 , Dyn. Bl. IV , 0,2 mm Luftspalt
W1 = 19 Wdg. 1,5 mm ⌀ CuL ,
W2 = 19 Wdg. 1,0 mm ⌀ CuL ,
W3 = 600 Wdg. 0,2 mm ⌀ CuL

Abb. 4.6.1

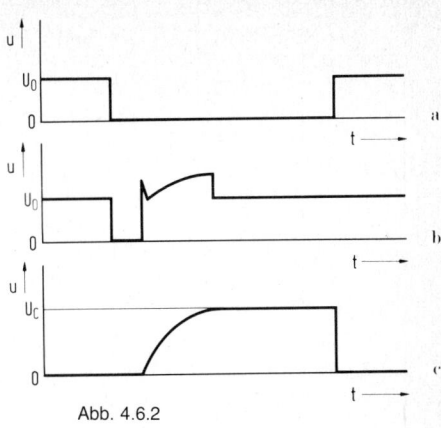

Abb. 4.6.2

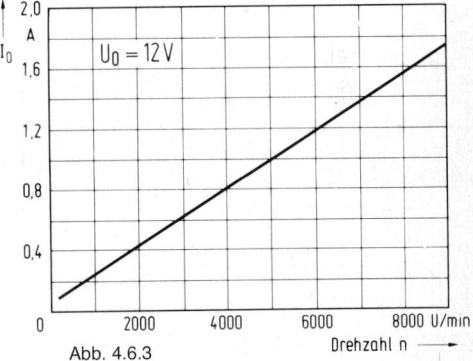

Abb. 4.6.3

tere Zunahme des Kollektorstromes nicht mehr zuläßt. Dann bricht wegen der abnehmenden Spannung an der Arbeitswicklung die Rückkopplungsspannung zusammen, und der Transistor sperrt. Die gespeicherte magnetische Energie wird in Form eines Stromstoßes durch die Sekundärwicklung W 3 und die Diode D 5 auf den Zündkondensator C 1 übertragen, der dabei auf eine Spannung von etwa 300 V aufgeladen wird. Dieser Ladevorgang dauert etwa 1,5 ms.

Zur Zündung des Thyristors dient das oben erwähnte Netzwerk. Bei geschlossenem Unterbrecherkontakt lädt sich der Kondensator C 2 über den Widerstand R 1 auf die Versorgungsspannung auf. Die Diode D 1 verhindert während dieser Zeit eine Entladung des Kondensators über die Steuerstrecke des Thyristors. Öffnet der Unterbrecherkontakt, so tritt am kontaktseitigen Ende des Widerstandes R 2 ein positiver Spannungssprung in Höhe der Batteriespannung auf. Der Entladestrom des Kondensators, der durch den Widerstand R 2 begrenzt ist, fließt über die Diode D 1 in die Steuerelektrode des Thyristors. Dieser zündet, und in dem Schwingkreis, der aus dem Ladekondensator und der Primärwicklung W_P der

Zündspule gebildet wird, beginnt ein Wechselstrom mit abnehmender Amplitude zu fließen, während auf der Sekundärseite der Zündspule eine hohe Spannung für den Kerzenfunken zur Verfügung steht. Diese gedämpfte Schwingung dauert etwa drei Perioden. Die eine Halbwelle des Primärwechselstromes übernimmt der Thyristor, die andere Halbwelle die Diode D 4. Während der Flußphase der Diode ist der Thyristor gelöscht und muß bei der nächsten Halbwelle des Stromes erneut gezündet werden. Dies geschieht wie bei der ersten Halbwelle durch den Ladestrom des Kondensators C 2, der während der gesamten Zeit aus dem Kondensator in die Steuerelektrode fließt. Die Brenndauer des Kerzenfunkens beträgt etwa 0,4 ms.

Die Spannung am Unterbrecherkontakt, am Kollektor des Sperrschwinger-Transistors und

139

an der Anode des Thyristors, gemessen gegen Null, sind in ihrem zeitlichen Zusammenhang in *Abb. 4.6.2* dargestellt.

Die Zündenergie steht unabhängig von der Drehzahl immer gleichmäßig zur Verfügung. Mit der vorliegenden Dimensionierung der Zündanlage ist eine maximale Zündfolgefrequenz von 300 Hz zu erreichen, das entspricht einer Motordrehzahl von 9000 U/min bei einem Vierzylinder-Viertakt-Motor. Die für eine Batteriespannung von 12 V ausgelegte Schaltung arbeitet in einem Spannungsbereich von 6,5 V bis 16 V.

Die Stromaufnahme aus der Batterie in Abhängigkeit von der Motordrehzahl ist im Diagramm *Abb. 4.6.3* dargestellt. Dieser lineare Zusammenhang zwischen Stromaufnahme und Motordrehzahl kann durch eine Strommessung zur Drehzahlmessung ausgenutzt werden.

4.7 Einsatz IC's in Fahrtrichtungs- und Warnblinkanlagen

In Verbindung mit einem Frequenzbestimmenden RC-Glied (z. B. R 5/6 = 5,6 kΩ, C 5 = 100 µF/6 V) und einem Relais (Wicklungswiderstand ≥ 100 Ω) ersetzt der TAA 775 G einen konventionellen Hitzdraht-Blinkgeber und ein Stromüberwachungsrelais. Die bisher übliche Anschlußfolge am Blinkgebergehäuse (Plus- und Minuspol der Batterie sowie der Anschluß für den Lenkstockschalter) kann bei-

behalten werden. Beim Fahrtrichtungsblinken ist die Überwachung der Blinklampen möglich: der Ausfall einer Blinklampe hat eine merklich erhöhte Blinkfrequenz zur Folge. Der Kondensator C 6 verhindert den Einfluß von kurzzeitigen Batteriespannungseinbrüchen auf die Funktion des TAA 775 G (*Abb. 4.7*).

Kennwerte des TAA 775 G in Kfz-Blinkanlagen:

bei $U 1 = 12$ V, $T_U = 25\,°C$, Schaltung Abb. 4.7
Blinkbeginn mit Hellphase

Dauer der ersten Hellphase	t	< 1 s
Nennfrequenz bei Richtungsblinken mit zwei 21-W-Blinklampen	f_o	85 min^{-1}
Nennfrequenz bei Warnblinken mit vier 21-W-Blinklampen	f_o	85 min^{-1}
relative Einschaltdauer der Lampen bei Nennfrequenz	v	45 %
Änderung der Blinkfrequenz im Batteriespannungs bereich 9 bis 15 V	$\pm\Delta f_o/f_o$	< 2 %

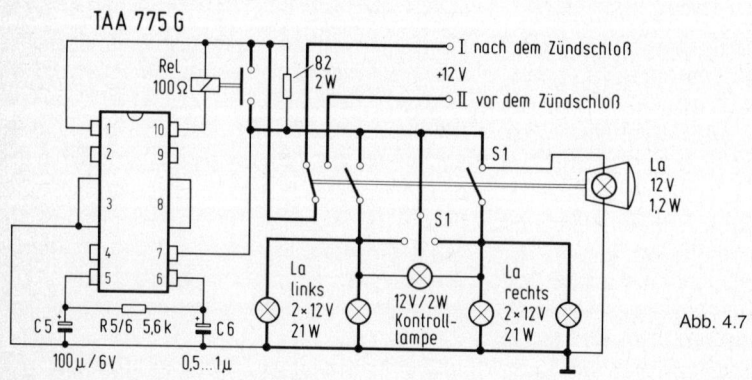

TAA 775 G

Abb. 4.7

S 1 : Richtungsblinken   S 2 : Warnblinken

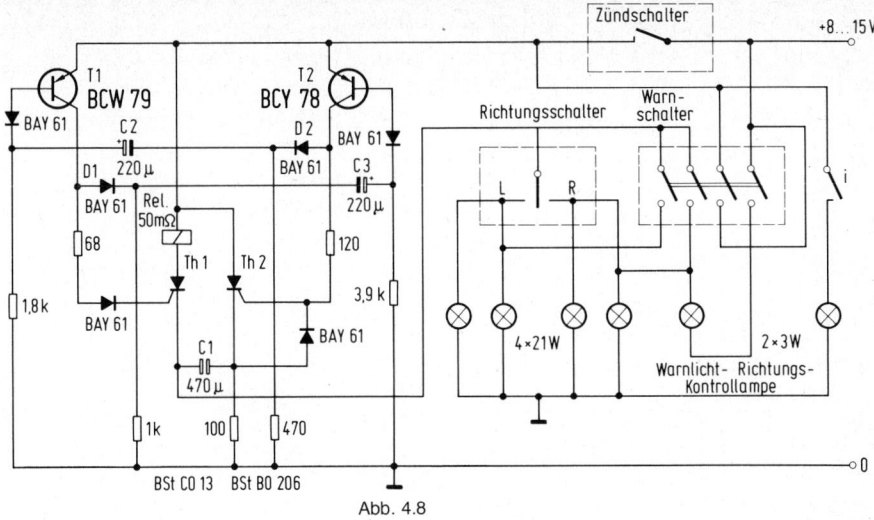

Abb. 4.8

Lampenüberwachung bei
   Fahrtrichtungsblinken:

Faktor der Frequenzer-
   höhung bei Ausfall einer
   Blinklampe   2,2

relative Einschaltdauer
   bei erhöhter Blink-
   frequenz v' 52 %

4.8 Thyristorblinker für kombinierte
   Richtungs- und Warnblinkanlagen

Bei den gebräuchlichen elektronischen Rich-
tungs- und Warnblinkern werden die Glühlampen — wegen den hohen Einschaltströmen
(bis 50 A) im Warnlichtbetrieb — mit Relais an
die Batteriespannung geschaltet. In der neuen
hier vorgestellten Schaltung (*Abb. 4.8*) werden
die Lampen mit einem Thyristor an die Batterie gelegt. Der Taktgeber besteht aus einem mo-
difizierten astabilen Multivibrator mit je 2
Transistoren und Thyristoren.

Wenn T 1 durchschaltet wird der Hauptthyristor Th 1 gezündet, T 2 und Th 2 sind
gesperrt. Nach dem Ablauf der „Hellzeit" kippt
der Multivibrator, T 1 wird gesperrt und T 2
schaltet durch. Der Transistor T 2 zündet den

Hilfsthyristor Th 2, der über C 1 den Hauptthyristor abschaltet, wenn der Richtungs-
oder Warnschalter eingeschaltet ist.

Der Kondensator C 1 ist so gewählt, daß
dessen Umladestrom — im Zündaugenblick
von Th 2 — den Hauptthyristor abschaltet und
frühestens nach Ablauf der Thyristor-Frei-
werdezeit t_q wieder positive Sperrspannung
an der Anode von Th 1 liegt.

Die Dioden D 1 und D 2 entkoppeln die
Zündkreise der Thyristoren von den frequenzbestimmenden Kondensatoren C 2 und C 3.

Die Richtungskontrollampe wird vom
Stromrelais I geschaltet. Wenn eine der Blinklampen ausfällt, dann bleibt die Kontrollampe
dunkel. Die Warnlichtbetätigung wird von einer
eigenen Kontrollampe angezeigt.

Technische Daten:

Betriebsspannung	8 bis 16 V
Lampenlast	$4 \cdot 21$ W/12 V
Blinkfrequenz bei	
$U_{Batt} = 12$ V;	
$T_u = +20\,°C$	90 Impulse pro Minute
Grenzwerte der	
Blinkfrequenz	80 bis 100 Impulse pro min

Tastverhältnis hell/dunkel   1/1
Grenzwerte   1/0,9 bis 1,1/1
zul. Umgebungs-
    temperaturbereich   −25 °C bis
    +70 °C
Thyristoren Th 1:
    B St C0313   Thyristor Th 2:
    B St B0206

4.9 Vollelektronischer Richtungsblinker

Als Ersatz für die mechanischen Blinker werden die elektronischen Lösungen mit Transistoren immer interessanter, weil sie wartungsfrei arbeiten und sehr anpassungsfähig an die jeweiligen Erfordernisse sind. In der Schaltung nach *Abb. 4.9* wird der gleiche Taktgeber wie im vorher beschriebenen Kapitel verwendet, es sind lediglich die Impulszeiten durch Verändern der zeitbestimmenden Widerstände verändert worden. Man erreicht auf diese Weise die geforderte Taktfrequenz von 90 Blinkimpulsen je Minute. An den Taktgeber angeschaltet ist die als Schalter arbeitende Endstufe mit dem Transistor AUY 29. Der Schalter S im Kollektorkreis dieses Transistors ist identisch mit dem im Kraftfahrzeug vorhandenen Blinkerschalter. Fällt in diesem Stromkreis nur eine der beiden jeweils gleichzeitig geschalteten Lampen aus, so sinkt der Spannungsabfall am Widerstand R_L so stark ab, daß der Transistor T 5

nicht mehr durchgeschaltet wird. Deshalb erlischt die im Innern des Wagens angebrachte Kontrollampe K und zeigt die Störung an. Soll, wie von elektromechanischen Blinkgebern gewohnt, ein hörbares Knackgeräusch zusätzlich zur Kontrollampe die Tätigkeit des Richtungsblinkers anzeigen, so ist anstelle des Widerstandes R_L ein geeignetes Relais vorzusehen. Mit diesem kann dann auch gleichzeitig die Kontrollampe geschaltet werden.

Die Einschaltung des Taktgebers erfolgt bei Betätigung des Schalters S über die Diode D 2. Wenn der Schalter geöffnet ist, sperrt diese Diode die Stromzufuhr.

Vor den Transistor T 2 ist die Diode D 1 vorgeschaltet, weil für diesen Transistor die dort auftretende Sperrspannung von 12 V für die Basis-Emitter-Strecke nicht zulässig ist.

Technische Daten:

Betriebsspannung   12 V
Betriebsstrom bei
    Blinkbetrieb   3 A
Blinkfrequenz   90 pro Minute
Umgebungstemperatur   − 20 bis +70 °C

4.10 Warnblinkschaltung mit einfachem Schalter

Mit dem IC TAA 775 G ist es auf einfache Art möglich, mit einem einpoligen Schalter S

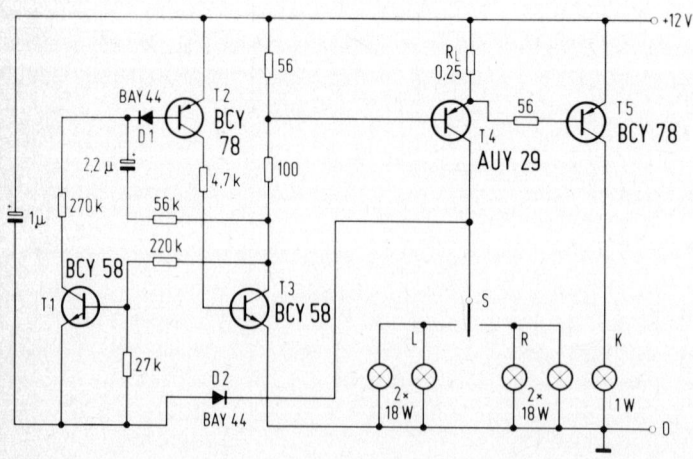

Abb. 4.9

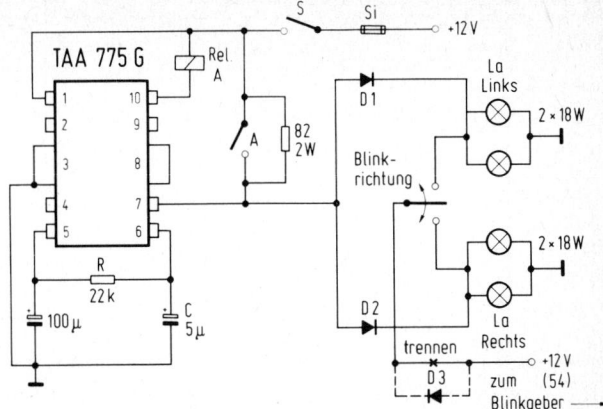

Abb. 4.10

eine Warnblinkanlage aufzubauen. Normalerweise sind dafür umfangreiche Leitungs- und Mehrfachschalteranschlüsse erforderlich. Die logische Trennung, die durch den sonst benötigten Mehrfachschalter vorgenommen wird, ersetzen die Dioden D 1, D 2 und D 3 (*Abb. 4.10*).

Der Schalter S schaltet die Anlage ein. Die Blinkfrequenz kann durch Ändern von R und C weitgehend variiert werden. Der Baustein TAA 775 G steuert das Relais A. Der Arbeitskontakt des Relais muß die erforderliche Schaltleistung der Blinklampen aufbringen und entsprechend dimensioniert werden. Die Dioden D 1 und D 2 geben im Blinkrhythmus die durch das Relais A aufgetastete Bordspannung an die Lampengruppen. Die Diode D 3 sperrt die Spannung bei abgeschaltetem Zündschloß, so daß bei evtl. Betätigung des Fahrtrichtungsschalters ein Durchstarten der Maschine vermieden wird.

In umgekehrter Richtung sperren die Dioden D 1 und D 3 die beiden Lampenkreise, wenn die Blinkleuchten als Einzelgruppen durch den Schalter für die Blinkrichtung eingeschaltet werden. Bei den Dioden D 1 bis D 3 handelt es sich um Siliziumhochleistungsdioden, die für

einen entsprechenden Stromfluß dimensioniert sind und auch den Einschaltstrom der kalten Lampen sicherstellen.

4.11 Intervall-Scheibenwischer

Nach *Abb. 4.11* ist die Intervall-Scheibenwischer-Schaltung aufgebaut, bei der sich die Pausendauer zwischen zwei aufeinanderfolgenden Wischphasen kontinuierlich einstellen läßt.

Für die Schaltung nach Abb. 4.11 gilt bei $U 1 = 12$ V, $T_u = 25$ °C:

Einschaltdauer (konstant) t_{ein} 0,2 s
Ausschaltdauer (einstellbar) t_{aus} 4 bis 20 s

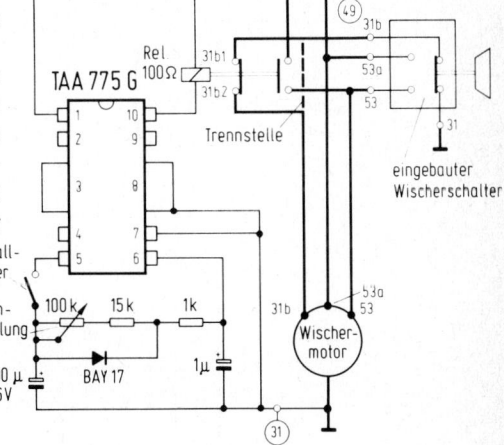

Abb. 4.11

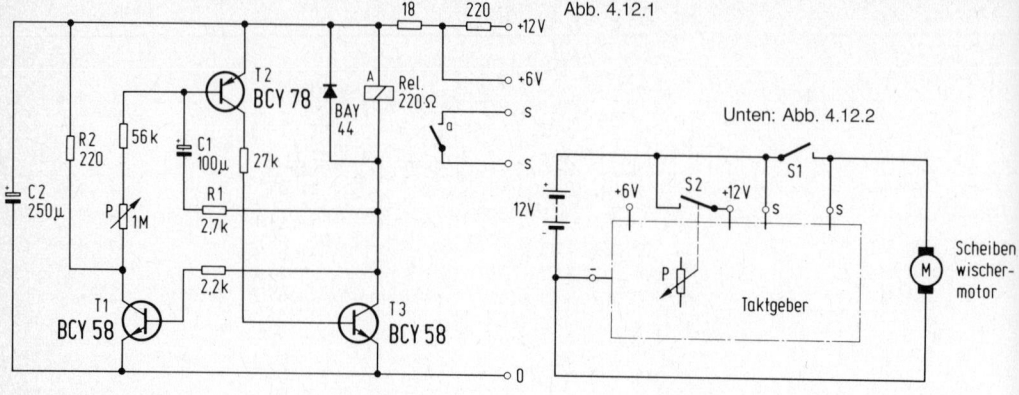

Abb. 4.12.1

Unten: Abb. 4.12.2

4.12 Taktgeber für Scheibenwischeranlagen

Jeder Autofahrer kennt die Situation, daß bei leichtem Niesel- oder Sprühregen der Scheibenwischer in Abständen kurz betätigt werden muß, um wieder freie Sicht zu haben. Ein ständiger Betrieb des Scheibenwischers würde zu einem starken Verschleiß der Wischerblätter führen, weil wegen der verhältnismäßig geringen Feuchtigkeit die Scheibe sehr schnell trokken wird. Die *Abb. 4.12.1* zeigt eine Schaltung, mit deren Hilfe der Scheibenwischer in bestimmten Zeitabständen automatisch kurzzeitig betätigt wird. Die Schaltung besteht aus einem astabilen Multivibrator mit den Komplementär-Transistoren T 2 und T 3. Von den bisher bekannten Multivibratoren dieser Art unterscheidet sich die hier vorliegende Ausführung dadurch, daß die Einstellung der Tastpause mit Hilfe eines dritten Transistors vorgenommen wird. Beim Einschalten des Taktgebers wird der Kondensator C 1 aufgeladen, der Ladestrom durch den Kondensator öffnet den Transistor T 2, der seinerseits den Transistor T 3 durchsteuert. Das Relais A spricht an und schaltet über den Kontakt a den Scheibenwischer ein. Der Transistor T 1 ist gesperrt, da wegen der Durchschaltung des Transistors T 3 an dessen Kollektor nur eine sehr niedrige Spannung liegt (Restspannung des Transistors). Sobald der Ladestrom über den Kondensator C 1 nicht mehr für die Durchsteuerung des Transistors T 2 ausreicht, kippt der Multivibrator und das Relais A fällt ab. Beim Abschalten des Transistors T 3 steigt die Spannung an dessen Kollektor, wodurch der Transistor T 1 durchgeschaltet wird. Der Kondensator C 1 wird jetzt über den Widerstand R 1, das Potentiometer P und die Kollektor-Emitter-Strecke des Transistors T 1 entladen. Sobald die Entladung beendet ist, schaltet der Transistor T 2 wieder durch und die Scheibenwischer werden erneut eingeschaltet. Für die Tastzeit, das ist die Zeit, in der die Scheibenwischer betätigt werden, ist also die Größe des Widerstandes R 1 maßgebend und für die Tastpause ist das Potentiometer P, dessen Wert in diesem Fall viel größer als der des Widerstandes R 1 ist, entscheidend. Die Schaltung enthält noch einen zusätzlichen Widerstand R 2, dessen Wert genauso groß ist wie der des Relais A. Der Widerstand R 2 ist immer dann stromdurchflossen, wenn das Relais abgeschaltet ist. Für die Funktion der Schaltung selbst hat dieser Widerstand keine Bedeutung, er sorgt aber für eine konstante Stromaufnahme, wodurch ein Betrieb der für 6 V ausgelegten Schaltung über einen einfachen Vorwiderstand auch an 12 V möglich ist. Der Kondensator C 2 siebt eventuell im Bordnetz des Kraftfahrzeugs vorhandene Spannungsspitzen aus.

Die *Abb. 4.12.2* zeigt, wie der Taktgeber in das Fahrzeug eingebaut werden kann. Der Re-

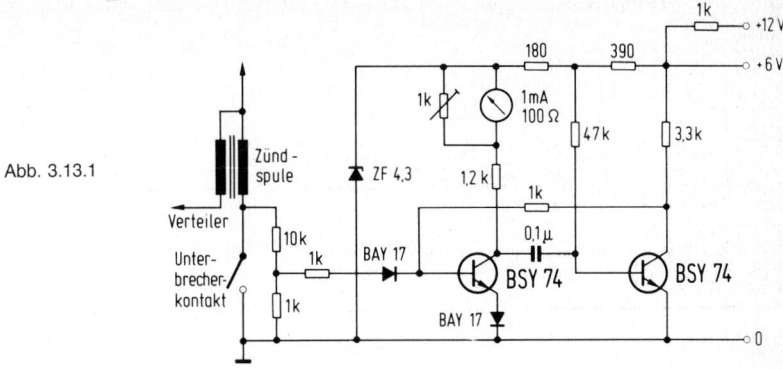

Abb. 3.13.1

laiskontakt a wird parallel zum üblichen Einschalter S 1 des Scheibenwischers gelegt. Der Einschalter S 2 des Taktgebers wird zweckmäßigerweise mit dem Potentiometer P gekoppelt. Wird der Impulsbetrieb gewünscht, so muß nur der Schalter S 2 betätigt und mit dem Potentiometer die gewünschte Pausenzeit eingestellt werden. In der vorliegenden Schaltung kann die Pausenzeit zwischen 2 und 100 s betragen. Der Scheibenwischer bleibt immer etwa 2 s in Betrieb. Für andere Betriebszeiten müßte der Widerstand R 1 geändert werden.

Mit dem Schalter S 1 kann während der Pausenzeit des Taktgebers die Scheibenwischanlage jederzeit in Betrieb genommen werden. Dies kann z. B. erforderlich sein, wenn plötzlich ein überholendes Fahrzeug, das man selbst überholt, die Scheibe stark bespritzt.

Technische Daten:

Betriebsspannung	6 oder 12 V
Betriebsstrom	30 mA
Tastzeit	2 s
Tastpause	2 bis 100 s
Relais A: Kammrelais NV 23154-C0717-F101	

4.13 Drehzahlmesser für Kraftfahrzeuge mit Batteriezündung

Bei dieser elektronischen Drehzahlmessung (*Abb. 4.13.1*) werden Stromimpulse gleichbleibender Form mit einer Folgefrequenz, die der Drehzahl proportional ist, über ein Anzeige-

instrument geleitet und von diesem wegen seiner Trägheit integriert.

Eine Impulsfolge mit drehzahlproportionaler Frequenz steht am Unterbrecherkontakt für die Zündspule zur Verfügung. Die Breite der hier abgegriffenen Impulse ist jedoch nicht konstant, sondern außer von der Einstellung des Unterbrecherkontaktes auch von der Drehzahl abhängig. Vor der Anzeige ist daher eine Formung der Impulse notwendig, die in der Schaltung durch eine monostabile Kippstufe erfolgt.

Im Ruhezustand ist der rechte Transistor stromführend. Bei jedem Öffnen des Unterbrecherkontaktes wird der linke Transistor durch einen positiven Impuls an seiner Basis durchgesteuert, und die Schaltung kippt in den metastabilen Zustand. Das Anzeigeinstrument in der Kollektorzuleitung des linken Transistors mittelt die dort auftretenden Stromimpulse. Seine Anzeige ist damit proportional der Drehzahl und unabhängig von der Kurvenform der vom Unterbrecherkontakt gelieferten Impulse. Die Einschaltdauer des linken Transistors beträgt ca. 3,5 ms. Diese Zeit reicht einerseits aus, um die beim Zünden und Abreißen des Kerzenfunkens entstehenden Übergangsschwingungen abklingen zu lassen, die sonst zu mehrmaligem Kippen bei einem Takt führen könnten. Andererseits gestattet sie noch die Messung einer Folgefrequenz von mehr als 250 Hz, entsprechend einer Drehzahl von 7500 U/min bei einem 4-Zylinder-4-Takt-Motor.

Um die Anzeige in einem weiten Bereich temperaturunabhängig zu machen, wurde in

145

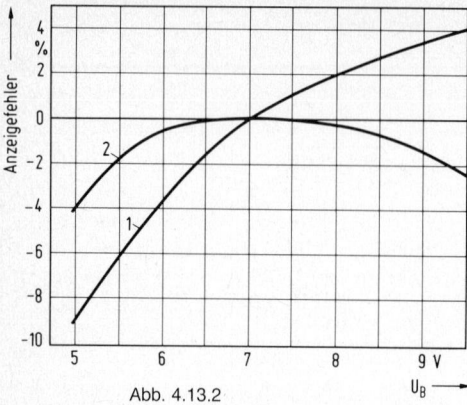

Abb. 4.13.2

die Emitterzuleitung des linken Transistors eine Diode eingefügt. Sie kompensiert den Temperaturgang der Schwellspannung des rechten Transistors. Ohne diese Maßnahme würde durch das Absinken der Schwellspannung mit zunehmender Temperatur die Ausschaltdauer dieses Transistors abnehmen und damit die Anzeige des Instrumentes zurückgehen. Die kompensierte Schaltung weist bei einer Temperaturerhöhung um 50 Grad einen Fehler von weniger als +1 % auf.

Besonderer Wert wurde auf Unabhängigkeit der Anzeige von der Versorgungsspannung gelegt. Die Bordspannung im Kraftfahrzeug schwankt je nach Zustand der Batterie, Einstellung des Reglers, Anzahl der eingeschalteten Verbraucher und Drehzahl der Lichtmaschine bei einer 6-V-Anlage zwischen 6 V und 8 V. Um eine spannungsunabhängige Drehzahlanzeige zu erhalten, ist daher eine Stabilisierung der Versorgungsspannung erforderlich. Im einfachsten Fall könnte die Versorgungsspannung der gesamten Schaltung durch eine Z-Diode stabilisert werden. Für höhere Ansprüche ist damit jedoch keine zufriedenstellende Unabhängigkeit der Anzeige von der Versorgungsspannung zu erreichen, da Z-Dioden mit den erforderlichen kleinen Durchbruchspannungen einen relativ großen differentiellen Widerstand aufweisen. Die mit einer Z-Diode ZF 4,3 mindestens verbleibende Spannungsabhängigkeit der Drehzahlanzeige ist in *Abb. 4.13.2* durch die Kurve 1 dargestellt.

Wesentlich bessere Ergebnisse lassen sich erreichen, wenn nur die Kollektorspannung des linken Transistors mit einer Z-Diode und einem Vorwiderstand stabilisiert wird, der Basiswiderstand des rechten Transistors an einen Abgriff des Vorwiderstandes und der Kollektorwiderstand direkt an die schwankende Speisespannung gelegt werden. Mit steigender Spannung steigt nun zwar wegen der unvollkommenen Stabilisierung der Strom durch das Anzeigeinstrument immer noch geringfügig an, gleichzeitig aber wird der die Einschaltzeit des linken Transistors bestimmende Kondensator über den nun an einer höheren Spannung liegenden 47-kΩ-Widerstand schneller entladen. Die Folge ist eine Verkürzung der Einschaltdauer mit steigender Spannung. Die Anzeige des Instrumentes, die proportional dem Produkt aus Kollektorstrom und Einschaltdauer des linken Transistors ist, wird damit in einem bestimmten Bereich nahezu unabhängig von der Versorgungsspannung (Kurve 2). Mit wachsender Spannung steigt die Anzeige zunächst an, die relative Zunahme des Stromes ist also noch größer als die Abnahme der Einschaltzeit. Bei noch größeren Spannungen nimmt die Einschaltdauer schneller ab als der Strom ansteigt, weswegen die Anzeige wieder zurückgeht. Im Bereich zwischen 6 V und 8 V bleibt der Anzeigefehler kleiner als 0,5%, während er bei der sonst üblichen Stabilisierung der gesamten Versorgungsspannung (Kurve 1) etwa 5,5% beträgt.

Die gleiche Schaltung kann mit einem Vorwiderstand von 1 kΩ auch in Fahrzeugen mit 12-V-Anlage benutzt werden. Der Anzeigefehler bleibt dann im Bereich von 11 V bis 17 V kleiner als 0,5%.

4.14 Drehzahlmesser für Motoren mit Magnetzündung

Bei Motoren mit Magnetzündung steht in der Regel keine Versorgungsspannung für den Anschluß eines Drehzahlmessers zur Verfügung. In der vorliegenden Schaltung (*Abb. 4.14*) werden daher die am Unterbrecherkontakt auftretenden Impulse direkt zur Anzeige der Drehzahl benutzt. Da die Impulse in Höhe und Länge nicht konstant sind, müssen sie vor dem Anzeigeinstrument mit einer Z-Diode begrenzt und anschließend mit einem 2-µF-Kondensator differenziert werden.

Nach dem Öffnen des Unterbrecherkontaktes liegt am Eingang der Schaltung nach einigen Einschwingvorgängen eine positive Spannung. Über den 1-kΩ-Widerstand und die Drossel fließt ein Ladestrom in den 2-µF-Kondensator, von dort über die Diode D 2 in das Anzeigeinstrument und über die Diode D 1 zum Minuspol am Unterbrecherkontakt. Der Transistor bleibt dabei gesperrt. Wird der Unterbrecherkontakt jetzt geschlossen, so muß der Kondensator möglichst schnell wieder entladen werden. Das geschieht über die Emitter-Kollektor-Strecke des Transistors, die wegen der jetzt in Durchlaßrichtung gepolten Basis-Emitter-Diode leitend ist.

Ohne den Transistor müßte die Entladung über den 1-kΩ-Widerstand im Eingang erfolgen. Bei hohen Drehzahlen wäre dann der Kondensator beim Eintreffen des nächsten Impulses noch nicht entladen, und die Anzeige des Meßinstrumentes wäre zu gering. Die Aufladung des Kondensators erfolgt trotz des 1-kΩ-Widerstandes hinreichend rasch, weil beim Öffnen des Unterbrecherkontaktes eine hohe Induktions-Spannungsspitze auftritt, die wesentlich zur Aufladung des Kondensators beiträgt.

Im Eingang der Schaltung liegt ein Siebglied mit einer Induktivität von 0,4 mH und einem 0,2-µF-Kondensator. Dies ist erforderlich, damit nicht durch die Ein- bzw. Ausschwing-

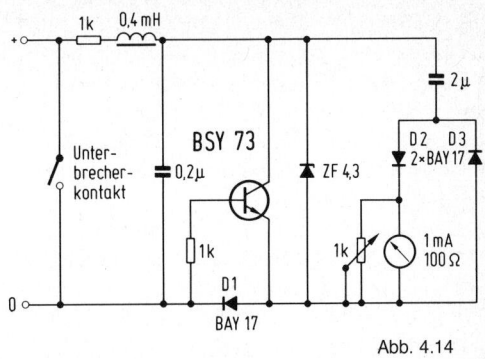

Abb. 4.14

vorgänge beim Zünden bzw. Abreißen des Kerzenfunkens bereits Auf- oder Entladungen des Differenzierkondensators stattfinden.

4.15 Impulsformer für Drehzahlmesser

Monolithisch integrierte Schaltung für die Anwendung in Drehzahlmessern für Kraftfahrzeuge.

Durch entsprechende äußere Beschaltung (*Abb. 4.15.1*) kann der Drehzahlmesser für den Anschluß an Motoren mit zwei bis acht Zylindern ausgelegt werden. Er kann an Bordnetzen von 12 V oder mehr betrieben werden.

Die Schaltung des SAK 110 enthält im wesentlichen eine monostabile Kippstufe, die das Eingangssignal (z. B. direkt vom Unterbrecherkontakt) in Rechteckimpulse mit konstanter Spannung und Dauer umformt. In Verbindung mit einem 8-mA-Drehspulinstrument läßt sich ein einfacher Frequenzmesser aufbauen.

Die Schaltung ist so ausgelegt, daß mit einem geeigneten Instrument eine praktisch tempera-

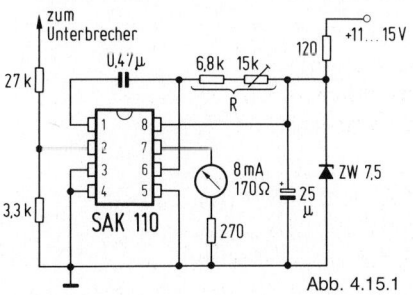

Abb. 4.15.1

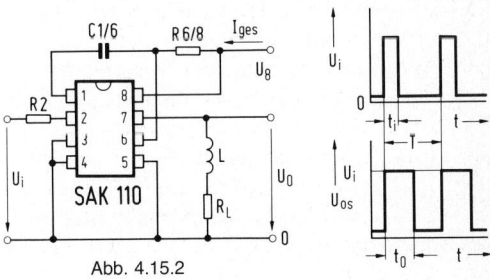

Abb. 4.15.2

turunabhängige Anzeige erreicht wird. Der Gegentaktausgang erlaubt auch bei hohen Frequenzen die Verwendung eines Meßwerkes mit großer Induktivität. Weiterhin liegt eine integrierte Diode parallel zum Eingang (Anschlüsse 2 und 3), die das Triggern durch negative Impulse verhindert.

Der SAK 110 wird nur durch Impulse > 8 V getriggert, die z. B. über einen Spannungsteiler direkt vom Unterbrecherkontakt abgeleitet werden können. Dadurch läßt sich ein guter Störabstand erreichen. Eine zugehörige Meßschaltung ist in *Abb. 4.15.2* gezeigt.

Alle Spannungsangaben sind bezogen auf die Anschlüsse 3, 4 und 5.

Grenzwerte:

Versorgungsspannung	U 8	9	V
Ströme	I 7	−20	mA
arithm. Mittelwert	I 2	2	mA
bei Impulsdauer < 0,5 ms	I 2	20	mA
bei Impulsdauer < 0,5 ms	I 6	75	mA
bei Impulsdauer < 0,5 ms	I 1	−75	mA
Umgebungstemperatur	T_U	−25 bis +65	°C

Empfohlene Betriebswerte:

Versorgungsspannung:	U 8	7,5...8	V
Frequenz der Eingangsimpulse	f_i	< 10	kHz
Tastverhältnis der Ausgangsspannung	t_0/T	< 0,85	
zeitbestimmender Widerstand	R 6/8	3 bis 20	kΩ

n = 6000 U/min (zwei Steuerimpulse je Kurbelwellenumdrehung), Batterienennspannung 12 V.

Meßbedingungen für die Kennwerte:
Siehe Meßschaltung Abb. 4.15.2

Versorgungsspannung (± 1 %)	U 8	8	kΩ
zeitbestimmender Widerstand (± 0,1 %)	R 6/8	10	kΩ
zeitbestimmender Kondensator (± 0,1 %)	C 1/6	0,47	µF
Lastwiderstand (± 0,5 %)	R_L	440	Ω
Lastinduktivität (± 5 %)	L	80	mH
Vorwiderstand am Eingang (± 1 %)	R 2	10	kΩ
Spannungsamplitude der Eingangsimpulse (± 2 %)	U_{is}	10	V
Dauer der Eingangsimpulse (± 5 %)	t_i	0,5	ms
Frequenz der Eingangsimpulse (± 0,1 %)	f_i	250	Hz

Kennwerte bei $T_U = 25\,°C$
Siehe hierzu die vorstehenden Meßbedingungen.

Stromaufnahme bei $U_i = 0$	I_{ges}	12 bis 22 mA
Eingangsspannungsabfall	U 2	6,5 bis 8 V
Dauer der Ausgangsimpulse	t_0	2,7 bis 3,1 ms
Spannungsamplitude der Ausgangsimpulse	U_{os}	5 bis 5,8 V
Ausgangsspannung arithm. Mittelwert	U_o	3,3 bis 4,5 V
Änderung der Ausgangsspannung bei Änderung der Versorgungsspannung um $\pm \Delta U 8 = 0,3\,V$	$\pm \dfrac{\Delta U_o}{U_o} < 2$	%
Temperaturkoeffizient der Ausgangsspannung	$\circlearrowleft U_o$	$< 2 \cdot 10^{-3}\ 1/grd$
Ausgangsrestspannung	$U_{o\,rest}$	< 30 mV

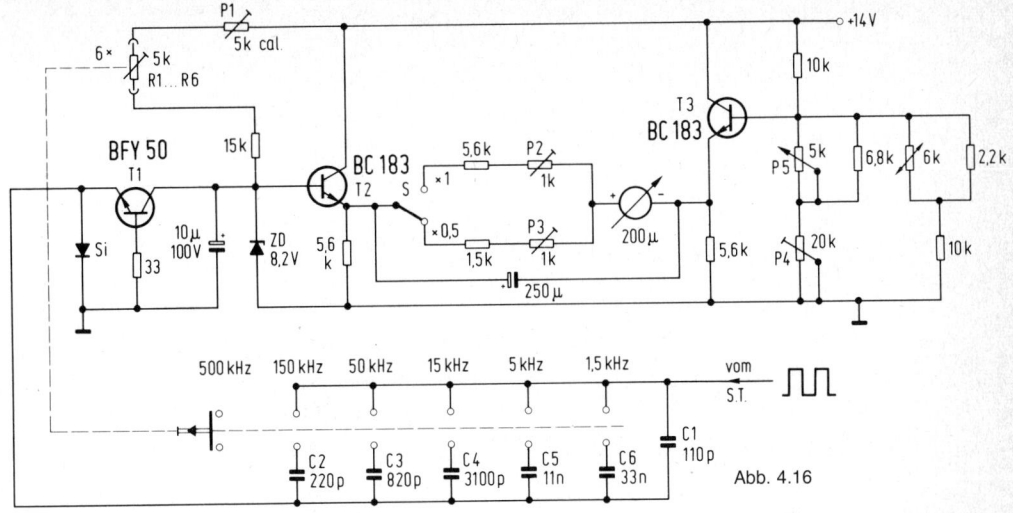

Abb. 4.16

Bei Eingangsfrequenzen im Bereich $f_i = 25$ bis 250 Hz ist ferner:

Abhängigkeit der Ausgangsspannung von der Frequenz

$$U_{o\,lin} = \frac{U_{o\,max} - U_{o\,rest}}{f_{i\,max}} \cdot f_i + U_{o\,rest}$$

Linearitätsfehler $\left| \dfrac{U_o - U_{o\,lin}}{U_{o\,max}} \right| < 0,3\%$

Definitionen:

U_o = Istwert der Ausgangsspannung (ar. Mittelwert)

$U_{o\,lin}$ = Sollwert der Ausgangsspannung

$U_{o\,max}$ = Endwert bei $f_i = f_{i\,max} = 250$ Hz (Vollausschlag)

Die Dauer der Eingangsimpulse muß stets kleiner als die Dauer der Ausgangsimpulse sein.

4.16 Analoger Frequenzmesser

In *Abb. 4.16* ist die Schaltung des Gerätes wiedergegeben. Von einem Schmitt-Trigger wird ein Eingangssignal konstanter Amplitude dem Integratorkreis T 1 zugeführt. Die Bereiche werden durch das Einschalten verschie-dener Kondensatoren C 1 bis C 6 erreicht. Selbstverständlich sind hier auch andere Werte einsetzbar, die den Anwendungsbereich von 1,5 kHz bis 500 kHz erweitern. Das Grenzgebiet bei der oberen Frequenz liegt bei 1,5 MHz. Der Transistor T 1 wurde in einem TO-39-Gehäuse gewählt, da dieser Kreis unsymmetrisch aufgebaut ist und Temperaturschwankungen durch unterschiedliche Belastungen durch diese Baugröße besser ausgeglichen werden können.

Der Arbeitswiderstand des Integrators unterteilt sich in den 15-kΩ-Widerstand und die mit dem Bereichsschalter einschaltbaren 5 kΩ Einstellpotentiometer R 1 bis R 6. Diese Einstellpotentiometer gleichen Kapazitätstoleranzen aus, so daß jeder Bereich exakt abgeglichen werden kann. Das Potentiometer P 1 stellt die Grundempfindlichkeit der Anordnung ein.

Wird kein Steuersignal eingespeist, so ist der Transistor T 2 stromlos, wodurch das Basispotential des Transistors T 2 hochläuft und das in der Brückenschaltung zwischen T 2 und T 3 befindliche Instrument hart am Vollausschlag anschlägt. Die Zenerdiode ZP 8,2 begrenzt ohne Steuersignal am Transistor T 1 die Basisspannung von T 2 auf 8,2 V.

149

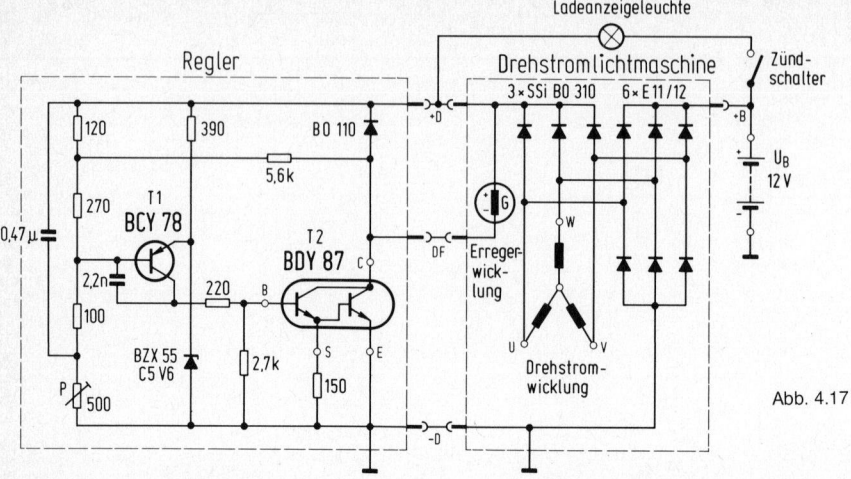

Abb. 4.17

Steht P 5 in Mittenstellung, so wird P 4 so eingestellt, daß das Instrument den Vollausschlag gerade überschreitet. Je nach Abgleich und verwendetem Instrument liegt bei Anschlag Null an der Basis von T 1 eine Spannung von +4,5 V und bei Vollausschlag entsprechend 8,2 V. Der Schalter S gibt die Möglichkeit einer Bereichsunterteilung (Dehnung), wobei in Stellung x 1 und x 0,5 die Einstellpotentiometer P 2 und P 3 der Eichung dienen.

Das Eingangssignal des Integrators von dem Schmitt-Trigger kann zwischen 4 V_{ss} bis 10 V_{ss} liegen. Sicherzustellen ist lediglich, daß dieses Signal dann für alle Meßfrequenzen eine gleich große Amplitude aufweist.

4.17 Elektronischer Kfz-Drehstromlicht- maschinen-Regler

Moderne Kraftfahrzeuge werden in zunehmendem Maße mit Drehstromlichtmaschinen ausgerüstet. Die Regelung der Batteriespannung erfolgt bisher mit einem mechanischen 2-Punkt-Kontaktregler, der den induktiven Erregerstrom der Lichtmaschine von 4,5 A schaltet. Die Genauigkeit dieser Regler liegt bei ca. 5 %. Außerdem ändern sich die Reglereigenschaften infolge Kontaktabbrand und Alterung der Kontaktfeder. Diese Kontaktregler können vorteilhaft durch elektronische

Spannungsregler ersetzt werden. *Abb. 4.17* zeigt einen solchen elektronischen Regler komplett mit der Schaltung der Drehstromlichtmaschine. In der Drehstromlichtmaschine darf die Erregerwicklung nicht mit dem Minuspol (Masse) verbunden sein. Die Batteriespannung wird durch Ein- oder Ausschalten des Stromes durch die Feldwicklung der Lichtmaschine geregelt. Die Lichtmaschinenspannung (= Ladespannung der Batterie) wird auf 14,1 V geregelt. Die typische Schalthysterese beträgt 0,3 V. Bei entladener Batterie schaltet der elektronische Drehstromlichtmaschinenregler den Erregerstrom schon ab einer Generatorspannung von ca. 1,5 V ein (z. B. Anschieben bei leerer Batterie).

Der Steuertransistor T 1 und die Leistungsendstufe mit dem Darlington BDY 87 sind stromführend bis die Batteriespannung 14,1 V erreicht; die Lichtmaschine lädt die Batterie. Erreicht die Lichtmaschinenspannung den vom Basis-Spannungsteiler festgelegten Wert 14,1 V, so werden T 1 und T 2 gesperrt, die Lichtmaschine ist abgeschaltet. Die Vergleichsspannung zum Erreichen der hohen Schaltspannungsgenauigkeit liefert die Z-Diode (Sollwertgeber), die das Spannungspotential am Emitter, damit auch an der Basis, von T 1 konstant hält. Störende Abschaltspitzen werden über die Diode BO 110 und den Kondensator C 1 0,47 µF vermieden.

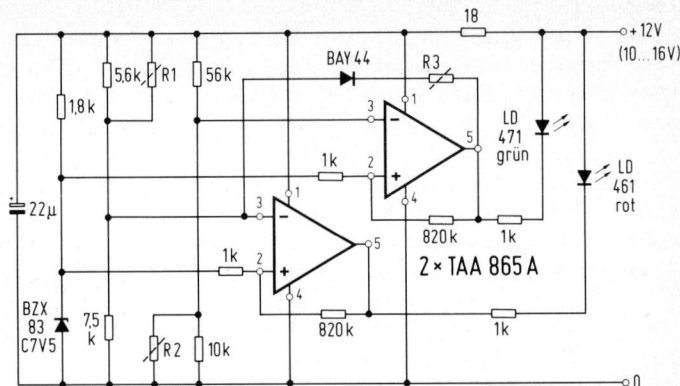

Abb. 4.18

Technische Daten:

Regelnennspannung	14 V
Schaltstrom	4,5 A
Betriebstemperatur-	
bereich	−40 °C bis +90 °C
Schaltwerte des Reglers:	
oberer Schaltwert	<14,15 V
unterer Schaltwert	>13,85 V
minimale Schalt-	
differenz	0,1 V
Temperaturkoeffizient	
Schaltung 1	−1,85 mV/grd
Regelfrequenz	30 Hz bis 3 kHz
Wärmewiderstand des	
Kühlkörpers für	
den Darlington	4 k/W

4.18 Elektronische Anzeige des Batterieladezustandes

Bei modernen Fahrzeugen mit Drehstromlichtmaschinen ist die Ladekontrollampe nur noch eine Funktionskontrolle für die Lichtmaschine. Ein beim häufigen Kurzstreckenverkehr auftretendes Batterieladedefizit ist nicht mehr — wie früher — durch flackerndes Aufleuchten der roten Kontrollampe erkennbar. Für die Überwachung und Kontrolle des Ladezustandes der Batterie genügen jedoch zwei Spannungswerte. Mit zwei einfachen Schaltverstärkern und zwei Lumineszenzdioden läßt sich eine optische Anzeige über den Ladezustand realisieren.

In der Schaltung von *Abb. 4.18* dienen zwei Lumineszenzdioden zur Anzeige, die beide nicht leuchten, wenn die Batteriespannung kleiner als 11,0 V ist. Leuchtet die rote Diode, so liegt die Batteriespannung zwischen 11,0 und 12,5 V; die Batterie ist dann noch nicht voll geladen. Leuchtet die grüne Diode — die rote wird dabei ausgeschaltet —, so ist die Batteriespannung größer als 12,5 V. Die Batterie ist dann entweder voll geladen oder wird während der Fahrt ausreichend geladen.

Wird die zweite 12,5-V-Schaltschwelle überschritten, so kann mit Hilfe einer Rückwirkung der Ansprechwert von 11 V auf 14,8 V erhöht werden. Der vorher bei 12,5 V ausgeschaltete erste Verstärker spricht beim Überschreiten der Spannung von 14,8 V wieder an. Die so entstandene dritte Schaltschwelle wird durch das Leuchten beider Anzeigedioden gekennzeichnet. Brennen also beide Anzeigelampen, so liegt die Batteriespannung über 14,8 V, die Batterie wird überladen. In der Praxis kommt dieser Fall nur bei defektem Regler vor.

Im täglichen Fahrbetrieb sind die Anzeigelampen also folgendermaßen zu deuten:

Grünes Licht	alles in Ordnung
Rotes Licht	Ladedefizit; die Batterie wird nicht oder unzureichend geladen.
Rotes und grünes Licht	Batterie wird überladen

151

Die grüne Leuchtdiode sollte also bei freier Fahrt immer leuchten. Die rote Diode sollte vor dem Anlassen brennen und wird bei Fahrpausen, z. B. vor Ampeln, wenn der Motor lediglich im Leerlauf arbeitet, aufleuchten, vor allem, wenn ein großer Teil der Verbraucher eingeschaltet bleibt. Das gelegentliche Aufleuchten der roten Anzeige während der Zwangshalte ist unkritisch, wenn nicht − z. B. bei Stotterfahrten − die Nachladedauer (grünes Licht) unverhältnismäßig kurz ist. In diesem Fällen muß mit dem elektrischen Energieverbrauch äußerst sparsam umgegangen werden.

Ein Defekt liegt vor, wenn die grüne Diode während der freien Fahrt nicht aufleuchtet. Brennt vor dem Anlassen keine der beiden Anzeigedioden, so ist entweder die Batterie schon leer oder, falls doch noch eine Restladung vorhanden ist, sollte damit für den Anlaßvorgang sehr sorgfältig umgegangen werden.

Leuchten beide Dioden während der freien Fahrt gleichzeitig auf, so wird die Batterie infolge eines defekten Reglers überladen. Bis zur Reparatur ist das Einschalten zusätzlicher elektrischer Verbraucher ratsam.

Wirkungsweise

Als Vergleichsnormal dient eine Z-Diode, die in eine Brückenschaltung eingefügt ist. Die Brückenwiderstände R 1 und R 2 sind so abgeglichen, daß genau bei den gewünschten Umschaltpunkten die nachfolgenden Operationsverstärker TAA 865 A ansprechen und die zur Anzeige dienenden Lumineszenzdioden einschalten. Die Operationsverstärker sind mit einer kleinen Rückkopplung versehen, so daß sich eindeutige Schaltschwellen ergeben. Ist die angelegte Batteriespannung so hoch, daß bereits der höher liegende Schaltpunkt wieder erreicht oder überschritten wird, so schaltet der für die niedrige Schwelle zuständige Operationsverstärker wieder aus. Dies wird mit Hilfe der rückwirkenden Diode BAY 44 erzielt. Damit erlischt die rote Lumineszenzdiode, wenn die grüne zu leuchten beginnt.

Durch Einfügen und Abgleichen des Widerstandes R 3 kann der erste Brückenteil durch die zweite Schaltschwelle so definiert verstimmt

werden, daß eine weitere dritte Schaltschwelle entsteht. Steigt also, etwa infolge eines defekten Spannungsreglers, die Batteriespannung weiter an, so wird z. B. bei 14,8 V der erste Operationsverstärker wieder ausgelöst, und es leuchten dann die rote und die grüne Lumineszenzdiode gemeinsam als Warnsignal für die überladene Batterie.

Die Leuchtpunkte haben eine so hohe Intensität, daß sie auch bei Tageslicht ohne weiteres wahrnehmbar sind.

Technische Daten der Ladezustandsanzeige:

Betriebsspannung	0 bis 16 V
Stromaufnahme bei	
$U_{Batt} = 11,0$ V	12 mA
$U_{Batt} = 13,5$ V	15 mA
$U_{Batt} = 15,0$ V	30 mA
Ansprechschwellen	11,0 V
	12,5 V
	14,8 V
Temperaturkoeffizient	+ 3 bis 6 mV/K
Umgebungstemperatur	−25 bis +80 °C

R 1, R 2, R 3
nach individuellem Abgleich
Festwiderstände

4.19 Bremsflüssigkeits-Füllstandskontrolle im Auto

Im Vorratsbehälter der Bremsanlage soll die Flüssigkeit einen Mindestfüllstand nicht unterschreiten, damit die Bremse einwandfrei funktioniert.

Die elektronische Überwachung (*Abb. 4.19.1*) zeigt ein unzulässiges Absinken der Bremsflüssigkeit bedingt durch Leitungsbruch usw. − mit einer Warnlampe und einem Summer an. Es werden beide Bremskreise einer Zweikreis-Bremsanlage überwacht.

Die Abbildung zeigt schematisch den Aufbau der Kontrollschaltung. In jedem der zwei Vorratsbehälter ist eine Fühlerelektrode aus Metall (z. B. Messing) so eingebaut, daß sie

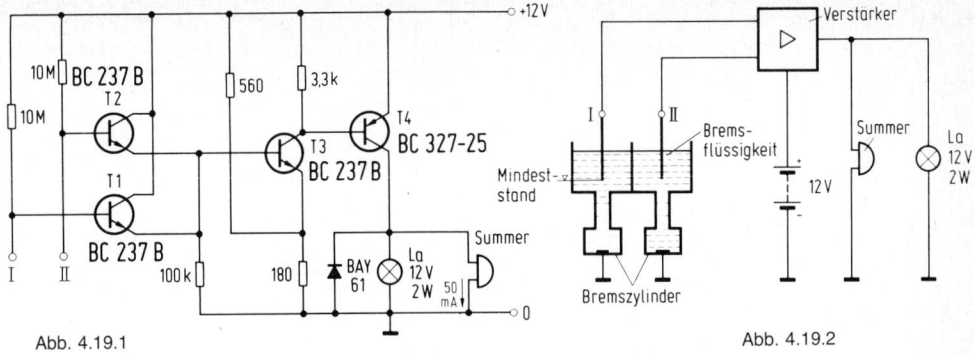

Abb. 4.19.1   Abb. 4.19.2

bis zum Mindestfüllstand reicht. Wenn beide Elektroden in die Bremsflüssigkeit eintauchen, erfolgt keine Anzeige. Sinkt die Bremsflüssigkeit (durch Leitungsbruch oder undichte Bremszylinder) so weit ab, daß eine oder beide Elektroden nicht mehr eintauchen, dann wird dies mit Lampe oder Summer angezeigt.

Solange die Elektrode (*Abb. 4.19.2*) in die Bremsflüssigkeit ragt, wird der Steuerstrom über die Flüssigkeit zur Masse an den Bremszylinder abgeleitet. Sinkt die Flüssigkeit so weit ab, daß die Elektrode nicht mehr eintaucht, dann wird der Transistor T 1 leitend. Über T 1 und T 3 wird die Endstufe T 4 angesteuert; Lampe und Summer sind eingeschaltet. Die analoge Funktion gilt für die Elektrode II.

Der Fühlerstrom wurde mit 1,4 µA äußerst niedrig gewählt, damit die Schaltung trotz abnehmender Leitfähigkeit der Bremsflüssigkeit bei Minus-Temperaturen ($-25\,°C$) einwandfrei arbeitet.

Technische Daten:

U_{Batt}	8,5 bis 16 V
Lampenstrom	170 mA
Lampen-Einschalt-stoßstrom	750 mA
Summerstrom	ca. 50 mA
zulässiger Umgebungs-temperaturbereich	$-25\,°C$ bis $+100\,°C$

4.20 Ausfallsicherung für Warnlampen

In vielen technischen Anlagen sind Warnlampen eingesetzt, die unbedingt zuverlässig

einen Gefahrenzustand anzeigen müssen. Nachteilig ist dabei die begrenzte Lebensdauer der Glühfäden. Mit der hier gezeigten Schaltung wird beim Ausfall der Lampe L 1 automatisch eine Ersatzlampe L 2 eingeschaltet.

Die Schaltung *Abb. 4.20* enthält zwei Transistoren. Solange L 1 brennt, fließt ein Teil des Lampenstromes in die Basis des linken Transistors und steuert diesen durch. Der rechte Transistor, in dessen Kollektorzuleitung L 2 liegt, bleibt gesperrt. Fällt L 1 aus, weil ihr Glühfaden durchgebrannt ist oder z. B. wegen schlechten Kontaktes in der Fassung, dann bekommt der linke Transistor keinen Basisstrom mehr. Er sperrt, der rechte Transistor steuert durch, und die Lampe L 2 leuchtet auf.

Die Schaltung läßt sich leicht für andere Spannungs- und Stromwerte umdimensionieren. Z. B. werden für Lampen 24 V/50 mA oder 100 mA die Transistoren BSY 73 gegen die spannungsfesteren Typen BSY 75 ausgetauscht und der 820-Ω-Widerstand durch 1,5 kΩ ersetzt. Beim Übergang zu stärkeren Lampen muß der rechte Transistor gegen einen Typ mit höherer Stromverstärkung bei großen Kollektorströmen, z. B. BSY 52, ausgetauscht wer-

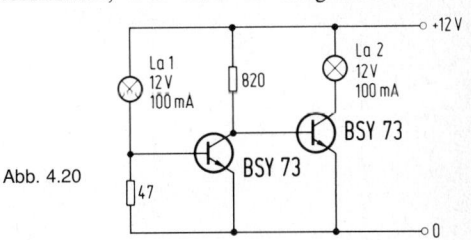

Abb. 4.20

153

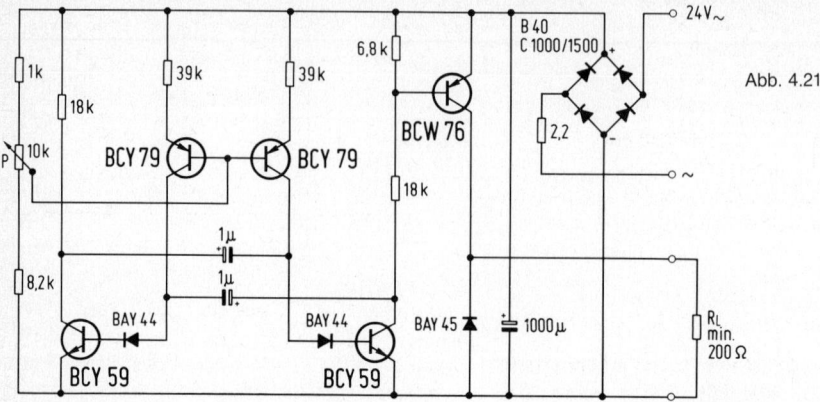

Abb. 4.21

den. Ferner ist zu beachten, daß in dieser Schaltung der größte Teil des Lampenstromes von L 1 über die Basis-Emitter-Strecke des linken Transistors fließt. Damit hier nicht bei großen Strömen die zulässige Verlustleistung überschritten wird, kann an die Stelle des 47-Ω-Widerstandes eine Silizium-Diode, z. B. BYY 31, mit einem Vorwiderstand von wenigen Ohm und in die Basiszuleitung ein Widerstand gelegt werden, der den Basisstrom begrenzt.

Die Schaltung kann auch für beliebige andere Bauteile und Schaltungen benutzt werden, sofern deren Ausfall mit einer Unterbrechung des Stromflusses verbunden ist.

4.21 Blinkgeber für 24-V-Wechselspannung

Es wurde ein Blinkgeber für 24-V-Wechselspannung entwickelt (*Abb. 4.21*). Die Frequenz des Blinkgebers ist mit dem Trimmpotentiometer 10 kΩ zwischen 0,5 und 60 Hz mit einem Impuls-Pauseverhältnis von 1 : 1 einstell-

bar. Der minimale (Relais)-Lastwiderstand beträgt 200 Ω, vorgesehen sind 2 parallel geschaltete Kammrelais vom Typ V23154-N4720-C112. Der Aufnahmestrom beträgt bei 24 V Wechselspannung 140 mA.

4.22 Blinkschaltung mit komplementären Transistoren

Es sind in der Schaltung (*Abb. 4.22*) beide Transistoren gleichzeitig gesperrt oder durchgesteuert. Man spart dadurch während der Pausenzeit Strom, was beim Betrieb an einer Batterie vorteilhaft ist. Ferner kommt man mit einem einzigen zeitbestimmenden Kondensator aus.

Nach dem Einschalten der Speisespannung sind zunächst beide Transistoren stromlos. Der Kondensator läßt sich über den Kaltwiderstand der Lampe und über R 1 und R 2 auf. Wenn die Schwellspannung des PNP-Transistors erreicht ist, beginnt Strom in beiden Transistoren zu fließen. Die Kollektorspannung des NPN-Transistors sinkt, und über das Glied C 1, R 1 wird nun der PNP-Transistor und damit auch der NPN-Transistor völlig durchgesteuert. Dieser Zustand bleibt erhalten, bis der Ladestrom des Kondensators zusammen mit dem Strom durch den 120-kΩ-Widerstand nicht mehr ausreicht, um beide Transistoren durchzusteuern. Die Schaltung kippt dann in den Sperrzustand zurück.

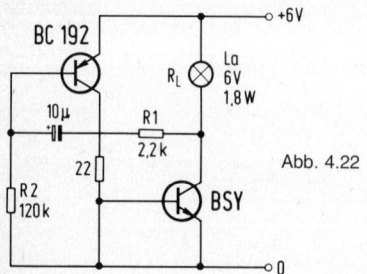

Abb. 4.22

Die Leuchtdauer der Lampe wird also bestimmt durch die Zeitkonstante $\tau_L = R\,1 \cdot C$ und die Pausendauer durch $\tau_P = (R\,1 + R\,2) \cdot C$. Die Pausendauer muß somit stets größer sein als die Leuchtdauer. Für den Widerstand $R\,2$ gilt außerdem die Bedingung $R\,2 > B\,1 \cdot B\,2 \cdot R_L$, d. h. er muß größer sein als das Produkt aus den Stromverstärkungsfaktoren beider Transistoren und dem Lampenwiderstand R_L.

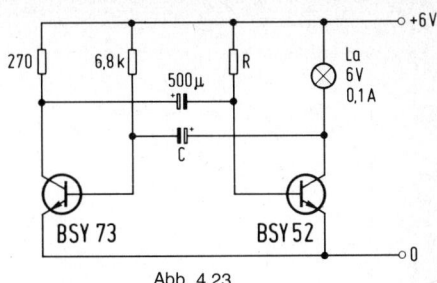

Abb. 4.23

4.23 Blinkschaltung mit astabiler Kippstufe

Man kann eine astabile Kippstufe als periodischen Doppel-Zeitgeber benutzen und einen der Arbeitswiderstände z. B. durch ein Relais ersetzen. Anzug- und Abfalldauer können durch Änderung der Koppelkapazitäten und der Basiswiderstände in weiten Grenzen entsprechend den angegebenen Formeln variiert werden. Sollen lange Schaltzeiten mit kleinen Kondensatoren erreicht werden, so ist es zweckmäßig, die Kippstufe hochohmig aufzubauen. Eine relativ niederohmige Last kann dann an den Kollektor eines zusätzlichen Ausgangstransistors angeschlossen werden, dessen Basis-Emitter-Strecke in die Emitterzuleitung eines der beiden Kippstufen-Transistoren gelegt wird.

Ersetzt man einen oder beide Arbeitswiderstände eines astabilen Multivibrators durch Lampen, so erhält man einfache Blink- bzw. Springlicht-Schaltungen. Man muß dabei nur darauf achten, daß Lampen im allgemeinen einen sehr niedrigen Kaltwiderstand besitzen. Der Transistor muß dann entweder für den hohen Einschaltstrom ausgelegt sein oder aber

die Verlustleistung aushalten, die entsteht, wenn er im Einschaltaugenblick nicht ganz durchgesteuert ist.

Die hier gezeigte Schaltung *(Abb. 4.23)* enthält eine Lampe, deren Leucht- und Pausendauer durch die Werte von R und C eingestellt werden kann. Zum Beispiel ergibt sich für $C = 50\ \mu F$ und $R = 2{,}7\ k\Omega$ eine Leuchtdauer etwa 0,3 s und eine Pausendauer von etwa 1 s.

4.24 Netzbetriebene Blinkschaltung

Die in *Abb. 4.24* gezeigte Schaltung dient dazu, eine 100-W-Glühlampe periodisch ein- und auszuschalten. Eine Gleichrichterbrücke bewirkt, daß jede Halbwelle des Laststromes in derselben Richtung durch den Thyristor fließt. Ein konventionell aufgebauter, symmetrischer astabiler Multivibrator schaltet den Thyristor jeweils ein, wenn der rechte Transistor leitend ist. Während dieser Zeit erhält der Thyristor dauernd Steuerstrom und zündet in jeder Netzhalbwelle, so daß die Lampe mit voller Helligkeit brennt. Ist der linke Transistor

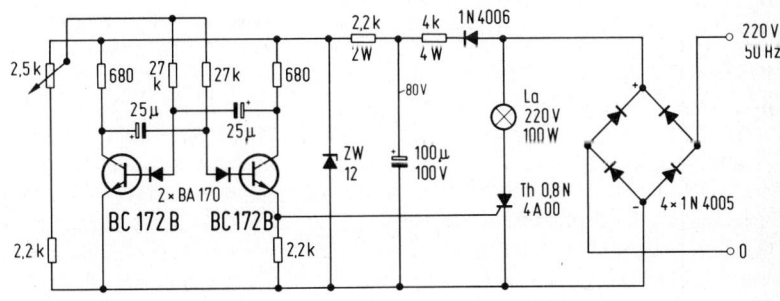

Abb. 4.24

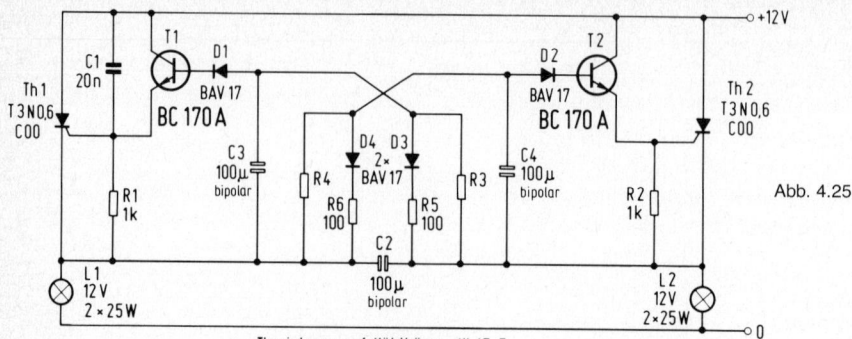

Abb. 4.25

Thyristoren auf Kühlkörper KL 15-5

leitend geworden, so löscht der Thyristor am Ende der Netzhalbwelle, während der der Multivibrator umgeschaltet hatte, und bleibt gesperrt, bis erneut der rechte Transistor leitend wird.

Die Blinkfrequenz läßt sich mit dem Potentiometer etwa im Bereich 0,5 bis 1 Hz verändern. Hell- und Dunkelzeit sind gleich.

Die Schaltung Abb. 4.24 läßt sich auch für die Veränderung der von einem Heizkörper, z. B. einem Lötkolben, aufgenommenen Leistung in gewissen Grenzen einsetzen. In der angegebenen Dimensionierung ist die Leistungsaufnahme 50 % der vollen Leistung. Wenn man nun das Tastverhältnis des Multivibrators durch Änderung eines der 27-kΩ-Basiswiderstände (Bereich etwa 5 bis 50 kΩ) verändert, ändert sich auch die vom Lastwiderstand aufgenommene Leistung. Das 2,5-kΩ-Potentiometer und der 2,2-kΩ-Widerstand entfallen dabei, und die Basiswiderstände werden direkt an die Versorgungsspannung von etwa 12 V angeschlossen.

4.25 Blinkschaltung für Batteriebetrieb

Die Thyristor-Blinkschaltung (*Abb. 4.25*) stellt einen astabilen Multivibrator mit gleichen Puls- und Pausenzeiten dar. Zur Erklärung der Wirkungsweise soll davon ausgegangen werden, daß vor dem Einschalten der Betriebsspannung alle Kondensatoren entladen sind.

Der Kondensator C 1 hat die Aufgabe, den ersten Arbeitstakt nach dem Einschalten der Betriebsspannung einzuleiten. Durch den Ladestromstoß dieses Kondensators wird der Thyristor Th 1 gezündet. Die Lampe L 1 brennt, und der Kondensator C 2 wird über den geringen Kaltwiderstand der Lampe L 2 schnell auf die Versorgungsspannung aufgeladen (linker Belag +12 V, rechter Belag 0). Der Kondensator C 3 lädt sich über die Diode D 3, den 100-Ω-Widerstand R 5 und den Kaltwiderstand der Lampe L 2 ebenfalls rasch auf die Versorgungsspannung auf (unterer Belag +12 V, oberer Belag 0).

Der Kondensator C 4, dessen unterer Belag in Reihe mit dem Kaltwiderstand der Lampe L 2 an 0 liegt, lädt sich langsam über den 3,3-kΩ-Widerstand R 4 auf. Sobald sein oberer Belag das Potential $+U_Z$ erreicht hat, wird der Thyristor Th 2 gezündet. U_Z ist die Summe aus Zündspannung dieses Thyristors, Basis-Emitter-Schwellspannung des Transistors T 2 und Durchlaßspannung der Diode D 2 und beträgt etwa 3 V.

Das Zünden des Thyristors Th 2 verursacht am Kondensator C 2 einen positiven Spannungssprung in Höhe der Versorgungsspannung, so daß sein linker Belag, der auf etwa + 12 V aufgeladen war, nun ein Potential von ca. +24 V führt. Es liegt also am Thyristor Th 1 eine Spannung in Sperrichtung an, bis der Kondensator C 2 über die linke Lampe entladen ist. Diese Entladezeit beträgt etwa 0,2 ms, ist also größer als die Freiwerdezeit des Thyristors Th 1, so daß dieser anschließend gesperrt bleibt.

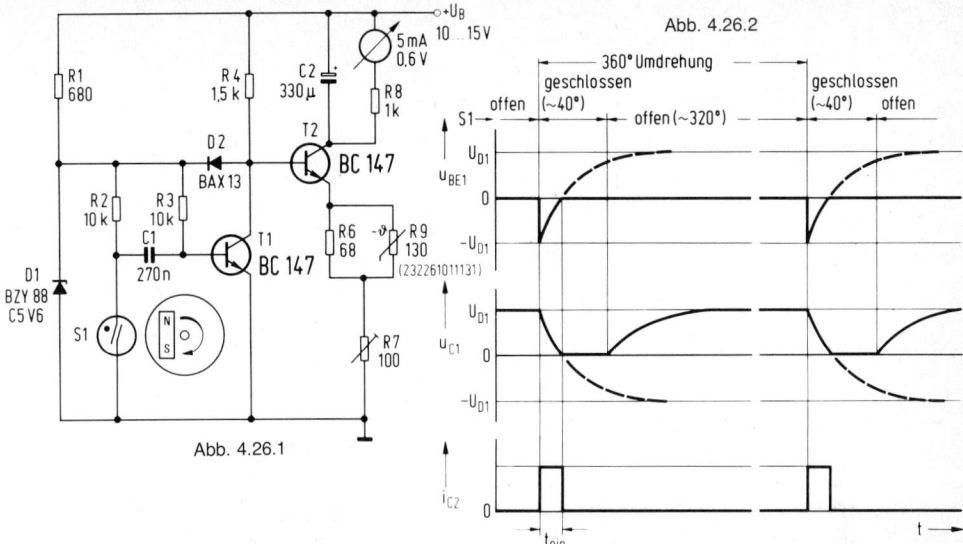

Abb. 4.26.1

Abb. 4.26.2

Nachdem nun die Lampe L 1 erloschen ist und die Lampe L 2 brennt, wird C 4 über die Diode D 4, den 100-Ω-Widerstand R 6 und die Lampe L 1 umgeladen (oberer Belag 0, unterer Belag +12 V). Die Lampe L 2 brennt so lange, bis der obere Belag von C 3, dessen Potential nach der Löschung des Thyristors Th 1 auf −12 V gesunken ist, über den 3,3-kΩ-Widerstand R 3 auf +U_Z umgeladen ist. Jetzt zündet Th 1 wieder, und Th 2 wird über C 2 gelöscht. Die beschriebenen Vorgänge wiederholen sich periodisch.

Die Dioden D 3 und D 4 bewirken, daß die Aufladung und die Entladung der Kondensatoren C 3 und C 4 über unterschiedliche Widerstände, also mit unterschiedlicher Zeitkonstante erfolgen. Dadurch wird erreicht, daß der Spannungshub an den Kondensatoren mindestens gleich der Versorgungsspannung ist. Ohne die durch die Dioden geschaffenen zusätzlichen Ladezweige würde sich ein wenig stabiler Betrieb mit nur kleinem Spannungshub an den Kondensatoren einstellen. Da die Abbruchspannung der Emitterdiode der Transistoren T 1 und T 2 geringer als die an den oberen Belägen der Kondensatoren C 3 und C 4 auftretende negative Spannung ist, müssen vor die Basen der Transistoren die Dioden D 1 und D 2 geschaltet werden.

Als Kondensatoren C 2, C 3 und C 4 sind bipolare Elektrolytkondensatoren erforderlich. An C 2 liegt eine Spannung von 12 V, deren Polarität im Rhythmus der Blinkfrequenz wechselt. Die Spannung an den Kondensatoren C 3 bzw. C 4 schwankt zwischen −12 V und +U_Z.

Die Blinkfrequenz kann durch Änderung der Widerstände R 3 und R 4 variiert werden. Mit den angegebenen Werten beträgt die Frequenz etwa 80 pro Minute. Spannungsschwankungen zwischen 11 und 14 V verursachen Frequenzänderungen von weniger als 3%. Die Temperaturabhängigkeit der Frequenz wird weitgehend durch den positiven Temperaturkoeffizienten der Elektrolytkondensatoren bestimmt. Mit zunehmender Temperatur nimmt die Frequenz ab. Diese Änderung wird zum Teil durch den negativen Temperaturgang von U_Z kompensiert.

4.26 Elektronischer Drehzahlmesser

An der Welle, deren Drehzahl gemessen werden soll, ist ein kleiner Stabmagnet befestigt. Dieser dreht sich an einem dicht daneben angebrachten REED-Kontakt vorbei, welcher auf diese Weise bei jeder Umdrehung einmal geöffnet und wieder geschlossen wird.

157

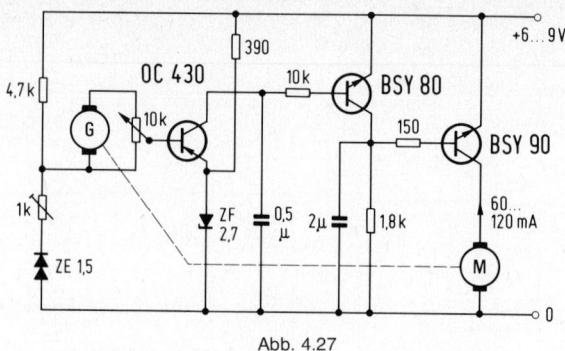

Abb. 4.27

Die Schaltung (*Abb. 4.26.1*) arbeitet wie folgt:

Bei offenem Kontakt S 1 erhält der Transistor T 1 über R 1 und R 3 einen so hohen Basisstrom, daß er im Sättigungsbereich arbeitet, was zur Folge hat, daß T 2 gesperrt ist. Der Kondensator C 1 lädt sich dabei über R 2 bis zu der durch die Z-Diode D 1 gegebenen Spannung (abzüglich der Basis-Emitter-Spannung von T 1) auf. Mit dem Schließen von S 1 wird T 1 durch die jetzt zwischen Basis und Emitter liegende Kondensatorspannung schlagartig gesperrt und damit T 2 in den Sättigungsbereich gesteuert. Gleichzeitig setzt eine Entladung von C 1 über R 3 ein, die nach kurzer Zeit dazu führt, daß T 1 erneut in den Sättigungsbereich gesteuert und T 2 gesperrt wird. Nach dem Öffnen von S 1 wiederholt sich der geschilderte Vorgang, der durch die im Bild dargestellten Potentialverläufe verdeutlicht wird.

Der Kollektorstrom i_{C2} von T 2 (*Abb. 4.26.2*) besteht aus rechteckförmigen Stromimpulsen, deren von der Signalfrequenz unabhängige Breite durch das Produkt R 3 C 1 festgelegt ist. Durch die Impulse wird C 2 aufgeladen. Der arithmetische Mittelwert der Kondensatorspannung ist der Signalfrequenz proportional. Dies gilt damit auch für den über R 8 und das Anzeigeinstrument M fließenden Entladestrom. Die Eichung des Instruments wird durch eine einmalige Einstellung von R 7 vorgenommen.

4.27 Drehzahlregler

Die Wechselspannung eines Tachogenerators *Abb. 4.27* (ca. $U_{SS} = 5$ V bei 3000 U/min, der mit dem zu regelnden Motor gekoppelt ist, wird mit einer einstellbaren Sollspannung verglichen. Sie wird gebildet aus der Durchbruchspannung der Z-Diode und der Schwellspannung des PNP-Transistors, abzüglich der Durchlaßspannung der Doppeldiode und des Spannungsabfalls an dem 1-kΩ-Potentiometer. Sobald die negativen Spitzen des an dem 10-kΩ-Potentiometer abgegriffenen Teils der Tachospannung die Sollspannung überschreiten, wird der PNP-Transistor kurz durchgesteuert. Über den 10-kΩ-Widerstand bekommt der Treibertransistor Basisstrom. Sein Kollektorstrom steigt, und der Basisstrom des Endtransistors nimmt ab. Damit sinkt die Spannung am Motor, und die Drehzahl kann nicht weiter ansteigen.

Da der PNP-Transistor nur bei den negativen Spitzen der Tachospannung durchsteuert, der Endtransistor jedoch kontinuierlich arbeiten soll, müssen die Impulse integriert werden. Dazu dienen die beiden Kondensatoren von 0,5 μF und 2 μF. Die Kondensatoren dürfen nicht zu groß gewählt werden, da bei zu großen Zeitkonstanten niederfrequente Regelschwingungen auftreten können.

Zur Kompensation des differentiellen Widerstandes der Z-Diode dient eine Brücken-

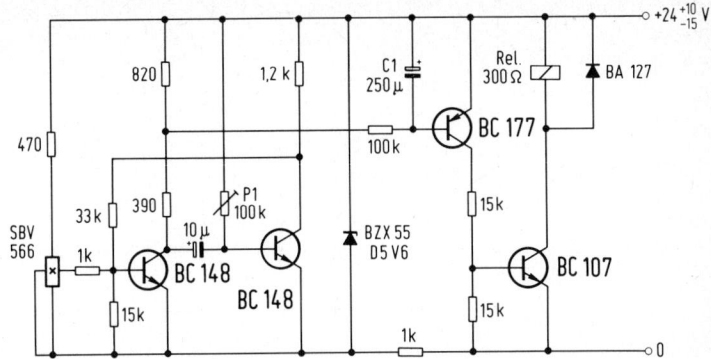

Abb. 4.28

schaltung. In dem der Z-Diode gegenüberliegenden Zweig liegt ein veränderbarer 1-kΩ-Widerstand. Er wird so eingestellt, daß bei niedrigster und höchster Speisespannung die Drehzahl des Motors gleich ist. Der Abgriff des 10-kΩ-Potentiometers soll dabei nach oben gedreht sein. Die Doppeldiode kompensiert den Temperaturgang der Z-Diode und der Basis-Emitter-Spannung des PNP-Transistors.

Die gewünschte Drehzahl des Motors wird an dem 10-kΩ-Potentiometer eingestellt. Vorher muß jedoch der Abgleich der Brücke mit dem 1-kΩ-Trimmer erfolgt sein, da dieser auch die Drehzahl beeinflußt.

Bei richtiger Einstellung des 1-kΩ-Trimmers (gleiche Drehzahl bei 6 V und 9 V) nimmt die Drehzahl bei 7,5 V um maximal 0,8 % zu.

4.28 Elektronische Drehzahlüberwachung

Für die elektronische Drehzahlmessung oder Überwachung kann man verschiedene Geber verwenden, z. B. einen kleinen Generator. Bei kleinen Drehzahlen wird dieser jedoch zu kleine Signale liefern, weshalb man dort andere Wege beschreitet. Sehr vorteilhaft ist das Anbringen eines Magneten am Umfang des sich drehenden Teils.

Das Vorbeiwandern des Magneten kann dann z. B. mit einem Hallgenerator oder einer Feldplatte registriert werden.

In dem Beispiel nach *Abb. 4.28* wurde als Signalgeber ein Hallgenerator SBV gewählt, der bei jedem Vorbeiwandern des Magneten anspricht. Beim Versuchsaufbau wurde ein Siferrit-Dauermagnet DS $1,6 \cdot 6 \cdot 5$ mm^3, im Abstand von 2 mm vom Hallgenerator verwendet. Da die Ansprechzeit und damit der Energieinhalt des damit gewonnenen Impulses nicht genau definiert ist, wird ein monostabiler Multivibrator nachgeschaltet, der eine gleiche Anzahl in Höhe und Dauer genau definierter Impulse an den Ladekondensator C 1 liefert. An diesen Kondensator kann nun z. B. ein Meßgerät geschaltet werden, weil die Höhe der Spannung ein direktes Maß für die Anzahl der Impulse und damit für die Drehzahl ist.

Im Beispiel nach Abb. 4.28 werden bei einer Spannung von etwa 0,7 V am Kondensator C 1 die Transistoren des zweistufigen Schaltverstärkers leitend, und das Relais spricht an. Dieser Spannungswert wird bei einer Umdrehungszahl von etwa 50 pro Minute erreicht. Die Transistoren bleiben durchgeschaltet, bis die Umdrehungszahl auf etwa 25 pro Minute abgesunken ist.

Mit dem Potentiometer P 1 kann die Impulsbreite und damit die Ansprech-Drehzahl verändert werden.

Technische Daten:

Betriebsspannung	24 (+ 10 bis −15 %) V
Drehzahlbereich	25 bis 50 U/min
Relaiswiderstand	300 Ω

159

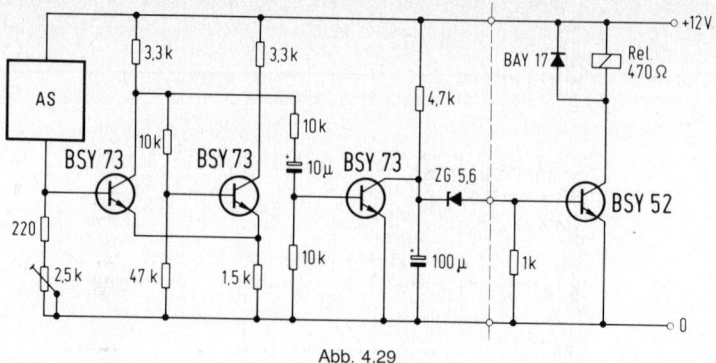

Abb. 4.29

4.29 Umdrehungswächter

Mit Hilfe der Schaltung (*Abb. 4.29*) kann kontrolliert werden, ob sich ein Maschinenteil dreht oder nicht. Als Geber dient dabei ein Annäherungsschalter. Ein Metallteil der zu überwachenden Einrichtung bewegt sich bei jeder Umdrehung vor der Luftspule vorbei und unterbricht die Schwingungen.

Der Annäherungsschalter wird hier als veränderlicher Widerstand in einem Spannungsteiler benutzt, an dessen Abgriff man die Steuerspannung für einen Schmitt-Trigger abnimmt. Dieser verwandelt das Eingangssignal in eine Rechteckspannung mit steilen Flanken und unterdrückt wegen seiner Hysterese Störspannungen, die an seinem Eingang auftreten könnten. Am Kollektor des linken Transistors des Schmitt-Triggers ist über ein differenzierendes RC-Glied die Basis eines weiteren Transistors angeschlossen, der immer dann kurzzeitig durchgesteuert wird, wenn der linke Transistor des Schmitt-Triggers sperrt. Der 100-µF-Kondensator an seinem Kollektor wird dabei entladen. Die Spannung, auf die er sich in den Pausen auflädt, hängt von der Zeitspanne zwischen den Entladeimpulsen ab. Ist diese kleiner als ca. 0,6 s, so wird die Durchbruchspannung der Z-Diode nicht erreicht. Der Endtransistor bekommt keinen Basisstrom, und das Relais bleibt abgefallen.

Bleibt die Maschine stehen, so schaltet der Schmitt-Trigger nicht mehr um, und der nachgeschaltete Transistor bleibt dauernd gesperrt. Der 100-µF-Kondensator an seinem Kollektor lädt sich jetzt auf, und über die Z-Diode fließt Basisstrom in den Endtransistor. Das Relais zieht an und löst einen Alarm aus.

Die Schaltung ist so dimensioniert, daß das Relais bis herab zu einer Drehzahl von etwa 100 U/min abgefallen bleibt. Unterhalb dieser Drehzahl zieht das Relais bei jeder Umdrehung kurz an und fällt wieder ab. Die Ansprechdrehzahl kann durch Verkleinerung bzw. Vergrößerung des 100-µF-Kondensators nach oben bzw. nach unten verschoben werden. Für sehr niedrige Drehzahlen kann die zu überwachende Welle mit mehreren Metallfähnchen versehen werden, damit die Schaltung bei jeder Umdrehung mehrmals anspricht.

Bei der Überwachung größerer Anlagen, z. B. automatischer Förderstrecken mit mehreren Teilstücken wie Bändern, Schnecken, Gebläsen usw. können mehrere Geber an den gleichen Endtransistor angeschlossen werden, der beim Stillstand eines Gliedes die gesamte Anlage abschaltet. Die Parallelschaltung geschieht an der gestrichelten Linie.

4.30 Nachlaufsteuerung

Die Schaltung (*Abb. 4.30*) dient zur Steuerung eines Gleichstrom-Stellmotors in Abhängigkeit von einer Eingangsgleichspannung. Mit dem zu stellenden Glied muß ein 1-kΩ-Poten-

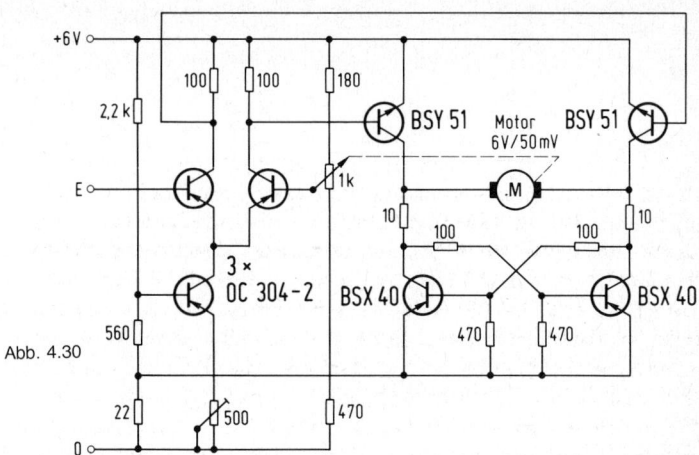

Abb. 4.30

tiometer mechanisch gekuppelt sein, an dem der elektrische Istwert für den in der Steuerschaltung wirksamen Regelkreis gebildet wird.

Benutzt man die Schaltung beispielsweise zur Fernbedienung einer drehbaren Antenne, so müssen die Achsen von Antenne und 1-kΩ-Potentiometer direkt oder über ein Getriebe schlupflos miteinander verbunden werden. Die Sollspannung kann z. B. einem weiteren 1-kΩ-Potentiometer am Bedienungsplatz entnommen werden, das entsprechend dem 1-kΩ-Potentiometer über zwei Widerstände an die Versorgungsspannung zu legen ist und das in Winkelgraden geeicht werden kann.

Der Istwert wird mit dem Eingangs-Sollwert in einem Differenzverstärker verglichen, der statt eines gemeinsamen Emitterwiderstandes eine Konstantstromquelle hat. Der Stellmotor bildet die Diagonale einer Brücke aus zwei NPN- und zwei PNP-Transistoren.

Solange die Potentiale an beiden Eingängen des Differenzverstärkers gleich sind, bleibt der Spannungsabfall an den 100-Ω-Arbeitswiderständen unter der Schwellspannung von ca. 0,6 V der angeschlossenen NPN-Transistoren. Erst wenn die Eingangspotentiale um mehr als 50 mV voneinander abweichen, wird je nach Polarität dieser Spannungsdifferenz einer der NPN-Transistoren stromführend und wegen der kreuzweisen Ankopplung auch der PNP-Transistor im gegenüberliegenden Brückenzweig. Der Motor beginnt zu laufen und dreht das Stellglied und das Potentiometer so lange, bis Ist- und Sollwert wieder gleich sind.

Der Motorstrom durchfließt den 22-Ω-Widerstand im Basisspannungsteiler der Konstantstromquelle. Durch diese Rückkopplung wird eine Kippwirkung erzielt, d.h. die Endtransistoren in der Brücke werden nicht stetig durchgesteuert, sondern geschaltet.

161

5 Elektronische Schaltungen mit Temperaturgebern – Temperatur- und Flüssigkeitsregeltechnik

5.1 Einfache Temperatur-Regelschaltung (10 °C bis 30 °C)

Die Schaltung (*Abb. 5.1*) wird aus dem 220-V-Wechselstromnetz gespeist. Nach Gleichrichtung mit der Diode BYX 10 und Glättung durch den Ladekondensator C 1, steht eine leicht wellige Gleichspannung von etwa 310 V zur Verfügung. Die Basisspannung des Transistors T 1 wird durch die Widerstände R 2, R 3, R 4 und R 6 bestimmt. R 3 ist ein in Temperaturwerten geeichter Dreh-

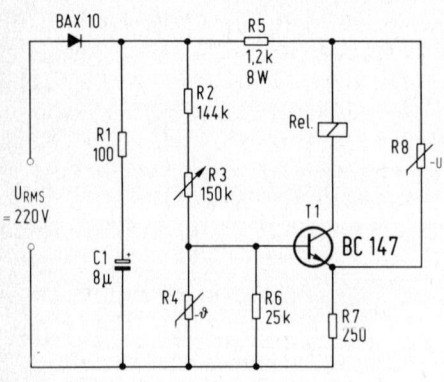

Abb. 5. 1.

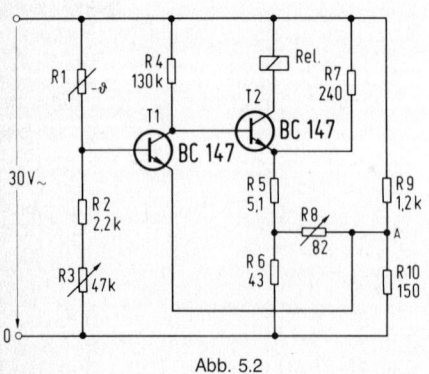

Abb. 5.2

widerstand zur Einstellung der Solltemperatur. Der NTC-Widerstand R 4 (2322 643 11472) dient als Istwertaufnehmer. R 8 ist ein VDR-Widerstand (2322 555 02301), der eine Stabilisierung der Emitterspannung bewirkt.

Temperaturänderungen von R 4 führen zu Basisspannungs- und damit zu Kollektorstromänderungen von T 1. Durch den Kollektorstrom wird das Relais beim Unterschreiten der Solltemperatur ein- und beim Überschreiten ausgeschaltet.

Bei dem im Versuchsaufbau benutzten Relais (24 V, 1,2 kΩ) schloß sich der Arbeitskontakt bei 13,8 mA, er öffnet sich bei 5,4 mA. Dieses entspricht bei 30 °C einer Temperaturhysterese von 1,13 grd.

5.2 Einfache Temperatur-Regelschaltung (30 °C bis 90 °C)

Diese Temperaturregelschaltung *Abb. 5.2* benötigt zu ihrem Betrieb eine Gleichspannung von 30 V. Sie ist für einen Temperaturbereich von 30 bis 90 °C ausgelegt. In einem Anwendungsfall traten im Bereich von 50 bis 90 °C Temperaturabweichungen bis ± 3 grd, im Bereich von 30 bis 50 °C bis ± 2 grd auf. R 3 ist ein in Temperaturwerten geeichter Drehwiderstand zum Einstellen des Sollwertes, der NTC-Widerstand R 1 (2322 636 01154) dient als Istwertaufnehmer.

Beim Einschalten des kalten Verbrauchers hat R 1 einen hohen Widerstand. Die Basisspannung von T 1 liegt dabei so niedrig, daß T 1 gesperrt ist und T 2 im Sättigungsgebiet arbeitet. Durch das Relais (24 V, 1,2 kΩ) fließt ein Strom von etwa 20 mA, der Arbeitskontakt ist geschlossen, und der Verbraucher wird aufgeheizt. Mit ansteigender Temperatur verkleinert sich der Widerstandswert von R 1, und die

162

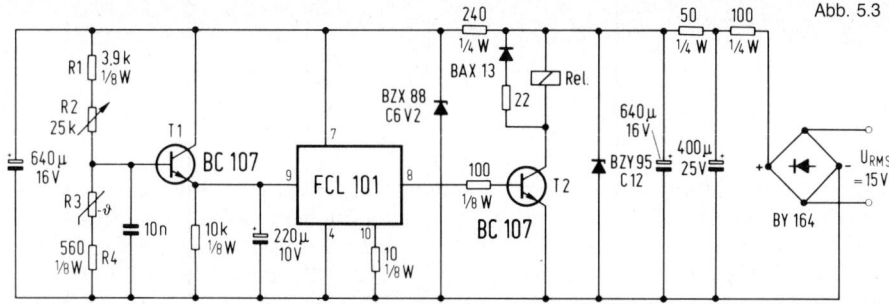

Abb. 5.3

Basisspannung von T 1 steigt an. Beim Erreichen des mit R 3 eingestellten Temperatursollwertes beginnt ein Kollektorstrom durch T 1 zu fließen; die Kollektorspannung von T 1 und der Emitterstrom von T 2 sinken ab. Die Folge ist eine Spannungsabnahme am Punkt A. Hier aber ist der Emitter von T 1 angeschlossen, wodurch eine Rückkopplung wirksam wird, die zu einem abrupten Ausschalten des Relais führt. T 2 ist nunmehr gesperrt, während sich T 1 im Sättigungsbereich befindet. Beim Abkühlen wird ein entsprechender Rückkopplungsvorgang ausgelöst, der zum erneuten Einschalten des Relais führt. Der über R 7 fließende Strom bewirkt eine gewisse Stabilisierung der Emitterspannung von T 2. Mit R 8 wird der Rückkopplungsgrad einmalig auf einen für den sicheren Betrieb der Schaltung erforderlichen optimalen Wert eingestellt.

5.3 Temperatur-Regelschaltung (100 °C bis 300 °C)

Die Schaltung *Abb. 5.3* ist für Temperaturregelungen im Bereich von 100 bis 300 °C geeignet. Es handelt sich um eine einfache Zweipunktregelung. R 2 ist ein in Temperaturen geeichter Drehwiderstand, an dem die Solltemperatur eingestellt wird. Der NTC-Widerstand R 3 (2322 627 31104) dient als Istwertaufnehmer.

Beim Einschalten des kalten Verbrauchers besitzt R 3 einen hohen Widerstand, wodurch die Basisspannung von T 1 stark positiv ist. Der als Emitterfolger arbeitende Transistor T 1 schaltet daher den Schwellenwertschalter FCL 101, so daß an dessen Ausgang (8) eine hohe

positive Spannung liegt. Diese wiederum bewirkt, daß der Treibertransistor T 2 in das Sättigungsgebiet gesteuert wird und das Relais seinen vollen Strom erhält. Über den geschlossenen Relaiskontakt wird das Heizelement im Verbraucher direkt oder unter Zwischenschaltung eines elektromagnetischen oder elektronischen Schalters eingeschaltet. Der Verbraucher wird nun aufgeheizt. Beim Erreichen der Solltemperatur ist der Widerstandswert von R 3 und damit die Basisspannung von T 1 soweit gesunken, daß der Schwellenwertschalter ausschaltet, worauf T 2 gesperrt, das Relais stromlos und das Heizelement abgeschaltet wird. Nach Abkühlung des Verbrauchers unter den Sollwert setzt die nächste Heizperiode ein.

5.4 Strahlungsthermometer für Temperaturen von 100 °C bis 500 °C

Das Strahlungsthermometer *Abb. 5.4* besitzt als Infrarot-Detektor einen Bleisulfid-Fotowiderstand 61 SV. Damit die Einstrahlung der Umgebung nicht in den Meßwert eingeht, wird die zu messende Strahlung mit einer Frequenz von 350 Hz moduliert. Die sichtbare Strahlung wird durch ein Filter aus Germanium oder Silizium absorbiert.

Bei konstanter Spannung am Fotowiderstand würde im Temperaturbereich von 100 bis 500 °C die Signalgröße um etwa den Faktor 1000 variieren. Der gesamte Meßbereich wird daher in fünf Teilbereiche unterteilt, die durch die Umschalter S 1 und S 1' wählbar sind.

Die Verstärkerschaltung gliedert sich in vier Teile: Der Vorverstärker dient der Anpassung der Schaltung an die Impedanz des Infrarot-Detektors. Zur Kompensation des Einflusses der Umgebungstemperatur auf die Empfindlichkeit des Detektors ist ein NTC-Widerstand vorgesehen.

Eine folgende Verstärkerstufe mit einstellbarer Verstärkung ermöglicht eine Kalibrierung des Gerätes.

Mit Hilfe eines veränderlichen Widerstandes kann die Verstärkung der nächsten Stufe ebenfalls variiert werden, damit wird das Gerät dann an den Emissionsgrad des jeweils zu untersuchenden Objektes angepaßt.

Aus dem gegengekoppelten Endverstärker wird schließlich ein Brückengleichrichter gespeist, der das Wechselstromsignal in ein Gleichstromsignal umformt. Der Meßwert wird durch ein Drehspulinstrument (Meßbereich 200 µA) angezeigt.

5.5 Temperaturmessung und -steuerung mit Hilfe von PbS-Infrarotdetektoren

Die *Abb. 5.5* zeigt die Schaltung eines einfachen Schwellenwertmeßgerätes mit dem Infrarotdetektor RPY 76 A. Solche Bleisulfid-Infrarotdetektoren eignen sich zur Messung von Temperaturen über 100 °C. Ein Meßinstrument zeigt die gemessene Temperatur oberhalb eines vorgegebenen Schwellenwertes an. Bei Bedarf kann eine solche Schaltung durch weitere nachfolgende Schaltkreise auch zur Temperaturregelung verwendet werden.

Der ankommende Strahlungsfluß, der durch einen Zerhacker (rotierende Blende) periodisch unterbrochen wird, erzeugt im Detektor ein Wechselstromsignal. Der Infrarotdetektor wird zur Erhöhung der Stabilität mit konstanter Spannung betrieben (Arbeitswiderstand ≪ Detektorwiderstand). Die große Koppelkapazität von 6,8 µF wurde gewählt, um eine möglichst niedrige untere Grenzfrequenz zu erreichen.

Um den Eingangswiderstand des Transistors T 1 herabzusetzen, wird eine Gegenkopplung angewendet. Die Stromverstärkung der aus T 1 und T 2 bestehenden Verstärkerstufe beträgt etwa 100. T 3 und T 4 bilden einen Differenzverstärker. Die Verstärkung ist von der Batteriespannung weitgehend unabhängig. Die Basisvorspannung von T 3 ist so gewählt, daß dieser Transistor im Grundzustand sperrt. Durch T 4 fließt dann ein Strom von ca. 50 µA. Wenn der Detektorwiderstand bei Strahlungseinfall abnimmt, sinkt das Kollektorpotential von T 2 und damit auch das Basispotential von T 3. Bei einem bestimmten Wert dieses Potentials, der mit Hilfe des Widerstandes R eingestellt werden kann, beginnt T 3 zu leiten.

5.6 Temperaturregler für 160 °C bis 185 °C

In der Schaltung nach *Abb. 5.6* wird der Heißleiter K 18 verwendet. Es handelt sich dabei um einen Heißleiter mit wesentlich größerer Masse als die des K 172. Wegen seiner großen Oberfläche kann dieser Typ bei entsprechender Montage vorteilhaft für höhere Belastungen eingesetzt werden. Deshalb ist in diesem Fall auch nicht die im vorhergehenden Abschnitt beschriebene Vorspannung vorgesehen.

Die Stabform macht diesen Heißleiter für den Einbau in Sonden geeignet. Selbstverständlich ist seine thermische Trägheit viel größer als die des K 172.

Der Heißleiter ist in der Schaltung nach Abb. 5.6 wieder in einer Brücke angeordnet. Bei Erreichen der am Widerstand R 1 eingestellten Temperatur spricht das Relais R am Ausgang an.

Technische Daten:

Betriebsspannung	30 V (− 15 bis +10 %)
Einstellbarer Temperaturbereich	160 bis 185 °C
Zulässige Umgebungstemperatur	0 bis 70 °C
Temperaturfehler der Schaltung (20 bis 70 °C)	0,5 grd
Ein- und Ausschaltdifferenz des Reglers	1 grd
Relais R: Kammrelais N/V 23154-C0722-B104	

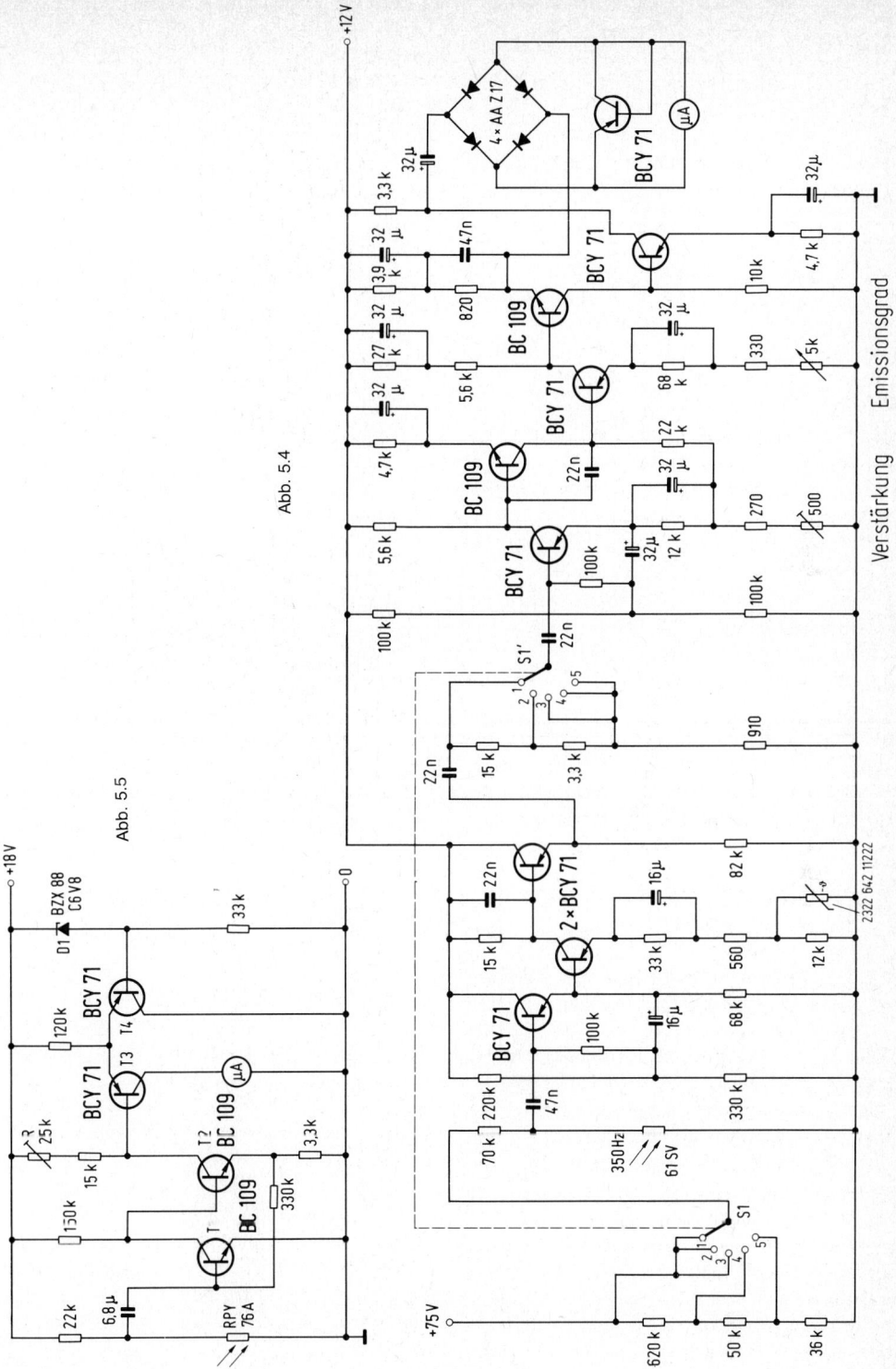

Abb. 5.4

Abb. 5.5

Verstärkung   Emissionsgrad

2322 642 11222

165

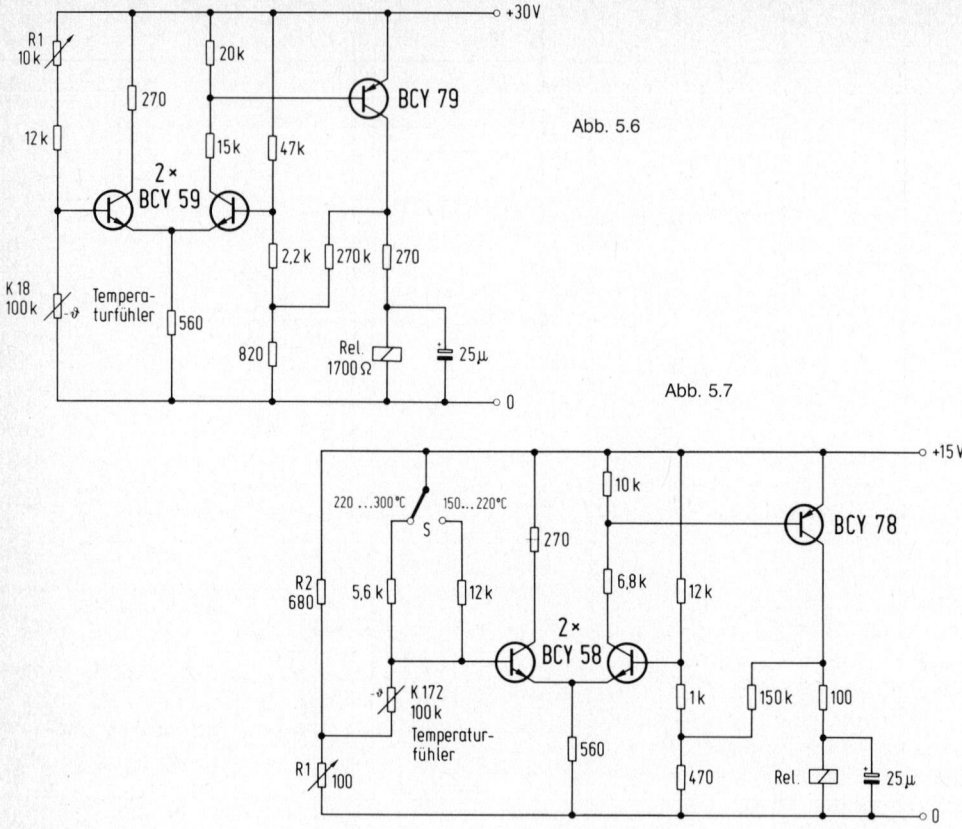

Abb. 5.6

Abb. 5.7

5.7 Temperaturregler für 150 °C bis 300 °C

Mit dem Heißleiter K 172, der für eine maximale Betriebstemperatur von 350 °C zugelassen ist, können Temperaturregler für hohe Temperaturen gebaut werden. Es handelt sich hier um eine kleine Heißleiterperle mit geringer Wärmeträgheit, die in einem Glasgehäuse eingeschmolzen ist. Spezielle Fertigungs- und Alterungsverfahren gewährleisten eine hohe Zuverlässigkeit dieses Typs. Die Verwendung von Heißleitern zur Regelung auch hoher Temperaturen ist vor allem deshalb interessant, weil der Temperaturkoeffizient der Heißleiter etwa zehnmal höher ist, als z. B. der von Platin-Widerstandsthermometern. Dadurch erreicht man höhere Genauigkeiten oder es kann beim Verstärker an Aufwand gespart

werden. Ein weiterer Vorteil der Heißleiter ist deren hoher Widerstand, weshalb auch lange Zuleitungen bei der Eichung nicht berücksichtigt werden müssen.

In der Schaltung *Abb. 5.7* ist der Heißleiter K 172 in einer Brückenschaltung angeordnet. An den Nullzweig der Brücke ist ein Differentialverstärker angeschaltet. Um zu vermeiden, daß sich der Heißleiter zu stark erwärmt, wird er mit einer Vorspannung an die Brücke angeschlossen. Diese einstellbare Vorspannung wird mit dem Spannungsteiler, bestehend aus den Widerständen R 1 und R 2, gewonnen. Je größer das Verhältnis von Vorspannung zur Spannung am Heißleiter ist, desto ungenauer wird die Temperaturregelung.

Die Schalttemperatur wird mit dem Potentiometer R 1 eingestellt. Sie ist mit dem Schal-

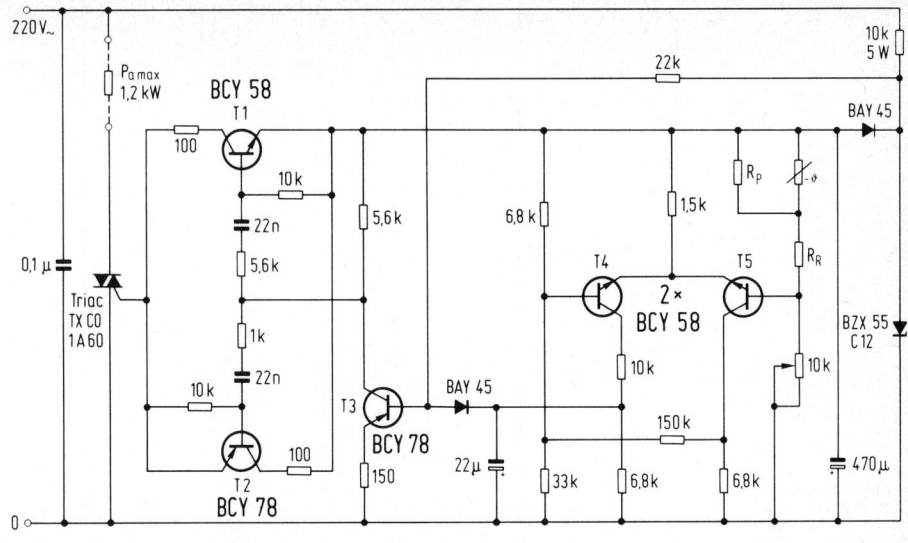

Abb. 5.8

ter S in zwei Bereiche von 150 bis 220 °C und 220 bis 300 °C umschaltbar. Durch diese Aufteilung des gesamten Regelbereiches wird eine größere Schaltgenauigkeit erreicht. Sobald am Heißleiter die eingestellte Temperatur erreicht wird, schaltet der Differenzverstärker den Ausgangstransistor BCY 78 durch und das Relais R spricht an.

Technische Daten:

Betriebsspannung	15 V
Einstellbarer Temperatur-bereich	150 bis 300 °C
Zulässige Umgebungs-temperatur	0 bis 70 °C

Temperaturfehler der Schaltung (20 bis 50 °C)

bei 150 °C	0,5 grd
200 °C	0,8 grd
250 °C	1,2 grd
300 °C	2 grd

Ein- und Ausschaltdifferenz des Reglers

bei 150 °C	0,3 grd
200 °C	0,5 grd
250 °C	1 grd
300 °C	2,5 grd

Relais R: Kammrelais N/V 23154-C0720-B104

5.8 Temperaturregler mit Triac-Nullspannungsschalter

Abb. 5.8 zeigt die Schaltung eines Temperaturreglers für Triacansteuerungen. Als Temperaturfühler werden Thernewid-Heißleiter-Fühler verwendet. Das Heißleitersignal wird mit einem Differenzverstärker (hier mit Einzelhalbleitern T 4 und T 5) abgenommen und dem Nullspannungsschalter zugeführt. Mit dem Potentiometer 10 kΩ kann die zu regelnde Temperatur eingestellt werden. Optimal kann mit jeweils einer Heißleitertype nur ein eingeengter Temperaturbereich eingestellt werden. In der folgenden Tabelle sind für einige Heißleiter die erzielbaren Temperatureinstellbereiche angegeben. Zur besseren Ausnützung des Regelbereiches ist ein Reihen- und ein Parallelwiderstand zum Heißleiter vorgesehen.

Technische Daten:

Netzspannung	220 V ∼ ± 10 %
max. Last (ohmsche Last)	1,2 kW
Umgebungstemperatur des Gerätes	−20 bis +75 °C
Schalthysterese	0,5 K

167

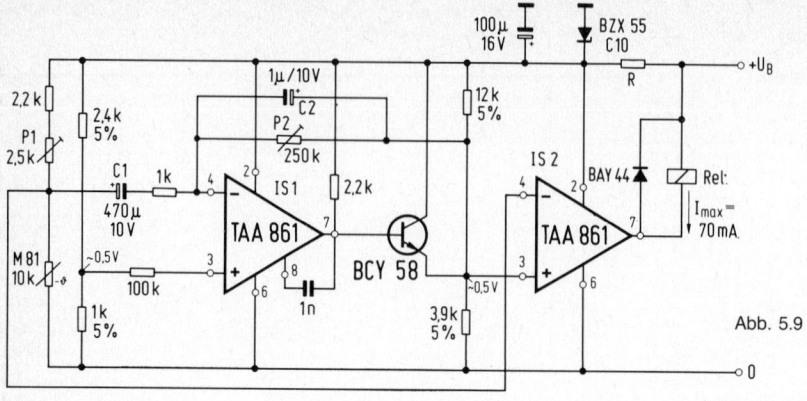

Abb. 5.9

| Ansprechgenauigkeit | 0,5 K |
| Triac TC | TX C01 A60 |

Fühler	Temperatur-bereich
K 283/1,25 kΩ	−20 bis +120 °C
K 11/5 kΩ	−20 bis +120 °C
K 17/100 kΩ	10 bis +220 °C
K 273/1,25 k	+20 bis +100 °C

Reihen-widerstand	Parallel-widerstand
300 Ω	33 kΩ
300 Ω	22 kΩ
300 Ω	22 kΩ
300 Ω	−

5.9 Temperatur-Regelschaltung für Heizkessel mit Proportional-Differential-Regelung

In Heizungskesseln, welche mit Proportionalregler arbeiten, treten je nach Last verschiedene Aufheizgeschwindigkeiten auf. Bei Sommerbetrieb, geschlossenem Mischventil und keinem Wärmebedarf für die Heizkörper beträgt diese z. B. 23 °C/min, das zu einem thermischen Überschwingen von 90 °C auf 110 °C führt. Bei Betrieb mit arbeitendem Mischer, angeschalteter Umwälzpumpe und

Last durch Heizkörper treten Aufheizgeschwindigkeiten von ca. 3 °C/min auf. Die Überschwinger können dabei vernachlässigt werden.

Es wurde eine Temperaturregelschaltung (*Abb. 5.9*) entworfen, die unabhängig von der Aufheizgeschwindigkeit die Wassertemperatur auf den Sollwert begrenzt. Ein als Differentiator geschalteter Operationsverstärker liefert eine von der Aufheizgeschwindigkeit abhängige Ausgangsspannung. Über einen Transistor wird diese Spannung auf den nichtinvertierenden Eingang des Schaltverstärkers gegeben. Am invertierenden Eingang liegt die Heißleiterspannung. Je größer die Aufheizgeschwindigkeit ist, desto früher wird die Heizung unterbrochen.

In einem praktischen Versuch wurde ein Überschwingen von 2 °C (Solltemperatur 90 °C) bei allen Belastungsfällen beobachtet.

Der Meßheißleiter M 81/10 kΩ ist in einer Brückenschaltung angeordnet. Mit dem Potentiometer P 1 kann man die Kesseltemperatur einstellen. Toleranzen des Heißleiters bei der Solltemperatur werden damit ebenso ausgeglichen. Die Heißleiterspannung liegt nun als Istwert am invertierenden Eingang des Schaltverstärkers, die Brückenspannung am Eingang des Differentiators. Die zeitliche Änderung der Brückenspannung wird differenziert und steht am Ausgang als Spannung zur Verfügung. Das Differenzierglied besteht aus dem

Kondensator C 1 und dem Widerstandstrimmer P 2. Mit P 2 kann man die Kapazitätstoleranz ausgleichen und den Differentialanteil des Reglers dem gesamten Heizsystem anpassen. Das Potential am nichtinvertierenden Eingang des Schaltverstärkers ist durch den Spannungsteiler festgehalten. Bei Temperaturzunahme steigt die Ausgangsspannung des Differentiators, der Transistor steuert durch und hebt das Potential am nichtinvertierenden Eingang an. Dies bedeutet eine Erniedrigung der Schalttemperatur des Relais. Je steiler die Temperaturänderung verläuft, desto niedriger liegt die Schalttemperatur. Eine negative Differentialspannung bei Temperaturabnahme wirkt sich wegen des Transistors nicht aus. Die Schwankungen um die Solltemperatur verringern sich beim Vergrößern der Zeitkonstante T = C 1P 2 des Differentiators. Dabei erniedrigt sich die Schalttemperatur des Relais.

Die Betriebsspannung wird entsprechend dem Relais bei einem maximalen Relaisstrom von 70 mA festgelegt.

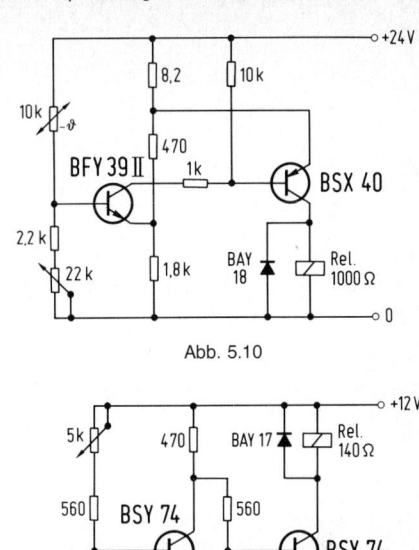

Abb. 5.10

Abb. 5.11

5.10 Zweipunkt-Temperaturregler mit komplementären Transistoren

Der Soll-Istwert-Vergleicher (*Abb. 5.10*) erfolgt mit einer Brücke aus ohmschen Widerständen und einem Heißleiter. Die Abhängigkeit der Schwellspannung des Eingangstransistors von der Umgebungstemperatur wirkt sich bei dieser Schaltung nur geringfügig aus, da der Anteil dieser Schwellspannung an der wirksamen Sollspannung nur etwa 5 % beträgt. In Schaltung 73 dagegen wurde die wirksame Sollspannung nur durch die Summe zweier Dioden-Schwellspannungen gebildet.

Bei steigender Temperatur am Heißleiter wird dessen Widerstand kleiner, und die Spannung zwischen Basis und Emitter des NPN-Transistors nimmt zu. Sein Kollektorstrom steuert den über einen 1-kΩ-Schutzwiderstand angekoppelten PNP-Transistor auf,

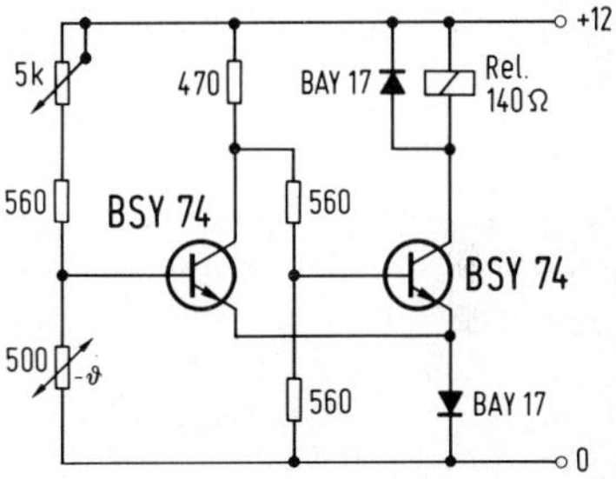

und das Relais zieht an. Über einen Ruhekontakt kann der Heizstrom geschaltet werden.

Der Spannungsabfall, den der Relaisstrom an dem in der Brücke liegenden 8,2-Ω-Widerstand erzeugt, senkt das Emitterpotential des Eingangstransistors und wirkt als Mitkopplung. Die zweistufige Verstärkerschaltung bekommt dadurch Kippverhalten.

Die Hysterese beträgt 0,5 % bezogen auf die Widerstandsänderung am Heißleiter. Vergrößert man den Rückkopplungswiderstand von 8,2 Ω auf 100 Ω, so wird die Hysterese ca. 3 %.

5.11 Zweipunkt-Temperaturregler mit Schmitt-Trigger

Als Temperaturfühler dient ein Heißleiter (*Abb. 5.11*), durch den ein einstellbarer, annähernd konstanter Meßstrom fließt. Bei niedriger Temperatur ist der Spannungsabfall am Heißleiter groß, der linke Transistor des

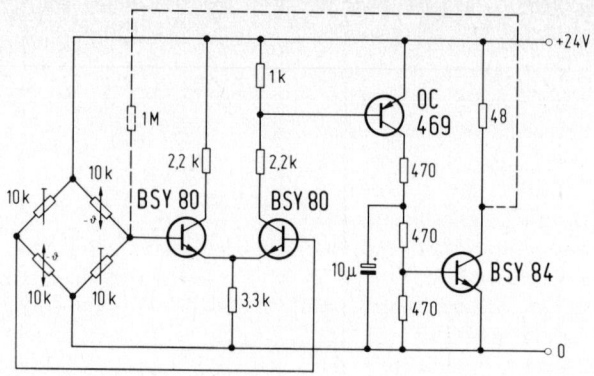

Abb. 5.12

Schmitt-Triggers führt Strom, und das Relais ist abgefallen. Die zu regelnde Heizung muß also über einen Ruhekontakt des Relais angeschlossen werden.

Als Sollspannung dient die Umschaltspannung des Schmitt-Triggers. Sie wird gebildet durch den Spannungsabfall, den der Strom durch den linken Transistor an dessen Basis-Emitter-Strecke und an der Diode erzeugt. Unterschreitet der Spannungs-Istwert am Heißleiter bei steigender Temperatur den Sollwert, so schaltet der Schmitt-Trigger um, und das Relais zieht an.

Der hier verwendete Schmitt-Trigger besitzt ungleiche Kollektorwiderstände und eine Diode statt eines gemeinsamen Emitterwiderstandes. Da der Eingangstransistor vor dem Erreichen des Kippunktes über einen gewissen Spannungsbereich stetig durchgesteuert wird, würde in ihm eine zu große Verlustleistung entstehen, wenn sein Arbeitswiderstand ebenso klein wie der Relaiswiderstand wäre. Ungleiche Kollektorwiderstände führen in Verbindung mit einem linearen Emitterwiderstand zu einer sehr großen Schalthysterese. Sie läßt sich verkleinern, wenn man an dieser Stelle die nichtlineare Kennlinie einer Diode ausnutzt. Dann beträgt der Abstand der Umschaltpunkte, ausgedrückt als relative Widerstandsänderung des Heißleiters, nur 5 %. Das entspricht einem Temperaturunterschied von 1 bis 2 °C.

5.12 Temperaturregler mit Differenzverstärker

Will man den Einfluß der Umgebungstemperatur auf die Regelgenauigkeit vermindern, so muß für den Soll-Istwert-Vergleich ein symmetrischer Differenzverstärker eingesetzt werden. *Abb. 5.12* zeigt die Schaltung.

Um die Empfindlichkeit des Thermostaten zu erhöhen, bestehen zwei einander gegenüberliegende Brückenzweige aus Heißleitern. Ohne den gestrichelt gezeichneten Rückkopplungspfad arbeitet die Schaltung als Proportionalregler, d. h. der Strom durch den 48-Ω-Heizwiderstand ist der Brückenverstimmung proportional. Das gilt allerdings nur in der Nähe des Abgleichpunktes. Bereits bei einer Widerstandsänderung von 0,5 % wird der gesamte Proportionalbereich durchlaufen. Bei größerer Verstimmung ist der Endtransistor entweder ganz durchgesteuert oder gesperrt.

In der Mitte des Proportionalbereiches wird im Endtransistor die größte Verlustleistung umgesetzt. Sie beträgt ein Viertel der maximalen Heizleistung, also 3 W. Sie muß durch ein Kühlblech abgeführt werden und kann unter Umständen, wenn die zu regelnde Temperatur niedrig genug ist, mit zur Heizung ausgenutzt werden. Die gesamte Heizleistung ist dann dem Ausgangsstrom proportional, während sie im anderen Fall dem Quadrat des Stromes proportional ist.

170

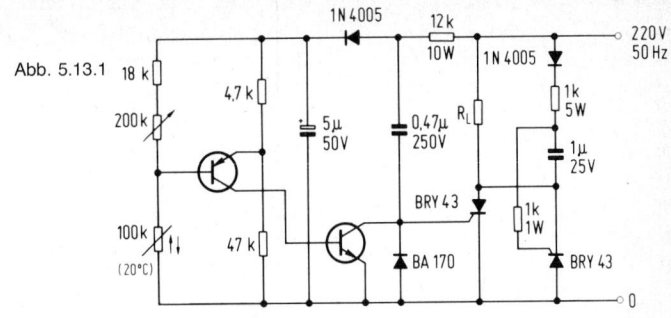

Abb. 5.13.1

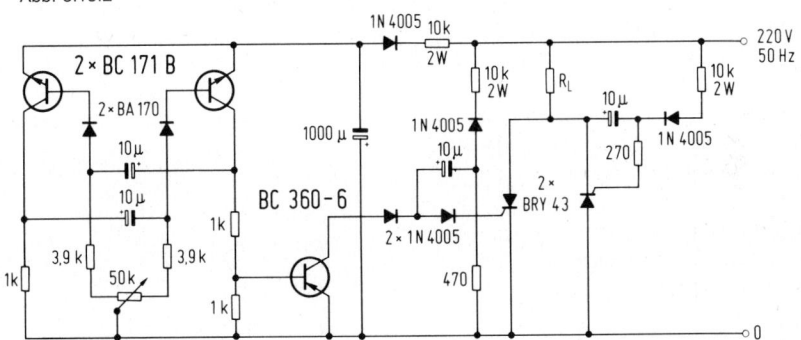

Abb. 5.13.2

Wenn ein Proportionalbereich wegen der darin am Transistor auftretenden Verlustleistung nicht gewünscht wird, kann man der Schaltung durch Einfügen der gestrichelt gezeichneten Rückkopplung Kippverhalten geben und sie als Zweipunktregler betreiben. Die Hysterese beträgt dann ca. 0,2 %.

5.13 Temperaturregler mit Vollwellensteuerung

Die Schaltung (*Abb. 5.13.1* wurde entwickelt für die rundfunkstörfreie Temperaturregelung kleinerer Verbraucher (bis 200 W), z. B. für Heizkissen, Heizdecken, Lötkolben, Warmhalteplatten, Flaschenwärmer für Babyflaschen, Brennscheren u.v.m. In der Endstufe sind zwei antiparallel geschaltete Thyristoren BRY 43 eingesetzt, von denen der linke von der Temperatur-Meßbrücke beeinflußt wird, während der rechte stets dann zu Beginn einer Halbwelle von der zuvor in dem

1-μF-Kondensator gespeicherten Ladung gezündet wird, wenn in der Halbwelle zuvor der linke Thyristor leitend war. Dieser erhält seinen Zündstrom über den 0,47-μF-Kondensator von der Netzspannung und zündet jeweils zu Beginn seiner Halbwelle, wenn nicht sein Steuereingang durch den Transistor BSY 52 kurzgeschlossen ist. Das ist dann der Fall, wenn die Heizung die eingestellte Temperatur erreicht. Dann werden beide Transistoren leitend, worauf der Laststrom unterbrochen wird.

Ersetzt man in der Schaltung (Abb. 5.13.1) die Temperaturmeßbrücke durch einen astabilen Multivibrator, so erhält man eine Schaltung, bei der sich die an den Heizwiderstand gelieferte Leistung stufenlos verändern läßt, indem man das Tastverhältnis des Multivibrators ändert. *Abb. 5.13.2* zeigt eine Abwandlung der Schaltung Abb. 5.13.1, mit der sich die Heizleistung eines 750-W-Heizkörpers stufenlos verringern läßt.

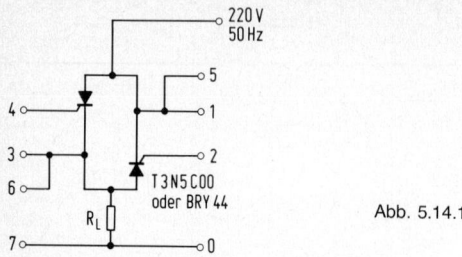

Abb. 5.14.1

5.14 Temperatur-Regelschaltung

In der vorliegenden Temperatur-Regel-schaltung (*Abb. 5.14*) wird ein Heizwider-stand R_L solange mit voller Leistung aus dem 220-V-Netz gespeist, wie seine Temperatur einen eingestellten Sollwert noch nicht er-reicht hat. Bei Annäherung an die Solltem-peratur wird die Heizleistung etwa proportio-nal zur Temperatur vermindert. Die Breite des Proportionalbereiches ist einstellbar.

Im Lastkreis (*Abb. 5.14.1*) sind zwei anti-parallel geschaltete Thyristoren mit dem Heizwiderstand R_L in Reihe geschaltet.

Die Steuerschaltung ist in *Abb. 5.14.2* dargestellt. Zur Temperaturmessung wird die Brückenschaltung aus den Widerstän-

den R_T (Meßfühler), R (Sollwert-Einstell-widerstand) und den zwei 1,5-kΩ-Widerstän-den verwendet. Die Brücke ist abgeglichen, wenn der Meßfühler den Widerstandswert erreicht hat, der am Widerstand R einge-stellt ist. Der Strom im Meßfühler beträgt 10 mA.

Die Diagonalspannung der Brücke wird von einem symmetrischen Differenzverstärker mit den Transistoren T 1 und T 2 verstärkt. Das 500-Ω-Trimmpotentiometer dient dem Ausgleich von Unsymmetrien. Das asym-metrische Ausgangssignal des Differenzver-stärkers wird zur Ansteuerung des Transi-stors T 3 verwendet, der als Konstantstrom-quelle geschaltet ist und den Ladestrom für den 22-nF-Kondensator des nachgeschalteten Sperrschwingers (T 4) liefert. Da der Emitter von T 3 über den Widerstand R_S an einen Widerstandsteiler aus 1 kΩ und 2,2 kΩ, also an ein Potential von ca. 16 V gelegt ist, kann die Konstantstromquelle nur arbeiten, wenn das Kollektorpotential von T 2 dieses Poten-tial unterschreitet. Das ist der Fall, wenn der Widerstand des Meßfühlers kleiner ist als der Widerstand des Sollwert-Einstellers.

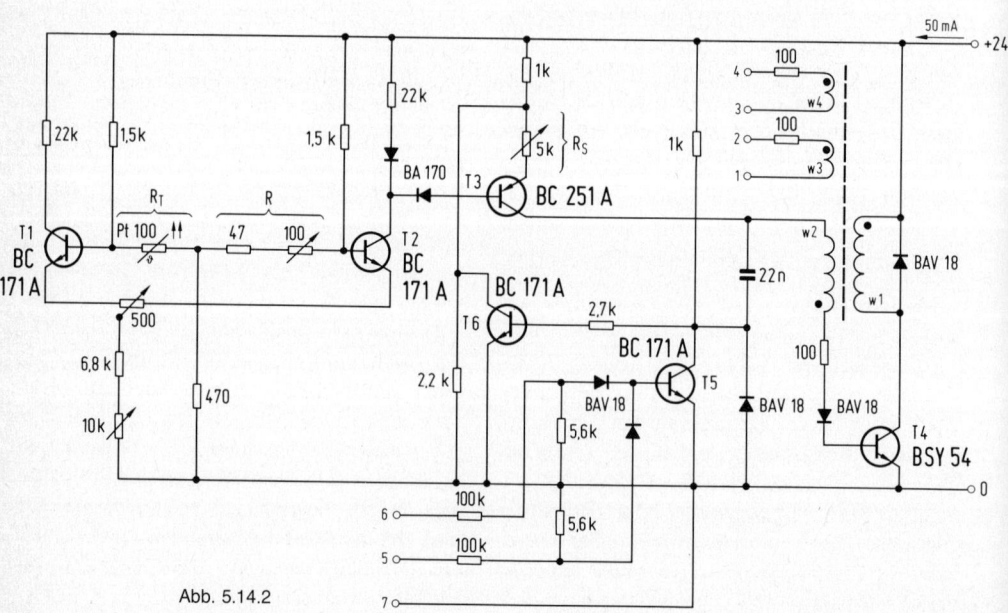

Abb. 5.14.2

Der Sperrschwinger, der die Zündimpulse für die Thyristoren erzeugt, soll während jeder Netzhalbwelle nur einen, jedoch in seiner Lage innerhalb der Halbwelle verschiebbaren Impuls abgeben. Die Verschiebung des Zündimpulses innerhalb der Halbwelle geschieht durch Variation des Kollektorstromes der Konstantstromquelle T 3. Die zusätzliche Schaltung mit den Transistoren T 5 und T 6 erfüllt in Verbindung mit dem Sperrschwinger die Forderung nach nur einem Impuls und synchronisiert den Sperrschwinger mit der Netzfrequenz. Die Transistoren T 5 und T 6 arbeiten gegenphasig, d. h. wenn der eine sperrt, ist der andere durchgesteuert und umgekehrt. Ist z. B. T 5 durchgesteuert, so ist der Ladestromkreis für den 22-nF-Kondensator geschlossen, und es kann, weil T 6 den Teiler für das Emitterpotential von T 3 nicht beeinflußt, auch Ladestrom fließen. Andernfalls ist bei durchgesteuertem T 6, also kurzgeschlossenem 2,2-kΩ-Widerstand, die Konstantstromquelle stromlos.

Die Schaltungsanordnung aus T 5 und T 6 wird gesteuert von der Spannung, die über der Antiparallelschaltung der Thyristoren abgegriffen wird und über die Anschlüsse 5 und 6 zur Steuerschaltung gelangt. Sie wird mit einem Widerstandsteiler heruntergeteilt und in einer Mittelpunktschaltung mit zwei Dioden gleichgerichtet. Diese Spannung liefert der Steuerschaltung die Information über den Nulldurchgang der Spannung an den Thyristoren (zur Synchronisation des Sperrschwingers) und über die erfolgte Zündung des einen der beiden Thyristoren (Unterdrückung weiterer Zündimpulse während der restlichen Zeit der Halbwelle).

Der Sperrschwinger erzeugt an den beiden Sekundärwicklungen des Transformators, mit den Anschlüssen 1...4 Zündimpulse mit ca. 20 V Amplitude, einem Innenwiderstand von etwa 120 Ω und einer Impulsdauer von etwa 30...40 μs, so daß z. B. Thyristoren T 3 N 5 COO der BRY 44 sicher gezündet werden können.

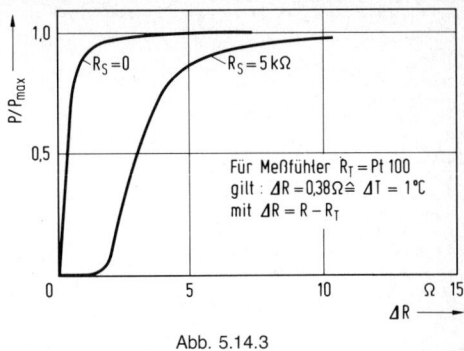

Abb. 5.14.3

Mit der Funktion $P/P_{Pmax}(\Delta R)$ zeigt *Abb. 5.14.3* für zwei Einstellungen des Trimmpotentiometers R_S, wie sich der Proportionalbereich der Regelschaltung variieren läßt.

Die Steuerschaltung wird an 24 V betrieben und nimmt unabhängig von ihrem Betriebszustand einen konstanten Strom von 50 mA auf. Mit den angegebenen Thyristoren darf der Lastwiderstand bis herab zu 33 Ω betragen, was einer maximalen Heizleistung von 1500 W entspricht.

Transformatordaten:

Siferrit-Schalenkern Nr. B 65671-L0000-R022 W1 = W2 = 100 Wdg., W3 = W4 = 80 Wdg., sämtl. 0,2 ⌀ CuL.
Der Punkt kennzeichnet den Wicklungsanfang.

5.15 Temperaturabhängige Steuerung eines Lüftermotors

Die in *Abb. 5.15* gezeigte Schaltung ist z. B. geeignet für elektrische Speicherheizungen. Gesteuert von einem als Raumfühler angeordneten 100-kΩ-Thermistor läuft der den Wärmetransport besorgende Spaltpol-Lüftermotor schneller oder langsamer oder steht im Grenzfall still.

Es liegt eine Impulszündschaltung vor, bei der der den Zündimpuls liefernde Kondensator nicht selbst in einer Brückenschaltung liegt, sondern über den von der Temperaturmeßbrücke gesteuerten Transistor BC 250 B auf-

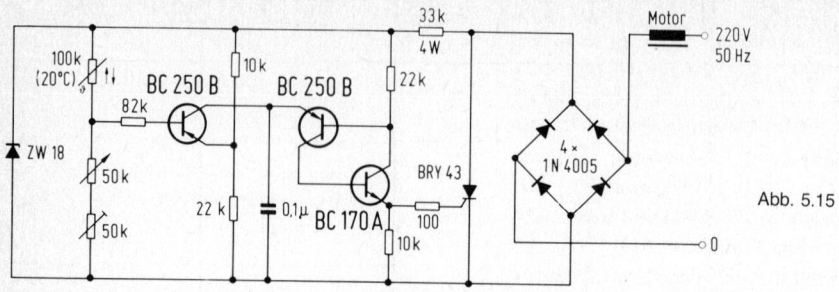

Abb. 5.15

geladen wird. Erreicht die Ladespannung des Kondensators die Schaltschwelle der aus den Transistoren BC 250 B und BC 170 A gebildeten Kippstufe, so wird diese leitend, und der Kondensator entlädt sich über die Steuerelektrode des Thyristors. Je nach der Fühlertemperatur liegt dieser Zeitpunkt in jeder Halbwelle früher oder später, so daß also eine Proportionalregelung vorliegt.

Vertauscht man die oberen mit den unteren Zweigen der Temperaturmeßbrücke, so wirkt die Schaltung entgegengesetzt: bei höherer Temperatur läuft der Lüfter schneller als bei tieferer. Dann ist die Schaltung z. B. geeignet zum Antrieb des Lüftermotors in einer Dunstabzugshaube über dem Küchenherd.

5.16 Temperatur-Regelschaltung für Ventilsteuerung

Eine Temperatur-Regelschaltung wurde so ausgelegt, daß ein relaisgeschalteter Rechts- und Linkslauf eines Stellmotors von 220 V mit einstellbarem Ruhebereich möglich ist, *Abb. 5.16.*

Ein gegengekoppelter Verstärker TAA 861 steuert die Basis der Gegentaktendstufe an. Über je einen Schalttransistor T 3, T 4 werden die beiden Relais betätigt.

Die Temperaturmessung erfolgt mit dem Fühler K 274 in einer Brückenschaltung R 1 bis R 6. Dies hat den Vorteil, daß Schwankungen der Batteriespannung weitgehendst ohne Einfluß bleiben.

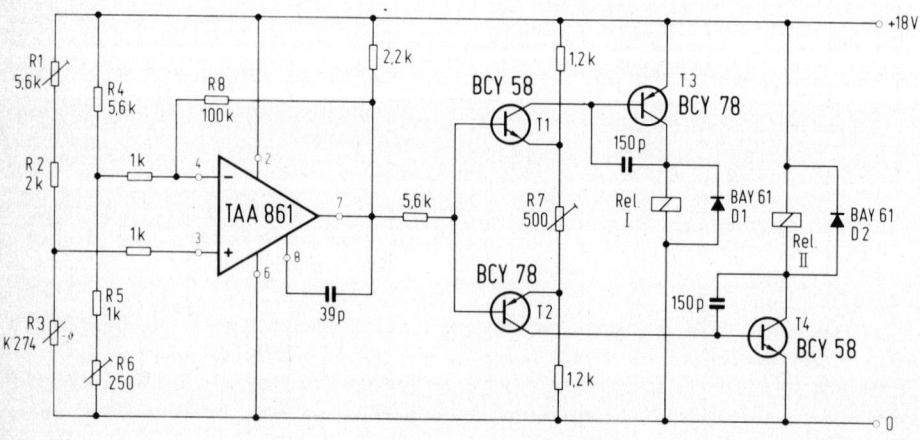

Abb. 5.16

Der Temperatursollwert wird mit dem Widerstand R 1 vorgewählt. Der Ausgang der Meßbrücke liegt am Differenzeingang des Operationsverstärkers TAA 861. Die Brückenzweige sind so dimensioniert, daß unterhalb des Sollwertes der nichtinvertierende Eingang positiver ist als der invertierende. Am Ausgang des Operationsverstärkers liegt ein hohes Potential, so daß die Transistoren T 1 und T 3 durchschalten. Relais I ist angezogen. Wird die Solltemperatur erreicht, so sind beide Relais stromlos. Bei weiterem Überschreiten der Solltemperatur kehrt die Spannung U 34 ihre Richtung um, so daß die Transistoren T 2 und T 4 leitend werden und Relais II anzieht.

Mit dem Trimmpotentiometer R 7 kann eine Ruhezone bis $\pm$ 0,5° K symmetrisch zum Sollwert eingestellt werden, bei der kein Relais anzieht. Die minimale Ruhezone ist durch die Summe der Basisspannungen U_B von T 1 und T 2, etwa 1,2 V, gegeben. Dies ergibt eine minimale Ruhezone von 0,2° K.

Eine größere Ruhezone kann erzielt werden, indem die Verstärkung des TAA 861 durch Verkleinerung des iderstandes R 8 herabgesetzt wird.

Das Trimmpotentiometer R 6 dient zum Feinabgleich der Meßbrücke.

Technische Daten:

Betriebsspannung U_{Batt}	18 V
Temperaturbereich T	25° C bis 95 °C
max. zul. Temperatur des Fühlers K 274 T_{max}	100 °C
Temperaturabweichung bei einer Änderung von U_{Batt} um $\pm$ 10%	< 0,1° K
Ruhezone, einstellbar	0,2° K bis 1° K

Relais: Kleinschaltrelais
V 23016-A-0005-A 101

5.17 Elektronischer Thermostat für Flüssigkeiten

Der Heißleiter K 273 wurde für die Temperaturüberwachung und -regelung von Flüssigkeiten entwickelt. Er besteht aus einer Heißleitertablette, die in ein Fühlergehäuse mit Befestigungsflansch eingebaut ist. Der Temperaturfühler trägt zwei Flachstecker, die für den Anschluß mit AMP-Faston-Steckhülsen vorgesehen sind.

Damit in Regelschaltungen mit diesen Heißleitern eine hohe Temperaturgenauigkeit erreicht werden kann, wird der Kennwiderstand bei 60 °C gemessen. Die Heißleiter werden dabei in zehn Gruppen aufgeteilt.

Die *Abb. 5.17* zeigt ein Anwendungsbeispiel für den Heißleiter K 273. Die Schaltung ist für die Temperaturregelung von Flüssigkeiten geeignet, wobei der Heißleiter ständig in die Flüssigkeit eingetaucht ist. Es wird wieder eine Brückenschaltung mit Differentialverstärker verwendet. Die Brückenzweige sind so ausgelegt, daß bis zum Erreichen der mit dem Schalter S eingestellten Temperatur der Spannungsabfall am Heißleiter größer ist als am Emitterwiderstand des Differentialverstärkers. Dadurch hat die Basis des Transistors T 1 positives Potential gegen dessen Emitter, weshalb der Transistor durchgeschaltet ist. Der Transistor T 2 ist dann gesperrt und das Relais ist abgefallen. Über einen Ruhekontakt r 1

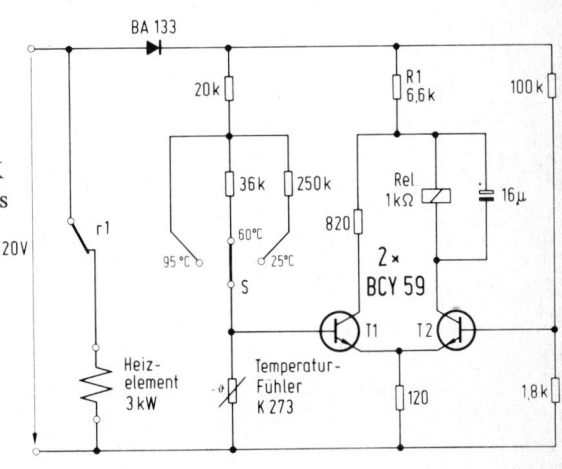

Abb. 5.17

dieses Relais ist die Heizung eingeschaltet. Sobald am Heißleiter die eingestellte Temperatur erreicht ist, schaltet der Differentialverstärker um und die Heizung wird abgetrennt.

Die Verwendung eines Differentialverstärkers macht die Schaltung weitgehend unempfindlich gegen Spannungs- und Temperaturschwankungen, weshalb die Schaltung auch mit Halbwellenspannung betrieben werden kann. Als Versorgungsspannung wurde deshalb die mit der Siliziumdiode BA 133 gleichgerichtete ungesiebte Netzspannung verwendet. Da der Differentialverstärker in dem Zustand etwa konstante Stromaufnahme hat, schützt der Spannungsabfall im Widerstand R 1 die Transistoren vor zu hoher Spannung.

Technische Daten:

Betriebsspannung	220 V
	50 Hz
Einstellbare Temperatur	25, 60 und
	95 °C
Temperaturfehler der Schaltung (20 bis 70 °C)	0,5 grd
Temperaturfehler einschließlich Änderung der Betriebsspannung von +10 bis −15 %	1,2 grd
Ein- und Ausschaltdifferenz des Reglers	1,5 grd

Relais R: Schaltrelais 15/V23009-A0001-A041

5.18 Regelschaltungen für Speicheröfen

In bisher bekannten Schaltungsentwürfen wird häufig der Restwärmefühler (RWF) als Spannungsteiler eingesetzt. Mit dieser Anordnung ist keine lineare Kennlinie möglich. Die Schaltung *Abb. 5.18.1* ermöglicht den Aufbau von Restwärmegeräten mit linearer Kennlinie. Mehrere Restwärmegeräte können wahlweise von einem externen Steuergerät beeinflußt werden, das eine von Umgebungsbedingungen abhängige Gleichspannung im Bereich von 0,91 V bis 1,43 V abgibt. Die Schaltspannung U 7 am Eingang 2 des OP 2 wird bei $U_{Steuer} = 0$ V bestimmt vom Teilerverhältnis P 3 + R 6/R 7 und

beträgt 0,91 V. Steuerspannungen > 0,91 V überträgt der OP 3 auf die Schaltspannung U 7.

Wegen des großen Vorwiderstandes 330 kΩ zur Steuerspannung wurde der „Darlington-OP" TCA 335 vorgesehen, dessen Eingangsstrom nur 20 nA beträgt. Der vom Eingangsoffsetstrom verursachte Ausgangs-Spannungsfehler beträgt ca. ± 3 mV; die Eingangsoffsetspannung ergibt einen zusätzlichen Fehler von ± 10 mV. Mit der Diode D 2 wird die benötigte negative Versorgungsspannung von 0,6 V erzeugt. Sollte die der Steuerspannung überlagerte Wechselspannung zu groß sein, ist ein Doppelsiebglied vorteilhaft.

Mit dem OP 1 wird dem Restwärmefühler ein konstanter Strom eingeprägt. Dadurch erhält man eine lineare Kennlinie der Ausgangsspannung U_A in Abhängigkeit vom PTC-Widerstand.

Bei richtiger Einstellung der Spannung U_0 entspricht die von RWF erzeugte Ausgangsspannung U_A dem Steuerspannungshub, so daß keine weitere Teilung der Steuerspannung erforderlich ist.

Die Berechnung der Spannung U_0 erfolgt nach der Gleichung

$$U_0 = U_{A\,230°C}\, \frac{1 - ab}{a - ab}$$

$$\text{Mit } a = \frac{U_{Steuer\,min}}{U_{Steuer\,max}} = \frac{0,91\,V}{1,43\,V} = 0,637$$

$$b = \frac{R_{RW\,20°C}}{R_{RW\,230°C}} = \frac{700\,\Omega}{1200\,\Omega} = 0,584$$

$$\text{und } U_{A\,230°C} = U_{Steuer\,min} = 0,91\,V \text{ wird}$$

$$U_0 = 2,18\,V.$$

Abb. 5.18.2 zeigt die Kennlinie der Schaltung. Die Hysterese wird bei $U_{Steuer} \leq 0,91$ V um ca. 20 % größer, da in diesem Bereich der Widerstand R 7 wirksam wird. Sollte dies stören, sind die Widerstände R 4, R 5 zu erhöhen oder der Teiler P 3, R 6, R 7 niederohmig auszuführen.

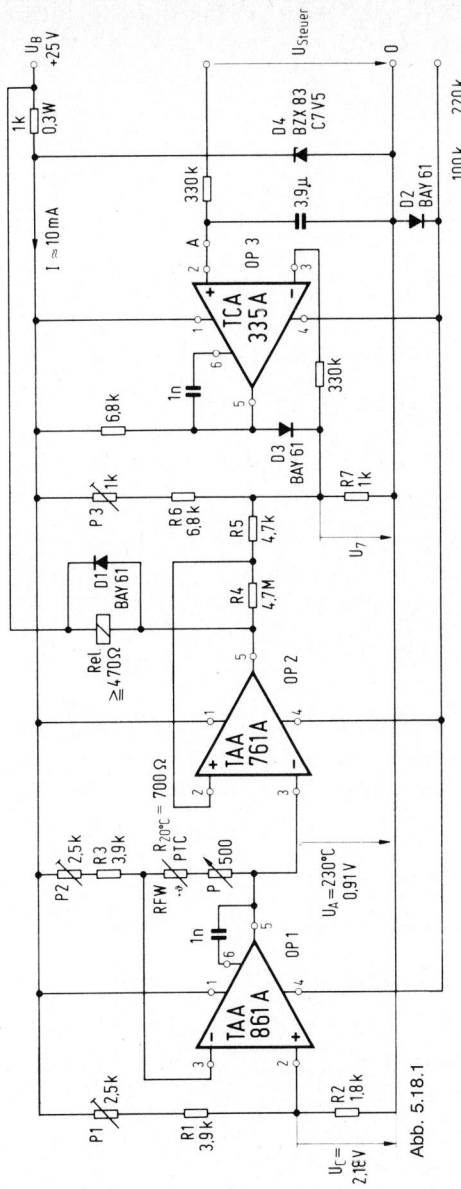

Abb. 5.18.1

Siebfaktor
>400 wie oben

Abgleich:

a) Mit P 1 U 0 = 2,18 V einstellen

b) Bei $R_{RW\ 230\ °C}$
und P = 0 Ω mit P 2 $U_{A\ 230\ °C}$ =
0,91 V einstellen

c) Bei U_{Steuer} = 0 mit P 3 U 7 = 0,91 V
einstellen.

Die Genauigkeit ist von der Stabilität der Zenerspannung abhängig. Die Anschlüsse 1 der
OP's können bei Bedarf auch an die unstabili-
sierte Spannung gelegt werden.

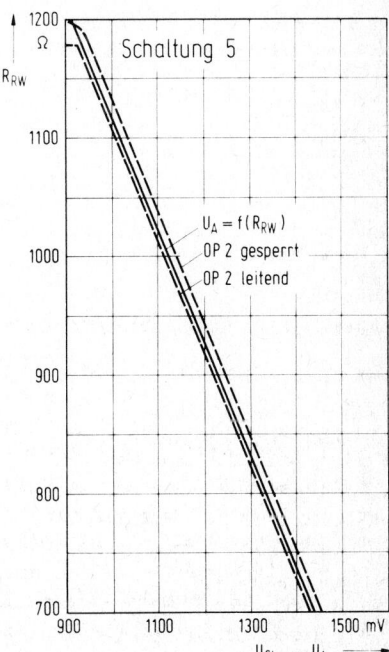

Abb. 5.18.2

177

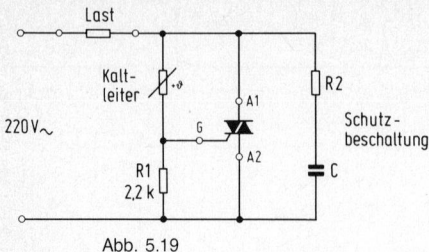

Abb. 5.19

5.19 Temperatursicherung mit Kaltleitern bei Netzbetrieb

Bestimmte Netzgeräte müssen gegenüber zu hohen Temperatureinwirkungen geschützt werden. Im Gefahrenbereich soll die Netzspannung ausgeschaltet und damit die Energiezufuhr unterbrochen werden. Die in *Abb. 5.19* gezeigte Temperatursicherung ist eine elektronische Lösung mit Triac und Kaltleiter.

Kaltleiter haben die Eigenschaft, daß sie unterhalb ihrer Anfangstemperatur verhältnismäßig niederohmig sind. Oberhalb der Anfangstemperatur haben Kaltleiter einen positiven Temperaturbeiwert, der dann bei der Nenntemperatur sehr steil ansteigt. Der Endwiderstand kann dann einige Mega-Ohm betragen.

Für den Anstieg des Widerstandes vom Kaltleiter ist es unerheblich, ob die Wärmeeinwirkung von außen oder von innen, z. B. Eigenerwärmung, erfolgt.

Liegt ein Kaltleiter, wie in unserem Beispiel, zwischen Anode und Gate eines Triacs, so wird beim Anlegen einer Wechselspannung an die Gesamtschaltung der Triac unmittelbar nach jedem Nulldurchgang zünden, also praktisch dauernd eingeschaltet sein. Der Kaltleiter kann sich nicht selbst aufheizen, da an ihm die niedrige Restspannung $U_{A2} - U_{GA1}$ liegt.

Wird dagegen der Kaltleiter durch äußere Wärmeeinwirkungen über seine Nenntemperatur aufgeheizt, wird diese rasch hochohmiger. Der Zündzeitpunkt des Triacs wird dadurch zeitlich vom Nulldurchgang der Wechselspannung weggeschoben. Die am Triac anstehenden impulsförmigen angeschnittenen Spannungshalbwellen heizen nun zusätzlich den Kaltleiter auf. Diese Temperatur-Rückkopplung macht den Kaltleiter schließlich so hochohmig, daß der Triac nicht mehr zündet und damit den Verbraucher abschaltet.

Wird der Ableitwiderstand R 1 so hochohmig bemessen, daß der Selbsthaltestrom des Kaltleiters voll abgeleitet wird, bleibt die Schaltung auch nach Rückgang der äußeren Temperatureinwirkung gesperrt.

Technische Daten: U_B 220 V $\sim$

max. Last	Nenntemp.	Kaltleiter	Triac	R 2	C
220 W	60 °C	P 330-B 22 P 330-B 20	TX C03 A60	470 Ω	0,1 µF
	80 °C	P 350-B 21 P 350-B 20			
600 W	60 °C	P 330-B 22 P 330-B 20	TX C02 A60	330 Ω	0,22 µF
	80 °C	P 350-B 21 P 350-B 20			
1200 W	60 °C	P 330-B 22 P 330-B 20	TX C01 A60	220 Ω	0,33 µF
	80 °C	P 350-B 21 P 350-B 20			

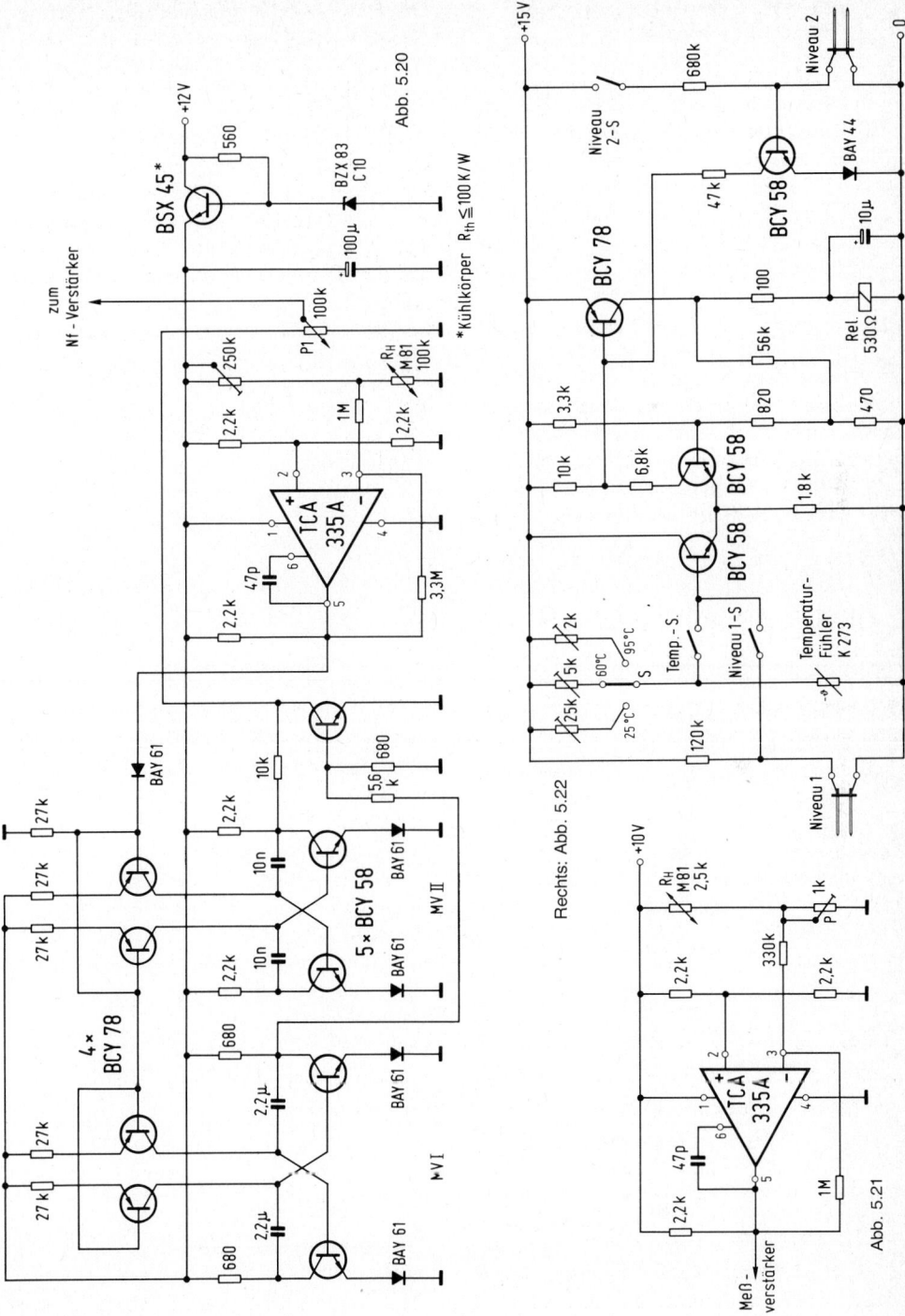

Abb. 5.20

Rechts: Abb. 5.22

Abb. 5.21

179

5.20 Indikator für Temperaturänderungen mit akustischer Anzeige

Die Schaltung *Abb. 5.20* hat die Aufgabe, die Widerstandsänderung eines Heißleiters in eine Frequenzänderung umzusetzen. Eine Grundfrequenz (ca. 1 kHz) wird dabei von einem niederfrequenten Multivibrator (5 Hz) geschaltet. Beide Frequenzen ändern sich in Abhängigkeit von der Temperatur. Über einen Endverstärker kann dieses Signal einem Lautsprecher zugeführt und akustisch wahrnehmbar gemacht werden. Die Messung stellt keine Absolutmessung dar, sondern es sollen nur Temperaturdifferenzen erfaßt werden. Prinzipiell könnten mit dieser Schaltung über geeignete Fühler auch andere Zustandsänderungen akustisch wahrnehmbar gemacht werden, z. B.: Helligkeitsänderungen über optoelektronische Fühler (Fotowiderstand, Fotodiode).

Im beschriebenen Fall der Temperaturmessung arbeitet der Heißleiter M81/100 Ω im elektrisch unbelasteten Zustand. Dadurch wird der Widerstandswert des Heißleiters nur von der Umgebungstemperatur bestimmt.

Die Weiterverarbeitung des von der Temperatur abhängigen Signals geht auf folgende Art vor sich: Der Heißleiter ist Teil eines Spannungsteilers, der zusammen mit einem fest eingestellten Spannungsteiler eine Brücke am Eingang eines OP's bildet. Mit dem Potentiometer (250 kΩ) in Serie zum Heißleiter kann die Brücke auf Null gestellt werden (ca. 5 V am Ausgang des OP).

5.21 Indikator für Strömungsänderung

Bei Strömungsmessungen ist ein Heißleiter elektrisch belastet. Durch unterschiedliche Strömungsgeschwindigkeiten eines bestimmten Mediums wird der Heißleiter (*Abb. 5.21*) unterschiedlich gekühlt und damit sein Widerstandswert verändert.

Der übrige Schaltungsteil ist gleich wie bei einem Indikator für Temperaturänderungen.

5.22 Niveau- und Temperaturüberwachung von Flüssigkeiten

In der Schaltung nach *Abb. 5.22* ist die im vorhergehenden Abschnitt beschriebene Temperatur-Regelschaltung noch um eine Flüssigkeits-Niveauüberwachung erweitert. Die Heizung wird hier mit dem Relais R abgeschaltet, wenn entweder am Heißleiter K 273 die eingestellte Temperatur erreicht ist oder die Fühler-Elektroden bei Niveau 2 nicht mehr in die Flüssigkeit eintauchen. Es ist auf diese Weise gewährleistet, daß immer eine Mindestmenge an Flüssigkeit im Behälter ist, wenn die Heizung eingeschaltet wird. Es handelt sich hier also um eine Sicherheitsvorkehrung zum Schutz der ganzen Anlage. Ohne Flüssigkeit würde der Heißleiter stets eine niedrige Temperatur anzeigen. Jeder Autofahrer kennt diesen gefährlichen Effekt, daß bei leerem Kühler die Temperaturanzeige nicht mehr funktioniert.

Die gleiche Schaltung kann auch noch zur Überwachung anderer Flüssigkeitspegel verwendet werden. Dies ist durch den Fühler Niveau 1 angedeutet, der über einen Schalter ebenfalls an den Differentialverstärker angeschlossen werden kann. Mit einem weiteren Kontakt des Relais R kann dann bei Erreichen des gewünschten Niveaus die Flüssigkeitszufuhr abgestellt werden.

Technische Daten:

Betriebsspannung	15 V
Einstellbare Temperatur	25, 60 und 95 °C
Temperaturfehler bei Spannungs- (+ 10 bis −15 %) und Temperaturschwankungen (0 bis 70 °C)	1 grd
Relais R: Kammrelais N/V 23154-C0720-B104	

5.23 Leck-Detektor

Da ausströmende Gase Ultraschall abstrahlen, läßt sich der nachfolgend beschriebene Ultraschallempfänger (*Abb. 5.23*) zur

Abb. 5.23

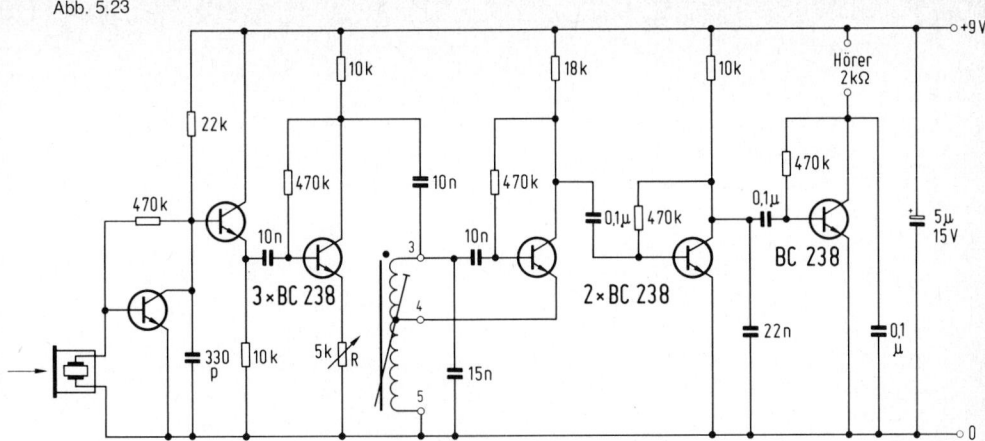

Lecksuche einsetzen. Unter Verwendung eines zusätzlichen Ultraschallsenders kann man Undichtigkeiten an geschlossenen Behältern auch in der Weise feststellen, daß man den Sender innerhalb des Behälters arbeiten läßt. – Der Empfänger eignet sich außerdem zum Aufspüren von Entladungszonen, weil von elektrischen Sprühentladungen ebenfalls Ultraschall erzeugt wird.

Der Ultraschallempfänger enthält einen Oszillator, dessen Frequenz gegenüber der durch den Empfängerwandler Typ 8222 293 15380 bestimmten Empfangsfrequenz um ca. 1 bis 2 kHz verschoben ist. Beim Empfang eines Ultraschallsignals wird ein im Hörbereich liegender Differenzton erzeugt und im Kopfhörer wiedergegeben. Die Empfindlichkeit des Gerätes läßt sich durch den veränderbaren Widerstand $R = 5$ kΩ variieren, während man durch Ändern der Induktivität des Oszillatorkreises den Differenzton auf eine bestimmte Frequenz bzw. auf größte Lautstärke abgleichen kann.

Spulendaten:

VALVO-Miniput-Bausatz
Rahmenkern Ferroxcube 3B 3122 104 91460,
Gewindekern Ferroxcube 3B 4322 020 32250,
Spulenkörper 4312 021 29670
Windungszahlen $N_{3-4} = $ 23 Wdg. $\Big\}$ 0,07 CuL
$ N_{4-5} = $ 197 Wdg.

5.24 Überlaufsicherung mit NTC-Meßfühler

Um beim Füllen von Behältern ein Überlaufen sicher zu verhindern, setzt man zunehmend elektronische Überlaufsicherungen ein. Nachfolgend wird eine derartige Schaltung (*Abb. 5.24*) beschrieben. Sie hat folgende Eigenschaften:

1. Die Schaltung arbeitet sicher in einem Umgebungstemperaturbereich von $-25\,°C$ bis $+65\,°C$. Die 24-V-Versorgungsspannung kann dabei um $+10\,\%$, $-15\,\%$ abweichen.

2. Die Temperatur des den Sensor umgebenden gasförmigen oder flüssigen Mediums kann ebenfalls im Bereich von $-25\,°C$ bis $+65\,°C$ liegen.

3. Die Schaltung zeigt beim Ausfall der Versorgungsspannung sowie bei Unterbrechung oder Kurzschluß im Sensorkreis den Zustand „gefüllt" an.

Der Kollektorstrom des als Konstantstromquelle arbeitenden Transistors T 1 fließt durch den mit R 2 bezeichneten, als Sensor eingesetzten NTC-Widerstand und heizt diesen auf. Entsprechend der Art und der Temperatur des Mediums, in dem sich der Sensor befindet, stellt sich dieser auf eine Temperatur ein, bei der die durch den Strom erzeugte Wärme gleich der in das umgebende Medium abfließenden Wärme ist.

Es sei nun zunächst angenommen, daß sich R 2 z. B. in Luft befindet. Die Wärmeablei-

181

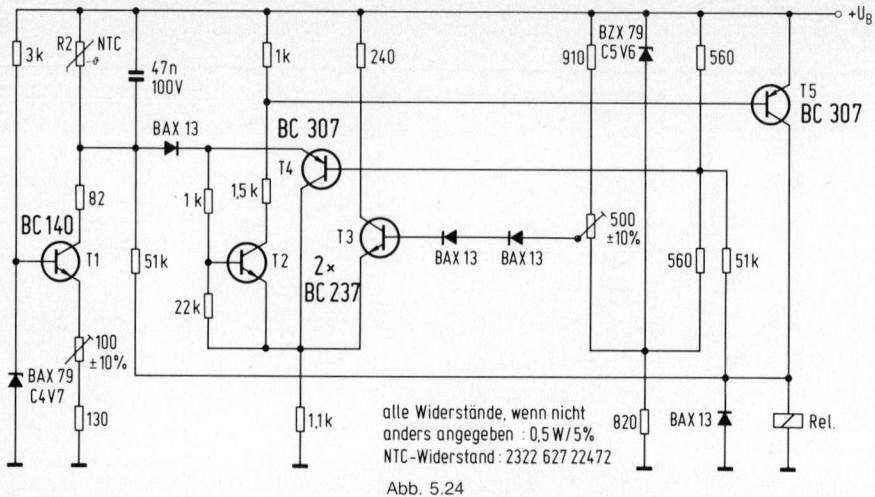

Abb. 5.24

tung ist dann gering. R 2 nimmt eine entsprechend hohe Endtemperatur und einen dieser Temperatur entsprechenden niedrigen Widerstandswert an. Die Folge ist eine relativ hohe Spannung an Punkt A, die bewirkt, daß sich T 2 und damit auch T5 im leitenden Zustand befinden und auch das Relais eingeschaltet ist. Taucht nun R 2 in die aufgefüllte Flüssigkeit ein, erhöht sich die Wärmeableitung, die Temperatur von R 2 sinkt, und der Widerstandswert steigt. Als Folge verkleinert sich die Spannung an Punkt A; T 2 und T 5 werden gesperrt, und das Relais geht in den stromlosen Zustand über.

Der Übergang vom gesperrten zum leitenden Zustand und umgekehrt vollzieht sich bei den Transistoren T 2 und T 5 in Form eines Kippvorgangs. Beginnt nämlich bei einer ansteigenden Spannung an Punkt A der Kollektorstrom durch T 2 und damit auch durch T 5 zu fließen, dann tritt am Relais ein Spannungsabfall auf. Die ansteigende Relaisspannung wirkt sich über R 6 am Punkt A als Mitkopplung aus, die zur schlagartigen Aufsteuerung der beiden Transistoren führt.

Die Transistoren T 2 und T 3 bilden einen Differenzverstärker. An der Basis von T 3 liegt die Vergleichsspannung, die die Schaltschwelle bestimmt und deren Höhe an R 14

eingestellt werden kann. D 1 verhindert, daß die Emitter-Basis-Sperrspannungen von T 2 und T 4 überschritten werden. D 2 und D 3 dienen der Kompensation von Temperatureinflüssen, D 4 verhindert das Auftreten von Induktionsspannungsspitzen, die beim Abschalten des Relaisstromes auftreten können. T 4 stellt eine elektronische Sicherung dar. Sie sorgt dafür, daß bei einem Kurzschluß im Sensorkreis der Transistor T 2 gesperrt wird und damit das Relais in den stromlosen Zustand gelangt.

Die erste Inbetriebnahme der Schaltung erfolgt bei einer Umgebungstemperatur von ca. 25 °C und einer Versorgungsspannung von 24 V. Der NTC-Widerstand wird durch einen Festwiderstand von 250 Ω ersetzt und der Kollektorstrom mit R 4 so eingestellt, daß an dem Ersatzwiderstand eine Spannung von 5,28 V auftritt. Nun wird R 14 langsam so verändert, daß das Relais gerade schaltet. Abschließend muß R 4 in eine Stellung gebracht werden, bei der der Strom durch den Ersatzwiderstand 24 mA beträgt.

Damit ist der einmalige Abgleich beendet, und der NTC-Widerstand kann wieder eingebaut werden. Die richtig abgeglichene Schaltung garantiert ein sicheres Arbeiten im gesamten Arbeitsbereich.

6 Elektronische Schaltungen mit Gleichspannungsregelkreisen – Gleichspannungsstabilisierung von Netzgeräten und Netzteilen für Sonderaufgaben

6.1 Einfache Parallel-Stabilisierungsschaltungen

Bei den Schaltungen *Abb. 6.1.1* und *Abb. 6.1.2* läßt sich mit Hilfe eines veränderlichen Widerstandes R 1 der Stabilisierungsfaktor für einen Arbeitspunkt unendlich machen.

Bei Schaltung Abb. 6.1.1 liegt die Ausgangsspannung fest. Sie ist etwa gleich der Durchbruchspannung der Z-Diode. Die Z-Diode wird nur mit dem Basisstrom des Transistors belastet. Die Kombination aus Transistor, Z-Diode, R 1 und R 2 wirkt wie eine Z-Diode hoher Leistung, deren differentieller Widerstand r_Z zwischen positiven und negativen Werten variiert werden kann. Er wird Null, wenn die Bedingung R 1 $= (r_Z + r_E)/ß$ erfüllt ist. r_E ist dabei der differentielle Basis-Emitter-Widerstand des Transistors.

Bei steigender Eingangsspannung nehmen der Strom durch die Z-Diode und damit auch Basis- und Kollektorstrom des Transistors zu. Der dadurch am Vorwiderstand R 0 und am Abgleichwiderstand R 1 erzeugte zusätzliche Spannungsabfall gleicht die Zunahme der Eingangsspannung derart aus, daß U_A konstant bleibt.

Die Schaltung (*Abb. 6.1.2*) besitzt den Vorteil, daß die Ausgangsspannung durch Änderung des Teilerverhältnisses R 3/R 4 variiert werden kann. Nachteilig ist, daß die Z-Diode den vollen Transistorstrom aushalten muß. Die Abgleichbedingung dieser Schaltung lautet R 1 $= (r_Z + r_E/ß) \cdot (R\,3 + R\,4)/R\,4$.

Der Ausgangswiderstand beider Schaltungen ist im abgeglichenen Zustand ungefähr R 1.

6.2 Parallel-Regler

Parallel-Regler arbeiten als selbstgesteuerte variable Parallelwiderstände (Parallellasten)

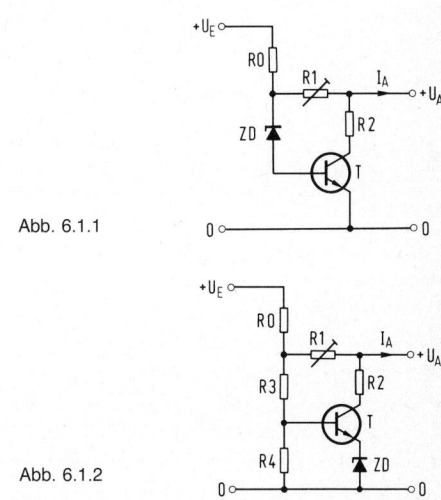

Abb. 6.1.1

Abb. 6.1.2

zum eigentlichen Verbraucherwiderstand. Sie sind sehr schnell, regeln also auch Impulse und impulsartige Netzeinbrüche infolge starker Belastungen schnell aus. Sie werden gerne in Fernsehgeräten verwendet, deren Tonendstufe im B-Betrieb arbeitet. Ohne Parallelregler würde die Bildbreite im Rhythmus von Sprache und Musik stark beeinflußt, ein Zustand, der sehr störend sein kann. Aber nicht nur in Fernsehgeräten können Parallelregler mit Vorteil eingesetzt werden. Es gibt eine Menge von Einsatzmöglichkeiten in der gesamten Elektronik.

Der Parallelregler kann auch als eine Art „verstärkte Zenerdiode" angesehen werden, jedoch mit dem enormen Vorteil, daß die Belastung des Regeltransistors meist auf ein Viertel der Verlustleistung einer funktionsgleichen Zenerdiode gesenkt werden kann. Der Widerstand im Kollektor kann also im durchgeschalteten Falle die ganze Parallellast übernehmen. Im Falle der halben Spannung am Kollektor führt nämlich der Transistor den

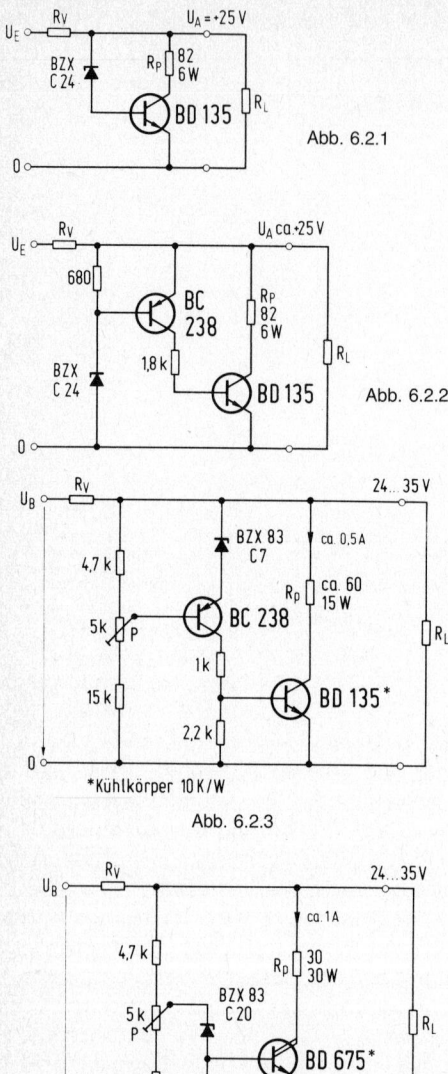

Abb. 6.2.1

Abb. 6.2.2

*Kühlkörper 10 K/W

Abb. 6.2.3

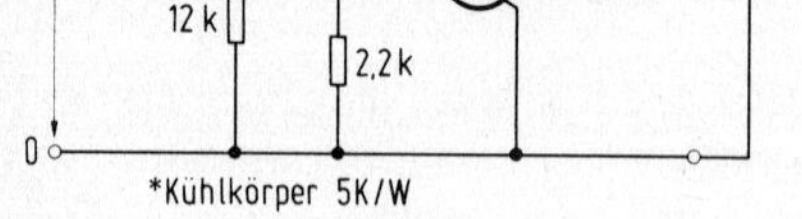

*Kühlkörper 5K/W

Abb. 6.2.4

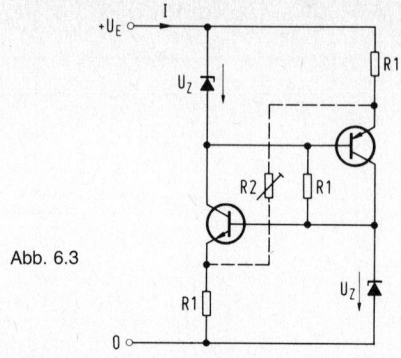

Abb. 6.3

Die Größe des Vorwiderstandes R_V richtet sich nach Regelumfang und der Größe der angelegten Spannung und deren Änderung. Der Widerstand R_P (Regelwiderstand) bestimmt die maximale Leistungsausregelung.

Die Schaltungen (*Abb. 6.2.3* und *Abb. 6.2.4*) sind für 15 bzw. 30 W ausgelegt und gestatten eine Einstellung der Ausgangsspannung im Bereich von z. B. 24 bis 35 V. Wie zu ersehen ist, besitzt die Schaltung (Abb. 6.2.4) nur einen Darlington-Transistor BD 675.

6.3 Konstantstrom-Zweipol

Schaltet man zwei Konstantstromquellen, die mit komplementären Transistoren bestückt sind, in Reihe (*Abb. 6.3*), so erhält man einen Zweipol, der es ermöglicht, einen Strom zu stabilisieren, und zwar in weiten Grenzen unabhängig von der Versorgungsspannung und dem Spannungsabfall an anderen Verbrauchern im Stromkreis.

Entfernt man die Widerstände R 2 und R 3, so arbeitet der Zweipol erst, nachdem er durch einen Stromimpuls in eine der beiden Basiselektroden gezündet ist, denn der Kollektorstrom des einen Transistors bildet den Basisstrom des anderen und umgekehrt. Dieser Kreislauf muß zunächst einmal in Gang gebracht werden. Das geschieht automatisch, wenn man den großen Widerstand R 3 (Größenordnung 1 MΩ) einfügt. Bei Germanium-Transistoren reicht meist der Sperrstrom der Transistoren zum Zünden aus, und R 3 ist überflüssig.

halben Strom und besitzt damit nur ein Viertel der vollen Parallellast als normale Verlustleistung.

Die Schaltungen (*Abb. 6.2.1* und *Abb. 6.2.2*) sind für feste Ausgangsspannungen gedacht.

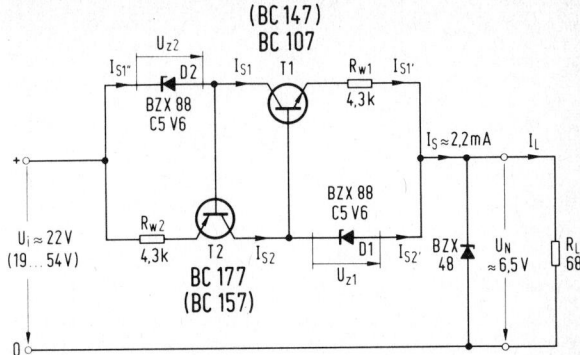

Abb. 6.4

Mit und ohne Zündwiderstand R 3 tritt beim Fehlen eines Zusatzwiderstandes R 2 bei Spannungsanstieg an den Klemmen eine geringfügige Stromzunahme auf. Sie kann mit Hilfe des Potentiometers R 2 kompensiert werden.

Verkleinert man R 2 über den für möglichst großen Strom-Stabilisierungsfaktor optimalen Wert hinaus, so wird die Kennlinie des Zweipols teilweise negativ.

An den Widerständen R 1 fällt annähernd die konstante Spannung U_z ab, d. h. sie werden von einem konstanten Strom durchflossen. Der Kollektorstrom beider Transistoren ist gleich diesem konstanten Strom vermindert um den Betrag, der durch den Widerstand R 2 fließt (Basisströme vernachlässigt). Bei Erhöhung der Spannung am Zweipol nimmt zwar der Strom durch diesen Widerstand zu, der Strom durch jeden der beiden Transistoren nimmt jedoch um den gleichen Betrag ab, so daß der Gesamtstrom im Zweipol um einen Betrag abnimmt, der gleich der Zunahme des Stromes durch R 2 ist. Der Zweipol hat also einen negativen differentiellen Widerstand − R 2, vorausgesetzt, R 3 ist groß gegen R 2.

Der ausnutzbare negative Kennlinien-Bereich ist begrenzt durch die Spannungen 2 U_Z und (R 2/R 1 + 2) U_Z. Bei kleineren Anschlußspannungen sind die Z-Dioden stromlos, bei größeren die Transistoren.

Dieses Element mit bequem einstellbarem und in weiten Grenzen konstantem negativen Widerstand kann beispielsweise zum Ausgleich eines positiven Widerstandes in einem Strom-

kreis eingesetzt werden, in dem der Strom konstant bleiben soll.

6.4 Referenzspannungsquelle für 6,5 V

Die hier angegebene Referenzspannungsquelle (Abb. 6.4) liefert eine von der Zeit und den Umweltbedingungen weitgehend unabhängige Gleichspannung U_N von ca. 6,5 V. Sie kann daher zur Eichung von Voltmetern verwendet werden und eignet sich vor allem in zahlreichen Meßgeräten (z. B. Digitalvoltmetern) und stabilisierten Strom- und Spannungsversorgungsgeräten als hochwertige Vergleichsspannungsquelle.

Die Referenzspannung U_N wird im wesentlichen von einem Halbleiter-Referenzelement BZX 48 (vgl. Fußnote 2) bestimmt, das zum Betrieb einen möglichst konstanten Strom von ca. 2 mA benötigt. Dieser Strom wird von einem Stromstabilisator geliefert, der aus zwei parallelgeschalteten, komplementären Stromstabilisatoren besteht. Diese arbeiten nach einem einfachen Prinzip: Die am Emitterwiderstand (R_{w1}, R_{w2}) eines Transistors (T 1, T 2) entstehende Spannung wird mit einer möglichst konstanten Spannung (U_{z1}, U_{z2}) verglichen. Die zwischen Basis und Emitter auftretende Differenzspannung steuert den Transistor so, daß der Kollektorstrom weitgehend unabhängig von der Speisespannung (U_i) und von einer im Kollektorkreis liegenden Last ist. Die

185

Vergleichsspannungen U_{z1} und U_{z2} werden im vorliegenden Fall durch die Z-Dioden D 1 und D 2 stabilisiert, die jeweils vom sehr konstanten Strom des anderen Stromstabilisators durchflossen werden. U_{z1} und U_{z2} sind deshalb, wie erforderlich, von der Speisespannung U_i nahezu unabhängig, so daß der differentielle Innenwiderstand des (gesamten) Stromstabilisators sehr hoch ist (mehrere Megohm). Da der differentielle Widerstand des Referenzelementes dagegen sehr klein ist ($< 50\,\Omega$), übt die Versorgungsspannung U_i praktisch keinen spürbaren Einfluß mehr auf die Referenzspannung U_N aus.

Die Temperaturabhängigkeit der Referenzspannung U_N wird vor allem durch den sehr kleinen Temperaturkoeffizienten des Referenz-elementes BZX 48 bestimmt, sie wird aber auch durch das Temperaturverhalten der Z-Dioden und Transistoren sowie der Widerstände R_{w1} und R_{w2} beeinflußt. Die Auswirkungen des Temperaturverhaltens von Z-Dioden und Transistoren auf U_N kompensieren sich teilweise, und der Einfluß der Widerstände R_{w1} und R_{w2} auf die Temperaturabhängigkeit von U_N kann dadurch genügend klein gehalten werden, daß Metallschichtwiderstände mit einem Temperaturkoeffizienten $|TK_R| < 100 \cdot 10^{-6}/\text{grd}$ verwendet werden.

Gegenüber Normalelementen hat diese Referenzspannungsquelle bei nur wenig schlechterer Stabilität den Vorteil, daß sie belastet werden kann, kurzschlußfest und mechanisch sehr robust ist.

Technische Daten:

Stabilisierte Ausgangsspannung $\qquad U_N = \qquad 6{,}5\,\text{V} \pm 5\,\%$

Ausgangsstrom (Laststrom) $\qquad I_L = \begin{cases} \text{min. } 0 \\ \text{max. } 0{,}3\,\text{mA [1]} \end{cases}$

Eingangsspannung (Speisespannung) $\qquad U_i = \begin{cases} \text{min. } 19\,\text{V} \\ \text{max. } 54\,\text{V} \end{cases}$

Eingangsstrom (stabilisierter Strom) $\qquad I_i = \qquad I_s \approx 2\,\text{mA}$

differentieller Ausgangswiderstand
(differentieller Innenwiderstand der Quelle, $\qquad \dfrac{dU_N}{dI_N} = r_o = \begin{cases} \text{max. } 50\,\Omega \\ \text{typ. } 20\,\Omega \end{cases}$
von der Last gesehen)

Stabilisierungsfaktor $\qquad \dfrac{dU_N}{dU_i} = a = \begin{cases} \text{max. } 3 \cdot 10^{-5} \\ \text{typ. } 3 \cdot 10^{-6} \end{cases}$

mittlerer Temperaturkoeffizient [2])
der Referenzspannung U_N zwischen $\qquad S_{AV} = \begin{cases} \text{min. } -100\,\mu\text{V/grd} \\ \text{max. } +140\,\mu\text{V/grd} \\ \text{typ. } +67\,\mu\text{V/grd} \end{cases}$
0 °C und 70 °C

Langzeitstabilität nach 100 Betriebsstunden $\qquad < 1\,\text{mV pro 1000 Betriebsstunden}$

Umgebungstemperatur $\qquad \vartheta_U = \begin{cases} \text{min. } 0\,°\text{C} \\ \text{max. } 70\,°\text{C} \end{cases}$

Referenzspannungsänderung $\Delta\,U_N$
bei einer Eingangsspannungsänderung
$\Delta\,U_i = 5\,\text{V}$ $\qquad\qquad \approx 15\,\mu\text{V (typischer Wert)}$

Referenzspannungsänderung $\Delta\,U_N$
bei einer Änderung der Umgebungstemperatur
von 0 °C auf 70 °C $\approx 4,7$ mV (typischer Wert)

Referenzspannungsänderung $\Delta\,U_N$
bei einer Laststromänderung $\Delta\,I_L = 100$ µA ≈ -2 mV (typischer Wert)

---

[1]) Die angegebene Referenzspannungsquelle kann Ströme bis max. 1,5 mA abgeben, jedoch verschlechtern sich die Stabilisierungseigenschaften bei Lastströmen I_L > ca. 0,3 mA (Vergrößerung des Ausgangswiderstandes und des Temperaturkoeffizienten). Andererseits ist die Schaltung kurzschlußfest ($I_{LS} \approx 2$ mA).

Die Referenzspannungsquelle kann auch größere, wenig schwankende (ΔI_L möglichst < 0,3 mA) Lastströme I_L bis zu einigen Milliampere ohne wesentliche Verschlechterung der Stabilisierungseigenschaften liefern, wenn die Widerstände R_{w1} und R_{w2} entsprechend der Beziehung

$$R_{w1} = R_{w2} \approx \frac{U_z - 0,65}{I_L/2 + 1}$$

(Z-Diodenspannung $U_z = U_{z1} = U_{z2}$ in V beim Strom $I_L/2 + 1$ mA, I_L in mA und R_{w1}, R_{w2} in kΩ) gewählt werden. Die maximal zulässige Verlustleistung der Transistoren darf nicht überschritten werden.

[2]) Der mittlere Temperaturkoeffizient S_{AV} ist wie folgt definiert

$$S_{AV} = \frac{U_{N\,max} - U_{N\,min}}{70\ grd}$$

wobei $U_{N\,max}$ und $U_{N\,min}$ die maximale und minimale Referenzspannung im Temperaturbereich zwischen 0 °C und 70 °C ist.
Werden an den Temperaturkoeffizienten der Referenzspannung weniger strenge Forderungen gestellt, so kann die angegebene Schaltung auch mit dem Referenzelement BZX 49 oder BZX 50 (anstelle von BZX 48) aufgebaut werden.

6.5 Kurzschlußfeste Serien-Stabilisierungsschaltung mit komplementären Transistoren

Über den Vorwiderstand R der Z-Diode (*Abb. 6.5*) fließt der Emitterstrom des Differenzverstärker-Transistors, der nahezu gleich dem Basisstrom des Endtransistors ist, und der Strom durch die Z-Diode, daß ein Spannungsabfall von ca. 17 V entsteht. Bei steigendem Laststrom muß der Emitterstrom des NPN-Transistors entsprechend zunehmen und der Strom durch die Z-Diode um den gleichen Betrag abnehmen. Die Ausgangsspannung wird so lange auf einen konstanten Wert geregelt, bis der Strom durch die Z-Diode zu Null geworden ist. Bei weiterer Verkleinerung des Lastwiderstandes sinkt die Ausgangsspannung ab und verursacht eine Verminderung des Basisstromes für den Steuertransistor und damit auch für den Endtransistor. Der Ausgangsstrom nimmt ab, und die Ausgangsspannung sinkt noch weiter. Es setzt ein Kippvorgang ein, und die Ausgangsspannung wird abgeschaltet.

Der Abschaltstrom kann überschlägig aus der Gleichung
$$I_{max} = (U_A - U_Z) \cdot B'/R$$
errechnet werden.

B' ist der Stromverstärkungsfaktor des Endtransistors unter Berücksichtigung des über den 47-Ω-Ableitwiderstand fließenden Stromes, U_Z ist die Durchbruchspannung der Z-Diode.

Nach dem Abschalten fließt über den Lastwiderstand ein kleiner Ruhestrom, der durch

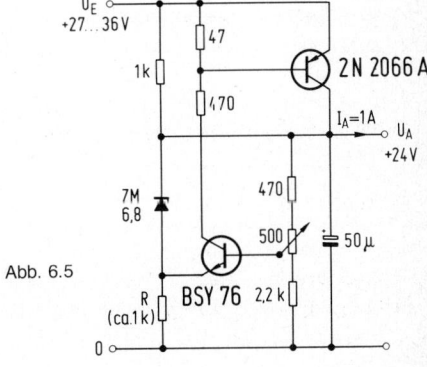

Abb. 6.5

187

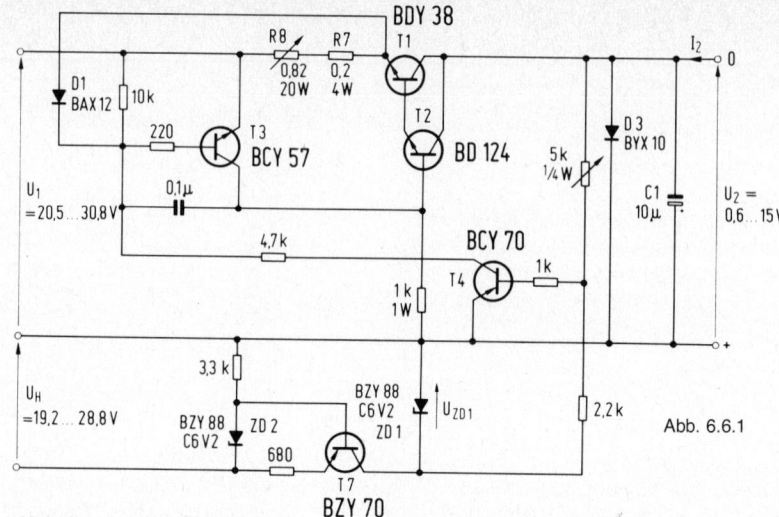

Abb. 6.6.1

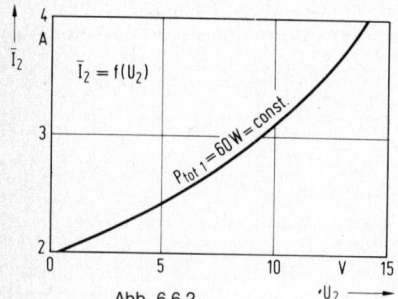

Abb. 6.6.2

den 1-kΩ-Widerstand bestimmt ist. Dieser Strom ist erforderlich, damit die Schaltung nach Aufhebung des Kurzschlusses oder Beseitigung der Überlast wieder einschaltet. Der Lastwiderstand muß dazu wenigstens so weit vergrößert werden, daß der Ruhestrom an ihm einen Spannungsabfall erzeugt, der größer als die Schwellspannung des NPN-Transistors ist.

Den oben erwähnten Vorzügen dieser einfachen Schaltung stehen zwei Nachteile gegenüber. Die Stabilisierung wird bei Annäherung an den Abschaltstrom schlechter, weil der differentielle Widerstand der Z-Diode mit fallendem Strom exponentiell anwächst und die Durchbruchspannung der Z-Diode und damit die Ausgangsspannung fällt. Außerdem ist der Abschaltstrom vom Stromverstärkungs-

faktor des Endtransistors abhängig. Es stören dessen Exemplarstreuung und Temperaturabhängigkeit.

6.6 Stabilisierungsschaltung 0,6 bis 15 V/2 bis 4 A

Durch Verwendung einer Hilfsspannung U_H können sehr kleine Ausgangsspannungen bis herab zu U 2 = 0,6 V stabilisiert werden (*Abb. 6.6.1*). Der Strom für die Vergleichsspannungsquelle U_{z1} wird von einem stabilisierten Stromgenerator (Z 2, T 7) geliefert.

Die Diode D 3 ist eingefügt, damit der Kondensator C 1 beim Einschalten des Gerätes von der Hilfsspannung nicht mit falscher Polarität aufgeladen wird. Mit dem Potentiometer R 8 kann man die Begrenzung des Laststromes so einstellen, daß die maximale Verlustleistung des Transistors T 1 nicht überschritten wird. Das Diagramm (*Abb. 6.6.2*) zeigt die zulässige Strombelastung der Stabilisierungsschaltung als Funktion der Ausgangsspannung.

Kenndaten:

Ausgangsspannung U 2 = 0,6...15 V
Ausgangsstrom I 2 = 2...4 A

(s. Diagramm)

188

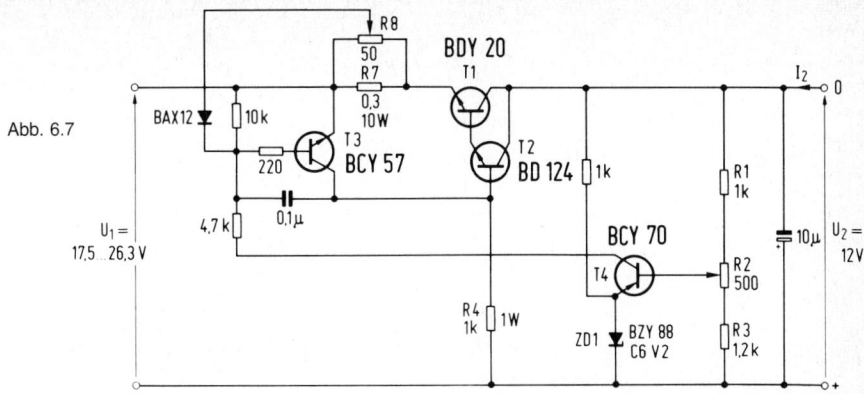

Abb. 6.7

Eingangsspannung U 1 = 20.5...30.8 V
Hilfsspannung U_H = 19,2...28,8 V
Innenwiderstand R_g = 40 mΩ
Wärmewiderstand
des Kühlkörpers
von T 1 $R_{th\,K}$ ≦ 0,64 grd/W
Wärmewiderstand des
Kühlkörpers von T 2 $R_{th\,K}$ ≦ 10 grd/W
Kühlkörper für T 1 vom Typ 56231 mit einer
Länge ≥ 22 cm

Meßwerte:

Meßbedingung	Änderung der Ausgangsspannung
Umgebungstemperatur ϑ_U = 0...60 °C (U 2 = 15 V)	ΔU 2 = 28 mV
Ausgangsstrom I 2 = 0...4 A (U 1 = const.) (U 2 = 15 V)	ΔU 2 = 160 mV
Eingangsspannung U 1 = 20,5...30,8 V Hilfsspannung U − 19,2...28,8 V (I 2 = 0)	ΔU 2 = 12 mV

6.7 Stabilisierungsschaltung 12 V/5 A

In dieser Schaltung (*Abb. 6.7*) findet neben der Begrenzung von Stromspitzen auf einen durch den Widerstand R 4 bestimmten Wert auch eine Begrenzung des Gleichstromwertes

des Ausgangsstromes über die Diode BAX 12 statt. Dieser Wert kann mit dem Trimmpotentiometer R 8 eingestellt werden.

Mit dem Trimmpotentiometer R 2 wird die Ausgangsspannung auf ihren Nennwert eingestellt.

Kenndaten:

Ausgangsspannung U 2 = 12 V
Ausgangsstrom I 2 = 5 A
Eingangsspannung U 1 = 17,5...26,3 V
Innenwiderstand R_g ≦ 40 mΩ
Wärmewiderstand des
Kühlkörpers von T 1 R_{thK} ≦ 0,18 grd/W
Wärmewiderstand des
Kühlkörpers von T 2 R_{thK} ≦ 20 grd/W

Kühlkörper für T 1 vom Typ 26231 mit einer Länge ≥ 15 cm

Meßwerte:

Meßbedingung	Änderung der Ausgangsspannung
Umgebungstemperatur ϑ_U = 0...60 °C	ΔU 2 = 24 mV
Ausgangsstrom I 2 = 0...5 A (U 1 = const.)	ΔU 2 = 170 mV
Eingangsspannung U 1 = 17,5...26,3 V	ΔU 2 = 10 mV

189

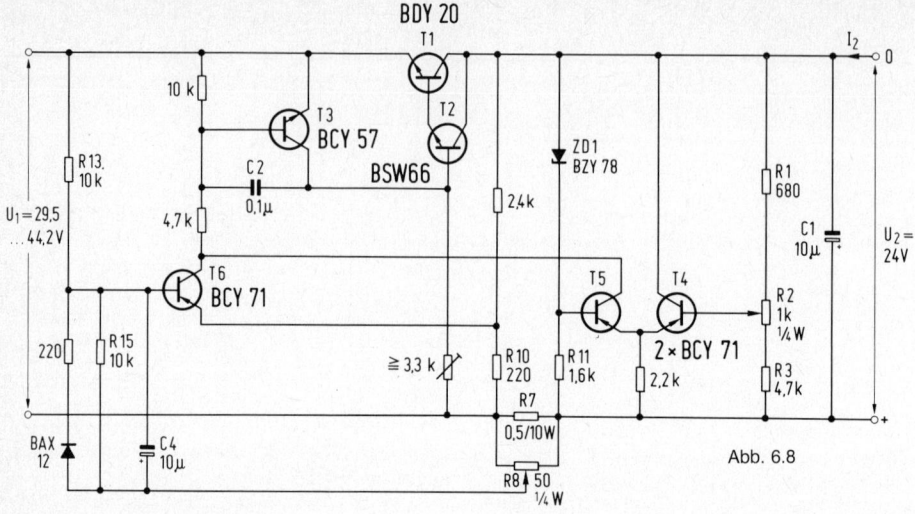

Abb. 6.8

6.8 Stabilisierungsschaltung 24 V/3A

In dieser Schaltung (*Abb. 6.8*) wird mit Hilfe des Differenzverstärkers T 4, T 5 eine besonders geringe Temperaturabhängigkeit der geregelten Spannung U 2 erzielt. Die Anordnung aus den Transistoren T 3, T 4, T 5 und T 6 zeigt bistabiles Verhalten. Beim Überschreiten eines bestimmten Laststromes, der mit dem Trimmpotentiometer R 8 eingestellt werden kann, kippt die Schaltung. Die Transistoren T 3 und T 6 werden leitend und damit T 1 und T 2 gesperrt. Der Laststrom ist abgeschaltet, und die Schaltung ist erst nach Beseitigung des Fehlers und kurzer Abschaltung der Eingangsspannung wieder betriebsbereit.

Das Trimmpotentiometer R 2 dient zur Einstellung der Ausgangsspannung auf den Nennwert. Mit dem Kondensator C 1 wird der Ausgang wechselspannungsmäßig kurzgeschlossen. Der Kondensator C 4 verhindert das Ansprechen der Sicherung beim Einschalten des Gerätes, und mit C 2 unterdrückt man hochfrequente Regelschwingungen.

Kenndaten:

Ausgangsspannung	U 2	= 24 V
Ausgangsstrom	I 2	$\leqq$ 3 A

Eingangsspannung	U 1	= 29,5...44,2 V
Innenwiderstand	R_g	= 40 mΩ
Wärmewiderstand des Kühlkörpers von T 1	R_{thK}	$\leqq$ 0,18 grd/W
Wärmewiderstand des Kühlkörpers von T 2	R_{thK}	$\leqq$ 20 grd/W

Kühlkörper für T 1 vom Typ 56230 mit einer Länge $\geqq$ 20 cm

Meßwerte:

Meßbedingung	Änderung der Ausgangsspannung
Umgebungstemperatur ϑ_U = 0...60 °C	ΔU 2 $\leqq$ 10 mV
Ausgangsstrom 12 = 0...3 A (U 1 = const.)	U 2 = 120 mV
Eingangsspannung U 1 = 29,5...44,2 V (I 2 = 0)	ΔU 2 = 18 mV

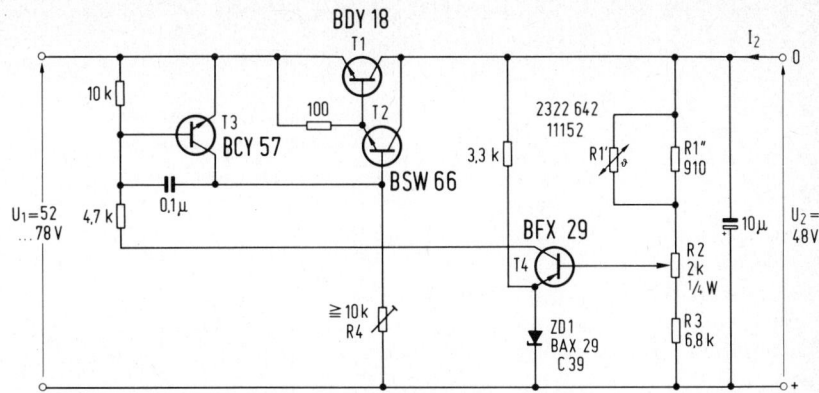

Abb. 6.9

6.9 Stabilisierungsschaltung 48 V/2A

In dieser Schaltung (*Abb. 6.9*) wird die Abhängigkeit der Ausgangsspannung von der Temperatur durch einen NTC-Widerstand R 1' weitgehend kompensiert. Spitzen des Ausgangsstromes werden auf einen durch den Widerstand R 4 bestimmten Wert begrenzt. Damit ist die Schaltung gegen kurzzeitige Überlastungen geschützt.

Kenndaten:

Ausgangsspannung	U 2	$= 48$ V
Ausgangsstrom	I 2	$\leqq 2$ A
Eingangsspannung	U 1	$= 52...78$ V
Innenwiderstand	R_g	$\leqq 40$ mΩ
Wärmewiderstand des Kühlkörpers von T 1	$R_{th\,K}$	$\leqq 0,63$ grd/W
Wärmewiderstand des Kühlkörpers von T 2	R_{thK}	$\leqq 20$ grd/W

Kühlkörper für T 1 vom Typ 56231 mit einer Länge $\geqq 20$ cm

Meßwerte:

Meßbedingung	Änderung der Ausgangsspannung
Umgebungstemperatur $\vartheta_U = 0...60\,°C$ Ausgangsstrom I 2 = 0...2 A (U 1 = const.)	$\Delta U\,2 = 100$ mV
	$\Delta U\,2 = 80$ mV
Eingangsspannung U 1 = 52...78 V (I 2 = 0)	$\Delta U\,2 = 30$ mV

6.10 Stabilisierungsschaltung 60 V/40 mA

Die Schaltung (*Abb. 6.10*) ist durch die Basisstrombegrenzung des Transistors T 1 kurz-

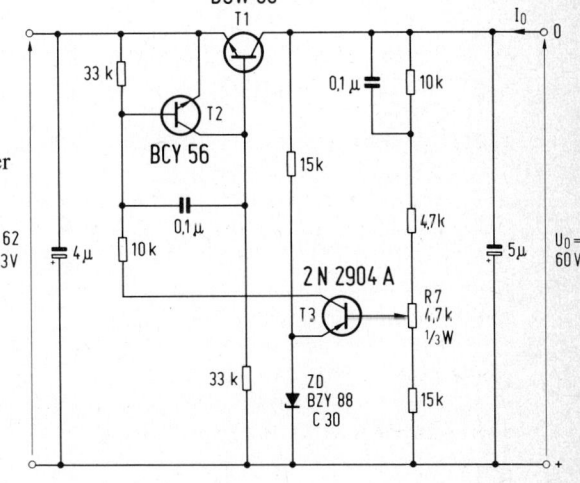

Abb. 6.10

191

zeitig überlastungssicher. Mit dem Potentiometer R 7 wird die Ausgangsspannung auf ihren Nennwert eingestellt.

Kenndaten:

Ausgangsspannung	U_o	$= 60$ V
Ausgangsstrom	I_o	$= 40$ mA
Eingangsspannung	U_i	$= 62...93$ V
Wärmewiderstand des Kühlkörpers von T 1	R_{thK1}	$= 50$ grd/W

Meßwerte:

Meßbedingung	Änderung der Ausgangsspannung
Eingangsspannung $U_i = 62...93$ V ($I_o = 0$)	$\Delta U_o = 20$ mV
Ausgangsstrom $I_o = 0...40$ mA ($U_i = $ const.)	$\Delta U_o = 5$ mV
Umgebungstemperatur $\vartheta_U = 0...60\,°C$	$\Delta U_o = 50$ mV/grd

Kenndaten:

Ausgangsspannung	U_0	$= 100$ V
Ausgangsstrom	I_0	$= 10$ mA
Eingangsspannung	U_i	$= 120...180$ V
Wärmewiderstand des Kühlkörpers	R_{thK}	$= 20$ grd/W

Meßwerte:

Meßbedingung	Änderung der Ausgangsspannung
Eingangsspannung $U_i = 120...180$ V (Nennlast)	$\Delta U_o = 1$ V
$U_i = 120...180$ V (Leerlauf)	$\Delta U_o = 1,5$ V
Ausgangsstrom $I_o = 0...10$ mA ($U_i = $ const.)	$\Delta U_o = 1,5$ V
Umgebungstemperatur $\vartheta_U = 0...60\,°C$	$\Delta U_o = 150$ mV/grd

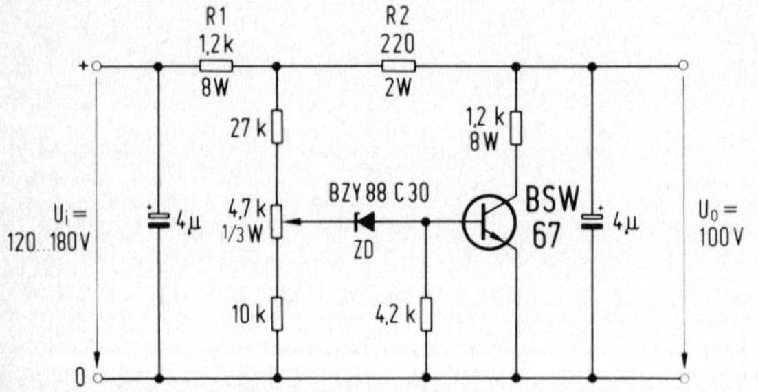

Abb. 6.11

6.11 Stabilisierungsschaltung 100 V/10 mA

Die Schaltung (*Abb. 6.11*) ist leerlaufsicher und in der angegebenen Dimensionierung kurzzeitig kurzschlußfest. Soll die Schaltung für Dauerkurzschluß geeignet sein, dann muß die zulässige Verlustleistung der Widerstände R 1 und R 2 vergrößert werden, und zwar: R 1 = 1,2 kΩ, 20 W; R 2 = 220 Ω, 4 W.

6.12 Stabilisierungsschaltung 100 V/1 A

In dieser Schaltung (*Abb. 6.12*) wird nur ein Teil der Ausgangsspannung U 2 in Abhängigkeit von Änderungen der Gesamtspannung geregelt. Diese setzt sich aus zwei Teilspannungen U 11 und U 12 zusammen, so daß sie größer als der Grenzwert $U_{CEO\,max}$ des Längstransistors T 1 eingestellt werden kann.

Die Schaltung ist gegen kurzzeitige Überlastungen geschützt. Die Quellen beider Teilspannungen müssen mit dem maximalen Laststrom belastbar sein.

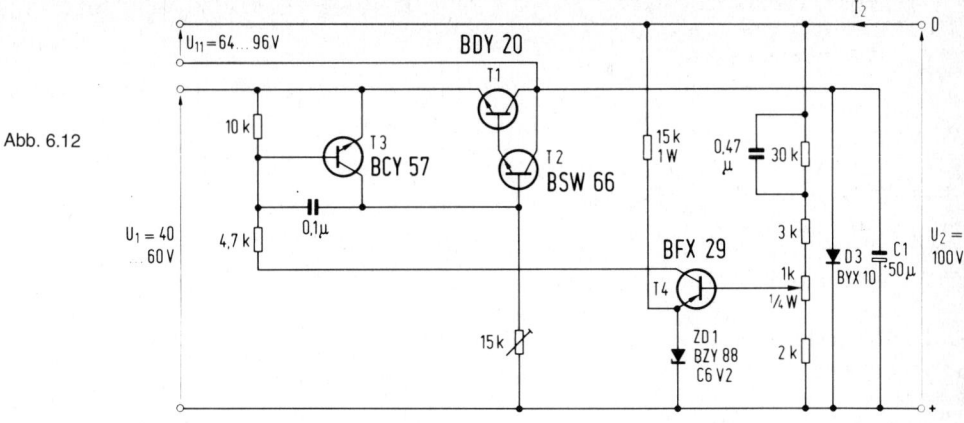

Abb. 6.12

Kenndaten:

Ausgangsspannung	U 2	= 100 V	
Ausgangsstrom	I 2	≤ 1 A	
Eingangsspannung	U 11	= 64...96 V	
Eingangsspannung	U 12	= 40...60 V	
Wärmewiderstand des Kühlkörpers von T 1	R_{thK}	≤ 0,8 grd/W	
Wärmewiderstand des Kühlkörpers von T 2	R_{thK}	≤ 80 grd/W	

Kühlkörper für T 1 vom Typ 56230
mit einer Länge ≥ 20 cm

Meßwerte:

Meßbedingung	Änderung der Ausgangsspannung
Umgebungstemperatur $\vartheta_U = 0...60\ °C$ Ausgangsstrom I 2 = 0...1 A (U 1 = const.)	$\Delta U\ 2 = 200\ mV$ $\Delta U\ 2 = 45\ mV$
Eingangsspannung U 11 = 64...96 V U 12 = 40...60 V } (I 2 = 0)	$\Delta U\ 2 = 60\ mV$

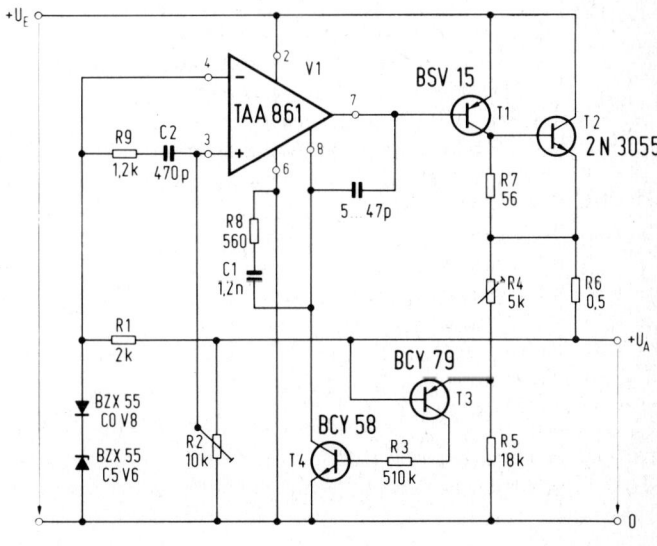

Abb. 6.13

6.13 Konstantspannungsquelle für Lastströme bis zu 5 A

Die Verwendung von Operationsverstärkern und die dadurch ermöglichte hohe Regelverstärkung ist besonders bei Netzgeräten für hohe Lastströme vorteilhaft, man erzielt so hohe Genauigkeiten der Ausgangsspannung auch bei großen Parameteränderungen. *Abb. 6.13* zeigt die Schaltung bei Verwendung des Operationsverstärkers TAA 861. Als Spannungsreferenz werden 2 Zenerdioden BZX 55 in Reihe geschaltet, wobei die eine in Flußrichtung gepolt ist. Auf diese Art wird eine gute Temperaturkompensation erreicht. Zur Ansteuerung des Ausgangsleistungstransistors T 2 ist zwischen dem Operationsverstärker und der Basis von T 2 eine PNP-Treiberstufe geschaltet.

Die Begrenzung des Ausgangsstromes erfolgt durch eine Mitkoppelschaltung, gebildet aus T 3, T 4 und dem Operationsverstärker.

Die Ansprechschwelle (Spannungsabfall durch Ausgangsstrom R 6) kann durch Verändern des Einstellers R 4 bestimmt werden. Infolge der negativen Kennlinie dieser Begrenzungsschaltung fließt im Kurzschlußfalle ein wesentlich kleinerer Strom als beim Begrenzungseinsatz.

Für eine ausreichende Kühlung (Kühlfläche mindestens 50 × 70 mm) des Ausgangstransistors ist Sorge zu tragen.

Technische Daten:

Eingangsspannung	7-18 V
Ausgangsspannung	max $U_E - 2$ V
Laststrom	max 5 A
Änderung der Ausgangsspannung	max $10^{-4} \times \Delta U_E$
Temperaturdrift	5×10^{-5}/K

6.14 Doppelkonstantspannungsquelle mit zwei Operationsverstärkern

Bei Doppelnetzgeräten besteht immer die Schwierigkeit, beide Spannungen synchron mit einem Regler einstellen zu können und die Forderung nach möglichst kleiner Abweichung beider Spannungen zu erfüllen.

Beide Probleme lassen sich elegant mit Operationsverstärkern lösen. Der obere Teil des Netzgerätes in *Abb. 6.14* unterscheidet sich kaum von einer normalen Ausführung, wie er in den Halbleiter-Schaltbeispielen der vergangenen Jahre veröffentlicht wurde. Mit dem Einsteller R 5 läßt sich die Ausgangsspannung variieren. Als Referenz dienen die beiden Zenerdioden D 1 und D 2. Der Transistor T 1 arbeitet als nachgeschaltete Leistungsstufe, T 2 als Hilfstransistor zur Strombegrenzung. Beim negativen Zweig (unterer Teil des Netzgerätes) wird als Referenz die Spannung Null benutzt. Der Soll-Ist-Wert-Vergleich geschieht über den Spannungsteiler R 8/R 9/R 10, welcher vom Ausgang der positiven Versorgung zum Ausgang der negativen Versorgung geschaltet ist. Die Regelschleife mit dem Operationsverstärker V 2 regelt den Abgriff des Potentiometers R 9 immer auf die Referenz, nämlich die Spannung Null. Als Leistungsstufe ist hier der PNP-Transistor BD 136 eingesetzt. Der Kollektor des Transistors T 1 führt auf den Hilfsanschluß zur Frequenzgangkompensation. Sobald dieser Transistor Kollektorstrom führt, tritt die mit R 12 zu bestimmende Strombegrenzung ein.

Be-
stückung:

2 TAA 861	Q67000-A 89
2 BC 237	Q67702-C 276
1 BD 135	Q 62702-D 106
1 BD 136	Q62702-D 107
2 BAY 41	Q60201-Y 41
1 BZX 55/V5 V6	Q62702-Z 570
BZX 55/C0 V8	Q62702-Z569

6.15 Spannungskonstanter mit Strombegrenzung

Die entsprechende Schaltung zeigt *Abb. 6.15*. Die Basis der Darlington-Ausgangsstufe des TAA 861 ist über den Eingang für die Frequenzkompensation (Anschluß 8) zugänglich.

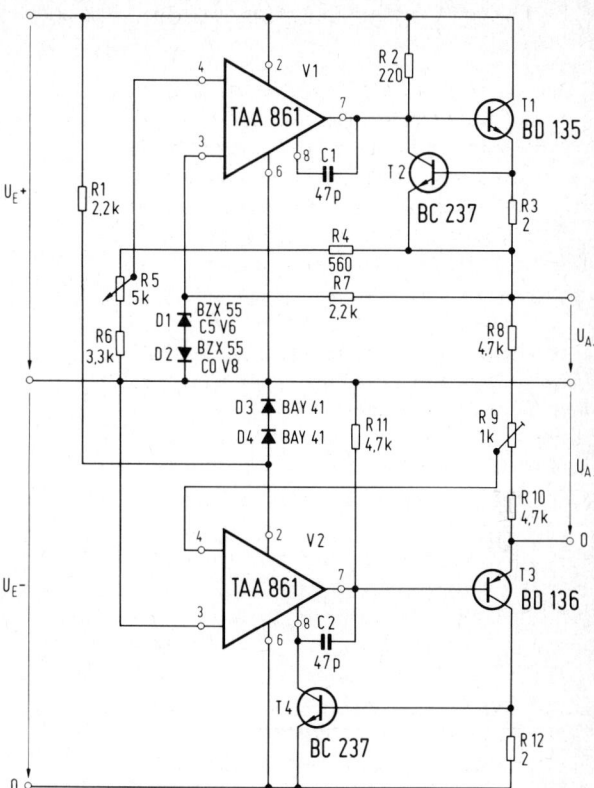

Abb. 6.14

Damit ist es möglich, die Ausgangsstufe des TAA 861 unabhängig vom Eingang zu sperren.

Der gewünschte Grenzstrom wird mit dem Potentiometer P 1 eingestellt. Der Ausgangsstrom erzeugt an P 1 einen Spannungsabfall, der beim Erreichen der Schwellenspannung den Transistor BC 107 in die Sättigung steuert. Damit ist die Ausgangsstufe des TAA 861 über die Kollektor-Emitter-Strecke des BC 107 blockiert. Die Grenze des Ausgangsstromes I_A ergibt sich dabei wie folgt:

$$I_A \sim \frac{U_{BE}}{P_1} \; mA$$

Beträgt P 1 zum Beispiel 10 Ω, so liegt der Maximalwert bei:

$$I_A \sim \frac{550}{10} \sim \underline{\underline{55 \; mA}}$$

Die Regelgenauigkeit F des Konstanters bleibt durch diese zusätzliche Schaltungsmaßnahme bis ungefähr 80 % des Begrenzungsstromes unverändert.

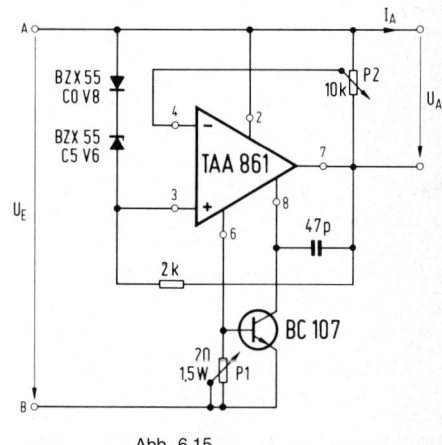

Abb. 6.15

195

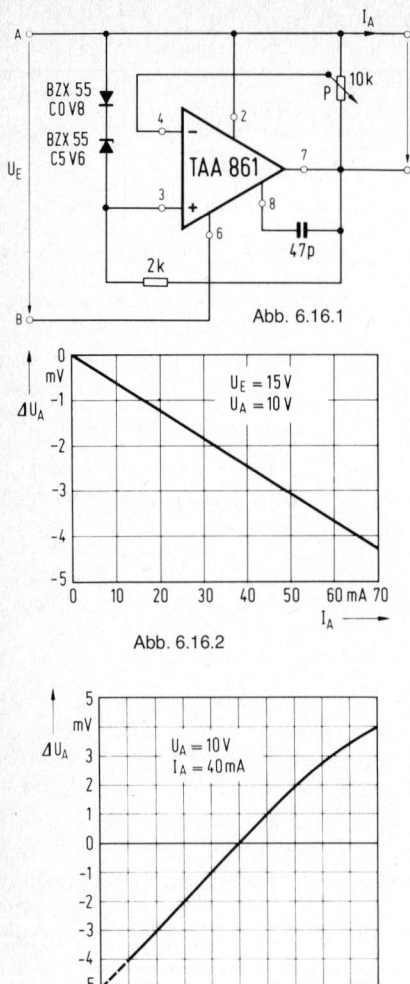

Abb. 6.16.1

Abb. 6.16.2

Abb. 6.16.3

bessert diese Schaltungsmaßnahme den Temperaturkoeffizienten des Konstanters ungefähr um den Faktor 10. Ein großer Vorteil der Schaltung entsprechend *Abb. 6.16.1* ist die Stromversorgung der Zenerdioden von der geregelten Ausgangsspannung U_A. Ohne zusätzliche Bauelemente ist es hier möglich, die Referenzelemente BZX 55 unabhängig von der Eingangsspannung U_E mit einem konstanten Strom zu speisen. Diese Stromeinprägung ist bei jedem Netzgerät von besonderer Bedeutung, weil jede Referenzspannungsabweichung eine proportionale Änderung der Ausgangsspannung U_A hervorruft. Diese Betriebsart setzt allerdings die Bedingung $U_A > U_{ref}$ voraus.

Die gewünschte Ausgangsspannung U_A wird mit dem Potentiometer P eingestellt. Über den Schleifer gelangt ein proportionaler Anteil der Ausgangsspannung U_A an den nichtinvertierenden Eingang (Anschluß 4). Die Ausgangsspannung U_A regelt sich jetzt immer so ein, daß im linearen Aussteuerbereich des Operationsverstärkers die Eingangsbedingung $U\,34 = 0\,V$ erfüllt ist. *Abb. 6.16.2* zeigt hierzu die Abweichung der Ausgangsspannung ΔU_A als Funktion des möglichen Laststrombereiches I_A des TAA 861 von 0 bis 70 mA.

Die Ausgangsspannung U_A in Abhängigkeit der Eingangsspannung U_E des Spannungskonstanters ist in *Abb. 6.16.3* dargestellt. Bei einem konstanten Ausgangsstrom $I_A = 40$ mA beträgt entsprechend dieser Kurve die Variation der Ausgangsspannung $\Delta U_A = \pm 4$ mV, wenn sich die Eingangsspannung U_E von 15 V auf 11 V bzw. 20 V ändert.

Der mögliche Ausgangsstrom I_A ist durch die zulässige Verlustleistung P_{tot} des Operationsverstärkers TAA 861 bestimmt. Sie beträgt ohne Kühlkörper 400 mW. Dabei ist zu beachten, daß der Ausgangsstrom in keinem Fall den möglichen Maximalwert des TAA 861 von $I_A = 70$ mA überschreiten darf.

Die Grenzbedingung lautet somit:

$$I_{Amax} = \frac{P_{tot}}{U_E - U_A}\, mA < 70\, mA$$

6.16 Spannungskonstanter

Abb. 6.16 zeigt einen äußerst einfachen und wirkungsvollen Spannungskonstanter mit dem Operationsverstärker TAA 861. Die Dioden BZX 55 C5V6 und BZX C0V8 am nichtinvertierendem Eingang (Anschluß 3) erzeugen die notwendige Referenzspannung U_{ref}. Der gegenläufige Temperaturgang der beiden Dioden ergibt eine sehr temperaturstabile Spannungsreferenz. Im Vergleich zu einer einzelnen Zenerdiode BZX C5V6 als Referenzelement ver-

Beträgt also $U_E - U_A$ zum Beispiel 10 V, so folgt $I_{Amax} = 40$ mA. Für Werte $(U_E - U_A) <$ 5,7 gilt $I_{Amax} = 70$ mA.

Aufgrund der hohen Verstärkung des TAA 861 weist der Konstanter einen sehr kleinen dynamischen Innenwiderstand von $R_i \approx 60$ mΩ auf.

Der Konstanter entsprechend Abb. 6.16.1 eignet sich für die Stabilisierung positiver und negativer Spannungen. Dabei ist lediglich zu beachten, daß Punkt A bezogen auf Punkt B immer positiv sein muß.

Technische Daten:

Eingangsspannung $\quad U_E \quad$ 11 bis 20 V
Ausgangsspannung $\quad U_A \quad$ 8 bis 18 V
Maximaler Ausgangs-
strom, soweit die zu-
lässige Verlustleistung
des TAA 861 nicht
überschritten wird $\qquad I_A \quad$ 70 mA

Netzregelung bei
$\Delta U_E = 1$ V; $U_E = 15$ V; $\quad F = \dfrac{\Delta U_A}{U_A} 1 \cdot 10^{-4}$
$U_A = 10$ V; $I_A = 40$ mA
Lastregelung von
$I_A = 0$ bis 60 mA bei $\quad F = \dfrac{\Delta U_A}{U_A} 4 \cdot 10^{-4}$
$U_E = 15$ V;
$U_A = 10$ V

Dynamischer Innen-
widerstand $\qquad R_i \quad$ 60 mΩ
Temperaturkoeffizient
der Ausgangsspannung $a \quad$ 3 bis $5 \cdot 10^{-5} \dfrac{V}{K}$

6.17 Stromkonstanter

Abb. 6.17 zeigt die Schaltung eines Strom-konstanters mit dem Operationsverstärker TAA 861. Die erforderliche Referenzspannung erzeugen die Zenerdioden BZX 55. Der nach-geschaltete PNP-Transistor BD 136 dient als Leistungsverstärker für Ausgangsströme I_A bis 750 mA. Der BD 136 ist in den Gegen-kopplungszweig einbezogen. Dadurch wird der Emitterstrom eingeprägt, denn aufgrund der Bedingung U 34 = 0 V im Arbeitsbereich des Operationsverstärkers muß am Widerstand R ebenfalls die Spannung U_{ref} abfallen. Die Beziehung für den Ausgangsstrom I_A ergibt sich damit unter Berücksichtigung der Strom-verstärkung B des BD 136 wie folgt:

$$I_A = \frac{U_{ref}}{R} \cdot \frac{B}{B+1} \; A$$

Ist B ausreichend hoch, so gilt näherungsweise:

$$I_A \sim \frac{U_{ref}}{R} \; A$$

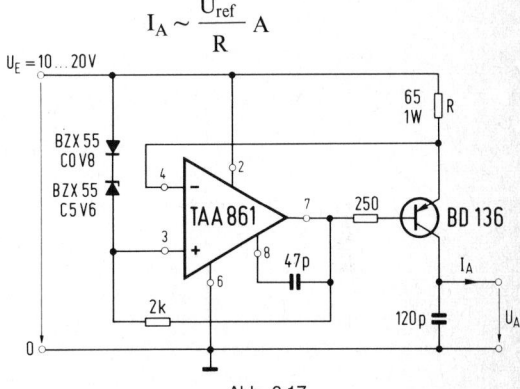

Abb. 6.17

Der Maximalwert des Stromes I_A ist durch die minimale Stromverstärkung B des Lei-stungstransistors und den zulässigen Ausgangs-strom des TAA 861 von 70 mA begrenzt. Wei-terhin ist zu berücksichtigen, daß bei steigen-den Ausgangsströmen I_A die Stromverstärkung B der Leistungsstufe fällt und einen zunehmen-den Regelfehler verursacht. Bei hohen Anfor-derungen an die Genauigkeit und den Strom I_A ist daher vorteilhaft, eine PNP-Darlington-stufe vorzusehen. Zum Abschluß sei noch auf die erforderliche Wärmeableitung des BD 136 hingewiesen.

Technische Daten:

Eingangsspannung $\quad U_E \quad$ 10 bis 20 V
Ausgangsstrom $\qquad I_A \quad$ 100 mA
Maximaler Ausgangs-
strom (R = 8,5 Ω) $\qquad I_A \quad \sim$ 750 mA

Netzregelung bei
$\Delta U_E = 1$ V; $U_E = 15$ V; $\qquad F = \dfrac{\Delta I_A}{I_A} 2 \cdot 10^{-4}$
$I_A = 100$ mA

197

Lastregelung von
$U_A = 0$ bis 10 V bei
$U_E = 15$ V;
$I_A = 100$ mA

$$F = \frac{\Delta I_A}{I_A} \, 1{,}6 \cdot 10^{-3}$$

Temperaturkoeffizient des Ausgangsstromes

Temperaturkoeffizient
des Ausgangsstromes

$$\alpha < 5 \cdot 10^{-4} \frac{V}{K}$$

6.18 Stromkonstanter 2 bis 15 A/30 V

Es wurde ein Stromkonstantgerät einstellbar zwischen 2 bis 15 A, entwickelt (*Abb. 6.18*).

Der Differenzverstärker mit den Transistoren T 14, T 15 vergleicht den vom Ausgangsstrom verursachten Spannungsabfall am Meßwiderstand R_M mit dem Sollwert am Spannungsteiler R 1 − R 2, dessen Spannungsversorgung mit der Zenerdiode D stabilisiert ist.

Die Einstellung des Ausgangsstromes erfolgt mit dem Meßwiderstand R_M, der als Leistungspotentiometer für eine kontinuierliche Einstellung oder als Stufenwiderstand (mit Feineinstellung durch das Potentiometer P) ausgeführt werden kann.

Das Signal der Differenzstufe wird von T 13, T 12, T 11 verstärkt und den Längsregeltransistoren T 1 bis T 10 zugeführt. An den Transistoren fällt eine Verlustleistung bis 240 W ab, die von einem Kühlkörper mit einem Wärmewiderstand $R_{thK} \leq 0{,}35$ K/W abgeführt wird. Um eine gleichmäßige Verlustleistungsaufteilung zu gewährleisten, müssen die Längsregeltransistoren in ihrer Basis-Emitterspannung auf ≤ 200 mV bei $I_C = 1{,}5$ A, $U_{CE} \approx 3$ V gepaart werden.

Technische Daten:

Betriebsspannung U_B	28 bis 36 V/15 A
Stromkonstantbereich	2 bis 15 A
Lastwiderstand	0,65 bis 13,5 Ω
Kühlkörper für	
T 1 bis T 11	$\leq 0{,}35$ K/W
Kühlkörper gemeinsam	
T 12	≤ 60 K/W

6.19 Spannungs-Konstantgerät $\pm$ 15 V/5 A

Es wurde ein Netzgerät $\pm$ 15 V/15 A (*Abb. 6.19*) entworfen. Die Ausgangsspannungen sind zwischen 12 V und 17 V einstellbar.

Für den Netztrafo wird ein Schnittbandkern verwendet, der gegenüber den üblich geschichteten Kerntypen ein besseres Leistungs-Gewichts-Verhältnis aufweist. Die Spannungsregelung wird jeweils über 2 parallel geschaltete Längstransistoren und einem Operationsverstärker TAA 761 als Regelverstärker vorgenommen. Bei der negativen Spannung dient die Masse als Referenz für den Soll-Istwertvergleich.

Die Spannungseinstellung erfolgt mit P 1 und P 2, wobei der Mittelabgriff von P 2 zuerst auf 0 eingestellt wird. Mit P 1 können dann beide Ausgangsspannungen symmetrisch verstellt werden (Einstellbarkeit z. B. zwischen 12 V und 17 V).

Sowohl für die positive wie für die negative Spannung werden npn-Leistungstransistoren als Längsregler verwendet. Da für eine Spannung jeweils 2 Stück 2N3055 parallel geschaltet werden müssen, sind zwecks besserer Lastaufteilung in die Emitterleitungen 0,22 Ω Widerstände geschaltet.

Technische Daten:

Netzspannung	220 V/$\pm$ 15 %/50 Hz
Ausgangsspannungen	$\pm$ 15 V
	(einstellbar von 12-17 V)
max. Ausgangsstrom	je 5 A
max. Umgebungstemperatur	50 °C

Netztransformator:

Schnittbandkern (Vacuum-Schmelze)	$2 \times$ SE 130 a
Primärwicklung (220 V)	$n_1 = 490$ Wdgn/ $d = 1{,}0$ mm $\varnothing$
Sekundärwicklung	$n_2 = n_3 = 50$ Wdgn/$d_2 = d_3 =$ 1,8 mm $\varnothing$
Bestellbezeichnung:	B71725-A130-A2

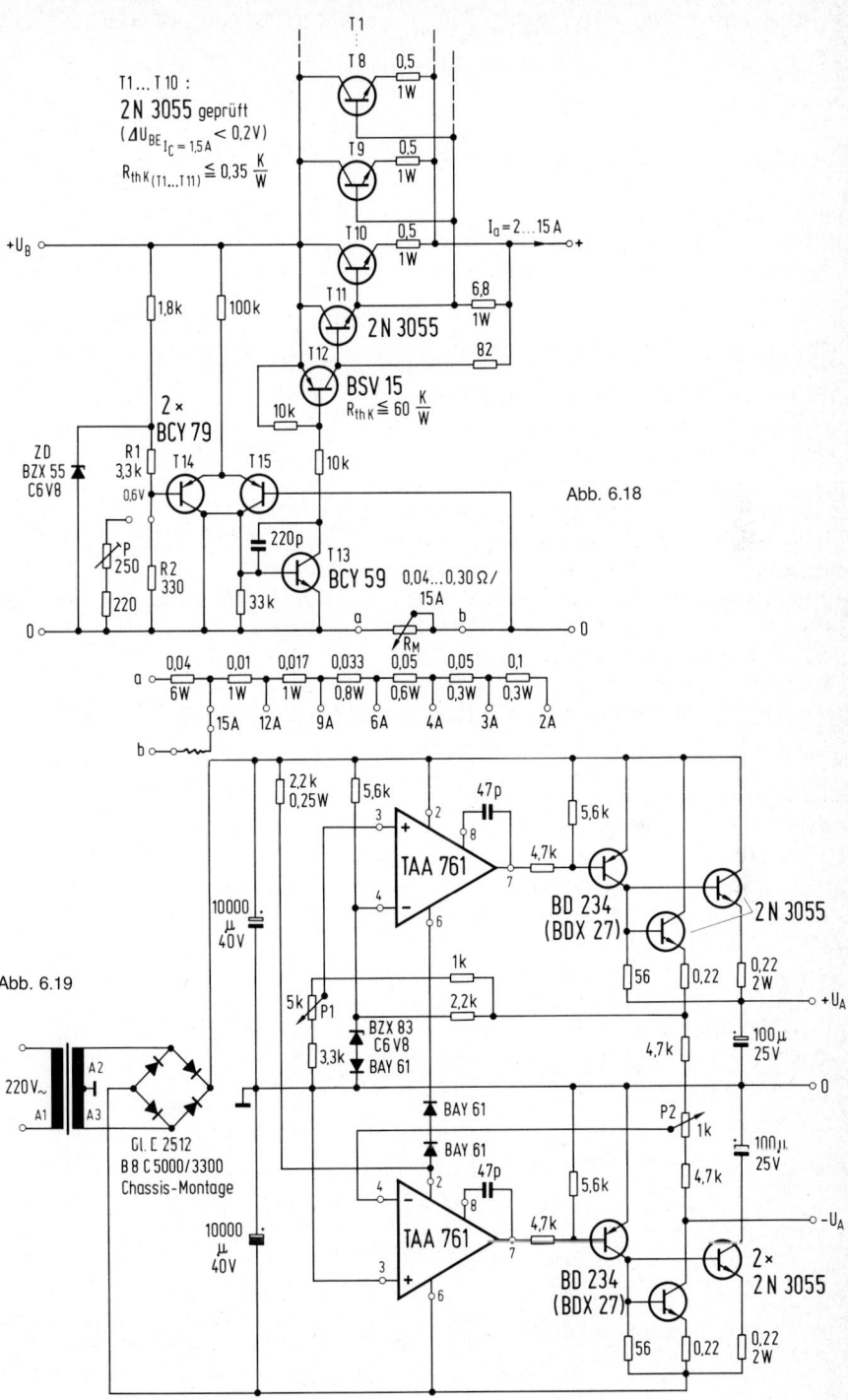

Abb. 6.18

Abb. 6.19

Wärmewiderstand der Kühlkörper:

für jeden Transistor 2 N 3055 $\quad R_{th} \leqq 2,5$ K/W
für jeden Transistor BD 234 $\quad R_{th} \leqq 23$ K/W
$\qquad\qquad\qquad\qquad$ oder
für jeden Transistor BDX 27 $\quad R_{th} \leqq 38$ K/W

6.20 Hochkonstantes Netzgerät mit Spannungs- und Stromregelung

Das hochkonstante Netzgerät, *Abb. 6.20* erlaubt es, Spannungen zwischen 0 und 30 V einzustellen. Der Stromwert, bei dem aus der Spannungsregelung eine Stromkonstantregelung wird, kann ebenfalls zwischen 0 und 1 A variiert werden.

Die am Potentiometer R 16 abgegriffene Spannung wird mit der Referenzspannung an der Basis von T 9 verglichen. Entstehen durch Last- oder Netzspannungsänderungen Spannungsschwankungen, so bildet sich am Transistor T 9 und T 10 ein Differenzsignal. Dieses Signal wird mit Transistor T 6 verstärkt an die Basis des Transistors T 1 gebracht. Transistor T 1 steuert nun über Transistor T 2 die End-

stufentransistoren T 3 und T 4, bis das Spannungsgleichgewicht am Differenzverstärker wieder hergestellt ist. Der Kollektorstrom von Transistor T 10 wurde so klein gewählt, daß die Eigenerwärmung dieses Transistors praktisch nicht ins Gewicht fällt. Die maximale Ausgangsspannung soll mit dem Potentiometer R 17 so eingestellt werden, daß bei Netzunterspannung und 1 A Last und betriebswarmem Trafo (nach 2 Stunden Vollast) am Ausgang keine starke Brummerhöhung auftritt. Der Schleifer vom Potentiometer R 16 muß dabei auf den Fußpunkt gedreht sein.

Wird der Lastwiderstand entsprechend klein, so würden sich durch die Spannungsregelung beliebig hohe, nur durch den Quellenwiderstand begrenzte Ströme einstellen. Die Begrenzung des Stromes übernimmt die Stromregelung. Mit Rücksicht auf die Größe des erforderlichen Kühlkörpers für die Endstufe wurde der maximale Konstantenstrom auf 1 A festgelegt.

Am Widerstand R 9 entsteht eine dem Laststrom proportionale Spannung. Der Differenzverstärker, bestehend aus Transistor

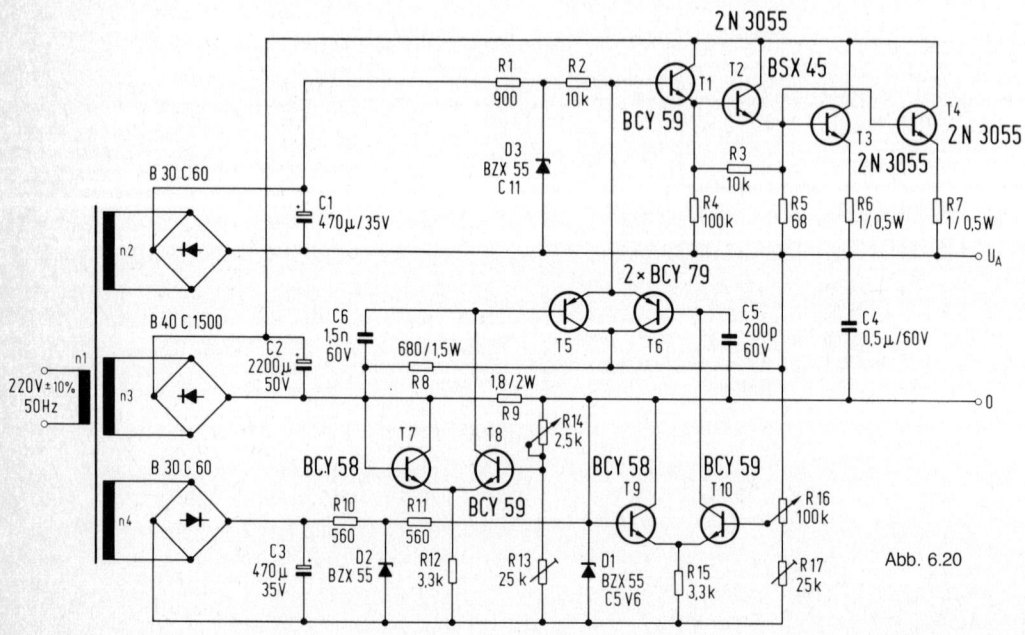

Abb. 6.20

T 7 und T 8, wird mit R 13 so eingestellt, daß bei R 14 = 2,5 kΩ und 1 A Last der Transistor T 8 leitend wird. Der Kollektorstrom von Transistor T 8 steuert T 5 an. Dieser Transistor übernimmt nun den Basisstrom von Transistor T 1, der bei der vorangehenden Spannungsregelung über Transistor T 6 abgeflossen ist. Die Spannungsregelung geht mit kleinem Übergangsbereich in eine Stromregelung über. Das bedeutet, daß bei kleiner werdendem Lastwiderstand die Spannung am Ausgang zurückgeregelt wird, damit der Laststrom konstant bleibt. Mit dem Einstellpotentiometer R 14 können die gewünschten Konstantströme eingestellt werden.

Die Stabilität der Ausgangsspannung über die Umgebungstemperatur ist nur vom Temperaturgang der Referenzdiode D 1 abhängig. Die Kondensatoren C 4 und C 5 unterdrücken Regelschwingungen, die vorwiegend im Übergangsbereich zwischen Strom- und Spannungsregelung und im Leerlauf auftreten würden.

Technische Daten:

Betriebsspannung	:	220 V ± 10 %
Ausgangsspannung einstellbar	:	0 bis 30 V
Konstantstromeinstellung	:	0 bis 1 A
max. Umgebungstemperatur	:	60 °C

Innenwiderstand: bei Spannungsregelung
: 10 mΩ
bei Stromregelung : 12,5 kΩ
min. Stabilisierung: : $4,5 \cdot 10^{-3}$
bei Spannungsregelung (0,1 bis 25 V)
: $7,5 \cdot 10^{-3}$
bei Stromregelung (10 mA bis 0,8 A) : 1 mV
Welligkeit: bei Spannungsregelung : 20 µA
bei Stromregelung : 100 µs
Ausregelzeit von 0...1 A : *20 K/W,
Kühlkörper : **2,5 K/W

Transformator:

M 85 a n_1 = 978 Wdg 0,4 CuL
n_2 = 77 Wdg 0,1 CuL
n_3 = 133 Wdg 1,1 CuL
n_4 = 65 Wdg 0,1 CuL

6.21 Stromversorgungsgerät mit kontinuierlich zwischen positiven und negativen Werten einstellbarer Spannung

Aus dem Netz (*Abb. 6.21*) werden mit Hilfe einer Brückenschaltung zwei Spannungen erzeugt, von denen die eine gegenüber dem gemeinsamen Mittelpunkt positiv ist, die andere negativ ist. Die Endstufe enthält zwei gegeneinander geschaltete komplementäre Leistungstransistoren. An den zusammengeschalteten Basisanschlüssen wird die Steuerspannung eingeprägt, an den miteinander verbundenen Emitter-Anschlüssen die Ausgangsspannungen abgenommen. Das 500-Ω-Einstellpotentiometer für den Steuerstrom ist über zwei komplementäre Transistoren, die normalerweise durchgesteuert sind, an die Speisespannung angeschlossen.

Wenn sich das 500-Ω-Potentiometer in der Mittelstellung befindet, sind beide Endtransistoren gesperrt. Wird der Schleifer zum negativen Ende des Potentiometers hin bewegt, so führt der PNP-Endtransistor Strom. Am NPN-Endtransistor liegt gleichzeitig eine Emitter-Basis-Sperrspannung in der Größe der Flußspannung des PNP-Endtransistors. Entsprechendes spielt sich beim Verschieben des Potentiometerabgriffes zum positiven Ende ab. Die Ausgangsspannung ist immer gleich der Spannung des Potentiometerabgriffes, vermindert um die Flußspannung der Basis-Emitter-Diode des jeweils stromführenden Endtransistors.

Mit Hilfe der zusätzlichen Transistoren im Stromkreis des Potentiometers wird die Schaltung überlastungs- und kurzschlußfest gemacht. Führt beispielsweise der PNP-Endtransistor Strom, so entsteht am oberen 1-Ω-Shunt ein Spannungsabfall, der die wirksame Basis-Emitter-Spannung des oberen NPN-Steuertransistors vermindert. Diese Spannungsänderung bleibt solange wirkungslos, bis ein an dem 100-Ω-Potentiometer einstellbarer Grenzwert erreicht ist. Dann wird der obere Steuertransistor gesperrt, und der Strom durch das 500-Ω-Einstellpotentiometer und die Ausgangsspannung verringert sich. Die Schaltung wirkt

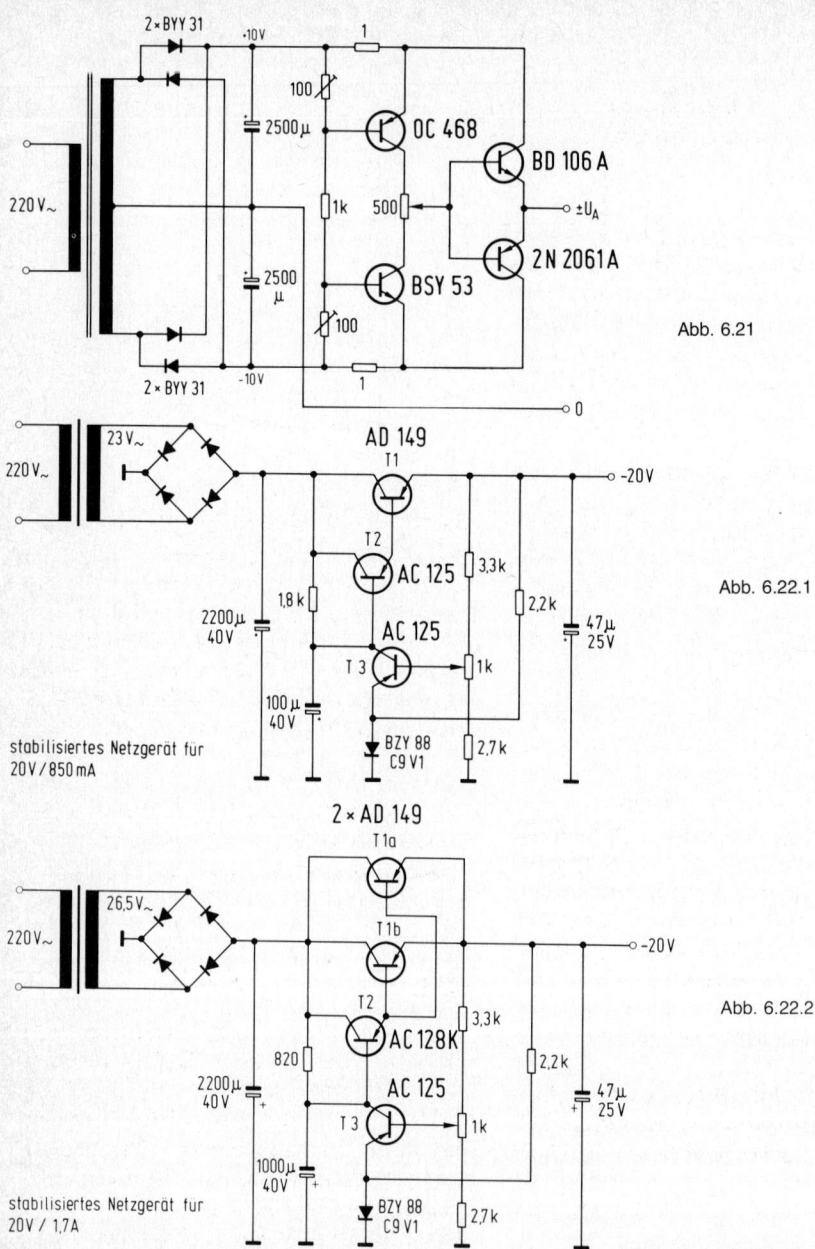

Abb. 6.21

stabilisiertes Netzgerät für
20V / 850 mA

Abb. 6.22.1

stabilisiertes Netzgerät für
20V / 1,7A

Abb. 6.22.2

also so lange als Konstantspannungsquelle, bis der eingestellte Höchststrom (von z. B. 0,8 A) erreicht ist. Dann nimmt sie den Charakter einer Konstantstromquelle an, und der Ausgangsstrom erhöht sich bei Verringerung des Lastwiderstandes bis zum Kurzschluß nicht

mehr wesentlich. Auch diese Sicherungsschaltung ist in sich komplementär-symmetrisch aufgebaut und arbeitet in der gleichen Weise bei positiven und negativen Ausgangsspannungen.

Da an den Endtransistoren jeweils die Differenz zwischen Eingangs- und Ausgangs-

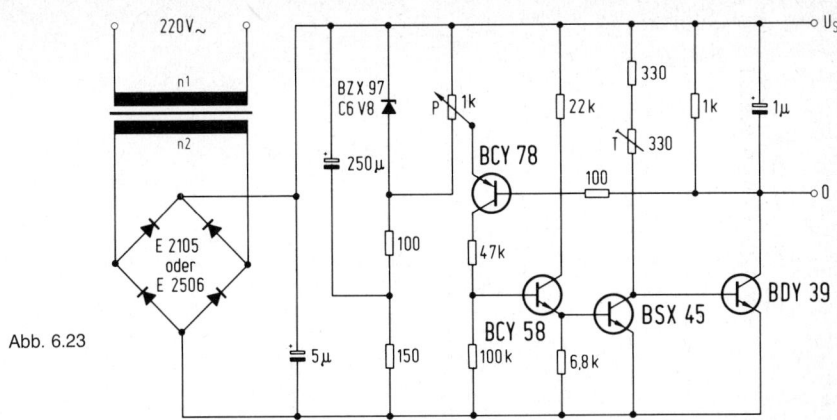

Abb. 6.23

spannung abfällt, muß die entstehende Verlustwärme über Kühlbleche abgeführt werden.

6.22 Stabilisierte Netzgeräte für $U_{bat} = 20$ V

Die maximale Verlustleistung des Stellgliedtransistors T 1 beträgt 5,6 W. Obwohl dafür ein Transistor AD 139 oder AD 162 ausreichen würde, wird der einfacheren Kühlung wegen der Typ AD 149 eingesetzt, der ein Kühlelement mit einem Wärmewiderstand von $R_{th\ K} \leq 7,3$ grd/W benötigt. Ein vertikal angeordnetes Kühlblech der Größe 100 mm $\times$ 100 mm aus Al 2 mm, erfüllt diese Bedingung. Der Stromverstärkungstransistor T 2 muß mit einer Kühlschelle 56 227 versehen werden.

Die stabilisierte Speisespannung kann mit dem an der Basis des Steuertransistors liegenden 1 kΩ-Potentiometer auf den Sollwert von 20 V eingestellt werden.

Die Schaltung *Abb. 6.22.1* ist so ausgelegt, daß sowohl Netzspannungsschwankungen als auch Laständerungen ausgeregelt werden.

Transformator:
Kern M 65, Dyn.-Blech IV; 0,35 mm
primär 1600 Wdgn., 0,25 mm $\oslash$ CuL
sekundär 180 Wdgn., 0,7 mm $\oslash$ CuL

Die maximale Verlustleistung der Stellgliedtransistoren T 1a, T 1b, Abb. 6.22.2, beträgt

14,5 W. Jeder der beiden Transistoren AD 149 benötigt ein Kühlelement mit einem Wärmewiderstand von $R_{th\ K} \leq 4,8$ grd/W. Zwei vertikal angeordnete Kühlbleche der Größe 120 mm $\times$ 120 mm aus Al 2 mm erfüllen diese Bedingung. Der Stromverstärkungstransistor T 2 muß auf ein vertikal angeordnetes Kühlblech der Größe 35 mm $\times$ 35 mm aus Al 2 mm montiert werden. Der Steuertransistor T 3 muß mit einer Kühlschelle 56 227 versehen werden.

Transformator:
Kern M 74; Dyn.-Blech IV; 0,35 mm
primär 1190 Wdgn., 0,35 mm $\oslash$ CuL
sekundär 145 Wdgn., 0,8 mm $\oslash$ CuL

6.23 Netzteil für TTL-Schaltungen

Abb. 6.23 zeigt ein Netzgerät, dessen Netz- und Lastregelung speziell für TTL-Bausteine geeignet ist. Das Potentiometer P = 1 kΩ dient zur Einstellung der gewünschten Ausgangsspannung U_S. Sie beträgt für TTL-Schaltungen 5 V. Die Zenerdiode BZX 97 erzeugt dabei die erforderliche Referenzspannung.

Die Stabilisierung der Ausgangsspannung erfolgt durch eine Rückführung vom Ausgang an die Basis des Transistors BCY 78. Die Transistoren BCY 78, BCY 58, BSX 45 und BDY 39 bilden damit einen geschlossenen Regelkreis. Die Spannung am Ausgang entspricht dabei immer dem Wert der eingestellten Spannung am Schleifer des Potentiometers P zuzüglich der Basis-Emitterspannung des Transistors BCY 78.

Der Ausgangsstrom beträgt aufgrund der zulässigen Verlustleistung des Leistungstransistors BDY 39 maximal 2 A. Um diesen Wert sicher einzuhalten, ist der Widerstand 330 Ω in Serie mit dem Trimmer T vorgesehen. Diese Widerstände begrenzen den Basisstrom und damit den Kollektorstrom des BDY 39. Der Maximalstrom muß entsprechend der Stromverstärkung der Leistungsstufe mit dem Trimmer T eingestellt werden.

Beim Betrieb eines TTL-Systems ist ferner zu beachten, daß die Bausteine zusätzlich mit Stützkondensatoren versehen werden müssen, um Umschaltspitzen abzufangen.

Technische Daten:

Eingangsspannung	U_e	220 V $\pm$ 10 %, 50 Hz
Ausgangsspannung	U_S	5 V
Regelbereich der Ausgangsspannung	U_S	0,7 bis 7 V
Maximaler Ausgangsstrom	I_S	2 A
Brummspannung	$U \sim$	< 2 mV

Netzregelung bei
$\Delta U_e = \pm 22$ V;
$U_e = 220$ V;
$U_S = 5$ V; $I_A = 2$A $\quad \dfrac{\Delta U_S}{U_S} \quad \pm 0,8\%$

Lastregelung von
$I_A = 0$ bis 2 A bei $U_e = 220$ V;
$U_S = 5$ V $\quad \dfrac{\Delta U_S}{U_S} \quad 2\%$

Dynamischer Innenwiderstand	R_i	~ 50 mΩ
Umgebungstemperaturbereich	T_U	0 bis 70 °C

Temperaturkoeffizient der Ausgangsspannung $\sim 0,2 \dfrac{mV}{°C}$

Wärmewiderstand des Kühlkörpers des BDY 39 $\quad R_{th} \leq 2,5$ °C/W

Transformator M 65 ohne Luftspalt, wechselsinnig geschichtet $\quad n_1 \quad$ 1550 Wdg 0,25 CuL

Dynamo Blech IV/0,35 $n_2 \quad$ 72 Wdg 1,4 CuL

Bestückung:

1 BCY 58, Q60203-Y 58
1 BCY 78, Q60203-Y-78
1 BDY 39, Q62702-D81
1 BSX 45, Q60218-X45
1 BZX 97 C6V8, Q62702-Z 1231
1 E2106 oder E 2506, C66067-A-1719-A 2
oder C66067-A 1730-A 2

6.24 Ladegerät für DEAC-Batterien

Die gezeigte Schaltung (*Abb. 6.24*) dient zur Schnellaufladung von DEAC-Batterien. Die Ladespannung beträgt max. 4,5 V und der höchste Ladestrom ca. 200 mA. Das Ladegerät ist daher besonders für die Ladung der Batterietypen 3 x DKZ 500 geeignet.

Bei leerer Batterie, d. h. Batteriespannung kleiner 3,3 V, ist Transistor T 1 gesperrt. T 2 ist durch die an den Widerstand R 2 eingestellte Spannung leitend. Der Kollektorstrom von T 2 steuert T 3 und dieser den Thyristor T 4. Bei leitendem Thyristor wird die Batterie geladen. Gleichzeitig zeigt die Lampe Ladestrom an. Mit steigender Batteriespannung wird der Strom durch Anschneiden der Phase entsprechend zurückgeregelt. Bei Netzspannungsänderungen von ± 10 % ändert sich die Ladeschlußspannung um ca. 100 mV. Nähert sich die Ladung dem Ende, beginnt die Lampe erst zu flackern, dann zu blinken und zeigt damit den Ladeschluß an. Die Schaltung ist mit einer vollgeladenen Batterie (4,5 V) und R 2 so eingestellt, daß die Ladelampe flackert. Parallelschaltung mehrerer Ladeschaltungen ist theoretisch am Schleifer des Potentiometers R 2 möglich.

Abb. 6.24

Unten: Abb. 6.25

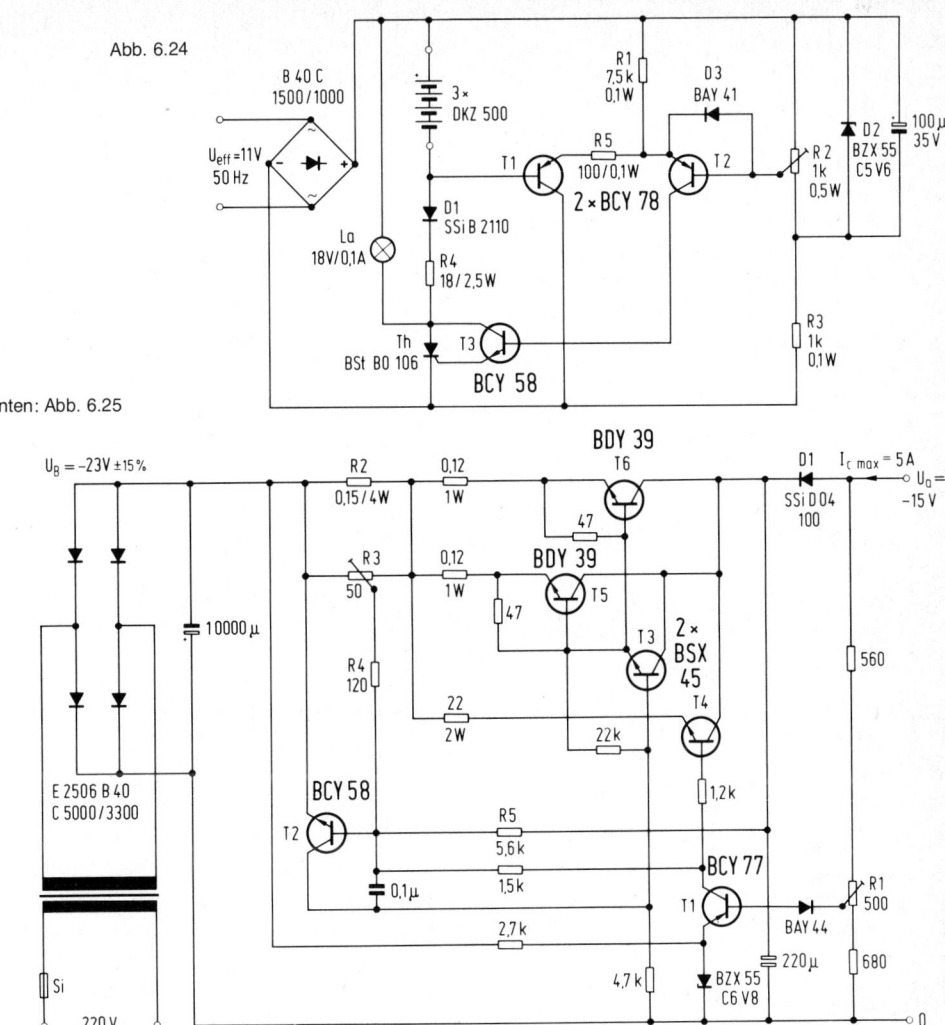

Technische Daten:

Betriebsspannung	11 V ± 10 % 50 Hz
Ladeendspannung	max. 4,5 V
max. Ladestrom	200 mA
Ladezeit	ca. 3 Std.

6.25 Automatisches Akku-Ladegerät 12 V/5 A

Es wird ein netzbetriebenes Ladegerät für 12-V-Akkumulatoren angegeben. Das Lade-

gerät besitzt eine Strombegrenzung und ist gegen Kurzschluß und Falschpolung gesichert.

Auf *Abb. 6.25* ist die Schaltung des Ladegerätes ersichtlich. Der Aufbau entspricht einer Spannungskonstantschaltung mit den Längsregeltransistoren BDY 39. Die Ausgangsspannung wird mit dem Trimmer R 1 auf den Sollwert eingestellt.

Der Transistor T 2 vereint drei verschiedene Funktionen.

a) Er wird von T 1, der den Vergleich zwischen Ausgangsspannung U_a geteilt an R 1 und

205

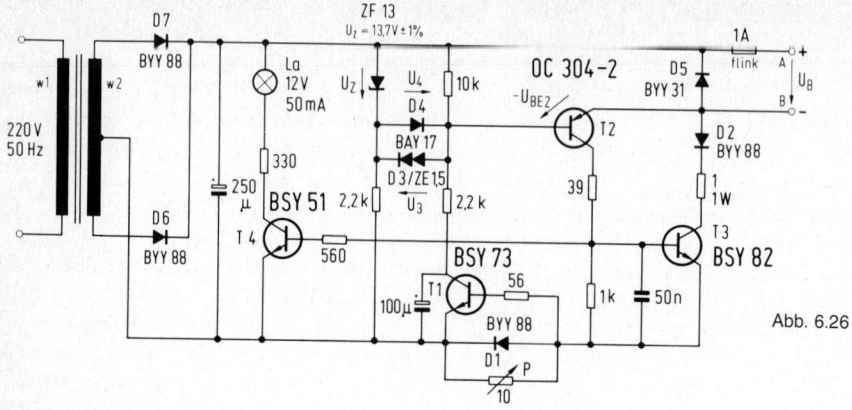

Abb. 6.26

Referenzspannung an D 3 vornimmt, angesteuert und regelt über T 1 den Treiber T 3 und der Leistungsstufe T 5/T 6 die Ausgangsspannung.

b) T 2 bewirkt die Strombegrenzung. Der vom Ausgangsstrom verursachte Spannungsabfall an R 2 wird über den Trimmer R 3 der Basis von T 2 zugeführt. Überschreitet der Ausgangsstrom den eingestellten Sollwert, wird T 2 leitend und der Ausgangsstrom in T 5/T 6 über T 3 begrenzt.

c) Im Kurzschlußbetrieb tritt an der Leistungsendstufe nahezu die volle Betriebsspannung auf. Die Verlustleistung steigt bei normaler Strombegrenzung stark an. Über den Spannungsteiler R 4-R 5 wird dem Transistor T 2 eine Spannung zugeführt, die der Kollektor-Emitterspannung der Leistungsstufe proportional ist und die sich zur Spannung am Trimmer R 3 addiert. Der Transistor T 2 wird vorzeitig leitend und reduziert somit den Ausgangsstrom.

Die Diode D 1 verhindert, daß bei ausgeschaltetem Netz die Transistoren invers betrieben werden, die Diode D 2 schützt den Transistor T 1 bei Falschpolung des Akkus. Ist der Akku geladen, werden T 1 und T 2 leitend und der Ladestrom auf 0 zurückgeregelt.

Soll bei geladener Batterie ein Ladeerhaltungsstrom von etwa 200 mA weiterfließen, kann dieser jetzt über den ebenfalls leitenden Transistor T 4 fließen.

Technische Daten:

Betriebsspannung	-23 V ± 15 %
Ausgangsspannung	$-(14$ bis $15)$ V
Ausgangsspannungsänderung bei $U_B \pm 15$ %	$< \pm 0,5$ %
Ausgangswiderstand $(I = 4,5$ A$)$	$< 0,05 \ \Omega$
Max. Ausgangsstrom	5 A
Wärmewiderstand des Kühlkörpers	
für Transistor T 3	< 100 K/W
je Leistungstransistor	$< 5,5$ K/W
für Diode D 1	$< 16,5$ K/W

6.26 Batterie-Ladegerät

Bleiakkumulatoren müssen im Interesse langer Lebensdauer regelmäßig aufgeladen werden, sobald die Klemmenspannung einen Mindestwert unterschreitet. Die Aufladung erfolgt am schnellsten und schonend für die Batterie, wenn sie mit einer konstanten Spannung erfolgt, die gleich der Gasungsspannung ist. Diese liegt im allgemeinen bei 2,5 V pro Zelle. Unterschreitet der Ladestrom bei dieser Spannung einen bestimmten, vom Batterietyp abhängigen Wert, so ist die Ladung abgeschlossen, und das Ladegerät soll abschalten.

Die vorliegende Schaltung (*Abb. 6.26*) ist für die Ladung einer 12-V-Batterie dimen sioniert. Der maximale Ladestrom beträgt ca. 1 A. Die Ladung setzt bei einer Batteriespannung von 12,3 V automatisch ein. Der Abschaltstrom kann an einem Potentiometer eingestellt werden.

Die Batterie wird an die Klemmen A B angeschlossen. Ist ihre Spannung kleiner als die Durchbruchspannung der Z-Diode, vermindert um die Durchlaßspannung an der Doppeldiode D 3 und die Schwellspannung des Transistors T 2, also $U_{Bat} < U_Z - U\,3 - (-U_{BE\,2})$, dann steuert dieser Transistor durch. Damit wird auch der Transistor T 3 durchgesteuert, und es fließt ein Ladestrom in die Batterie. Dieser Strom fließt zum Teil auch in die Basis des Transistors T 1, der dadurch leitend wird. Er übernimmt nun den Basisstrom von T 2. Die Batteriespannung steigt auf den Wert $U_{Bat} = U_Z + U\,4 - (-U_{BE\,2})$.

Der Ladestrom wird nun bei nahezu konstanter Spannung allmählich kleiner. Schließlich reicht der in die Basis des Transistors T 1 fließende Teil nicht mehr aus, um diesen Transistor durchzusteuern. Sein Kollektorstrom nimmt ab. Damit wird auch der Basisstrom für den Transistor T 2 kleiner. Das hat einen weiteren Rückgang des Ladestromes zur Folge. Es setzt ein Kippvorgang ein, nach dessen Ablauf sämtliche Transistoren gesperrt sind. Die Batterie ist nun vollgeladen. Das Gerät schaltet selbsttätig erst wieder ein, wenn die Klemmenspannung kleiner als 12,3 V geworden ist.

Soll bereits vorher ein neuer Ladevorgang beginnen, so ist das Gerät kurz vom Netz zu trennen. Dabei entlädt sich der parallel zum Transistor T 1 liegende 100-μF-Kondensator. Beim Wiedereinschalten der Versorgungsspannung übernimmt er im ersten Moment den Basisstrom des Transistors T 2. Der dadurch einsetzende Ladestrom steuert den Transistor T 1 durch, der dann den Basisstrom für T 2 übernimmt.

Parallel zur Basis-Emitter-Strecke des Transistors T 1 liegt eine Diode D 1. Sie verhindert, daß der gesamte Ladestrom über die Basis von T 1 fließt, was an dieser Stelle einen Lei-

stungstransistor erfordern würde. An dem Potentiometer parallel zu D 1 kann der Abschaltstrom eingestellt werden.

Der Kondensator zwischen Basis und Emitter des Transistors T 3 dient zur Unterdrückung hochfrequenter Schwingungen, die in dem Regelkreis auftreten könnten. Die Diode D 2 verhindert, daß sich die Batterie bei abgeschaltetem Gerät über die dann in Durchlaßrichtung gepolte Kollektor-Basis-Diode des Transistors T 3 entladen kann.

Damit das Gerät nicht zerstört wird, wenn man die Batterie falsch gepolt anschließt, liegt parallel zu den Ausgangsklemmen eine Diode D 5. Sie ist normalerweise gesperrt. Bei falsch angeschlossener Batterie fließt über sie ein großer Kurzschlußstrom, der sofort die Sicherung durchschmelzen läßt.

Das Gerät enthält eine Kontrollampe. Sie leuchtet, wenn die angeschlossene Batterie geladen wird. Zur Steuerung der Lampe dient der Transistor T 4. Er bekommt Basisstrom, solange der Endtransistor T 3 durchgesteuert ist.

Daten des Netztransformators:

Kern: M 65/27, Dyn. Blech IV, o. L.
Wicklungen: W 1 = 1600 Wdg. 0,22 mm ⌀ CuL
W 2 = 2x150 Wdg. 0,6 mm ⌀ CuL

6.27 Stromsicherung mit Einschaltautomatik

Die vorliegende elektronische Stromüberwachungsschaltung schaltet bei 1,5fachem Nennstrom, d. h. bei 1,85 A, aus und nach Aufhebung eines Kurzschlusses, bzw. genügend großem Lastwiderstand, wieder selbständig ein. Die Schaltung (*Abb. 6.27*) besteht aus einem Differenzverstärker TAA 861, einer Schaltstufe T 1 und T 2 und einem astabilen Multivibrator T 5, T 6 und T 7 mit der Ansteuerung T 3 und T 4 und der Auskopplung T 8. Der durch den Lastwiderstand begrenzte Strom erzeugt an dem Widerstand R_M einen Spannungsabfall, der mit der Mittelpunkt-

Abb. 6.27

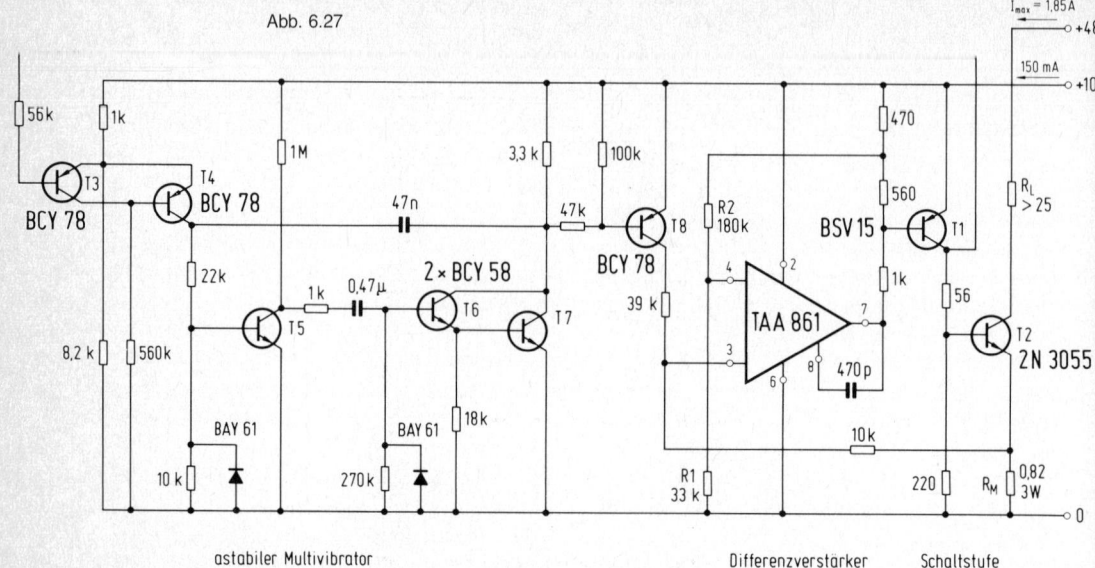

astabiler Multivibrator   Differenzverstärker   Schaltstufe

spannung des Spannungsteilers R 1/R 2 am Eingang des Operationsverstärkers TAA 861 verglichen wird. Die Mittelpunktspannung ist durch R 1 und R 2 auf 1,52 V eingestellt. Bei einem geringeren Spannungsabfall an R_M bleibt der Operationsverstärker durchgeschaltet, ebenso die Schalttransistoren T 1 und T 2. Über die Ansteuerung T 3 und T 4 wird der astabile Multivibrator gesperrt, ebenfalls die Auskoppelstufe T 8.

Wird der Lastwiderstand zu niederohmig, so begrenzt der Operationsverstärker den Ausgangsstrom. Die Spannung am Kollektor von T 1 steigt an, T 3 schaltet durch und sperrt damit T 4. Der astabile Multivibrator wird freigegeben. T 8 schaltet nach kurzer Pause durch und zieht das Potential am nichtinvertierenden Eingang des Operationsverstärkers hoch. Damit wird der Schalttransistor T 2 völlig gesperrt. In der Impulspause des Multivibrators wird T 8 gesperrt, der Operationsverstärker kippt und T 2 schaltet durch. Ist der Lastwiderstand noch zu niederohmig, so kippt der Operationsverstärker wieder zurück und der geschilderte Vorgang wiederholt sich. Nach Beseitigung der Überlast wird in der Impulspause T 3 leitend, der Multivibrator

blockiert, so daß der Laststrom ungehindert fließen kann.

Die Lastabfrage erfolgt mit großem Tastverhältnis (40:1), so daß auch bei Kurzschluß die integrierte Verlustleistung am Schalttransistor sehr klein bleibt.

Technische Daten:

Betriebsspannung	10 V $\pm$ 5 %
Stromaufnahme	150 mA
Lastkreisspannung	48 V
max. Umgebungstemperatur	60 °C
Auslösestrom	1,85 A
Impulspause	500 ms
Impulsdauer	12 ms
Kühlkörper	25 K/W

6.28 Stromkonstantgerät mit potentialfreiem Sollwertgeber

Für ein Stromkonstantgerät mit potentialfreiem Sollwertgeber wurde eine Schaltung (*Abb. 6.28.1*) ausgearbeitet. Der Sollwertgeber (*Abb. 6.28.2*) besteht aus zwei Feldplatten FP

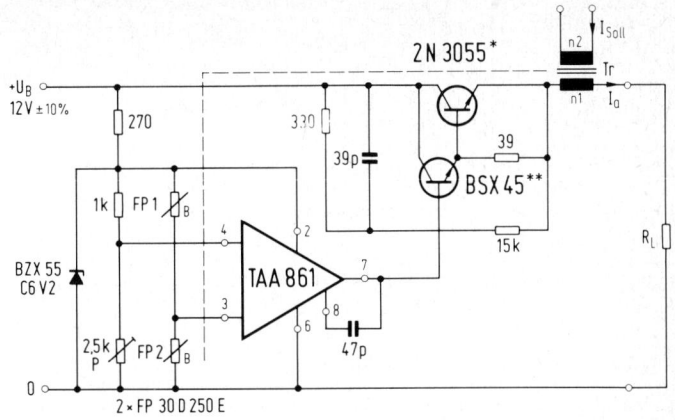

Abb. 6.28.1

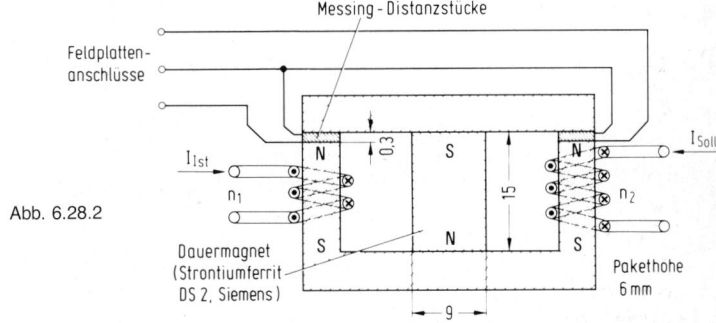

Abb. 6.28.2

30 D 250 E in Differenzschaltung und aus einem Magnetkreis mit EI 30-Kern und zwei Spulen. Das Joch des EI-Kerns wurde durch einen Permanentmagneten ersetzt, um die Feldplatten vorzuspannen. Durch die Primärspule fließt der einstellbare Sollstrom, durch die Sekundärspule der geregelte Iststrom. Die Schaltung ist kurzschlußsicher.

In der vorgeschlagenen Schaltung wird der Soll- und Istwert der Spulenströme durch zwei Feldplatten FP 1 und FP 2, die in einer Brückenschaltung angeordnet sind, verglichen. Bei den angegebenen Windungszahlen ergibt sich ein Übersetzungsverhältnis von 1:50 bei direkter Proportionalität zwischen Soll- und Iststrom. Durch die Verwendung von zwei Feldplatten bleibt deren großer gegebener Temperaturkoeffizient bei Schwankung der Umgebungstemperatur weitgehend ohne Einfluß. Die Brückenspannung wird mit einer Zenerdiode stabilisiert und damit von der Batteriespannung unabhängig. Der Ausgang der Brückenschaltung liegt am Eingang des Operationsverstärkers TAA 861. Dieser steuert eine der angegebenen Endstufen so an, daß die AW der beiden Spulen gleich sind. Ein 47-pF-Kondensator am Operationsverstärker unterdrückt eine eventuelle Schwingneigung der Regelschaltung. Mit dem Trimm-Potentiometer P wird bei I_{Soll} = 0 A auf minimalen Iststrom eingestellt. Damit wird auch die Toleranz der Feldplattenwiderstände und die Offsetspannung ausgeglichen.

Der Temperaturfehler bei $I_{a\,max}$ und einer Umgebungstemperatur von 0 bis 60 °C beträgt $\leq$ 2,5 %. Bei Paarung der Feldplatten in R 0 ergibt sich ein Fehler von $\leq$ 1,3 %.

In *Abb. 6.28.2* wird die Anordnung der beiden Feldplatten im Magnetkreis gezeigt. Die Ströme müssen derart durch die Spulen fließen, daß die entstehenden Magnetfelder entgegengesetzt gerichtet sind.

Technische Daten:

Betriebsspannung U_B	12 V ± 10 %
Stromaufnahme	20 mA
max. Umgebungstemperatur	60 °C
max. Iststrom	1,7 A
min. Iststrom	100 mA
max. Sollstrom	40 mA
max. Ausgangsspannung	
bei $I_{a\,max}$	9,5 V
min. Stabilisierung:	
bei $U_B = 12 \pm 10$ %	10^3
bei $U_a = 0...U_{a\,max}$	$9 \cdot 10^3$
Ausregelzeit von $0...1_{a\,max}$	60 µs
Temperaturfehler bei $I_{a\,max}$	
und $T_u = 0$ bis 60 °C	≤ 2,5 %
bei R 0-Paarung der Feldplatte	≤ 1,3 %
Kühlkörper (2 N 3055)*	3 K/W
Kühlkörper (BSY 45)**	115 K/W

Tr.: Kern EI 30 (VAC) 6 mm Pakethöhe, Permenorm 5000 H2

Spulenkörper: EE 20 nach DIN 41 202

Wickeldaten: $n_1 = 46$ Wdg. 0,9 mm CuL

$\qquad n_2 = 2300$ Wdg, 0,1 mm CuL

6.29 Spannungs- und Stromstabilisierung mit IC-Schaltungen

Mit IC-bestückte geregelte Netzteile sind einfach und problemlos. Für das Valvo-IC TBA 281 werden im folgenden Schaltmaßnahmen und Daten beschrieben.

Am Differenzverstärker der TBA 281 können Schwingungen auftreten. Zur Frequenzgangkompensation ist deshalb ein Kondensator zwischen den Anschlüssen 2 und 9 TBA 281 vorgesehen.

Die Temperaturabhängigkeit der beiden Eingangsströme des Differenzverstärkers der TBA 281 (Anschlüsse 2 und 3) bei $I_Q = $ const. ist annähernd gleich groß. Bei gleichen Gleichstrom-Quellenwiderständen an diesen Eingängen wird daher die zusätzliche Differenzspannung, die bei Temperaturänderung durch die Eingangsströme an diesen Widerständen entsteht, besonders klein sein, d. h., die Ein-

gangsspannung des Differenzverstärkers ändert sich nur wenig mit der Temperatur, so daß auch die Ausgangsspannung — bei angenommener Temperaturunabhängigkeit aller übrigen Parameter — praktisch konstant bleibt.

Da an einem der Eingänge 2 oder 3 in der Regel ein Spannungsteiler liegt, muß der andere mit dem Innenwiderstand dieses Spannungsteilers (Wert der Parallelschaltung der Spannungsteilerwiderstände) abgeschlossen werden. Dieser Widerstand wird bei Teilung der Referenzspannung zwischen Anschluß 2 und den Ausgang gelegt und bei Teilung der Ausgangsspannung zwischen den Anschlüssen 3 und 4 eingefügt. Sind an beiden Eingängen 2 und 3 Spannungsteiler angeschlossen, so sollen sie möglichst gleiche Innenwiderstände haben.

Die Stabilität der Ausgangsspannung wird bei den meisten angegebenen Beispiele kaum durch die externe Beschaltung beeinflußt. Man kann daher die folgenden Werte der TBA 281 zugrunde legen.

Kennwerte der Schaltung TBA 281

Bei $\delta_U = 25$ °C, $U_{P+C} = 12$ V, $U_Q = 5$ V, $I_Q = 5$ mA (falls nicht anders angegeben)

C 41 = 100 pF (zwischen Anschluß 2 und 9)

C $\quad = \quad$ 0 (zwischen Anschluß 3 und 5)

Relative Abweichung der Ausgangsspannung bei Änderung der Eingangsspannung

$U_{P+C} = 12...15$ V	$\Delta U_Q/U_Q = 0,01$
	(≤ 0,1) %
$U_{P+C} = 12...15$ V,	$\delta_U = 0...70$ °C
	≤ 0,3 %
$U_{P+C} = 12...40$ V	= 0,1 (≤ 0,5) %

Relative Abweichung der Ausgangsspannung bei Änderung des Ausgangsstromes

$I_Q = 1...50$ mA	$\Delta U_Q/U_Q = 0,03$ (≤ 0,2) %
$I_Q = 1...50$ mA,	≤ 0,6 %
$\vartheta_u = 0...70$ °C	

Langzeit-Stabilität über 1000 h

$$\Delta U_Q/U_Q = 0,1 \%$$

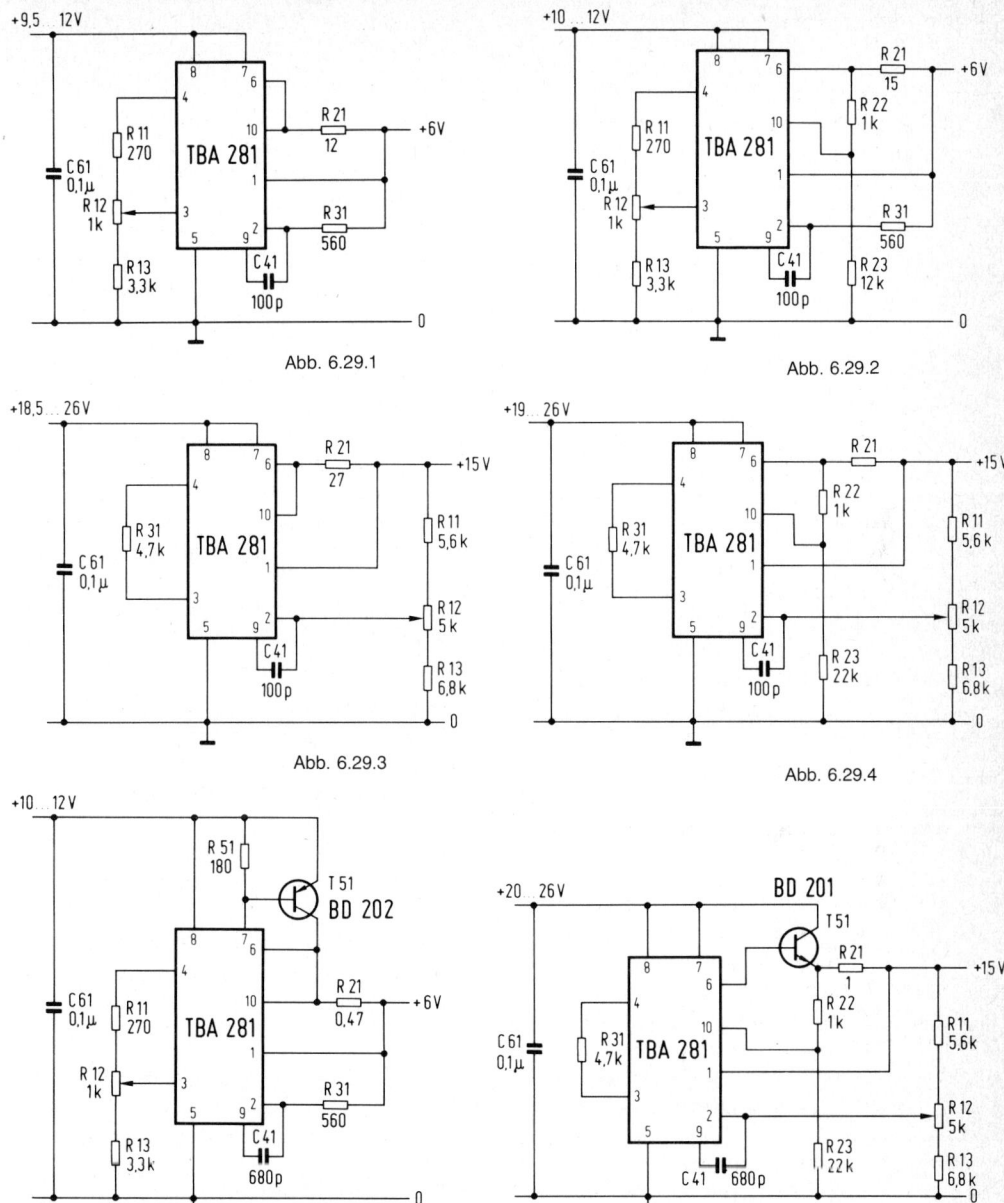

Abb. 6.29.1

Abb. 6.29.2

Abb. 6.29.3

Abb. 6.29.4

Abb. 6.29.5

Abb. 6.29.6

Relative Abweichung der Ausgangsspannung mit der Temperatur

$$(\Delta U_Q/U_Q)/\Delta \vartheta_u = 3$$
$$(\leq 15) \cdot 10^{-5}/\text{grd}$$

Welligkeitsunterdrückung

bei f = 50...10 000 Hz und $C_{Ref} = 0$ s = 72 dB

bei f = 50...10 000 Hz und $C_{Ref} = 5$ pF s = 3 86 dB

Ausgangs-Rauschspannung

bei $f = 10\ 000$ Hz und $C_{Ref} = 0$ $U_r = 20\ \mu V$
bei $f = 100...10\ 000$ Hz und $C_{Ref} = 5\ \mu F$
$$U_r = 2,5\ \mu V$$

Praktische Schaltungsbeispiele

In den folgenden Schaltungsbeispielen beträgt die Toleranz aller Widerstände $\pm$ 10%, die Toleranz aller Kondensatoren $\pm$ 20%. Der in den meisten Schaltungen über dem Eingang liegende Kondensator C 61 dient zur Siebung der Eingangsspannung.

Der Kondensator C 41 dient zur Frequenzgangkompensation, der Widerstand R 31 zur Reduktion der Temperaturabhängigkeit. Alle Schaltungen können im Temperaturbereich $\vartheta_U = 0\ °C$ bis 70 °C betrieben werden.

Die für die externen Transistoren angegebenen Kühlkörper wurden für Konvektionskühlung berechnet. Bei Gebläsekühlung lassen sich evtl. höhere Ausgangsströme erzielen als angegeben.

In der folgenden Tabelle sind alle Schaltungsbeispiele nach ihren wichtigsten Daten zusammengestellt.

Bedeutung der in den Schaltungsbeispielen *(Abb. 6.29.1...6.29.9)* verwendeten Formelzeichen

U 1   Eingangsspannung
U_O Ausgangsspannung
I_{ON} Nennstrom, der auch bei ungünstigsten Toleranzen und im gesamten Bereich $\vartheta_u = 0$ bis 70 °C am Ausgang verfügbar ist
$I_{OS\,max}$maximaler Kurzschlußstrom, der bei ungünstigen Toleranzen und $\vartheta_u = 0$ °C auftreten kann
$I_{O\,max}$ Maximaler Ausgangsstrom, der bei Normalbetrieb und $\vartheta_u = 0$ °C auftreten kann
$I_{o\,zul}$ mit Rücksicht auf die Kühlung eines externen Transistors zulässiger Strom bei Schaltungen ohne Strombegrenzung
$R_{th\,K}$ Wärmewiderstand des Kühlkörpers oder Kühlblechs

A   Hier wird auf konstanten Strom begrenzt eingestellt durch R 21.
dabei ist $R_{21} \geqq \dfrac{U_F}{J_{OS\,zul.}}$

B   Hier wird der Ausgangsstrom auf eine rückläufige Stromgrenze begrenzt.
dabei ist $J_{OS} = \dfrac{R_{22} + R_{23}}{R_{23} \cdot R_{21}} \cdot U_F$

R 22 + R 23 ca. 3 kΩ...30 kΩ

C   Erhöhung des Ausgangsstromes durch externen PNP-Längstransistor
D   Erhöhung des Ausgangsstromes durch externen NPN-Längstransistor
E   Beschaltung der Referenzspannung für $U_0 = Z...7\ V$
F   Beschaltung der Referenzspannung für $U = 7...37\ V$

U 1	$= + 9,5\ V...+ 12\ V$
U_O	$= + 6\ V$
I_{ON}	$= 36\ mA$
$I_{OS\,max}$	$= 53\ mA\ (\vartheta_u = 0\ °C)$

konstante Stromgrenze nach A
Ausgangsspannung nach E
dauerkurzschlußfest (Abb. 6.29.1).

U 1	$= + 10\ V...+ 12\ V$
U_O	$= + 6\ V$
I_{ON}	$= 57\ mA$
$I_{OS\,max}$	$= 48\ mA$
$I_{O\,max}$	$= 94\ mA$

$(\vartheta_u = 0\ °C)$ für die letzten beiden Zeilen

rückläufige Stromgrenze nach B
Ausgangsspannung nach E
dauerkurzschlußfest (Abb. 6.29.2).

U 1	$= + 18,5\ V...+ 26\ V$
U_O	$= + 15\ V$
I_{ON}	$= 16\ mA$
$I_{OS\,max}$	$= 25\ mA\ (\vartheta_u = 0\ °C)$

konstante Stromgrenze nach A
Ausgangsspannung nach F
dauerkurzschlußfest (Abb. 6.29.3).

U	$= + 19\ V...+ 26\ V$
U_O	$= + 15\ V$
I_{ON}	$= 30\ mA$
$I_{OS\,max}$	$= 25\ mA$
$I_{O\,max}$	$= 53\ mA$ $(\vartheta_u = 0\ °C)$

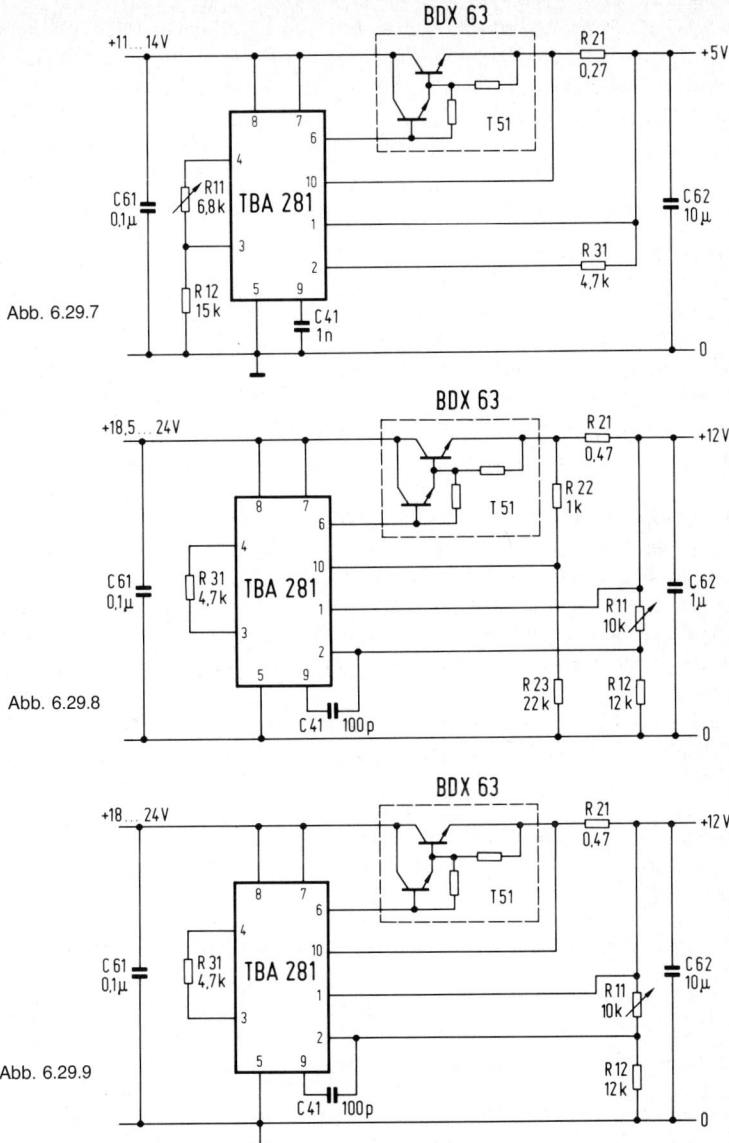

Abb. 6.29.7

Abb. 6.29.8

Abb. 6.29.9

rückläufige Stromgrenze nach B
Ausgangsspannung nach F
dauerkurzschlußfest (Abb. 6.29.4).

U 1	$= + 10\ V ... + 12\ V$
U_O	$= + 6\ V$
I_{ON}	$= 950\ mA$
$I_{OS\,max}$	$= 1,6\ A\ (\vartheta_u = 0\ °C)$

Kühlung für T 51 (nichtisolierte Montage):
$R_{th\,K} \leq 1,9\ grd/W$

konstante Stromgrenze nach A
Ausgangsspannung nach E
Ausgangsstromerhöhung C
Kühlung z. B. Profil-Kühlkörper 56 230;
blank; 7,5 cm
dauerkurzschlußfest (Abb. 6.29.5).

213

$U1 \qquad = +20\,V...+26\,V$
$U_O \qquad = +15\,V$
$I_{ON} \qquad = 1\,A$
$I_{OS\,max} \quad = 0,82\,A$
$I_{O\,max} \qquad = 1,75\,A$ $\qquad (\vartheta_u = 0\,°C)$

Kühlung für T 51 (nichtisolierte Montage):
$R_{th\,K} \leq 1\,grd/W$
rückläufige Stromgrenze nach B
Ausgangsspannung nach F
Ausgangsstromerhöhung nach D
Kühlung z. B.: Profil-Kühlkörper 56 230;
geschwärzt; 15 cm
dauerkurzschlußfest (Abb. 6.29.6).

$U1 \qquad = +11\,V...+14\,V$
$U_O \qquad = +5\,V$
$I_{ON} \qquad = 2\,A$
$I_{OS\,max} \quad = 2,9\,A\,(\vartheta_u = 0\,°C)$

Kühlung für T 51 (nichtisolierte Montage)
$R_{thK} \leq 1,5\,grd/W$

konstante Stromgrenze nach A
Ausgangsspannung nach E
Ausgangsstromerhöhung nach D
Kühlung z. B.: Profil-Kühlkörper 56 230;
blank; 8,5 cm

dauerkurzschlußfest (Abb. 6.29.7).

$U1 \qquad = +18,5\,V...+24\,V$
$U_O \qquad = +12\,V$
$I_{ON} \qquad = 2\,A$
$I_{OS\,max} \quad = 1,75\,A$
$I_{O\,max} \qquad = 2,4\,A$ $\qquad (\vartheta_u = 0\,°C)$

Kühlung für T 51 (nichtisolierte Montage):
$R_{thK} \leq 1,2\,grd/W$

rückläufige Stromgrenze nach B
Ausgangsspannung nach F
Ausgangsstromerhöhung nach D
Kühlung z. B.: Profil-Kühlkörper 56 230;
blank; 12 cm
dauerkurzschlußfest (Abb. 6.29.8).

$U1 \qquad = +18\,V...+24\,V$
$U_O \qquad = +12\,V$
$I_{ON} \qquad = 1\,A$
$I_{OS\,max} \quad = 1,65\,A\,(\vartheta_u = 0\,°C)$

Kühlung für T 51 (nichtisolierte Montage):
$R_{th\,K} \quad \leq 1,5\,grd/W$

konstante Stromgrenze nach A
Ausgangsspannung nach F
Ausgangsstromerhöhung nach D
Kühlung z. B.: Profil-Kühlkörper 56 230;
blank; 8,5 cm

dauerkurzschlußfest (Abb. 6.29.9).

7 Elektronische Schaltungen mit Gleichspannungswandlern – Gleichspannungsgeneratoren

7.1 Gegentakt-Spannungswandler mit geregelter Ausgangsspannung

Bei einfachen Gegentakt-Spannungswandlern ist die Ausgangsspannung der Eingangsspannung proportional. Der Proportionalitätsfaktor wird durch das Windungszahlverhältnis auf dem Transformator festgelegt. Ferner haben Wandler einen relativ großen Ausgangswiderstand. Wenn eine stabile Ausgangsspannung auch bei schwankender Speisespannung erforderlich ist, so besteht die Möglichkeit, die Ausgangsspannung zu stabilisieren. Bei hohen Ausgangsspannungen erfordert das jedoch teure Halbleiter-Bauelemente.

Bei niedriger Eingangsspannung ist es deshalb vorteilhaft, die Spannung auf der Eingangsseite zu regeln. Bei einfacher Hintereinanderschaltung von Stabilisierungsteil und Wandler müßte man jedoch immer noch den Ausgangswiderstand des Wandlers in Kauf nehmen.

In dieser Schaltung *Abb. 7.1* wird eine bessere Lösung angegeben. Der Wandler ist vom Parallel-Gegentakt-Typ. Die Primärwicklungen des Transformators liegen in den Emitterzuleitungen der Transistoren. Die Regelung greift auf der Niederspannungsseite ein, als Regelgröße wird aber die Ausgangsspannung benutzt. Der Wandler ist dadurch in den Regelkreis einbezogen und sein Ausgangswiderstand wird mit ausgeregelt.

Die Endtransistoren des Wandlers erfüllen eine Doppelfunktion, sie dienen als Schalter und als Stellglied einer Art Serienstabilisierungsschaltung. Ihr Durchsteuerungsgrad wird durch einen zusätzlichen Transistor auf das für die gewünschte Ausgangsspannung erforderliche Maß beschränkt. Dieser Steuertransistor wird stromführend, wenn die Ausgangsspannung die Summe der Durchbruchspannungen der beiden in Reihe geschalteten Z-Diode übersteigt.

Das Potential am Kollektor dieses Transistors bestimmt die Spannung an der Primärwicklung W_p. Diese Spannung wird so geregelt, daß die Ausgangsspannung unabhängig von der Belastung und der Höhe der Eingangsspannung konstant bleibt. Man erreicht damit einen Ausgangswiderstand des Wandlers von etwa 2 Ω und einen Stabilisierungsfaktor von ca. 50.

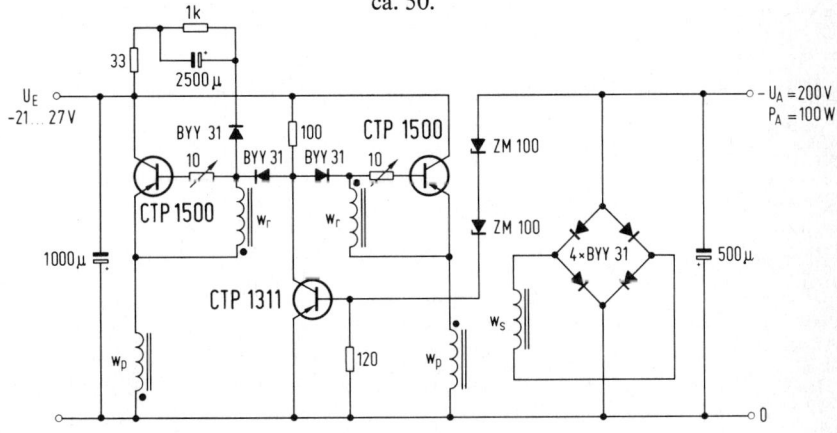

Abb. 7.1

Die Differenz zwischen der Eingangsspannung und den Spannungen an den Primärwicklungen liegt an den nicht völlig durchgesteuerten Endtransistoren. Die dabei entstehende Verlustleistung teilt sich gleichmäßig auf beide auf.

Da die Kollektoren der Endtransistoren gleiches Potential haben, können sie ohne Isolation auf ein gemeinsames Kühlblech montiert werden.

Voraussetzung für die Anwendbarkeit der Schaltung ist, daß Ein- und Ausgangsspannung nicht galvanisch getrennt sein müssen.

Als Anschwinghilfe dient ein RC-Glied, das beim Einschalten der Speisespannung wirksam wird. Die Diode verhindert eine störende Einwirkung des RC-Gliedes nach dem Anschwingen. Sie macht den in anderen Schaltungen benutzten Wischkontakt überflüssig.

Daten des Transformators:

Kern: M 85/45, Dyn. Blech IV, o.L.
Wicklungen:

$$W_p = \ \ 55 \text{ Wdg. } 1{,}3 \text{ mm } \varnothing \text{ CuL (bifilar)}$$
$$W_r = \ \ \ \ 8 \text{ Wdg. } 0{,}4 \text{ mm } \varnothing \text{ CuL (bifilar)}$$
$$W_s = 710 \text{ Wdg. } 0{,}4 \text{ mm } \varnothing \text{ CuL}$$

7.2 Serien-Gegentakt-Spannungswandler

Beim Parallel-Gegentakt-Spannungswandler muß die höchstzulässige Kollektor-Emitter-Spannung der Transistoren mehr als das Doppelte der Speisespannung betragen. Bei hohen Eingangsspannungen wendet man deshalb vorzugsweise das Serien-Gegentakt-Prinzip an, bei dem die Transistoren nur mit wenig mehr als der einfachen Speisespannung beansprucht werden.

Mit Hilfe der beiden 100-µF-Kondensatoren wird ein künstlicher Mittelpunkt der Eingangsspannungsquelle gebildet. Gleichzeitig werden die Transistoren beim Abschalten der Speisespannung vor Spannungsspitzen geschützt. Wenn eine Batterie-Mittelanzapfung vorhanden ist, kann ein Ende der Primärwicklung auch an diese angeschlossen werden. Dann

sind allerdings zusätzlich Schutzkondensatoren vorzusehen.

Die 50-Ω-Potentiometer dienen zur Einstellung des Durchsteuerungsgrades. Die 0,1-µF-Kondensatoren beschleunigen den Umschaltvorgang. Der Wandler muß durch kurzzeitiges Schließen einer Anschwingtaste gestartet werden, die auch als Wischkontakt mit dem Einschalter gekoppelt sein kann.

Sollen Wandler an Spannungen betrieben werden, die größer sind als die höchstzulässige Kollektor-Emitter-Spannung, so können Serien-Wandler ihrerseits in Serie geschaltet werden. Es ist dann nur ein Transformatorkern nötig, auf den alle Wicklungen aufgebracht werden. Die Kondensatoren, die beim einzelnen Serienwandler für die gleichmäßige Teilung der Spannung sorgen, bewirken auch eine gleichmäßige Aufteilung auf die Glieder der Reihenschaltung.

Bei sehr niedriger Schwingfrequenz sind große Kondensatoren für die Spannungsaufteilung und gegebenenfalls für die Siebung der wieder gleichgerichteten Spannung erforderlich. Bei sehr hoher Schwingfrequenz treten Umschaltverluste auf. Optimal ist deshalb eine mittlere Frequenz, die von der Grenzfrequenz der Transistoren abhängt. Als Kompromiß wurde in der vorliegenden Schaltung (*Abb. 7.2*) die Schwingfrequenz auf ca. 700 Hz festgelegt.

Daten des Transformators:

Kern: EE 42, Siferrit 1100 N 22, o. L.

$$\text{Wicklungen: } W_p = \ \ 160 \text{ Wdg. } 0{,}5 \ \ \text{ mm } \varnothing \text{ CuL}$$
$$W_r = \ \ \ \ 13 \text{ Wdg. } 0{,}2 \ \ \text{ mm } \varnothing \text{ CuL}$$
$$W_s = 1300 \text{ Wdg. } 0{,}15 \text{ mm } \varnothing \text{ CuL}$$

7.3 Brücken-Spannungswandler

Diesen Wandlertyp (*Abb. 7.3*) kann man sich entstanden denken aus zwei parallelgeschalteten Serien-Spannungswandlern, die im Gegentakt arbeiten. Ein vorhandener oder durch Kondensatoren künstlich gebildeter Mittelpunkt der Versorgungsspannung ist dabei

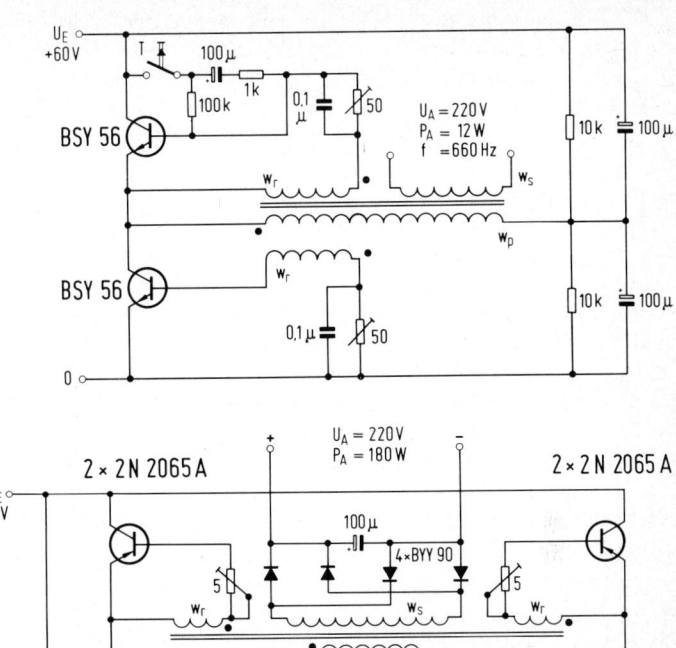

Abb. 7.2

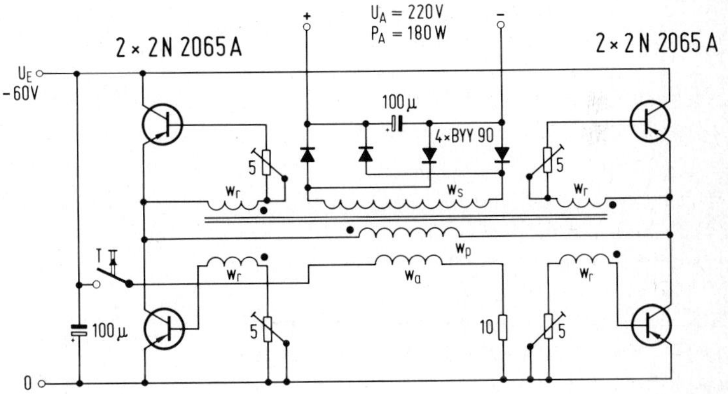

Abb. 7.3

nicht erforderlich. Beim Brückenwandler sind der linke obere und der rechte untere Transistor jeweils im gleichen Schaltzustand und im Gegentakt zu den beiden anderen Transistoren. Für die notwendige Spannungsfestigkeit der Transistoren gilt das bei Serien-Wandlern gesagte.

Die Anschwinghilfe besteht bei diesem Wandler aus einer zusätzlichen Wicklung W_a, durch die ein Stromstoß über eine Taste oder einen Wischkontakt geschickt wird. Die Größe des Anschwingimpulses wird durch einen Widerstand begrenzt.

Zum Ausgleich der immer etwas unterschiedlichen Stromverstärkungen der Transistoren liegen in ihren Basiszuleitungen einstellbare Vorwiderstände. Die Schwingfrequenz des Spannungswandlers beträgt etwa 150 Hz. Sein Wirkungsgrad liegt bei 80 %.

Daten des Transformators:

Schnittband-Kern: Trafoperm N 2 − 111, SD 74 × 0,17

Wicklungen: $W_p =$ 74 Wdg. 1,5 mm ∅ CuL
$ W_r =$ 6 Wdg. 0,5 mm ∅ CuL
$ W_s =$ 355 Wdg. 0,7 mm ∅ CuL
$ W_a =$ 74 Wdg. 0,5 mm ∅ CuL

7.4 Durch RC-Glied frequenzgesteuerter Spannungswandler

Bei den bisher beschriebenen Wandlern wird der Umschaltvorgang ausgelöst, wenn die Sättigungsmagnetisierung des Kernes erreicht ist. Die Arbeitsfrequenz hängt deshalb vor allem von der Speisespannung und den magnetischen Eigenschaften des Transformators ab.

217

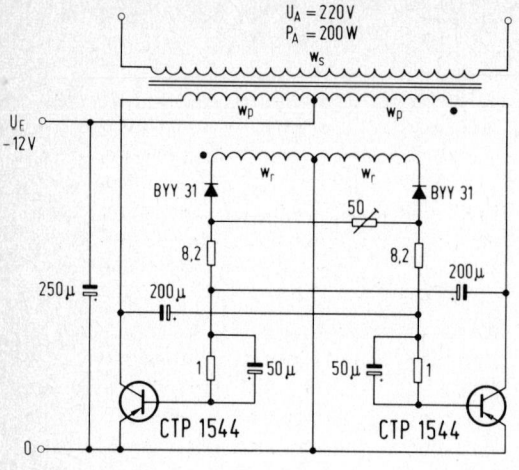

Abb. 7.4

die Möglichkeit, die Frequenz mit nur einem Potentiometer in weiten Grenzen ändern zu können.

Daten des Transformators:

Kern: EI 150 a, Dyn. Blech IV, o.L.

Wicklungen: W_p = 40 Wdg. 2,5 mm $\emptyset$
   CuL (bifilar, innenliegend)
   W_r = 48 Wdg. 1,0 mm $\emptyset$
   CuL (bifilar)
   W_s = 840 Wdg. 1,0 mm $\emptyset$ CuL

Betriebswerte:

Stromaufnahme bei Vollast 22 A
Frequenzänderung zwischen Leerlauf und Vollast
bei 50 Hz < 2 %
bei 250 Hz < 1 %
Frequenzänderung bei ± 20 % Änderung der Batteriespannung
bei 50 Hz < ± 2 %
bei 250 Hz < ± 1 %

Arbeitsfrequenz 50 Hz...250 Hz

Es ist möglich, die Frequenz zu verändern oder konstant zu halten, wenn man den Wandler nach Art des astabilen Multivibrators durch RC-Glieder steuert. Im einfachsten Fall könnte man die Arbeitswiderstände einer normalen Multivibratorschaltung durch die beiden Hälften der Primärwicklung des Transformators ersetzen. Die Schaltung wäre dann jedoch nicht kurzschlußfest.

Kurzschlußfestigkeit erzielt man in dieser Schaltung dadurch, daß man die Widerstände der frequenzbestimmenden RC-Glieder an eine Rückkopplungswicklung auf dem Transformator anschließt. Ferner gewinnt man dadurch

Es ist ein Nachteil des RC-gesteuerten Spannungswandlers (*Abb. 7.4*), daß die beiden zeitbestimmenden RC-Glieder möglichst genau übereinstimmen müssen, da sonst die Ausgangsspannung unsymmetrisch wird und zusätzliche Verluste auftreten.

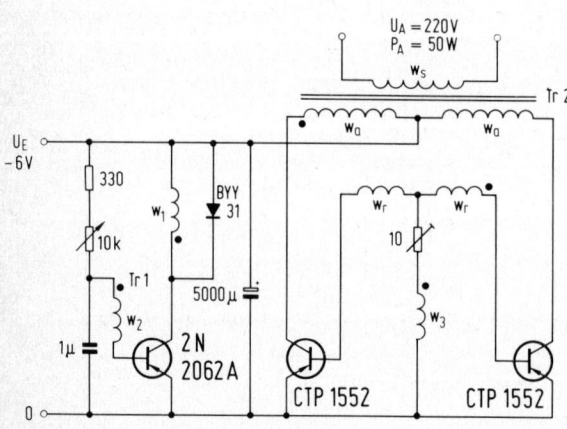

7.5 Durch Sperrschwinger frequenzgesteuerter Spannungswandler

In dieser Schaltung (*Abb. 7.5*) wird am Beispiel eines Gegentakt-Wandlers ein Steuerverfahren mit Impulsen gezeigt. Diese werden von einer Sperrschwingerschaltung erzeugt und mit Hilfe einer dritten Wicklung auf dem Transformator des Sperrschwingers in die gemeinsame Steuerleitung der beiden Wandlertransistoren eingekoppelt.

Bei jedem Impuls ändert der Wandler seinen Schaltzustand, da beide Transistoren kurz gesperrt werden und nachher infolge der Spannungsumkehr am Transformator der zuvor gesperrten Transistor durchgesteuert wird. Die Dauer beider Halbwellen ist gleich, da sie nur von einem RC-Glied im Sperrschwinger bestimmt wird. Die Frequenz kann bequem mit einem Potentiometer in den Grenzen 50 Hz bis 1 kHz verändert werden. Eine besondere Anschwinghilfe ist nicht erforderlich. Die Schwingung wird durch Umschaltimpulse vom Sperrschwinger angefacht.

Dieses Steuerungsprinzip ist auch bei Serien- und Brückenwandlern anwendbar.

Daten der Transformatoren:

Tr. 1: Luftspule d $= 17$ mm $\varnothing$; I $= 27$ mm

      Wicklungen: W 1 $= 100$ Wdg.   0,5 mm
                    $\varnothing$ CuL
              W 2 $=$ 90 Wdg.   0,5 mm
                    $\varnothing$ CuL
              W 3 $= 150$ Wdg.   0,5 mm
                    $\varnothing$ CuL

Tr. 2: Kern: M 102 b, Dyn. Blech IV, o. L.
      Wicklungen:
      W_a $-$ 25 Wdg.   1,9 mm
      $\varnothing$ CuL (bifilar)
      W_r $=$ 20 Wdg.   0,43 mm
      $\varnothing$ CuL (bifilar)
      W_s $= 1160$ Wdg.   0,43 mm
      $\varnothing$ CuL

7.6 Spannungsvervielfacher ohne Transformator

Die Schaltung (*Abb. 7.6*) ist aus einem Multivibrator mit zwei NPN-Transistoren abgeleitet. An die Stelle der Kollektorwiderstände sind die Kollektor-Emitter-Strecken von zwei PNP-Transistoren getreten, die jeweils über Widerstände vom Kollektor des anderen NPN-Transistors gesteuert werden. Bei diesem Doppel-Multivibrator kann an jedem der beiden Kollektor-Verbindungspunkte eine Rechteckspannung abgenommen werden. Die eine ist gegenphasig zur anderen. Die Amplitude ist gleich der Speisespannung, vermindert um die Summe der Sättigungsspannungen des komplementären Transistorpaares.

Diese beiden Rechteckspannungen werden mit Hilfe der bekannten Villard-Schaltung verdoppelt. Bei solchem Gegentaktbetrieb mit Rechteckspannungen ergibt sich eine außerordentlich brummarme Ausgangsspannung von der Größe 2 × Rechteckspannung minus 2 × Dioden-Flußspannung.

Selbstverständlich ist mit Hilfe von weiteren Kondensatoren und Dioden auch eine Vervielfachung über das Doppelte hinaus möglich. Eine praktische Grenze für die Spannungserhöhung ist dadurch gesetzt, daß der Aufwand für Kondensatoren und Dioden größer wird, als er für einen Transformator wäre.

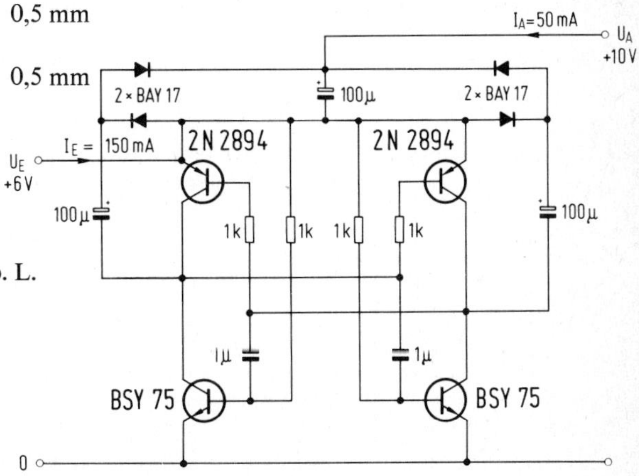

Abb. 7.6

7.7 Eintakt-Spannungswandler für Fotoblitzgerät

Bei vielen Typen von Wandlern erfolgt die Regelung durch Veränderung des Verhältnisses von Puls- und Pausendauer und durch Frequenzänderung.

Will man einen Eintakt-Spannungswandler zur Stromversorgung eines Elektronen-Blitzgerätes benutzen, so empfiehlt sich eine andere Arbeitsweise wegen der Forderungen nach kurzer Ladezeit des Blitzkondensators sowie nach einem guten Gesamtwirkungsgrad, um eine lange Batterie-Lebensdauer zu erreichen.

Bei der Schaltung *Abb. 7.7* wird an Stelle der Z-Diode eine Glimmlampe als Vergleichsspannungsquelle benutzt. Der Unterschied zwischen Zünd- und Brennspannung bewirkt eine entsprechende Spanne bzw. Hysterese zwischen Einschalt- und Abschaltpunkt des Wandlers.

Die Spannungssummierschaltung im Ausgang belastet den Wandler sowohl in der Fluß- als auch in der Sperrphase. Dadurch erreicht man ein besonders günstiges Verhalten zu Beginn der Ladung des Blitzkondensators. Wegen des relativ kleinen Kondensators in Reihe mit der Transformator-Sekundärwicklung schwingt der Wandler an, auch wenn der leere Blitzkondensator praktisch einen Kurzschluß am Ausgang bildet.

Nach dem Anschalten der Batterie schwingt der Wandler zunächst frei. Das Umschalten erfolgt bei Trafosättigung und Ende des Freilaufstromes. Die aufgenommene und die abgegebene Leistung sind annähernd konstant. Die Ladekurve des Blitzkondensators ist ein Parabel.

Wenn die gewünschte Endspannung, die mit dem 1-MΩ-Potentiometer gewählt werden kann, erreicht ist, zündet die Glimmlampe, und der stromführende Steuertransistor sperrt den Wandler vollständig. Er schwingt erst dann wieder an, wenn geblitzt wurde, oder wenn der Blitz-Kondensator durch Isolationsverluste und durch den Glimmlampenstrom um einige Volt (ca. 2 % Endspannung) entladen ist.

Während der Blitzbereitschaft ergibt sich dadurch eine besonders sparsame Betriebsweise mit kurzen Nachladestößen, die nur Bruchteile von Sekunden andauern, und mit Pausen von 10 bis 20 s. Der mittlere Wirkungsgrad ist dabei wesentlich besser als bei einem normalen geregelten Wandler im Leerlauf.

Die Aufladezeit eines Blitzkondensators von 100 µF auf 500 V beträgt bei 5 V Eingangsspannung ca. 18 s, bei 12 V Eingangsspannung ca. 5 s. Als Glimmlampe eignet sich ein Typ mit etwa 150 V Zündspannung. Ihr minimaler Brennstrom soll möglichst groß sein.

Daten des Transformators:

Kern: EE 42, Siferrit 2000 T 26, 0,5 mm
Luftspalt

Wicklungen: W 1 = 44 Wdg.
1 mm $\varnothing$ CuL
W 2 = 20 Wdg.
0,2 mm $\varnothing$ CuL
W 3 = 1320 Wdg.
0,2 mm $\varnothing$ CuL

7.8 Gleichspannungswandler für 120 V/25 mA

Die angegebene Schaltung *Abb. 7.8* ist nach dem Prinzip des Durchflußwandlers aufgebaut, d. h., die Energieabgabe an die Last erfolgt während der Leitzeit des Transistors.

Zum Schutz des Transistors vor unzulässig hohen Basis-Emitter-Sperrspannungen wurde die Diode D 1 eingefügt. Die Anschwingtaste d, die im Betrieb den Spannungsteiler R 1, R 2 unterbricht, dient als Starthilfe. Gleichzeitig verhindert sie bei steigendem Laststrom eine zusätzliche Vergrößerung des Basisstromes und macht die Schaltung daher kurzschlußfest.

Meßwerte:

U_o = 120 V
I_o = 25 mA
U_{CEM} = 100 V
I_{CM} = 600 mA
f = 13 kHz (Nennlast)
f = 20 kHz (Leerlauf)
η $\approx$ 0,7

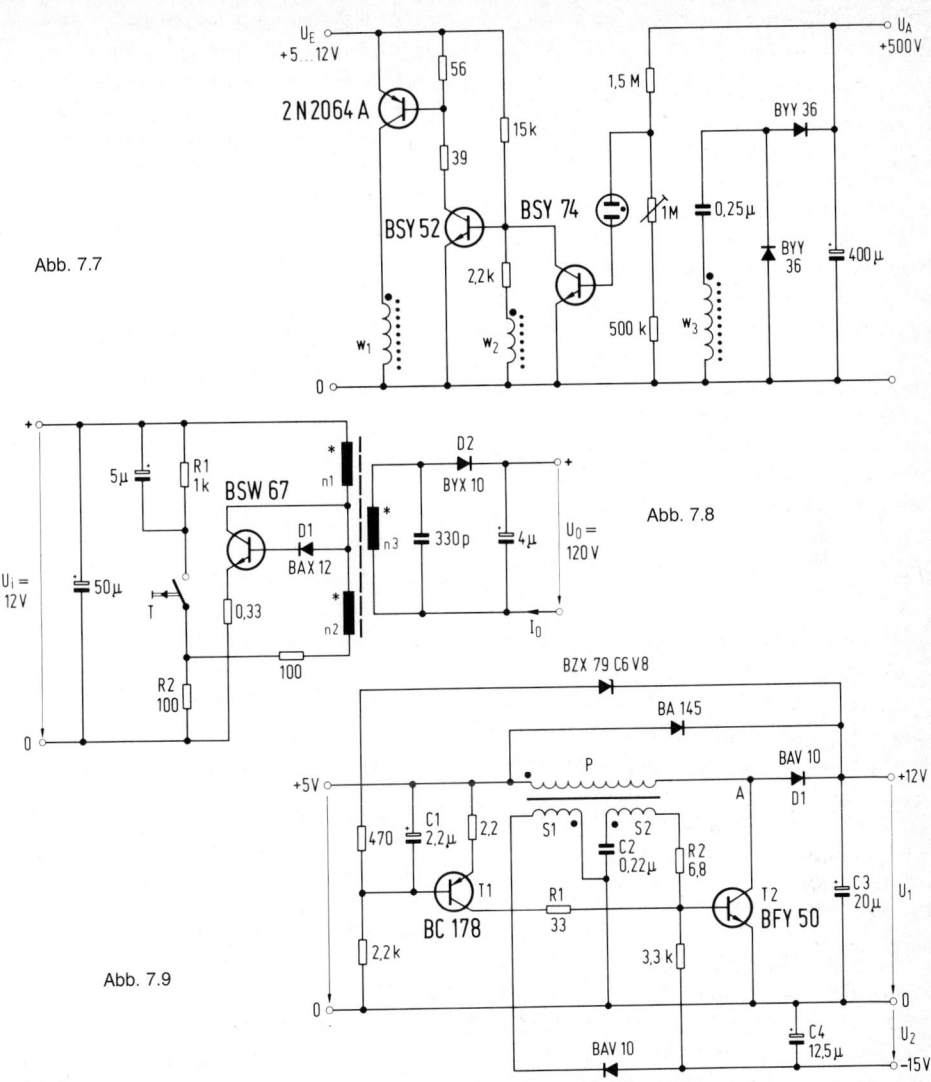

Abb. 7.7

Abb. 7.8

Abb. 7.9

* Punkte gleicher Polarität
Alle Widerstände 0,5 W ± 5 %
Wärmewiderstand des Kühlbleches:

$$R_{th\,K} = 20\ grd/W$$

Transformator: P-Schalenkern P 18/11
A_L = 315 (nH) ± 3 %, 1 Kammer
n 1 = 40 Wdg., 0,32 CuL
n 2 = 12 Wdg., 0,15 CuL
n 3 = 420 Wdg., 0,1 CuL

7.9 Gleichspannungswandler
5 V/+ 12 V, − 15 V

In vielen Anwendungsfällen werden TTL-
und MOS-Schaltungen in ein und derselben Anlage verwendet. Die höheren Betriebsspannungen der MOS-Schaltungen lassen sich dabei mit Hilfe eines Konverters erzeugen, der
seinerseits mit an die für die TTL-Schaltungen erforderliche 5 V-Speisespannung angeschlossen ist.

221

Nachfolgend wird ein 5 V-Gleichspannungs-wandler behandelt, dem Ausgangsspannungen von +12 V und −15 V bei einer Gesamtbelastung von 1,5 W entnommen werden können (*Abb. 7.9*).

Arbeitsweise:

Zur Erklärung der Arbeitsweise sei davon ausgegangen, daß sich der Wandler im einge-schwungenen Betriebszustand befindet, C 3 al-so bereits auf eine Spannung von etwa 12 V auf-geladen ist. Der Transistor T 2 möge sich gera-de am Ende einer Stromflußperiode befinden. Da hierbei am Kollektor von T 2 nur wenige zehntel Volt liegen, ist D 1 gesperrt, und der ge-samte Strom durch die Primärwicklung des Transformators fließt über T 2.

Wird nun T 2 gesperrt, dann entsteht an der Primärwicklung eine Spannung, die so hoch ist, daß der Strom jetzt über D 1 weiter-fließen und den Kondensator nachladen kann. Die in der Sekundärwicklung S 2 induzierte Spannung ist dabei so gepolt, daß die Sperrung von T 2 zunächst aufrechterhalten bleibt. Gleichzeitig wird jedoch der Kondensator C 2 über R 1, R 2 und S 2 aufgeladen. Die anstei-gende Kondensatorspannung führt zu einem Aufsteuern von T 2. Mit dem Einsetzen des Kollektorstromes tritt über den Transformator eine positive Rückkopplung auf, die dazu führt, daß T 2 schlagartig in den Sättigungs-zustand übergeht. Die Spannung am Punkt A bricht auf den niedrigen Wert der Sättigungs-spannung von T 2 zusammen, D 1 sperrt, und der Strom fließt wieder über T 2. Gleichzeitig wird C 2 über die Basis-Emitterstrecke von T 2 entladen. Nach zunächst nahezu linearer Zunahme des Stromes kommt es zu einem Anstieg des U_{CE}-Wertes von T 2, wodurch wiederum über den Transformator ein Rück-kopplungsvorgang eingeleitet wird, der zu einer schlagartigen Sperrung von T 2 führt. Damit ist der Ausgangszustand erreicht, und der ge-schilderte Vorgang wiederholt sich periodisch.

Über die Diode BZX 79/C6V8 wirkt die Ausgangsspannung auf die Basis von T 1 zu-rück. Änderungen der Ausgangsspannung füh-ren daher zu Änderungen des Kollektorstromes

und damit des Tastverhältnisses der erzeugten Rechteckspannung. Da die Ausgangsspannung wiederum vom Tastverhältnis abhängt, kommt es zu einer Spannungsstabilisierung. Die Diode BA 145 dient beim Einschalten des Kon-verters als Starthilfe. Der Widerstand von 3,3 kΩ verhindert ein übermäßiges Ansteigen der Ausgangsspannung im Leerlauf.

Technische Daten:

Eingangsspannung 5 V konstant:

Leerlauf	U 1 = 12,0 V,
	U 2 = −15,6 V
Belastung 1,5 W	U 1 = 11,5 V,
	U 2 = −13,8 V

Belastung 1,5 W konstant,
Eingangsspannung 5 V ± 0,25 V:
U 1 = 11,5 V ± 0,3 V,
U 2 = −12,0 V ± 0,1 V

Ausgangsbrummspannung bei Belastung mit jeweils 60 mA:

$$\Delta U_{1\,MM} = 200\,mV,$$
$$\Delta U_{2\,MM} = 60\,mV$$

Betriebsfrequenz:
Leerlauf   ca. 40 kHz
Belastung 1,5 W 20-25 kHz

Wirkungsgrad $\geq$ 60 %

Transformator:

Kern: P-Schalenkern P 14 AL 250 3H1
Wicklungen: P 44 Wdg. 0,25 CuL
            S 1 98 Wdg. 0,16 CuL
            S 2 18 Wdg. 0,16 CuL

7.10 Gleichspannungswandler für Ausgangs-leistungen $P_O = 2,5$ W bzw. 0,8 W

Die angegebene Schaltung *Abb. 7.10,* die wahlweise für Ausgangsleistungen von 2,5 W bzw. 0,8 W ausgelegt werden kann, ist nach

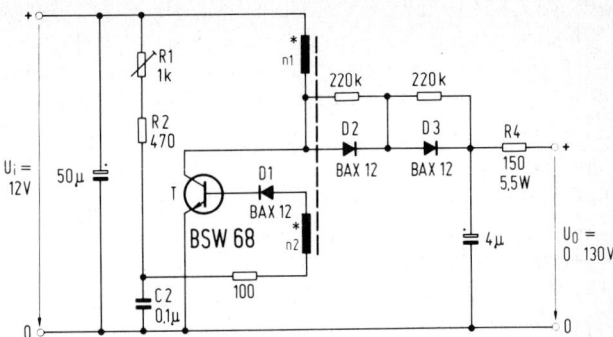

Abb. 7.10

dem Prinzip des Sperrwandlers aufgebaut, d. h., die Energieabgabe an die Last erfolgt während der Sperrzeit des Transistors.

Der Spannungsteiler R 1, R 2, C 2 sorgt für ein sicheres Anschwingen der Schaltung bei Eingangsspannungen $U_i \geqq 2$ V. Der Widerstand R 4 macht den Wandler kurzschlußfest.

Bei der für $P_o = 0,8$ W angegebenen Dimensionierung wird im Leerlauf die zulässige Verlustleistung des Transistors nicht überschritten.

Meßwerte:

$P_o = 2,5$ W	$P_o = 0,8$ W
$U_o = 0...130$ V	$U_o = 0...130$ V
$P_T = 1,4$ W	$P_T = 2,8$ W
$f \approx 20$ kHz	$f \approx 40$ kHz
$\eta = 0,74$	$\eta = 0,65$

*Punkte gleicher Polarität
Alle Widerstände 0,5 W $\pm$ 5 %
Wärmewiderstand des Kühlbleches:
$\quad R_{th\,K} = 50$ grd/W

Transformator: P-Schalenkern P 14/8
$A_L = 160$ (nH) $\pm$ 3 %, 1 Kammer
n 1 =　80 Wdg., 0,3 CuL
n 2 =　20 Wdg., 0,1 CuL

Für $P_o = 0,8$ W ergeben sich folgende Änderungen:
R 1 = 2,2 kΩ/0,25 W
R 2 = 3,3 kΩ
R 4 = 150 Ω/2 W
$R_{th\,K} = 10$ grd/W

7.11 Gleichspannungswandler für eine Ausgangsleistung $P_O = 2,5$ W

Die angegebene Schaltung *Abb. 7.11* ist nach dem Prinzip des Sperrwandlers aufgebaut, d. h., die Energieabgabe an die Last erfolgt während der Sperrzeit des Transistors.

Der Spannungsteiler R 1, R 2, C 2 sorgt für ein sicheres Anschwingen der Schaltung bei Eingangsspannungen $U_i \geqq 2$ V. Die Schaltung ist kurzzeitig leerlaufsicher, aber nicht kurzschlußfest.

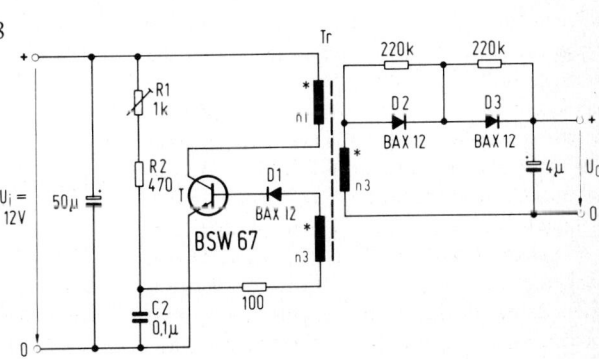

Abb. 7.11

223

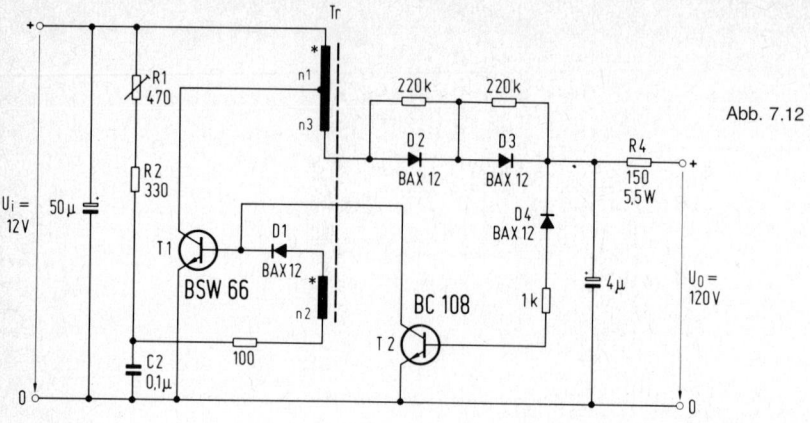

Abb. 7.12

Meßwerte:
$P_o = 2,5$ W
$U_o \geq 100$ V
$P_T = 1,3$ W
$f \approx 20$ kHz
$\eta = 0,76$

*Punkte gleicher Polarität

Alle Widerstände 0,5 W ± 5 %
Wärmewiderstand des Kühlbleches:
  $R_{th\,K} = 50$ grd/W

Transformator: P-Schalenkern P 18/11
A = 315 (nH) ± 3 %, 1 Kammer
$n_1 = 50$ Wdg., 0,3 CuL
$n_2 = 13$ Wdg., 0,1 CuL
$n_3 = 50$ Wdg., 0,3 CuL

7.12 Gleichspannungswandler für eine Ausgangsleistung $P_o = 3$ W

Die angegebene Schaltung *Abb. 7.12* ist nach dem Prinzip des Sperrwandlers aufgebaut, d. h., die Energieabgabe an die Last erfolgt während der Sperrzeit des Transistors.

Der Spannungsteiler R 1, R 2, C 2 sorgt für ein sicheres Anschwingen der Schaltung bei Eingangsspannungen $U_i \geq 2$ V. Der Widerstand R 4 macht den Wandler kurzschlußsicher. Bei Dauerleerlauf wird die Ausgangsspannung dadurch begrenzt, daß die Diode D 4 in den Durchbruch gelangt, wobei über den Tran-

sistor T 2 die Steuerspannung von Transistor T 1 kurzgeschlossen wird. Hierdurch tritt eine Begrenzung der Ausgangsleerlaufspannung ein, die etwa der Durchbruchspannung $U_{(BR)\,R4}$ entspricht (120 V $\leq U_{(BR\,R4)} \leq 175$ V bei $I_R = 1$ mA, $\vartheta_J = 25\,°C$).

*Punkte gleicher Polarität
Alle Widerstände 0,5 W $\pm$ 5 %
Wärmewiderstand des Kühlbleches:
  $R_{th\,K1} = 40$ grd/W

Transformator Tr: P-Schalenkern P 18/11
A_L = 315 (nH7 $\pm$ 3 %, 1 Kammer
n_1 = 50 Wdg. 0,3 CuL
n_2 = 13 Wdg. 0,1 CuL
n_3 = 50 Wdg. 0,3 CuL

Meßwerte:
P_0 = 3 W
P_{T1} = 1,6 W
f ≈ 20 kHz
π = 0,75

7.13 Gleichspannungswandler für 235 VA

Die Schaltung *Abb. 7.13* zeigt einen Gegentakt-Gleichspannungswandler mit Starthilfeschaltung. Wegen der hohen Schwingfrequenz von ca. 25 kHz kann der Aufwand an Siebmitteln gering gehalten werden bzw. ganz ent-

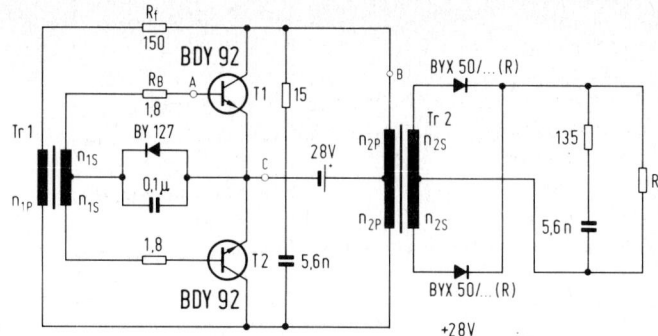

Abb. 7.13

fallen. Da auch für die Transformatoren relativ kleine Abmessungen genügen, lassen sich Gewicht und Volumen des Wandlers gegenüber solchen, die bei gleicher Leistung mit niedriger Frequenz arbeiten, stark reduzieren.

Auf die Wirkungsweise der eigentlichen Schwingschaltung soll nicht näher eingegangen werden, da sie keine Besonderheiten aufweist. — Die Starthilfeschaltung arbeitet in folgender Weise:

Wenn nach dem Einschalten des Wandlers der Oszillator T 1, T 2 nicht anschwingt, dann liegt am Punkt B die volle Batteriespannung von +28 V. Durch diese Spannung wird der Zündkondensator C über R 1 aufgeladen. Sobald die Spannung am Kondensator C, die gleichzeitig die Anodenspannung der Thyristor-Tetrode BRY 39 darstellt, die Spannung am Anodensteueranschluß übersteigt, zündet die Tetrode, und es findet eine Teilentladung von C über die Basis des Transistors BFY 50 statt. Der als Emitterfolger arbeitende Transistor wird kurzzeitig aufgesteuert, wodurch die Basis von T 1 einen zum Anschwingen des Oszillators ausreichend hohen, positiven Impuls erhält.

Wenn der Oszillator schwingt, liegt an Punkt B eine positive Rechteckspannung von etwa $2\,U_{Bat}$. Auch diese führt zu einer Aufladung von C über R 1. Die zur Zündung der Tetrode erforderliche Spannung wird aber nicht mehr erreicht, da in den Zeiten, in denen sich die Rechteckspannung (nahezu) auf Nullpotential befindet, eine Entladung von C über die Diode BAX 13 und R 2 erfolgt.

Technische Daten: (Batteriespannung 28 V)

Ausgangs-leistung (W)	Ausgangs-spannung (V)	Schwing-frequenz (kHz)	Gesamt-wirkungs-grad (%)
38	253	22	68
88	251	25	79
138	247	25	82
190	245	26,5	85
235	241	28	84

Transformatordaten:

Tr 1 Ferroxcube-Kern H 16
  n_{1P}= 24 Wdg.
  n_{1S}= 4 Wdg.

Tr 2 Ferroxcube-Kern E 55
  n_{2P}− 9 Wdg.
  n_{2S}= 85 Wdg.

7.14 Eisenloser Gleichspannungswandler 6/12 V

Elektrische Zubehörteile für Kraftfahrzeuge sind heute häufig bereits ausschließlich für eine

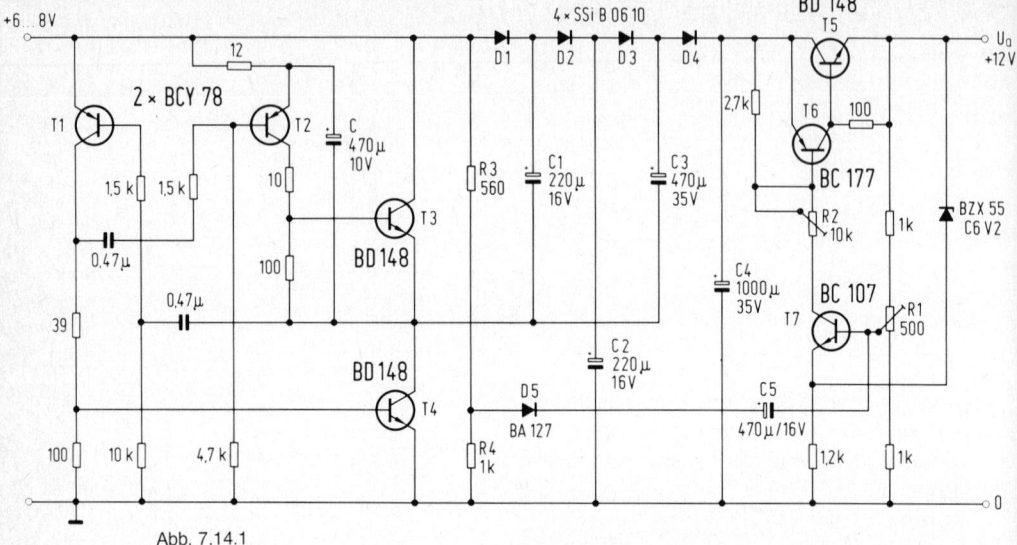

Abb. 7.14.1

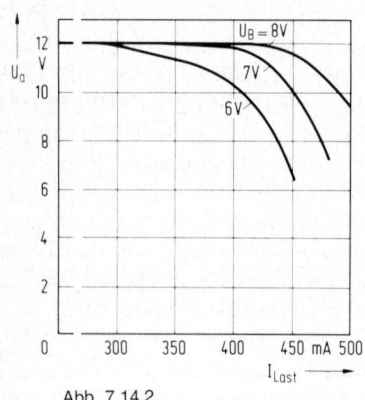

Abb. 7.14.2

wurde eine Spannungsüberhöhung am Emitter des Transistors T 2 vorgenommen, damit der Transistor T 3 bis zur Sättigungsspannung durchgeschaltet werden kann. Der Wirkungsgrad der Schaltung wird dadurch verbessert. Von den Dioden D 1...D 4 wird die Spannung U_B nur theoretisch verdreifacht. Die Spannung an C 4 ist tatsächlich wegen der zahlreichen Restspannungsstrecken (D 1...4, T 3/4) erheblich geringer, sie ist außerdem stark von der Last und Eingangsspannung abhängig.

Mit der nachfolgenden Stabilisierungsschaltung werden diese Spannungsschwankungen ausgeglichen. Auf *Abb. 7.14.2* ist die Ausgangsspannung in Abhängigkeit vom Ausgangsstrom dargestellt. Die Ausgangsspannung wird mit dem Trimmpot R 1 eingestellt. Eine bedingte Kurzschlußsicherheit der Schaltung wird durch eine Basisstrombegrenzung des Längsregeltransistors erreicht. Mit dem Trimmpot R 2 wird die Basisstrombegrenzung eingestellt. Bei einem Kurzschluß kippt die Schaltung, und der Längsregeltransistor sperrt. Das Gerät wird wieder betriebsbereit, wenn der Kurzschluß aufgehoben ist und die Betriebsspannung aus- und eingeschaltet wird. Über die Anlaufschaltung R 3-R 4, D 5-C 5 bekommt T 7 Basisstrom, und der Längsregeltransistor T 5 wird wieder leitend.

Bordspannung von 12 V ausgelegt. Für Fahrzeuge mit 6 V Batteriespannung wird deshalb ein entsprechender Gleichspannungswandler benötigt. Im Vergleich zu den bekannten Transformatorzerhackern ist hier eine eisenlose Ausführung mit stabilisierter Augsgangsspannung angegeben. Die Schaltung des Wandlers ist aus *Abb. 7.14.1* ersichtlich. Sie besteht aus einem astabilen Multivibrator, einer Spannungs-Verdreifacher- und einer Spannungskonstantschaltung. Der astabile Multivibrator ist mit einer Leistungsendstufe T 3, T 4 versehen. Mit dem Kondensator C

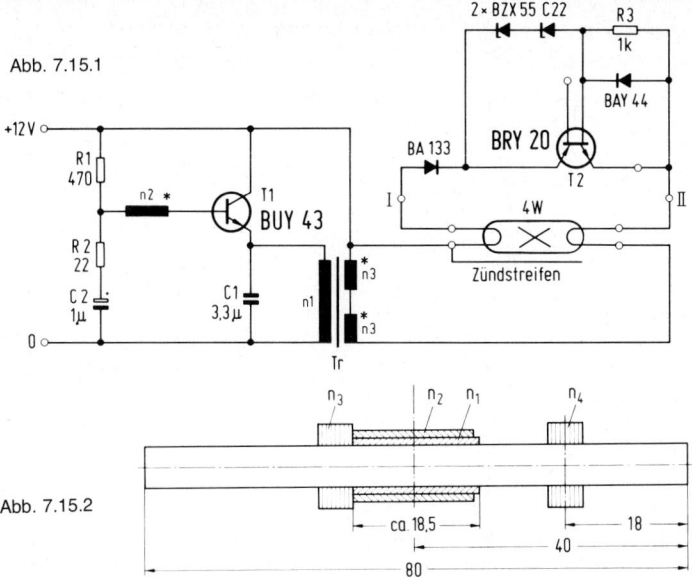

Abb. 7.15.1

Abb. 7.15.2

7.15 Leuchtstofflampenaggregat 12 V/4 W

Leuchtstofflampen kleiner Leistung können in Kraftfahrzeugen als Reparaturleuchten, Handlampen und Leselampen, eingesetzt werden. Für die relativ kleine Betriebsleistung von 4 W wird zur Erzeugung der Wechselspannung ein Sinusgenerator verwendet (*Abb. 7.15.1*). Dieser arbeitet im B-Betrieb mit dem Leistungstransistor BUY 43, der in Kollektorschaltung eingesetzt ist.

Die Schwingfrequenz — festgelegt durch den Schwingkreis n_1, C 1 — beträgt 20 kHz. Bei dieser Arbeitsfrequenz ist die Lichtausbeute und damit der Wirkungsgrad der Lampe sehr günstig. Außerdem arbeitet das Gerät über dem Hörbereich, d. h., es liefert keine hörbaren Schwingungen. Der Anschwingteiler ist im Hinblick auf möglichst gutes Anschwingen der Schaltung mit Transistoren BUY 43 und auf geringe Gleichstromverluste ausgelegt.

Üblicherweise werden Leuchtstofflampen mit Vorschaltgeräten betrieben, die den Lampenstrom begrenzen. In der hier vorgeschlagenen Schaltung wurde der Übertrager so ausgelegt, daß auf eine Vorschaltdrossel verzichtet werden kann. Als Transformatorkern wird ein

Ferrit-Zylinderkern *Abb. 7.15.2* verwendet. Die Primärwicklung n_1 und die Steuerwicklung n_2 sind fest gekoppelt auf die Mitte des Zylinderkerns gewickelt. Die Sekundärwicklung ist auf die beiden Wicklungshälften n_3 und n_4 aufgeteilt, davon ist n_3 fest mit der Primärwicklung gekoppelt, n_4 ist in einem gewissen Abstand von n_1 auf den Kern aufgebracht. Durch diese Transformatorauslegung übernimmt die Sekundärwicklung die Aufgaben eines Vorschaltgerätes in einer normalen Leuchtstofflampenschaltung. Die genaue Wicklungsanordnung zeigt ebenfalls Abb. 7.15.2. Ein möglichst flackerfreier Start der Leuchtstofflampe ist durch die Halbleiterkombination an den Klemmen I und II gewährleistet.

Beim Einschalten des Gerätes Abb. 7.15.1 schwingt der Sinusgenerator selbsttätig an. Im Vorheizbetrieb werden die Lampenelektroden über den Starter geheizt. Der Starter I, II wird stromführend, wenn die Spannung an den Elektroden die Kippspannung (47 V) erreicht. Der Starter ist nur in einer Richtung der Sinusspannung stromleitend, derselbe Strom fließt durch die Heizwendel als Heizstrom; in Gegenrichtung bleibt er gesperrt. Wenn die

227

Spannung in Sperrichtung am Starter liegt, entstehen bei jeder Halbwelle hohe Spannungsspitzen (ca. 700 V), die die Leuchtstofflampe nach genügender Elektrodenheizung zünden. Die Lampenspannung bricht auf die Brennspannung von 30 V zusammen, da der Starter eine höhere Kippspannung hat, schaltet er den Heizstrom ab.

Zur Erzeugung der hohen Zündspannungsspitzen wird der normalerweise unerwünschte Trägerspeichereffekt der Sperrdiode BA 133 ausgenützt. Beim Betrieb von Siliziumgleichrichtern bei 20 kHz macht sich die Lebensdauer der Ladungsträger, die beim Stromnulldurchgang noch in der Sperrschicht vorhanden sind, und die damit verbundene Sperrverzögerung bemerkbar. Dadurch fließt beim Übergang von der Durchlaß- zur Sperrphase unter dem Einfluß der umgekehrten Spannung ein Rückstrom. Sobald die Diode Sperrspannung annimmt, reißt dieser Strom plötzlich ab, und es kommt im Zusammenwirken mit der Streuinduktivität der Sekundärwicklung zu hohen Spannungsspitzen, die die Lampe nach kurzer Vorheizzeit zünden. Damit diese kurze Zündzeit bei tiefen Temperaturen erreicht wird, ist auf der Lampe ein Zündstreifen aufgebracht, der mit einer Lampenelektrode verbunden ist. Wenn auf diesen Zündstreifen verzichtet wird, verlängert sich die Startzeit wesentlich bei Temperaturen unter $-5\,°C$.

Technische Daten:

Versorgungsspannung	$U = 12\ V \pm 20\,\%$
Batteriestrom	$I_N = 0,75\ A$
Kollektorspitzenstrom	$I_C = 3,2\ A$
Lampennennstrom	$I_L = 150\ mA$
Startzeit (20 °C, U_N)	$t_s = 1,3\ s$
max. Umgebungstempera-	
turbereich	$T_u = -20\,°C$ bis
	$+80\,°C$
bei U_N $-20\,\%$	$= -20\,°C$ bis
	$+80\,°C$
bei U_N $+20\,\%$	$= -20\,°C$ bis
	$+80\,°C$
Schwingfrequenz	$f = 20\ kHz$

Generatorleerlauf-	
spannung	$U_0 = 110\ V$
Spitzenzündspannung	$U_z = 750\ V$
Wärmewiderstand des Kühlkörpers für BUY	
$43 = 20\ K/W$	

Spulendaten: (Abb. 7.15.2)

n_1	23 Wdg. 0,8 $\varnothing$ CuL auf Zylinderkern gewickelt
n_2	33 Wdg. 0,4 $\varnothing$ CuL über n_1 gewickelt
n_3	220 Wdg. 0,17 CuL auf Spulenkörper B 65542-A0000-M001
n_4	220 Wdg. 0,17 CuL auf Spulenkörper B 65542-A0000-M001

Ferrit-Zylinderkern: 6×80 Material M 25; Bestell-Nr.: B 61110 M25 6×80 mittel

7.16 Geregelter Gleichspannungswandler 24 V-5 V/5 A mit Strombegrenzung

Mit dem schnellen, dreifachdiffundierten Leistungstransistor BUY 55 und der schnellen Leistungsdiode SSi E 3005 als Schaltglieder wurde ein Gleichspannungswandler (*Abb. 7.16*) mit Spannungsregelung und Strombegrenzung aufgebaut. Die Steuerfrequenz des Wandlers liegt außerhalb des Hörbereiches bei etwa 20 kHz.

Der Gleichspannungswandler ermöglicht eine netzunabhängige Notstromversorgung für TTL-Schaltkreise aus einem 24-V-Akku, wie sie in Kraftwerken und Betrieben mit ähnlichen Sicherheitsauflagen gefordert wird. Er zeichnet sich besonders durch seinen hohen Wirkungsgrad von etwa 70 % aus.

Technische Daten:

Betriebsspannung	$24\ V \pm 25\,\%$
Schwingfrequenz	$\approx 20\ kHz$
Ausgangsspannung	5 V (3...6 V)
max. Ausgangsbrumm-	
spannung	$20\ mV_{ss}$
min. Ausgangsstrom	0,3 A
max. Ausgangsstrom	5 A
Strombegrenzung bei	$\approx 5,5\ A$
Spannungsstabilisierungsfaktor	$\dfrac{\Delta U_A}{U_A} : \dfrac{\Delta U_B}{U_B}\ 0,04$

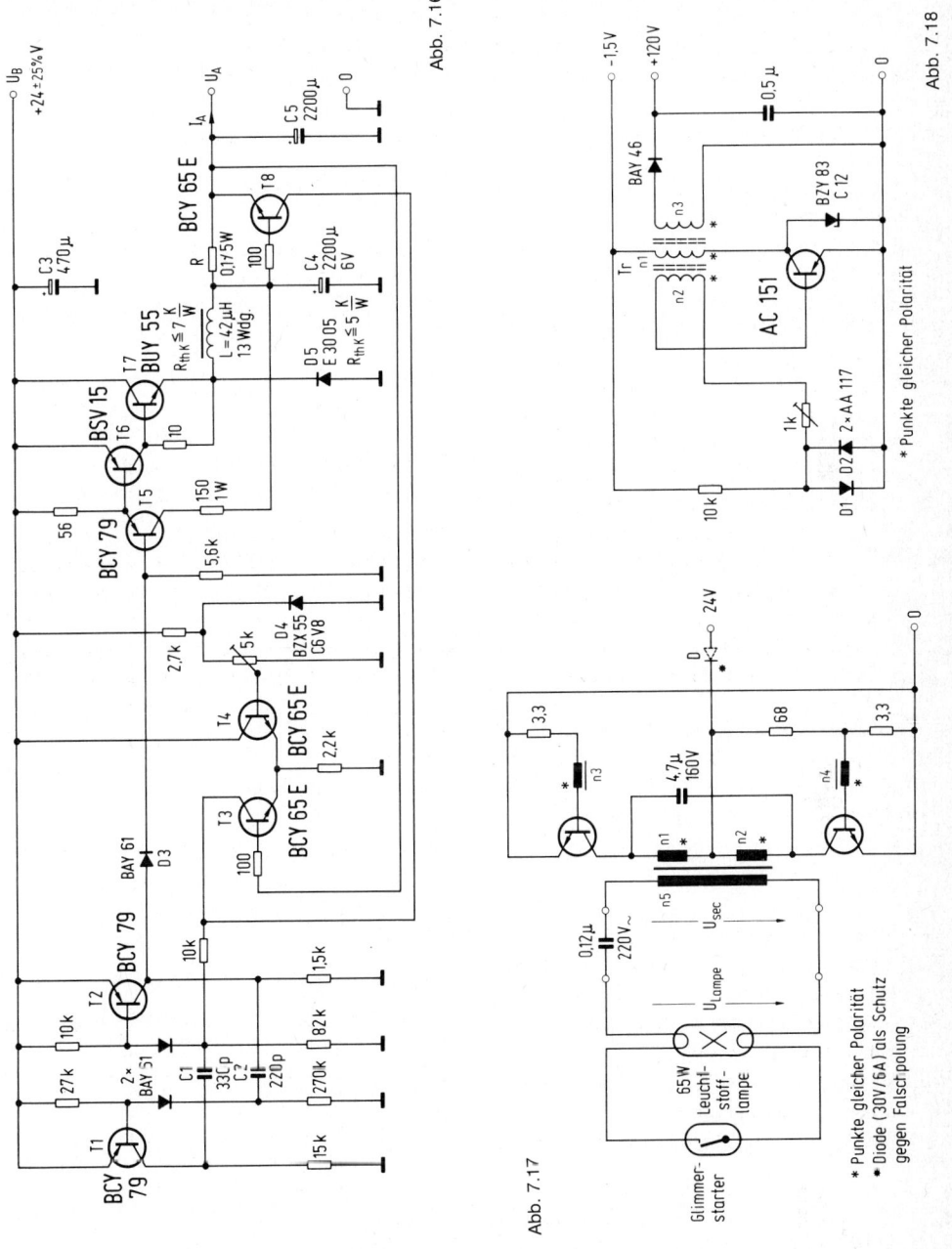

Abb. 7.16

Abb. 7.17

Abb. 7.18

* Punkte gleicher Polarität
● Diode (30V/6A) als Schutz
   gegen Falschpolung

* Punkte gleicher Polarität

229

Innenwiderstand 17 mΩ

Wirkungsgrad bei $U_B = 24$ V, $U_A = 5$ V:

I_A [A]	0,5	1	2	3	4	5
η [%]	61	65	70	68	68	67

Wärmewiderstand des Kühlkörpers für

T 7	$\leq$ 7 K/W
D 5	$\leq$ 5 K/W

Schaltungsbeschreibung

Der Gleichspannungswandler besteht aus dem astabilen Multivibrator T 1, T 2, dessen Impulspause durch die Regeltransistoren T 3 und T 8 bestimmt wird, und aus der Schaltstufe T 5, T 6, T 7.

Der Leistungstransistor BUY 55 lädt die Speicherinduktivität L und den Ladekondensator C 4. Sperrt der Transistor T 7, dann gibt die Induktivität Energie an den Kondensator C 7 ab und lädt ihn weiter auf. Die Entladung des Kondensators C 4 erfolgt kontinuierlich über die gesamte Periode durch den Ausgangsgleichstrom.

Eine zusätzliche Siebung der Ausgangsspannung erfolgt durch den Widerstand R und den Kondensator C 5.

Der Differenzverstärker T 3, T 4 vergleicht die Ausgangsspannung mit der Referenzspannung am Trimmer 5 kΩ und regelt über T 3 die Sperrzeit von T 2, die etwa der Einschaltzeit von T 7 entspricht.

Der Transistor T 8 hat die Aufgabe, den Ausgangsstrom zu begrenzen. Ab 5,5 A setzt die Begrenzung des Stromes ein. Dabei sinkt die Ausgangsspannung und die Induktivität kann sich nur mehr wenig entladen, weshalb der Kurzschlußstrom auf etwa 7 A ansteigt.

Ausgangsströme unter 0,3 A können vom Multivibrator nicht mehr ausgeregelt werden, so daß die Ausgangsspannung ansteigt. Eine Grundlast kann gegebenenfalls erforderlich sein.

7.17 24 V-Zerhacker für Leuchtstofflampe 65 W

Für den Betrieb einer 65-W-Leuchtstoffröhre an 24 V Batteriespannung (Notstrom-Be-leuchtungsanlage) wurde ein selbstschwingender Gegentakt-Zerhacker *Abb. 7.17* entwickelt. Es können serienmäßige Leuchtröhren ohne zusätzliche Zündstreifen oder andere Hilfsmittel eingesetzt werden. Die Begrenzung des Lampenstromes erfolgt vorteilhafterweise mit einem kapazitiven Widerstand. Es ist somit keine Drossel erforderlich.

Die Schwingfrequenz mit 4 kHz hat mehrere Vorteile:

1. Es kann auf ein induktives Vorschaltgerät (Drossel) verzichtet werden. Der Lampenstrom wird mit einem kleinen Kondensator 0,12 µF auf den Nennstrom von etwa 630 mA begrenzt.

2. Der Zerhackertransformator kann wesentlich kleiner gewählt werden als es bei niedrigerer Frequenz möglich wäre.

3. Die Lichtausbeute der Leuchtstofflampe wird günstiger bei hohen Frequenzen.

Als Starter wird ein normaler Glimmstarter beibehalten. Im Startbetrieb treten an der Lampe Spannungsspitzen bis 700 V auf. Damit ist ein sicheres Starten der Leuchtstofflampe gewährleistet. Als Leistungstransistoren kommen die bewährten Siliziumtransistoren BDY 39 zum Einsatz. Die Diode D gibt Schutz gegen Falschpolung. Sie kann bei festem Anschluß selbstverständlich entfallen.

Technische Daten:

Batteriespannung	24	V
Betriebsfrequenz	4	kHz
Stromaufnahme	4,5	A
Aufnahmeleistung	108	W
Lampenleistung	65	W
Wirkungsgrad	60	%
Lampenspitzenstrom	2,4	A
Lampenstrom effektiv	0,65	A
Ausgangsspitzenspannung [U_{sek}]	300	V
Startspannungsspitzen an der Lampe	bis 700	V
max. Umgebungstemperatur	60	°C
Wärmewiderstand des Kühlkörpers je Transistor	8	K/W

Trafo: Siferrit 2 × E 55 o. L., Material T 26

$n_1 = n_2 = 10$ Wdg. 1,0 CuL
$n_3 = n_4 = \ \ 2$ Wdg. 0,75 CuL
Isolation zum Netz
$n_5 = 120$ Wdg. 0,75 CuL

7.18 Spannungswandler 1,5 V/120 V/ 10 mW

Für die verhältnismäßig hohe Spannungs-übersetzung von 1,5 V auf 120 V eignet sich am besten der Eintaktsperrwandler, weil bei diesem Verhältnis von Betriebsspannung zur Ausgangsspannung größer ist als das Windungsverhältnis zwischen Primär- und Sekundärwicklung. Dies ist darauf zurückzuführen, daß beim Eintaktsperrwandler während der Stromflußzeit des Transistors die aufgenommene Energie im Übertrager gespeichert und erst während der Sperrzeit des Transistors über eine Diode an den Verbraucher abgegeben wird.

Die *Abb. 7.18* zeigt die Schaltung eines Sperrwandlers für die Umwandlung einer Spannung von 120 V bei einer Ausgangsleistung von 10 mW. Die Spannungsübersetzung von fast 1:100 wird bei einem Windungsverhältnis von nur 1:10 erreicht. Um ein zu starkes Ansteigen der Ausgangsspannung im Leerlauf zu vermeiden, muß der Spannungsrückschlag begrenzt werden. Dies ist leichter auf der Primärseite wegen der dort vorhandenen kleineren Spannungswerte möglich. Es wurde deshalb parallel zum Transistor eine Z-Diode mit einer Zenerspannung von 12 V geschaltet, die auf der Primärseite den Spannungsrückschlag auf 12 V begrenzt. Auf der Ausgangsseite kann dann wegen des Windungsverhältnisses von 1:10 keine höhere Ausgangsspannung als 120 V auftreten.

Wird an den Ausgang der Schaltung eine konstante Last geschaltet, z. B. ein Widerstand mit einem Wert von 1 MΩ, so kann auf diese Z-Diode verzichtet werden.

Um auch auf der Steuerseite Strom zu sparen, wurde vom als Anschwinghilfe üblichen Spannungsteiler abgegangen. Die Anschwingspannung entsteht an der Diode D 2, die über dem Widerstand von 10 kΩ an der Betriebs-

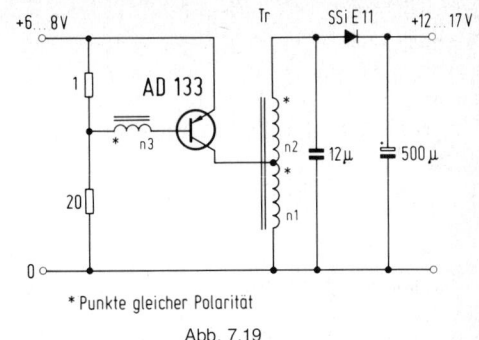

*Punkte gleicher Polarität

Abb. 7.19

spannung liegt. Parallel dazu liegt die entgegengesetzt gepolte Diode D 1, die den Stromfluß im Rückkopplungskreis ermöglicht.

Technische Daten:

Betriebsspannung	1,5	V
Betriebsstrom	16	mA
Ausgangsspannung	120	V
Lastwiderstand	1	MΩ
Frequenz	5	kHz

Transformator Tr: Siferrit-Schalenkern B65541 K0250-J026

$n_1 = \ \ 100$ Wdg. 0,12 CuL
$n_2 = \ \ \ \ 50$ Wdg. 0,05 CuL
$n_3 = 1000$ Wdg. 0,05 CuL

7.19 Spannungswandler 6 V/12 V/25 W

Wegen der kleinen Spannungsübersetzung und der großen Ausgangsleistung wurde für diesen Anwendungsfall der Eintakt-Durchflußwandler gewählt (*Abb. 7.19*). Um die Umschaltverluste am Transistor AD 133 klein zu halten, wurde eine Schwingfrequenz von 250 Hz gewählt. Außerdem ist diese niedrige Frequenz auch noch bezüglich akustischer Belästigung günstig. Dies ist wichtig, weil ein Hörbarwerden der Schwingfrequenz fast nie ganz zu vermeiden ist. Eine höhere Schwingfrequenz von einigen kHz ist dann wesentlich unangenehmer als die verhältnismäßig tiefe Frequenz von 250 Hz.

Es wurde ein Spartransformator vorgesehen, um trotz der niedrigen Schwingfrequenz einen

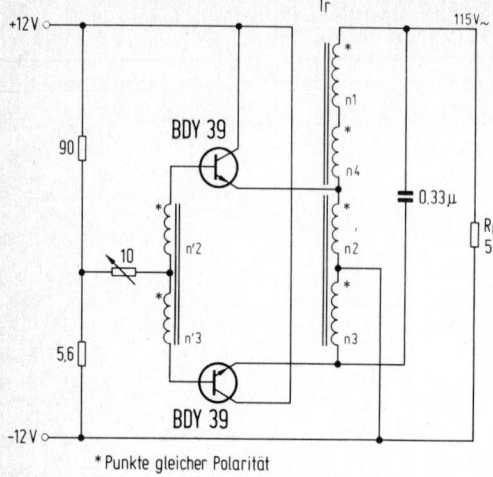

*Punkte gleicher Polarität

Abb. 7.20

7.20 Sinusgenerator 12 V/115 V/24 W

Die *Abb. 7.20* zeigt die Schaltung eines Sinusgenerators für eine Ausgangsleistung von 24 W. An den beiden Transistoren des Gegentaktoszillators verbleibt eine Verlustleistung von je 7 W. Bei Verwendung von Silizium-Transistoren kann wegen der bei dieser Anordnung höheren Sperrschichttemperatur Kühlblech-Fläche gespart werden, weshalb in dem vorliegenden Beispiel die neuen Silizium-Leistungs-Transistoren BDY 39 verwendet werden.

Um eine gute Verkopplung zwischen Eingang und Ausgang zu gewährleisten, müssen die Wicklungen n_2 und n_2' sowie n_3 und n_3' jeweils gemeinsam gewickelt werden. Auf der Sekundärseite wurde die Wicklung in n_1 und n_4 aufgeteilt. Die Reihenfolge der Zahlen im Index gibt die Reihenfolge der Wicklungen auf der Spule an, d. h. die Wicklung n_1 ist ganz innen aufzubringen, darauf folgt die Wicklung n_2 etc.

kleinen Transformator verwenden zu können und dabei die Wicklungsverluste möglichst klein zu halten. Die Ausgangsspannung ist nicht stabilisiert. Sie ist etwa linear abhängig von der Eingangsspannung, aber auch von der Belastung. Bei einem Laststrom von etwa 32,3 A ist die Ausgangsspannung 12 V bei einer Batteriespannung von 6 V. Bei der gleichen Eingangsspannung steigt bei einem Laststrom von nur 1 A jedoch die Ausgangsspannung auf etwa 14,5 V an.

Technische Daten:

Betriebsspannung	6 (max. 8,3) V
Betriebsstrom	10 A
Ausgangsspannung	12 V
Ausgangsleistung	28 W
Wirkungsgrad	46 %
Schwingfrequenz	250 Hz

Transformator Tr: M 55/20, Dyn. Bl. IV/0,35, wechselsinnig geschichtet
$n_1 = 20$ Wdg. 4 $\times$ 1,0 CuL
$n_2 = 40$ Wdg. 2 $\times$ 1,0 CuL
$n_3 = 8$ Wdg. 1,0 CuL

Technische Daten:

Betriebsspannung	12 V
Betriebsstrom	3,5 A
Ausgangsspannung	115 V
Ausgangsleistung	24 W
Schwingfrequenz	400 Hz
Klirrfaktor bei max. Ausgangsleistung	10 %
Zulässige Umgebungstemperatur	−20 bis + 75 °C

Transformator Tr: M 65/27 Dyn. Bl.IV/0,35 0,5 mm L, gleichsinnig geschichtet

$n_1 = 200$ Wdg. 0,55 CuL
$n_2 = 27$ Wdg. 1,0 CuL } gemeinsam
n_2' = 32 Wdg. 0,3 CuL } wickeln
$n_3 = 27$ Wdg. 1,0 CuL } gemeinsam
n_3' = 32 Wdg. 0,3 CuL } wickeln
$n_4 = 200$ Wdg. 0,55 CuL

7.21 Sinusgenerator 110 V/30 W

Die Schaltung nach *Abb. 7.21* liefert eine Ausgangsleistung von 30 W bei Verwendung der Silizium-Transistoren BUY 13. Pro Tran-

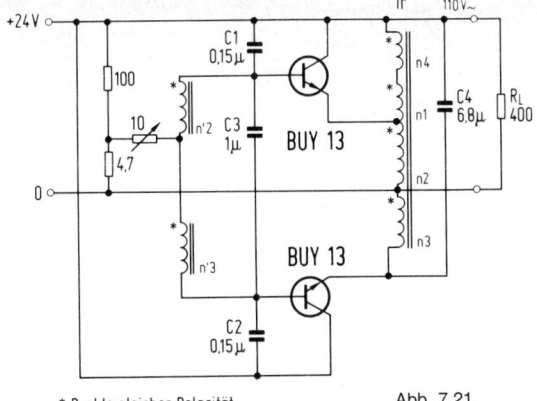

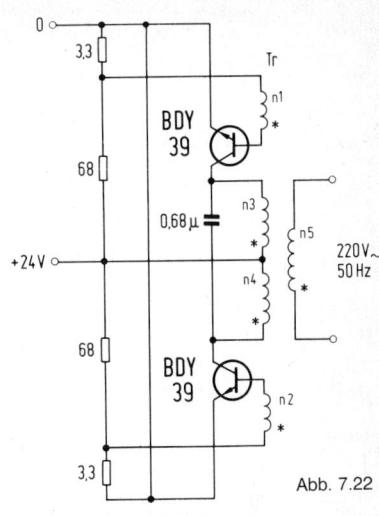

* Punkte gleicher Polarität   Abb. 7.21

* Punkte gleicher Polarität   Abb. 7.22

sistor tritt eine Verlustleistung von etwa 10 W auf. Für die Transistoren soll ein Kühlblech mit einem Wärmewiderstand von max. 3 grd/W verwendet werden. Bei den Transistoren BUY 13 ist der Kollektor mit dem Gehäuse verbunden, weshalb die Schaltung so ausgeführt wurde, daß die beiden Kollektoren miteinander verbunden werden können, d. h. man kann beide Transistoren ohne Isolation auf ein Kühlblech setzen. Die Kondensatoren C 1, C 2 und C 3 sind erforderlich, um das Auftreten hochfrequenter Schwingungen zu vermeiden, da die Transistoren BUY 13 eine sehr hohe Grenzfrequenz haben. Die Frequenz der Ausgangsspannung von 2 kHz ist nur bei ohmscher Last gewährleistet. Bei induktiver oder kapazitiver Last muß für ein Erreichen derselben Frequenz eventuell der Kondensator C 4 verändert werden. Wie im vorher beschriebenen Beispiel sollen die jeweils zusammengehörigen Eingangs- und Ausgangswicklungen (n_2 und n_2' bzw. n_3 und n_3') gemeinsam gewickelt werden. Die Ausgangswicklung ist wie im vorhergehenden Kapitel zweigeteilt.

Technische Daten:

Betriebsspannung	24 V
Betriebsstrom	2,6 A
Ausgangsspannung	110 V
Ausgangsleistung	30 W
Schwingfrequenz	50 Hz

Transformator Tr: M 74/32 Dyn. Bl. III/ 0,35, 0,5 L gleichsinnig geschichtet

$n_1 = 307$ Wdg. 0,4 CuL
$n_2 = 80$ Wdg. 0,8 CuL } gemeinsam
$n_2' = 100$ Wdg. 0,26 CuL | wickeln
$n_2 = 80$ Wdg. 0,8 CuL } gemeinsam
$n_3' = 100$ Wdg. 0,26 CuL | wickeln
$n_4 = 307$ Wdg. 0,4 CuL

7.22 Gegentakt-Zerhacker 24 V/220 V/100 W

Für die Anwendung bei 24-V-Bordnetzen, wie sie z. B. bei Schiffen üblich sind, wurde der Zerhacker nach *Abb. 7.22* entwickelt. Mit den neuen Si-Leistungs-Transistoren BDY 39 kann eine Ausgangsleistung von 100 W bei einer Ausgangsspannung von 220 V und einer Frequenz von 50 Hz erreicht werden. Die gewählte Zerhackerschaltung entspricht der des üblichen Gegentakt-Zerhackers.
Die Schaltung schwingt sicher an bis zu einer Temperatur von −20 °C.

Technische Daten:

Betriebsspannung	24 (max. 30) V
Leerlaufstrom	1,15 A
Ausgangsspannung	220 V
Ausgangsleistung	100 W
Wirkungsgrad	74 %

233

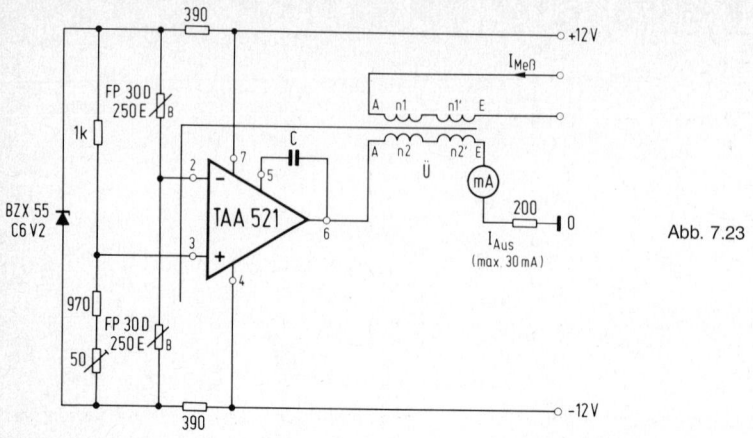

Abb. 7.23

Schwingfrequenz	50 Hz
zulässige Umgebungs-	
temperatur	-20 bis $+60\,°C$

Wärmewiderstand
des Kühlkörpers pro

Transistor   3 grd/W

Transformator Tr.: M 102/35 Dyn. Bl. IV/
0,35, 0,5 L wechselsinnig geschichtet

$n_1 = n_2 = $ 9 Wdg, 0,42 CuL, gemeinsam
                         wickeln

$n_3 = n_4 = 81$ Wdg, 1,2 CuL
Wicklungsisolation
$n_5 = 875$ Wdg, 0,42 CuL

7.23 Stromwandler für Gleich- und Wechselströme

Zur potentialfreien Erfassung von Gleich-
strömen wechselnder Polarität oder Wechsel-
strömen kann der Stromwandler (*Abb. 7.23*)
verwendet werden.

Als Meßfühler dienen zwei in einem Magnetkreis angeordnete Feldplatten.

Mit dem Gegentaktausgang des Operationsverstärkers TAA 521 ist eine verlustarme Erzeugung von positiven und negativen Ausgangsströmen möglich.

Der Opaerationsverstärker TAA 521 regelt
den Ausgangsstrom so, daß die vom Meßstrom
erzeugte magnetische Induktion kompensiert
wird und die AW der beiden Spulen übereinstimmen.

Vom Amperemeter wird der Ausgangsstrom
angezeigt. Der gesamte Lastwiderstand des
OP sollte $> 200\,\Omega$ sein.

7.24 Elektronenblitzgerät mit Transistoren

An Elektronenblitzgeräte werden zwei wichtige Forderungen gestellt, und zwar einmal
ein möglichst guter Wirkungsgrad, um aus einem Batteriesatz oder einer Akkuladung
möglichst viele Blitze herauszuholen, und zum
anderen Mal eine möglichst große Konstanz der
Leitzahl. Die Leitzahl ist abhängig von der im
Blitzkondensator gespeicherten Energie und
natürlich auch von der verwendeten Blitzröhre.
Sie entspricht dem Produkt aus Blende mal optimal ausgeleuchteter Entfernung. Da die im
Blitzkondensator gespeicherte Energie mit dem
Quadrat der Ladespannung steigt, ist für ein
Konstanthalten der Leitzahl eine möglichst
konstante Ladespannung am Kondensator bei
Auslösung des Blitzes erforderlich. Wie aus
dem oben Angeführten hervorgeht, ist eine
konstante Leitzahl wichtig, damit bei richtig
eingestellter Blende auch zuverlässig der gewünschte Bereich gut ausgeleuchtet ist.

Grundsätzlich kann — zumindest bei konstanter Versorgungsspannung — eine konstante Ladespannung am Blitzkondensator bei
der Verwendung von Gegentaktzerhackern
oder Eintakt-Durchflußwandlern erreicht werden. Bereits bei Schwankungen der Betriebs-

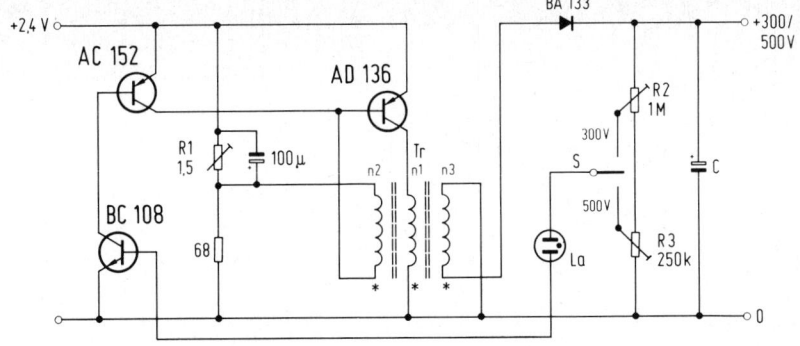

Abb. 7.24

* Punkte gleicher Polarität

spannung jedoch ergeben sich auch bei diesen Zerhackerarten ungünstigere Verhältnisse. Darüber hinaus können die beiden letztgenannten Zerhackerarten keinen sehr hohen Wirkunsgsgrad ermöglichen, wie eine theoretische Betrachtung bezüglich der Aufladung von Kondensatoren sofort zeigt. Bei Anschluß einer Gleichstromquelle mit einem bestimmten Innenwiderstand an einen Kondensator kann nur maximal die Hälfte der von der Gleichstromquelle abgegebenen Energie im Kondensator als Ladung gespeichert werden. Die andere Hälfte der Energie verbleibt entweder am Innenwiderstand der Stromquelle oder an einem zum Schutz der Stromquelle vor Überlastung vorzuschaltenden Widerstand. Diese ungünstige Leistungsbilanz ist darauf zurückzuführen, daß die Entladung eines Kondensators bei Beginn der Aufladung mit einem großen Strom und kleiner Spannung und gegen Ende der Aufladung mit kleinem Strom und großer Spannung erfolgt. Ein Netzgerät mit konstantem Innenwiderstand ist deshalb während des größten Teils der Aufladezeit schlecht angepaßt.

Viel günstigere Ergebnisse erhält man bei der Verwendung von Eintakt-Sperrwandlern, weil bei diesem Zerhackertyp während einer Halbwelle der Periode im Übertrager Energie gespeichert wird, die sich während der zweiten Hälfte der Periode an den Verbraucher entlädt. Es kann also bei diesem Zerhacker eine Ladung eines Kondensators mit konstanter Energie erfolgen. An dem entladenen Kondensator, der mit einem niedrigen Lastwiderstand vergleichbar ist, erfolgt deshalb die Entladung der Energie aus dem Übertrager mit großem Strom und kleiner Spannung. Mit steigender Ladung ändert sich dieses Strom-Spannungsverhältnis der jeweiligen Größe der Last entsprechend. Man hat also während des ganzen Entladevorganges eine Anpassung des Netzgerätes an die Last erreicht, weshalb zumindest theoretisch mit Eintakt-Sperrwandlern ein doppelt so hoher Wirkungsgrad erreicht werden kann als mit den beiden anderen Zerhackertypen.

In den meisten Fällen ist jedoch bei der Verwendung von Sperrwandlern die Verwendung einer Abschaltautomatik erforderlich, weil sonst ein Ansteigen der sogenannten Rückschlagspannung, die der maximalen Ladespannung entspricht, nur durch innere Verluste im Zerhacker begrenzt wird.

Als weiterer Vorteil ergibt sich, daß das große Spannungsübersetzungsverhältnis mit einem verhältnismäßig kleinen Windungsverhältnis zwischen Primär- und Sekundärwicklung erreicht wird. Außerdem kann die Sperrspannung der Diode am Ausgang kleiner gewählt werden, als dies bei Verwendung eines Gegentaktzerhackers oder eines Eintaktdurchflußwandlers möglich wäre. Bei diesen Zerhackertypen addiert sich als Sperrspannung an der Diode zur Kondensatorspannung noch mindestens eine Spannung der gleichen Größe, während beim Eintaktsperrwandler nur ein solcher Wert dazu kommt, der dem Produkt

235

aus Betriebsspannung und Windungsverhältnis entspricht.

Die Schaltung einer Stromversorgung für ein Elektronenblitzgerät mit Abschaltautomatik zeigt *Abb. 7.24*. Der Spitzenwert des während der Stromflußzeit des Transistors linear ansteigenden Stromes ist 6 A. Für verschiedene Stromverstärkungen des Endstufentransistors kann dieser Wert mit dem Widerstand R 1 eingestellt werden. Parallel zum Ladekondensator am Ausgang ist ein umschaltbarer Spannungsteiler angeordnet, mit dem eine Ladespannung von 300 oder 500 V eingestellt werden kann. Es ist damit möglich, zwei verschiedene Leitzahlen einzustellen. Benötigt man nur eine geringe Leitzahl, so können entsprechend mehr Blitze aus einem Batteriesatz entnommen werden. Sobald die über den Spannungsteiler der Glimmlampe zugeführte Spannung die Zündspannung überschreitet, schaltet der Silizium-Transistor BC 108 am Eingang der Regelautomatik durch, wodurch über den Transistor AC 152 der Endstufentransistor AD 136 abgeschaltet wird. Durch die Eigenverluste des Kondensators und den Verbrauch des Spannungsteilers sinkt nun die Spannung am Ladekondensator. Da-

durch erlöscht die Glühlampe, und der Kondensator wird durch ein erneutes Anschwingen des Zerhackers nachgeladen.

Technische Daten:

Betriebsspannung	2,5 V (-15 %, $+50$ %)
Betriebsstrom (Mittelwert)	3 A
Spitzenstrom	6 A
Max. Umgebungstemperatur	50 °C

Ladezeiten
(bei formiertem Elektrolytkondensator)

Kondensator C	Ladespannung	Ladezeit
300 µF	300 V	4 s
300 µF	500 V	13 s
500 µF	300 V	6,5 s
500 µF	500 V	20 s

Transformator Tr: Siferrit-Schalenkern
B65611-K0400-A022
$n_1 = $ 16 Wdg 0,8 CuL
$n_2 = $ 12 Wdg 0,4 CuL
$n_3 = $ 450 Wdg 0,2 CuL

8 Elektronische Schaltungen mit Thyristoren – Thyristornetzteile und Thyristorsteuerungen

8.1 Thyristor-Netzgerät

Durch die Verwendung von Thyristoren bietet sich unter Ausnutzung des Prinzips der Phasenanschnittsteuerung die Möglichkeit, Schaltungen für Netzgeräte ohne Netztransformator aufzubauen. Dabei werden nur bestimmte Ausschnitte aus der Netzwechselspannung gleichgerichtet. Die Einwegphasenanschnittschaltung nach *Abb. 8.1* dient zur Erzeugung einer stabilisierten Gleichspannung von 110 V für Horizontalablenkstufen in Fernsehempfängern. Der zulässige Laststrom ist 500 mA.

Zur Steuerung des Thyristors wird eine Kippstufe mit einer Thyristor-Tetrode BRY 46 verwendet. Während der positiven Halbwelle der Netzwechselspannung lädt sich der Kondensator C 1 über den Widerstand R 1 auf. Die Z-Diode begrenzt die Ladespannung dabei auf etwa 33 V. Die Spannung an der Katode der Thyristor-Tetrode setzt sich aus einem Gleichspannungsanteil der Lastseite (Widerstandsteiler R 5, R 6, R 7) und einem Wechselspannungsanteil (Widerstandsteiler R 4, R 6, R 7) zusammen. Der Kondensator C 2 wird gegenüber der positiven Halbwelle verzögert über die Widerstände R 1 und R 2 aufgeladen.

Die Ansprechschwelle der Kippstufe ist durch das Potential an der Katode zuzüglich der Schwellspannungen einer Basis-Emitter-Diode und der Diode D 1 festgelegt. Erreicht die Ladespannung des Kondensators C 2 diese Triggerschwelle, wird die Thyristor-Tetrode durchgesteuert und der Kondensator C 1 entladen. Der im Durchschaltaugenblick der Triggerstufe am Schleifer des Potentiometers R 6 entstehende Spannungssprung gelangt über den Kondensator C 3 auf die Steuerelektrode des Thyristors. Mit dem Potentiometer R 6 kann der Zündzeitpunkt des Thyristors und damit die Ausgangsspannung eingestellt werden. Bei Erhöhung der Eingangswechselspannung steigt die Triggerschwelle der Kippstufe entsprechend an. Dadurch erreicht das Potential am katodenseitigen Steueranschluß die erforderliche Schwelle erst zu einem späteren Zeitpunkt, was für den Thyristor eine Verschiebung des Zündzeitpunktes zu kleinerem Stromflußwinkel zur Folge hat. Eine Verminderung der Eingangswechselspannung bewirkt einen entsprechend früheren Zündzeitpunkt.

Bei einer Änderung der Eingangswechselspannung um ±10 % und bei einem Laststrom

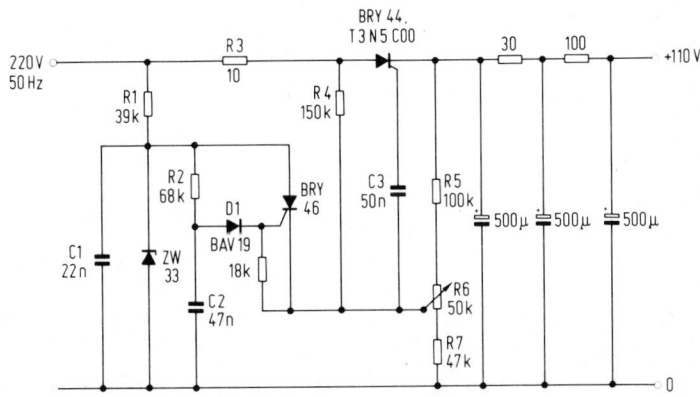

Abb. 8.1

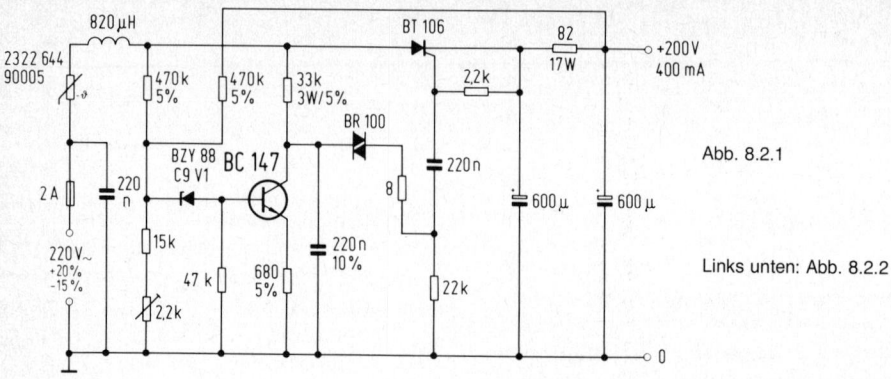

Abb. 8.2.1

Links unten: Abb. 8.2.2

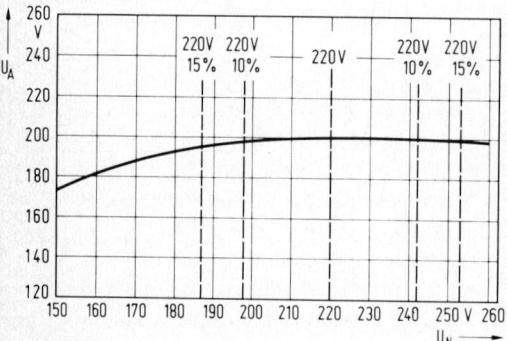

von 500 mA ist die Gleichspannungsänderung am Ausgang kleiner als ±1 %.

8.2 Thyristorstabilisiertes Netzteil

Mit einem als gesteuerter Einweggleichrichter arbeitenden Thyristor, dessen Zündzeitpunkt in der zweiten Hälfte der positiven Halbwelle liegt, läßt sich eine stabilisierte Gleichspannung von 200 V ohne Verwendung eines Netztransformators direkt aus der 220 V-Netzwechselspannung gewinnen.

Eine einfache Regelschaltung (*Abb. 8.2.1*) stabilisiert die Ausgangsgleichspannung gegen Netzspannungs- und Laststromschwankungen. Der 2,2 kΩ-Einstellwiderstand dient zum Ausgleich von Bauelemente-Toleranzen. Die kurze Zündzeit des Thyristors von 2 bis 3 µs hält die Verlustleistung klein. Im Durchlaßzustand fließt ein hoher Stromimpuls in den Ladekondensator. Zur Unterdrückung der Stör-

strahlung dient die 820 µH-HF-Drossel zusammen mit dem über den Eingangsklemmen liegenden 220 nF-Kondensator. Dieses Netzwerk schützt gleichzeitig den Thyristor gegen Überspannungsimpulse aus dem Netz. Der Einschaltstromstoß wird durch den NTC-Widerstand abgeflacht.

Die Welligkeit der Ausgangsspannung (Spitze-Spitze-Wert) beträgt etwa 500 mV. Da in den aktiven Bauelementen des hier beschriebenen Netzteils keine übermäßige Erwärmung auftritt, ist eine wirtschaftliche Auslegung für Netzspannungen von 220 V und 240 V möglich. Bei Eingangsspannungen zwischen 198 V und 264 V wird die Ausgleichsspannung von 200 V auf 1 % konstant gehalten. Der Verlauf der Ausgangsspannung ist stetig bis zu sehr niedrigen Netzspannungen, da der Thyristor auch in diesem Spannungsbereich noch während jeder positiven Halbwelle zündet. *Abb. 8.2.2* zeigt die Ausgangsspannung als Funktion der Netzspannung.

8.3 Sinus-Netzteil mit Hochspannungsgleich-richtung 220 V~/1 kV und Netztrennung

Das hier als Vorschlag gezeigte Netzteil besitzt einen Netzbrückengleichrichter anstelle eines Einweggleichrichters und einen zweistufigen Regelverstärker. Der zweistufige Regelverstärker muß so aufgebaut werden, daß keine zu große HF-Störspannung in den Regelkreis einstreut. Eine HF-Siebung kann die Regelgeschwindigkeit beeinflussen und

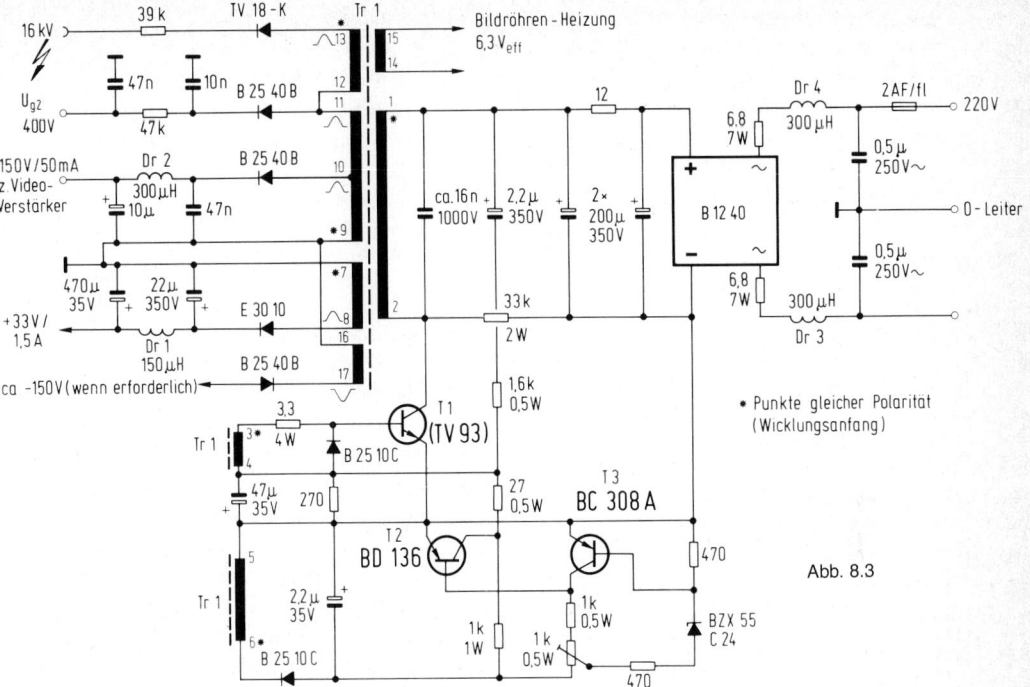

Abb. 8.3

Regelschwingungen begünstigen, vorwiegend im entlasteten Betrieb. Der Betrieb an einem Fernseher stellt jedoch nahezu eine konstante Last dar. Um eine noch gleichmäßigere Belastung des Netzteiles zu erhalten, wird für die NF eine (eisenlose) A-Gegentaktendstufe und für die Videosignalsteuerung der Bildröhre Gittersteuerung vorgeschlagen. Dabei kompensieren sich Strahllast und Videoendstufenlast zu einer gleichmäßigeren Transformatorbelastung.

Die verbleibende Netz-Brummspannung ist mit einem zweistufigen Regelverstärker sehr gering $< 0,2$ V_{ss}. Dazu trägt auch die konstante Belastung der Referenzspannung bei.

Das Netzteil (*Abb. 8.3*) wird für die Versorgung eines SW-Heimfernsehers vorgeschlagen. Es liefert alle Spannungen, die in einem Fernsehgerät benötigt werden. Um eine günstige Gleichrichtung für die Hochspannung zu erhalten, müßte der Transformator so ausgelegt werden, daß ein Tastverhältnis von ca. 1:3 erreicht wird. Mit einem geeigneten Hochspannungsstab kann dann die indirekt stabilisierte

Hochspannung gleichgerichtet werden. Nachdem alle erforderlichen Spannungen inklusive der Hochspannung aus dem Netzteil gewonnen werden, kann z. B. ein Ablenktransistor BU 110 über eine einfache und billige Induktivität gespeist werden. Der Ablenker bleibt bei dieser Lösung frei von der transformatorischen Verbindung mit der Hochspannung. Hochspannungsüberschläge können daher dem Ablenktransistor nicht schaden.

Anstelle eines Hochspannungsstabes TV 18 S kann bei etwa halber Windungszahl (12-13) für die Hochspannungsgleichrichtung ein Spannungsverdoppler Verwendung finden.

Hierbei verbleibt aber ein geringer ungeregelter Anteil der Netzspannung ($\pm$ 1,5 %) und eine Netzbrummspannung von ($\pm$ 0,5 %) auf der Hochspannung.

Diese Werte dürften aber noch im Bereich des Zulässigen liegen.

Die Störstrahlung dieses Netzteiles entspricht genau der einer üblichen Röhren- oder Halbleiter-Ablenkendstufe mit Hochspannungstransformator.

Dem eindeutigen Vorteil dieser Schaltung, nämlich eine separate komplette Netzeinheit mit Netztrennung zu haben, steht ein geringer Nachteil gegenüber, nämlich daß die Frequenz frei schwingt und insofern verbleibende Hf-Störungen besser ausgesiebt werden müssen, da sie in den Bildbereich fallen können.

Transformator Tr. 1

Siferit U 57 Mat. N. 27 L = 0,8 mm je Schenkel

1... 2   141 Wdn 0,55 mm $\varnothing$ CuL (primär)
3... 4   2 Wdn 0,55 mm $\varnothing$ CuL (Rückk.)
5... 6   5 Wdn 0,55 mm $\varnothing$ CuL (Referenz)
7... 8   5 Wdn 5 x 0,55 mm $\varnothing$ CuL (30 V Last)
9...10   18 Wdn 0,25 mm $\varnothing$ CuL (120 V Videospannung)
10...11   40 Wdn 0,25 mm $\varnothing$ CuL (9-11, 400 V $U_{g2} + U_{g4}$)
12...13   2400 Wdn 0,1 mm $\varnothing$ CuL (Hochspannung; Schenkel 2!)
14...15   3 Wdn 0,55 mm $\varnothing$ CuL (Heizg. Bildröhre)

8.4 Trapez-Netzteil mit Netztrennung 220 V/185 W

Das hier vorgeschlagene Schaltnetzteil (*Abb. 8.4*) (16 bis 20 kHz) gibt eine Ausgangsleistung bis 185 Watt ab. Die Kurvenform der Spannung ist etwa trapezförmig. Die dabei verhältnismäßig geringen Flankensteilheiten (5 µS) ergeben geringe HF-Störungen. Der verbleibende Rest wird über eine geeignete Verdrosselung und Abblockung am Ein- und Ausgang ausgesiebt. Es sind Ausgangsspannungen von z. B. $\pm$ 24 V, + 75 V (oder 2 x 75 V) und + 250 V und 6,3 V_{eff} vorgesehen (Abb. 8.4). Die Netzgleichrichtung besorgt ein Brückengleichrichter B 12 40. Die Netzelkos C 3 und C 4 sieben in Verbindung mit dem Leistungswiderstand R 3 die wellige Gleichspannung. Die verbleibende Welligkeit wird anschließend durch das geregelte Schaltnetzteil selbst auf sehr kleine Werte reduziert. Dieses Schaltnetzteil arbeitet mit

Ansteuerung der Basis T 4 mit höherem Strom (ca. 1,5 A). Der Schwingkreis C 6/L 1 sorgt für die erforderliche Zeitverzögerung beim Ein- und Ausschalten. Der Schalttransistor T 4 (Siemens Entwicklungsmuster TV 146a bzw. TV 148) schaltet die Netzgleichspannung an den Schwingtransformator Tr 2 in dem Augenblick, wenn die Schwingkreisspannung am Kollektor T 3 den Wert Null erreicht hat.

Der Transistor wird wieder ausgeschaltet, wenn über den Treiber-Darlington-Transistor T 3 BD 675 der Abschaltimpuls kommt. Da an der Basis ausreichend hart geschaltet wird, ist das Schaltverhalten im Kennlinienfeld ausgezeichnet (es gibt praktisch nur die Zustände Strom oder Spannung!). Die Verlustleistung bleibt klein. Die Rückkopplungsspannung entsteht in der Wicklung 3 bis 4. Der Anschwingspannungsstoß gelangt über C 5 und R 5 an die Basis des Schalttransistors T 4 und hebt den Arbeitspunkt kurzzeitig in den A-Betrieb, wobei sofort die Schwingung angefacht wird. Hat die Referenzspannung 12 Volt überschritten, beginnt die Zenerdiode D 4 zu leiten. Gleichzeitig triggert die Rückkopplungsspannung über C 10/R 12 und die Diode D 3 den Transistor T 1. Dieser erzeugt am Kollektor eine Impulsspannung, welche über C 9, R 8 und R 9 differenziert wird und den Darlingtontransistor T 3 steuert, welcher seinerseits den Endtransistor T 4 schaltet. Der Rückkoppelwiderstand R 10 unterstützt je Periode die Eingangsspannung so lange, bis die Schaltzeit – bestimmt durch das Zeitglied C 9 – R 9 und R 8 abgelaufen ist (monostabiler Multivibrator). Der Regeltransistor BC 308 steuert die Zeit dieses Zeitgliedes in Abhängigkeit von der Netzspannung und Lastspannung im Vergleich zur Referenzspannung an der Zenerdiode D 4.

Die sekundären Ladekondensatoren dürfen keine zu großen Werte aufweisen, damit das Anschwingen sicher im zulässigen Bereich des Kennlinienfeldes verbleibt. Insofern ist die Ausgangsspannung bei Laständerung nicht sehr steif.

Bei Kurzschluß auf der Sekundärseite setzt

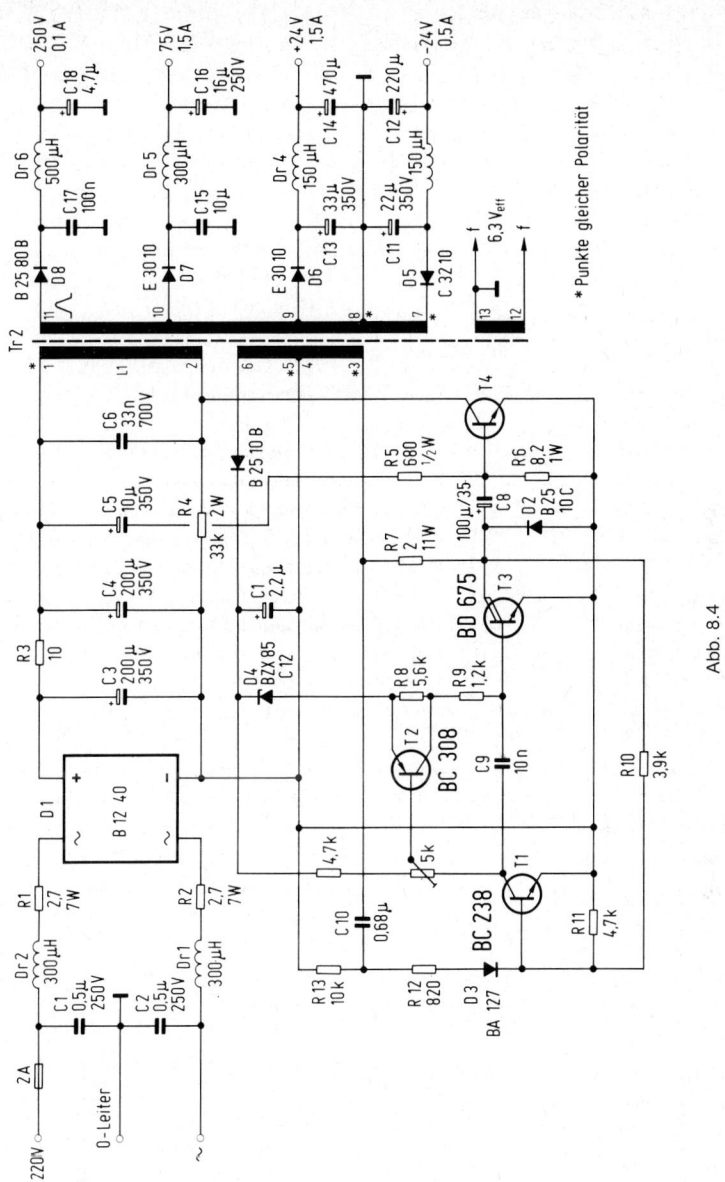

Abb. 8.4

die Schwingung sofort — ohne Nachschwinger — aus. Dabei geben die Kondensatoren C 8 und C 10 für geraume Zeit eine Sperrspannung an die Basen von T 1 und T 4.

Transformatordaten: (vorläufig):

Kern: Siferit U 59 Material N 27, oder EE 55
Ladeamplitude 3,75 V pro Windung

Rückschlagamplitude 5 V pro Windung

Anzahl	Wicklung/Draht	Anzahl	Isolation
13			
12	2 Wdg. 0,5 $\oslash$		
10	35 Wdg.	11	je Lage
	0,25 $\oslash$ CuL		2 x 0,05
2	20 Wdg. HF-Litze:		
	60 x 0,1 CuLS		
	20 Wdg. HF-Litze:		
	60 x 0,1 CuLS		
10	10 Wdg. 2 x HF-Litze		
8	5 W 60 x 0,1/5 W	9	
7	2 x 60 x 0,1		
	20 Wdg. HF-Litze:		
	60 x 0,1 CuLS		
1	20 Wdg. HF-Litze:		
	60 x 0,1 CuLS		
4		6	
3	2 Wdg./07$\oslash$ 5 Wdg./0,5	5	

Kern: U 59, N 27   Isol. Mat.:
(oder EE 55)   Makrofol
L = 1 mm je Schenkel   Spulenkörper: HP

8.5 Sinus-Trapez-Schaltnetzteil 220 V $\sim$
2 $\times$ 40 V/1,25 A mit Netzspannung

Höherfrequente Netzteile haben wesentliche Vorteile gegenüber konventionellen 50-Hz-Netzteilen, insbesondere, wenn eine stabilisierte Ausgangsspannung gefordert wird.

Eigenschaften des Schaltnetzteiles

Netztrennung (VDE) – Geringes Gewicht – Wirksame Ausregelung von Netzspannungsänderungen ($\pm$ 10 % $\rightarrow$ $\pm$ 1 %) – Gute Konstanz der Ausgangsspannung (< 5 %) bei Laständerungen (– 50 %) – Geringe Brummspannung (< 1 %) – Ideales Schaltverhalten des Schalttransistors – Geringe Flankensteilheit der Spannung (Sinus/Trapez) – Kurzschlußsicher – Gutes Wechsellastverhalten – Schaltet bei Netzüberspannung ab – Guter Wirkungsgrad (ca. 70 %) – Geringer Gesamtaufwand.

Beschreibung der Schaltung

An dem Kondensator C 5 *Abb. 8.5* entsteht die über die Diode D 2 gleichgerichtete Netz-

spannung – die Betriebsspannung U_B für den Schaltertransistor T 1. Der Transformator Tr (L) und C 3 ergeben einen Schwingkreis mit einer Schwingfrequenz von ca. 20 kHz, der über die Wicklung n_4 die Rückkopplungsspannung für die Basis liefert. Die negative Rückkopplungs-Halbwelle wird über die Diode D 3 kleingehalten, so daß der Transistor T 1 nur etwa die halbe Spitze/Spitze-Spannung von n_4 als Sperrspannung an der Basis bekommt. Die Wicklung n_3 gibt nach Gleichrichtung die Betriebsspannung für den Regeltransistor T 2, der über die Referenzdiode D 5 gesteuert wird.

Die genaue Ausgangsspannung wird an R 8 eingestellt. Der Regelstrom über T 2 bewirkt eine unterschiedliche Basisvorspannung an C 7, wobei die Basis von T 1 mehr oder weniger breite, positive Halbwellenströme erhält. Damit wird die Schaltzeit und der Kollektorspitzenstrom I_C gesteuert. Die Sekundärwicklung n_2 von Tr bildet mit D 1, C 2, Dr 1 und C 1 den Ausgangsteil, welcher die gleichgerichtete und gesiebte Ausgangsleistung von 2 $\times$ 40 V/1,25 A liefert.

Die Schwingfrequenz ist von der Last und der Betriebsspannung abhängig. Die Kurvenform ändert sich von der Sinus- bis zur Trapezform. Der Schwingkreis L – C 3 läßt in Verbindung mit der vorgespannten Basissteuerung ein „ideales" Schaltverhalten erzielen. Die Steuerung an der Basis setzt erst dann ein, wenn die Kollektor-Schwingspannung den Wert Null erreicht hat. In der folgenden Ladephase der Transformatorinduktivität L steigt der Kollektorstrom I_C von negativen (inversen) Werten stetig bis zu einem (vom Regelteil) bestimmten Spitzenstrom. Die Abschaltphase des Stromes läßt den Kollektorstrom gegen Null absinken bevor die Kollektorspannung am Schalttransistor ansteigen kann. Der Kondensator C 3 möchte seine Spannung aufrechterhalten, dabei hat der Strom I_C genügend Zeit, um sich abzubauen.

Durch weniger oder mehr Gleichvorspannung an der Basis wird mehr bzw. weniger rückgekoppelte Basiswechselspannung gesteuert, wobei die Einschaltzeit des Transistors

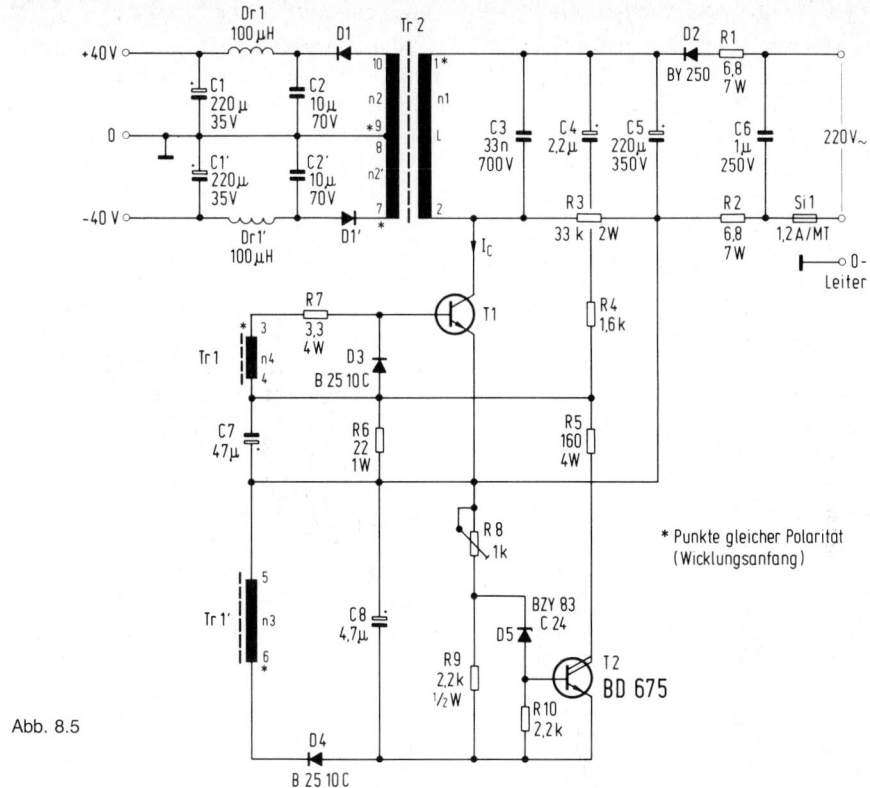

Abb. 8.5

länger oder kürzer wird. Als Regelverstärker (T 2) können ein- oder zweistufige Gleichstromverstärker eingesetzt werden. Zweistufige Verstärker ergeben eine bessere Stabilisierung der Ausgangsspannung bei geringerer Brummspannung, neigen jedoch bei ungünstiger HF-Siebung im Verstärker leichter zu NF-Regelschwingungen. Mit dem hier vorgesehenen Darlington-Verstärker werden bei Nennlast bereits Brummwerte von $\approx$ 1 % ($U_{ss\,Br}$) erreicht. Die Netzspannung (220 V_{eff}) wird über einen Einweggleichrichter gleichgerichtet.

Die Gleichspannung steigt bei geringer Last innerhalb von 3-4 ms von 0 V auf ca. 200 V, nach 20 ms weiter innerhalb 3 ms auf 260 V und abermals nach 20 ms innerhalb weiterer 2,5 ms auf 290 V an. Nach ca. 5 $\times$ 20 ms ist der Endzustand erreicht. Im belasteten Zustand kommt die Spannung etwas langsamer hoch und erreicht ihren Gleichgewichtszustand bei z. B. 260 V_. Es kann gefolgert werden, daß innerhalb des ersten Spannungsanstieges die HF-Schwingung schon frühzeitig so einsetzen muß, daß der Schalttransistor von Anfang an sehr gut (ideal) geschaltet anschwingt. Würde die Schwingung erst bei höheren Spannungen einsetzen, könnten unzulässige Verluste im Kennlinienfeld auftreten.

Schaltverhalten

Die Schaltung ist so ausgelegt, daß das aktive Kennlinienfeld vor allem im Bereich der größeren Empfindlichkeit gegen Überlastung nicht „durchfahren" wird. Es gibt praktisch nur die Zustände „Strom" oder „Spannung" am Transistor. Dieses ideale Schaltverhalten ist nur mit einem Schwingkreis in Verbindung mit der hier vorgesehenen verzögerten Steuerung möglich. Dieses Schwingkreisprinzip bietet weiter den Vorteil, daß der Transformator für

243

Netztrennung wesentlich leichter realisiert werden kann, weil keine Rechteckspannungen übertragen werden müssen.

Einschaltverhalten

Bei großen sekundären Ladekondensatoren (C 2!) ist die Anlaufbelastung größer und dauert längere Zeit. Der sekundäre Ladekondensator darf in seinem transformierten Gesamtwert nicht groß gewählt werden.

Beim Einschalten setzt die Schwingung zunächst mit ca. 5 Schwingungen tieferer Frequenz ($^1/_3$ bis $^1/_2$ f) ein und ist bei ca. 15-20 Schwingungen auf die Nennfrequenz eingeschwungen. Bei vollständig entladenem Kondensator C 5 zündet die Schwingung bei U_B ca. 100 V. Die Anschwingzeitkonstante des Schwingsystems soll kleiner sein als die Einschaltzeitkonstante der gleichgerichteten Netzspannung, weil damit das Anschwingen stets im zulässigen Kennlinienbereich verbleibt. Es soll also ein relativ schnelles Hochkommen der HF-Wechselspannung gegenüber der hochkommenden Betriebsgleichspannung gesichert sein. Ein völliges Durchschalten der Schwingungen muß also in jedem Fall gewährleistet sein. Die netzseitigen Widerstände R 1 und R 2 bzw. C 5 dürfen daher nicht zu klein gewählt werden.

Ausschwingverhalten und rasches Wiedereinschalten

Das Ausschwingen verläuft im Kennlinienfeld so, daß die Arbeitsschleife kontinuierlich kleiner wird, bis die Schwingung bei ca. $U_B = 50$ V abreißt. Ein Wiedereinschalten ist sofort und ohne Gefahr wieder möglich. Das „Zünden" der Schwingung erfolgt dabei etwas später als bei vollständig entladenem Kondensator C 5.

Abschaltverhalten bei Last-Kurzschluß

Der Rückschlag liefert über die schnelle Diode D 1 Energie an den Ladekondensator C 2. Im Kurzschlußfall kann nach Hochschwingen der Spannung an C 3 von $U_{CE} = 0$ ab U_B bei weitem keine ausreichende Spannung entstehen, die wieder ein Rückschwingen von $U_{C\,max} \rightarrow U_{EC} = 0$ ermöglicht. (Es ist nur $\pm$ U, bezogen auf U_B möglich.) Damit bleibt die Basiswechselspannung viel zu gering, um aus der Sperrspannung am Kondensator C 7 heraus in die positive Steuerzone $U_{BE} \geq 0,6$ zu gelangen. Der Transistor T 1 bleibt sofort und sicher gesperrt. Die Schwingung setzt aus. Die Spannung an C 7 baut sich dabei wesentlich langsamer ab als die Kreisspannung, die durch den Kurzschluß sehr stark gedämpft abschwingt.

Abschaltverhalten bei Netzüberspannung

Bei Ansteigen der Netzspannung wird die Ladezeit der Transformatorinduktivität L über den Transistor kürzer. Bei gleichbleibender Last muß aber die Entladezeit über die Diode D 1 konstant bleiben, da gleich viel Energie entzogen wird. Die Regelung steuert aber auf kürzere Transformator-Ladezeiten über den Transistor und die Spannung der negativen Halbwelle ($C = U_B$) steigt.

Die Spannung der positiven Halbwelle gestattet aber nur ein „Durchgreifen" der Spannung auf einen maximalen negativen Wert, der der vorangegangenen positiven Halbwelle entspricht, d. h. bei weiterem Steigen von U_B wird $U_{CE} = 0$ als Rückschwingspannung nicht mehr erreicht. Damit ist auch keine „zündende" Rückkopplungsspannung mehr vorhanden. Die Spannung am Kondensator C 7 sperrt den Transistor und die Schwingung reißt mit R 3 gedämpft ab. Ein Einschalten des Netzteils an eine unzulässig hohe Überspannung bewirkt nach kurzem Anschwingen ein sofortiges Abschalten. Das Netzteil ist somit auch überspannungssicher.

Wechsellastverhalten, Spannungsfestigkeit des Schalttransistors

Eine Wechselbelastung von Last bis ca. $^1/_{10}$ der Nennlast ist ohne weiteres möglich und zulässig. Bei nicht ausreichend großen Siebkondensatoren C und C 1 kann allerdings im Überspannungsbereich eine momentane Entlastung als auch Belastung ein Abschalten der Schwingung zur Folge haben. Der Transformator darf nicht „knapp" ausgelegt sein, d. h. die positive Schwingspannung soll mindestens 10 % größer gewählt werden als die maximale „Ladeschwingspannung", letztere ist gleichzusetzen mit der maximal gleichgerichteten Netzüberspannung. Damit ergibt sich für den Transistor eine max. Kollektor-Emitter-Spannung $U_{CE\,max} \geqq$ 1,1 $U_{B\,max}$ + $U_{B\,max}$ = 2,1 $U_{B\,max}$ ohne Überschwinger am Transformator. Ein Schaltertransistor mit U_{CEV} = 750 V für eine Netzüberspannung von 250 V_{eff} ist bei Wechsellastbetrieb von $N_{a\,nenn}$ N_a = 0 eben gerade ausreichend. Bei konstanter Belastung reduzieren sich die Forderungen an die Kollektorspannung U_{CEV} auf ca. 600 bis 700 V.

Leerlaufverhalten

Das Netzgerät läßt prinzipiell eine Entlastung bis zum Leerlauf zu. Bei Abreißen der Schwingung muß die Abschwingzeitkonstante des Schwingkreises L-C 3 kleiner sein als die Zeitkonstante der Basis-Beschaltung R 6 — C 7, damit während des unbelasteten Ausschwingens keine abermalige „Zündung" (Steuerung) ermöglicht wird. Bei nicht ausreichender Dämpfung (R 3) könnte eine Nachzündung den Transistor gefährden.

Regelbereich, Brummspannung

Der einfachste Regelverstärker ist ein einstufiger Gleichstromverstärker. Der Regelbereich ist bei geringerer Belastung größer als bei großer Belastung. Netzspannungsschwankungen von $\pm$ 10 % werden bei Nennlast gut ausgeregelt auf ca. $\pm$ 1 % und kleiner, insbesondere wenn ein Netzbrückengleichrichter anstelle der Einzeldiode eingesetzt wird.

Wiedereinschalten nach Kurzschluß oder Überspannungsabschaltung

Bei sekundärem Kurzschluß oder Überspannungsabschaltung steigt die Betriebsspannung auf ihren Spitzenwert und bleibt auf diesem Wert, bis netzseitig abgeschaltet wird. Die Entladung des Kondensators C 5 kann z. B. durch den Widerstand R 3 erfolgen. Dieser Widerstand ist gleichzeitig eine Grunddämpfung für den Schwingkreis — wichtig bei automati-

scher Überspannungsabschaltung. Die ideale Lösung ist, eine sehr rasche Entladung des Netz-Elektrolyt-Kondensators bei abgeschaltetem Netz-Einschalter herbeizuführen. Hierzu müßte der Netzschalter als Umschalter ausgeführt werden.

Störverhalten

Da die Flanken der HF-Wechselspannung bei weitem nicht so steil sind wie bei Rechteckspannungen, ist die kapazitive Störstrahlung gering. Die verbleibende magnetische Strahlung kann durch eine Schirmung weitgehend vermindert werden. Die Schirmung und die sekundärseitige Masseführung müssen mit dem Netz-Nulleiter verbunden werden (Schukostecker!), wenn eine geringe Störstrahlung erreicht werden soll.

Halbleiter:

T 1	Transistor TV 146 a (Entwicklungsmuster)
T 2	Transistor BD 135
D 1, D 1'	Diode E 3010 (mit Kühlkörper 15 cm²)
D 2	Diode BY 250
D 3	Diode B 2510 C
D 4	Diode B 2510 C
D 5	Zenerdiode BZY 83/C 24
Dr1 Dr1'	10 mm $\varnothing$ $\times$ 40 mm L $\approx$ 100 μH (mit NF-Kern)
Tr	Schwing-Transformator (U 59)

Transformatordaten:

Anschl.	Windungen/Draht	Anzahl
2	20 Wdg. 2 $\times$ 0,70	
10	8 Wdg. 4 $\times$ 0,80	9
4	20 Wdg. 2 $\times$ 0,70	5
3	1 Wdg./0,55	6
	6 Wdg. 0,6	
	20 Wdg. 2 $\times$ 0,70	
7	8 Wdg. 4 $\times$ 0,80	8
1	20 Wdg. 2 $\times$ 0,70	

Bem.	Kern: U 59	Isol. Mat.:
Wickel	Luftspalt je Schenkel	Makrofol
richtung	0,8 mm	Spulenkörper
		Hartpapier-
		rohr

Halbleiter:

T 1	Transistor TV 146a (Entwicklungsmuster)
T 2	Transistor BD 135
D 1, D 1	Diode E 3010 (mit Kühlkörper 15 cm^2)
D 2	Diode BY 250
D 3	Diode B 2510C
D 4	Diode B 2510C
D 5	Zenerdiode BZY 83/C 24
Dr 1, Dr 1'	10 mm $\varnothing$ x 40 mm L $\triangleq$ 100 µH (mit NF-Kern)
Tr	Schwing-Transformator (U 59)

Transformatordaten:

Anschl.	Windungen/Draht	Anzahl
2	20 Wdg. 2 x 0,70	
10	8 Wdg. 4 x 0,80	9
4	20 Wdg. 2 x 0,70	5
3	1 Wdg./0,55	6
	6 Wdg./0,6	
	20 Wdg. 2 x 0,70	
7	8 Wdg. 4 x 0,80	8
1	20 Wdg. 2 x 0,70	
Bem.	Kern: U 59	Isol. Mat.: Makrofol
Wickelrichtung	Luftspalt je Schenkel 0,8 mm	Spulenkörper Hartpapierrohr

8.6 Sinus-Trapez-Schaltnetzteil
220 V/2 × 30 V/1,6 A mit Netztrennung

Höherfrequente Netzteile haben wesentliche Vorteile gegenüber konventionelle 50 Hz Netzteilen, insbesondere, wenn eine gut stabilisierte Ausgangsspannung gefordert wird.

Funktion der Schaltung *(Abb. 8.6.1)*

An dem Kondensator C 12 entsteht die über die Dioden 4 x C1780 gleichgerichtete Netzspannung – die Betriebsspannung U_B für den Schaltertransistor T 20. Der Transformator Tr 9 (L) und C 10 ergeben einen Schwingkreis mit einer Schwingfrequenz von ca. 20 kHz, der über die Wicklung n_4 die Rückkopplungsspannung für die Basis liefert. Die negative Halbwelle wird über die Diode D 28 kleingehalten, so daß der Transistor T 20 nur etwa die halbe Spitze/Spitze-Spannung von n_4 als Sperrspannung an der Basis bekommt. Die Wicklung n_2 gibt nach Gleichrichtung die Betriebsspannung für Regeltransistoren, wobei T 22 von der Referenzdiode D 32 gesteuert wird.

Die genaue Ausgangsspannung wird an P 30 eingestellt. Der Regelstrom über T 22 und T 21 bewirkt eine unterschiedliche Basisvorspannung an C 26, wobei die Basis von T 20 mehr oder weniger breite, positive Halbwellenströme erhält. Damit wird die Schaltzeit und der Kollektorspitzenstrom I_C gesteuert. Die Sekundärwicklung n_2/n_3 von Tr 9 bildet mit D 7, D 8, C 3, C 4, Dr 5, Dr 6 und C 1, C 2 den Ausgangsteil, welcher die gleichgerichteten und gesiebten Ausgangsspannungen liefert.

Das vorliegende Netzteil Abb. 8.6.1 besitzt als wesentliches Merkmal einen „Schwingkreis" L-C 10. Die Schwingfrequenz ist von der Last und der Betriebsspannung abhängig. Die Kurvenform ändert sich von der Sinus- bis zur Trapezform. Nur ein Schwingkreis läßt in Verbindung mit der vorgespannten Basissteuerung ein „ideales" Schaltverhalten erzielen. Die Steuerung an der Basis setzt erst dann ein, wenn die Kollektorspannung den Wert Null erreicht hat. In der folgenden Ladephase der Transformatorinduktivität L steigt der Kollektorstrom I_C von negativen (inversen) Werten stetig bis zu einem (vom Regelteil) bestimmten Spitzenstrom. Die Abschaltphase des Stromes läßt den Kollektorstrom gegen Null absinken, bevor die Kollektorspannung am Schalttransistor ansteigen kann. (Der Kondensator C 10 möchte seine Spannung aufrechterhalten, dabei hat der Strom I_C genügend Zeit um sich abzubauen).

Durch weniger oder mehr Gleichvorspannung an der Basis wird mehr bzw. weniger rückgekoppelte Basiswechselspannung gesteuert, wobei die Einschaltzeit des Transistors länger oder kürzer wird. Bei diesem Prinzip ist eine einfache Gleichstromsteuerung mög-

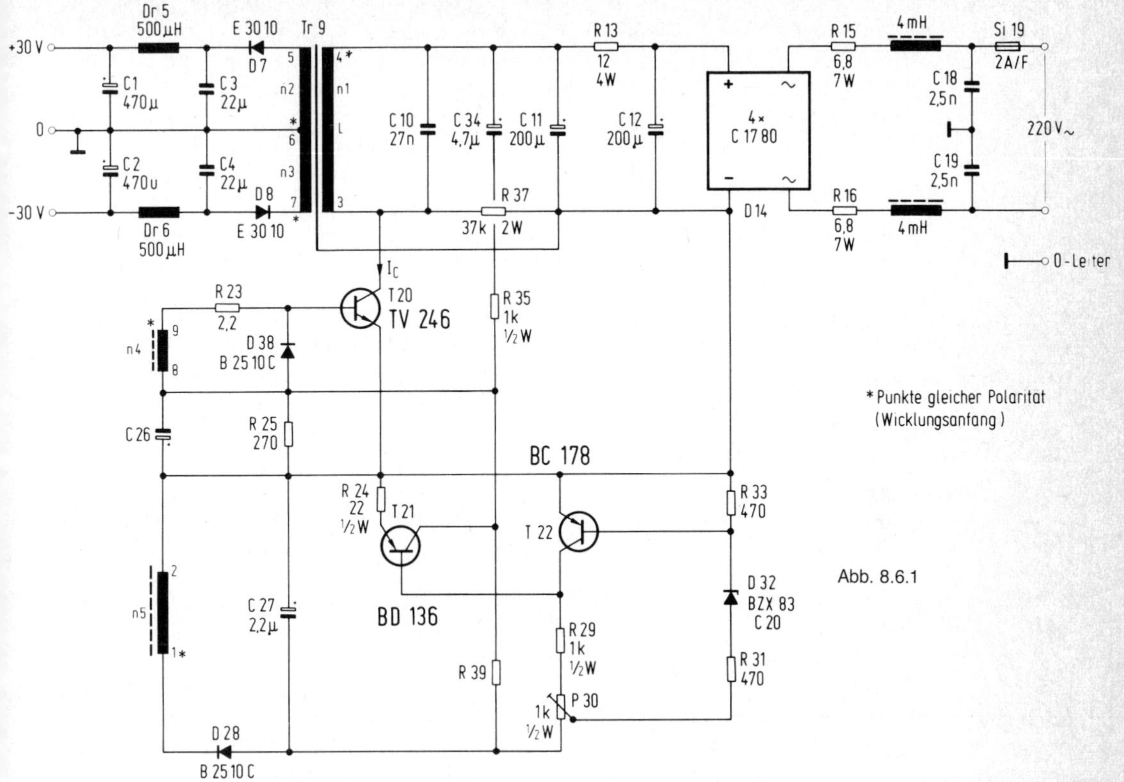

Dr 5 500 µH · E 30 10 · D 7 · Tr 9
+30 V · C1 470µ · C3 22µ · R 13 12 4W · R 15 6,8 7W · 4mH · Si 19 2A/F
0 · C 10 27n · C 34 4,7µ · C 11 200µ · C 12 200µ · 4x C 1780 · C 18 2,5n · 220 V~
-30 V · C2 470u · C4 22µ · D 8 · E 30 10 · R 37 37k 2W · D 14 · C 19 2,5n · R 16 6,8 7W · 4mH
Dr 6 500 µH

O-Leiter

R 23 2,2 · T 20 TV 246 · I_C
D 38 B 25 10 C · R 35 1k ½W
C 26 · R 25 270

* Punkte gleicher Polarität (Wicklungsanfang)

BC 178

R 24 22 ½W · T 21 · T 22 · R 33 470
BD 136 · C 27 2,2µ

D 32 BZX 83 C 20

Abb. 8.6.1

R 39 · R 29 1k ½W · R 31 470
P 30 · 1k ½W

D 28 · B 25 10 C

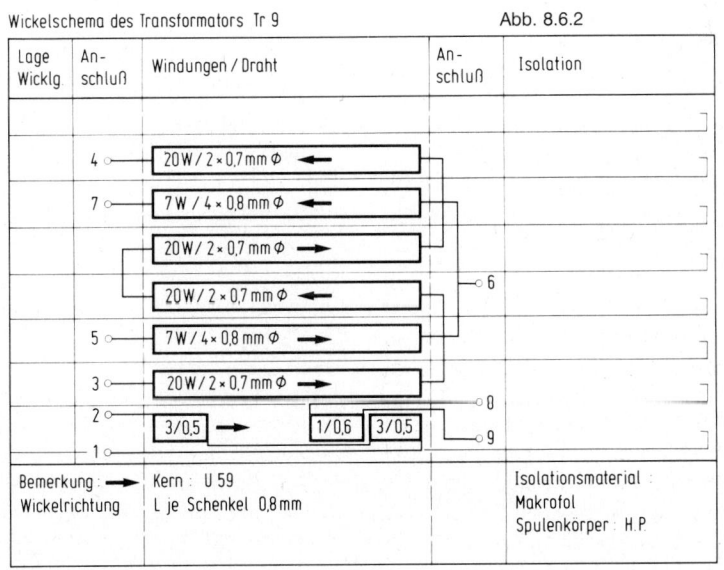

Wickelschema des Transformators Tr 9   Abb. 8.6.2

Lage Wicklg	Anschluß	Windungen / Draht	Anschluß	Isolation
	4	20 W / 2 × 0,7 mm ⌀ ◄		
	7	7 W / 4 × 0,8 mm ⌀ ◄		
		20 W / 2 × 0,7 mm ⌀	6	
		20 W / 2 × 0,7 mm ⌀ ◄		
	5	7 W / 4 × 0,8 mm ⌀ ►		
	3	20 W / 2 × 0,7 mm ⌀ ►	0	
	2	3/0,5 ► 1/0,6 3/0,5	9	
	1			

Bemerkung: ►   Kern : U 59   Isolationsmaterial : Makrofol
Wickelrichtung   L je Schenkel 0,8 mm   Spulenkörper : H.P.

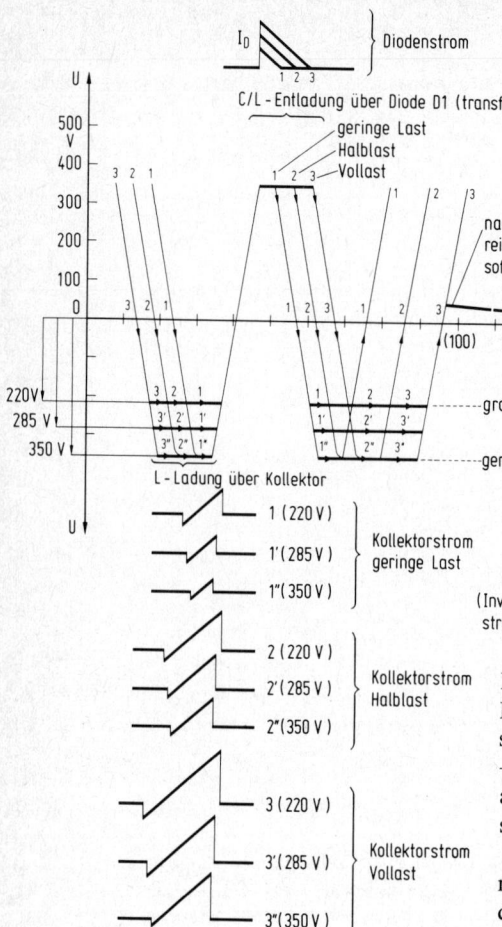

Abb. 8.6.3

lich. Als Regelverstärker ist hier ein zwei-stufiger Gleichstromverstärker eingesetzt. Zweistufige Verstärker ergeben eine bessere Stabilisierung der Ausgangsspannung bei ge-ringerer Brummspannung.

Die Netzspannung (220 V_{eff}) wird über einen Brückengleichrichter gleichgerichtet.

Die Schaltung ist also so ausgelegt, daß das aktive Kennlinienfeld vor allem im Be-reich der größeren Empfindlichkeit gegen Überlastung nicht „durchfahren" wird. Es gibt praktisch nur die Zustände „Strom" oder „Spannung" am Transistor. Bei Überlast bzw. Vollast ist die max. Spannung im aktiven

Kennlinienfeld < 130 V im Moment, wo der Kollektorstrom den Wert Null erreicht. An-schließend erst steigt die Spannung auf U_{CEV} $\rightarrow 700$ V. Bei Leerlauf ist die max. Spannung im aktiven Kennlinienfeld nach Stromabsteuerung sogar kleiner als 40V.

Dieses nahezu ideale Schaltverhalten ist nur mit einem Schwingkreis in Verbindung mit der hier vorgesehenen verzögerten Steuerung möglich. Ohne Schwingkreis im Kollektor ist dieses Schaltverhalten nicht erreichbar. Dieses Schwingkreisprinzip bietet weiter den Vorteil, daß der Transformator Tr (*Abb. 8.6.2*) für Netztrennung wesentlich leichter realisiert werden kann, weil keine Rechteckspannungen übertragen werden müssen. Er braucht nicht unbedingt eine extrem kleine Streuung zu be-sitzen, vor allem, wenn höher sperrende Tran-sistoren zur Verfügung stehen.

Der prinzipielle Schwingungsverlauf von Kollektorspannung und Strom bei konstanter Last und veränderlicher Betriebsgleichspannung U_B ist aus dem *Abb. 8.6.3* ersichtlich. Die Kurvenzüge 1 gelten für Überspannung, 2 für Nennspannung und 3 für Unterspannung. Die

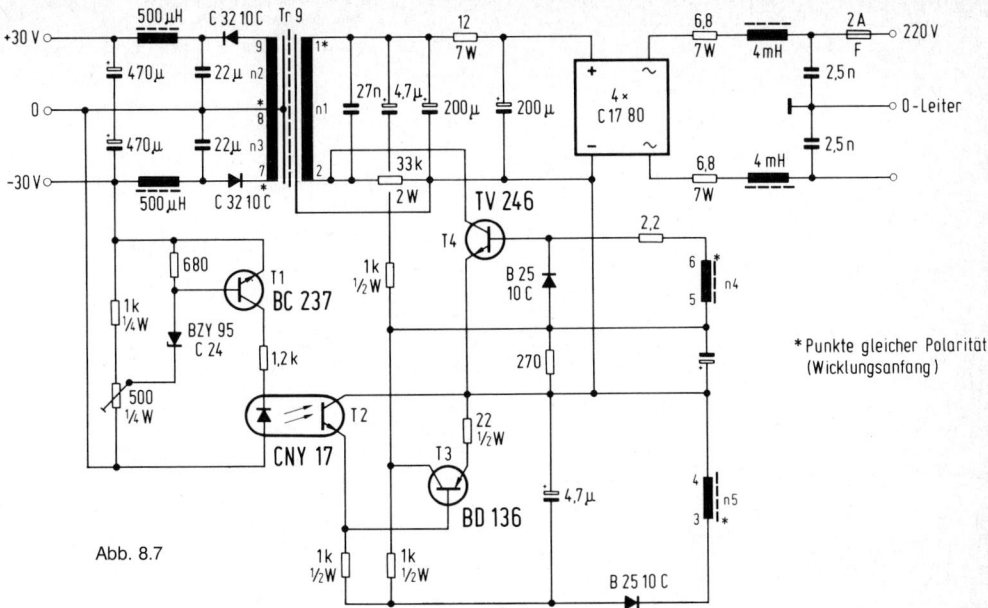

Abb. 8.7

Entladespannung (350 V) an der Induktivität L ist (indirekt) konstant geregelt. Die Dauer sowie die Größe der L-Ladeströme (I_C) variieren in Abhängigkeit von der Betriebsspannung. Die Dauer sowie die Größe des Entladestromes (I_C) variieren in Abhängigkeit von der Betriebsspannung. Die Dauer sowie die Größe des Entladestromes (I_D) über die Diode D 7 bzw. D 8 sind lastabhängig. Kurve 3 zeigt auch das Aussetzen der Schwingung bei Lastkurzschluß.

8.7 Schaltnetzteil mit Fotokoppler und Netztrennung

In dem hier gezeigten Schaltungsvorschlag (*Abb. 8.7* wird die Regelgröße direkt von der Lastseite her abgegriffen. Damit sind bessere Werte bezüglich der Ausregelung von Netz- und insbesondere Lastschwankungen erzielbar.

Der Fotokoppler überträgt das verstärkte Signal elektro-optisch-elektrisch an den Steuertransistor T 3, der vor dem Schaltertransistor T 4 sitzt. Der Fotokoppler CNY 17 besitzt eine Spannungssicherheit zwischen beiden Seiten von 2,5 kV.

Vor dem Fotokoppler muß ein Verstärkertransistor T 1 das Regelsignal von der Zenerdiode verstärken, um genügend Strom- und Spannungsänderung auf die Leuchtdiode im Koppler zu bekommen. Die Ausgangsspannung ist über das Potentiometer P in gewissen Grenzen einstellbar.

Technische Daten:

Netzspannung	220 V/50/60 Hz $\pm$ 10%
Ausgang	2 $\times$ 30 V/1,6 A

8.8 Thyristor-Schaltnetzteil mit einstellbarer Ausgangsspannung 10 bis 30 V/8 A

Das hier vorgestellte Schaltnetzteil *Abb. 8.8* kann als ein sehr sicheres Schaltnetzteil bezeichnet werden. Es besitzt Netztrennung und eine einstellbare Ausgangsspannung von 10 bis 30 V bei 8 A Strombelastbarkeit. Dieses Netzteil kann Konstant-Geräte herkömmlicher Art mit schwerem Netztransformator und verlustreichem Längsregelnetzwerk sehr gut ersetzen. Der Einstellbereich konnte auf 10 bis 30 V festgelegt werden. Sollte ein größerer Bereich erforderlich sein, so muß eine sekun-

249

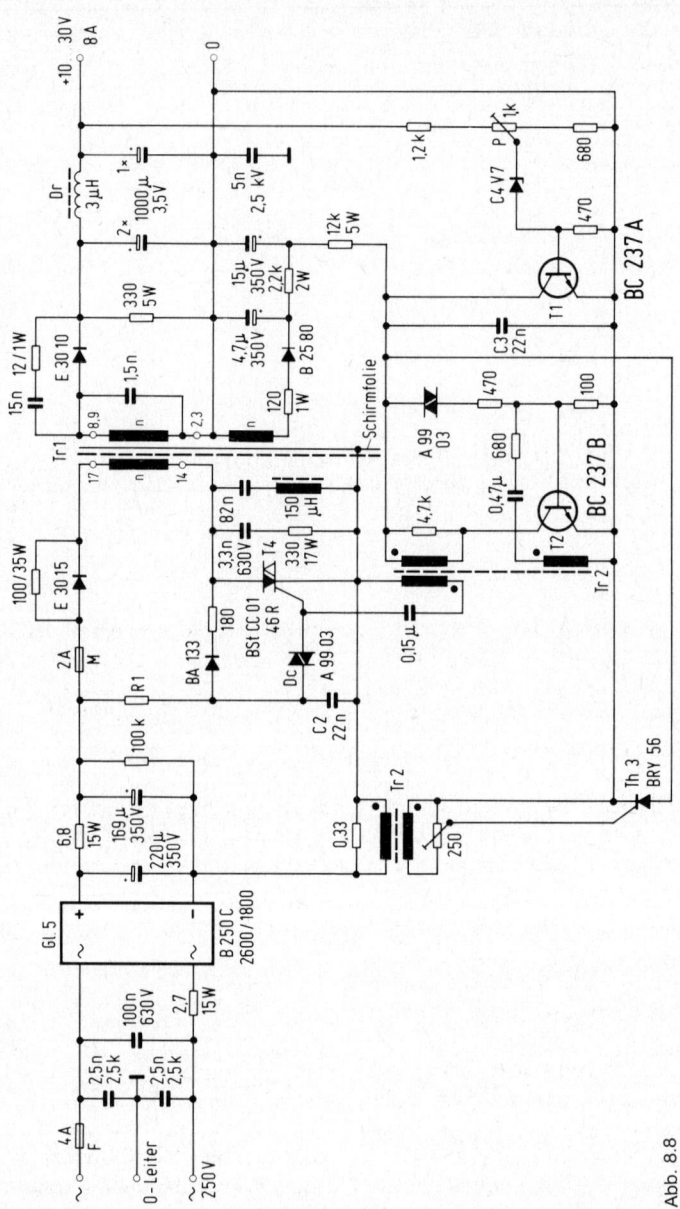

Abb. 8.8

250

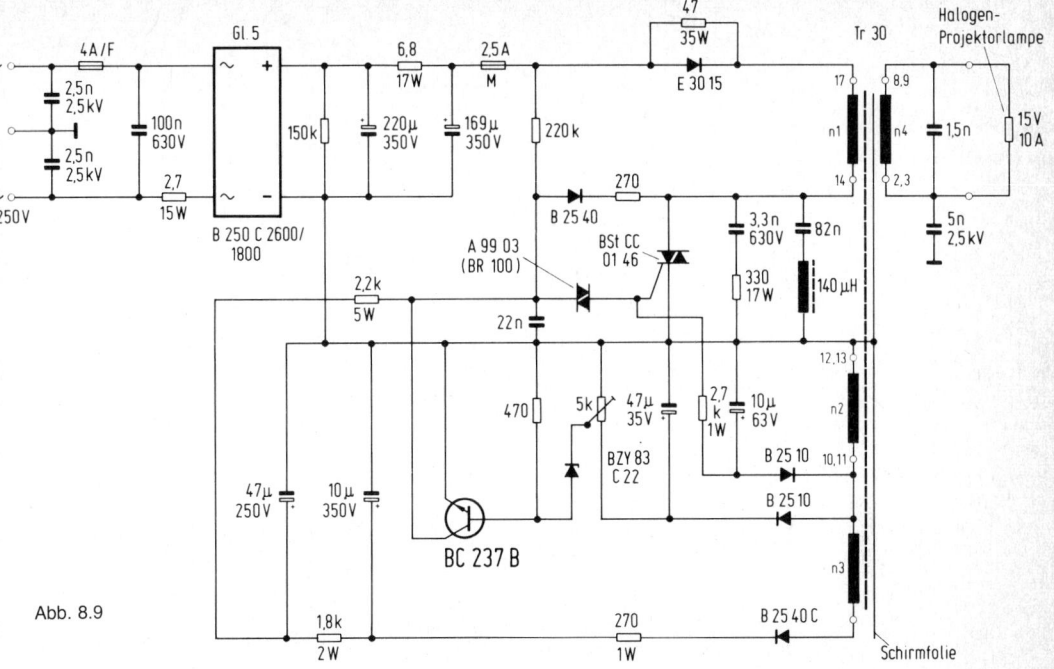

Abb. 8.9

däre Umschaltung transformatorseitig vorge-sehen werden. Der verwendete Schaltthyristor ist ein schneller Thyristor BSt CC01 46R und stellt ein integriertes Bauelement dar. Er besitzt nämlich intern eine hochbelastbare Rückstrom-diode.

Am Transformator entsteht eine angenähert rechteckige Schwingung (ca. 20 kHz), deren Spitzenwert der gleichgerichteten Spannung am Elko C 1 entspricht. Der Anlauf der Schal-tung erfolgt über den Anlauf-Diac-Generator R 1, C 2 und den Diac Dc mit verhältnismäßig niedriger Frequenz. Der Anlauf-Generator lie-fert erste Impulse an den Thyristor T 4. Die Regelgröße wird bei diesem Gerät von der Se-kundärseite über P abgenommen, mit der Referenzdiode verglichen und dem Regeltran sistor T 1 zugeführt. Dieser steuert die Lade-zeit an C 3 und mit Hilfe des eigentlichen Gene-rator-Diacs die Frequenz und das Tastverhält-nis. Der Transformator TR 2 bringt die Recht-ecksteuerspannung an den Schalterthyristor T 4. Mit Hilfe des Thyristors T 3 kann der Ein-satz der Überstrombegrenzung am Ausgang eingestellt werden.

Die Spannungskonstanz der Ausgangsspan-nung liegt bei ca. 1,5 % zwischen Vollast und Leerlauf. Der bei diesem Gerät erzielbare Wirkungsgrad liegt bei 65 %.

Technische Daten:

Netzspannung ($\pm$ 10 %)	220 V/50 Hz
Ausgang	10 bis 30 V/8 A
Netzausregelung ($\pm$ 10 %)	$\pm$ 0,3 %
Lastausregelung (0/100 %)	−1,5 %
Brummspannung	< 1 %

8.9 Schaltnetzteil für 150-W-Halogen-Projektorlampe

Mit dem im folgenden gezeigten Netzteil wird der für 150 W Ausgangsleistung bereits sehr schwere Netztransformator durch einen kleinen und leichten Ferrittransformator er-setzt. Dieses Schaltnetzteil *Abb. 8.9* arbeitet bei ca. 20 kHz mit dem schnellen Schalter-thyristor BStCC01 46. Die Sekundärseite des Wandlertransformators arbeitet hier direkt —

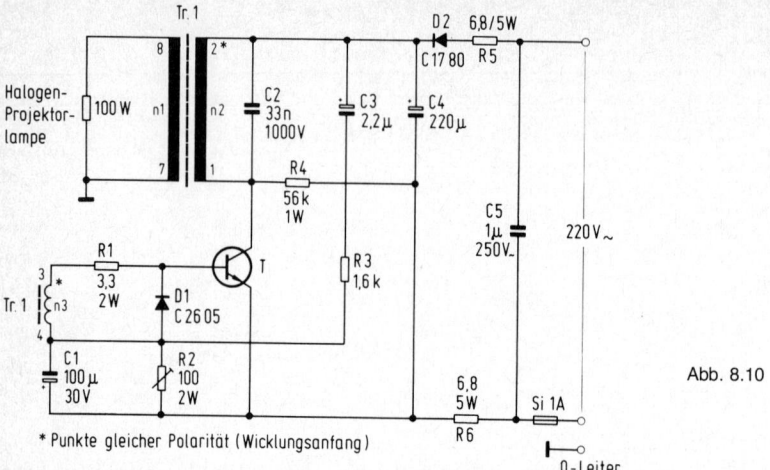

Abb. 8.10

* Punkte gleicher Polarität (Wicklungsanfang)

also ohne Gleichrichtung – auf die Projektorlampe. Dabei werden mindestens eine Diode mit Kühlkörper und ein bis zwei Elkos und andere Bauteile eingespart.

Durch geeignete Umdimensionierung scheint es möglich zu sein, dieses Netzteil auch für eine 250-W-Lampe auszulegen.

Technische Daten:

Netzspannung   220 V ($\pm$ 10 %)
Halogenlampe   15 V/10 A

8.10 Sinus-Schaltnetzteil für 12 V/100-W-Halogen-Projektorlampe

Die in *Abb. 8.10* gezeigte Schaltung eines HF-Netzteiles für eine 100-W-Halogen-Projektor-Lampe ist verblüffend einfach aufgebaut. Die Lampe wird direkt von der Sekundärwicklung gespeist. Neben dem 50-Hz-Netzteil besitzt es lediglich einen Siferittransformator U 59 (oder U 56) und den Schalttransistor mit Basis RC-Glied und Anlaufglied R 3...C 3. Mit dem Basiswiderstand wird die Lampenleistung eingeregelt.

Die Sekundärwicklung (7...8) muß hier auf dem zweiten Schenkel des U-Kernes angeordnet werden, damit eine gewisse Streuung zwischen sekundärer und primärer Wicklung erreicht wird. Diese Streuung ist wichtig, weil die Halogenlampe im Einschaltmoment

praktisch einen totalen Lastkurzschluß darstellt.

Das Netzteil ist kurzschluß- und leerlaufsicher. Bei Leerlauf (Lampe defekt!) steigt die Kollektorspannung auf ca. 1100 V an, so daß hier ein höher sperrender Transistor eingesetzt werden muß (BU 108). Soll ein gewisser Regelungseffekt bei Netzspannungsänderungen wirksam werden, dann muß ein einstufiges Regelteil hinzugefügt werden. Dazu gehört die Referenzwicklung (5...6) am Transformator.

Transformatordaten:

Kern: Siferit U 59 Mat. N 27
Luftspalt: 0,8 mm je Schenkel
Wicklung

1...2: 80 Wdg. 2 $\times$ 0,7 mm$\varnothing$CuL (Schenkel 1)
3...4: 1 Wdg. 0,5 mm $\varnothing$ CuL (innen, Schenkel 1)
5...6: 4 Wdg. 0,5 mm $\varnothing$ CuL (Schenkel 1)
7...8: 5 Wdg. 6 $\times$ 0,7 mm $\varnothing$ CuL (Schenkel 2)

8.11 20-kHz-Thyristornetzteil 220 V $\sim$ /5 V/40 A

Das hier vorgestellte Netzteil ist ein kurzschluß- und leerlaufsicheres 20-kHz-Schaltnetzteil 220 V, 5 V, 40 A, mit dem Thyristor BSt CC 0146 R und den schnellen Leistungsdioden SSi E 3005 und SSi E 3015 für professio-

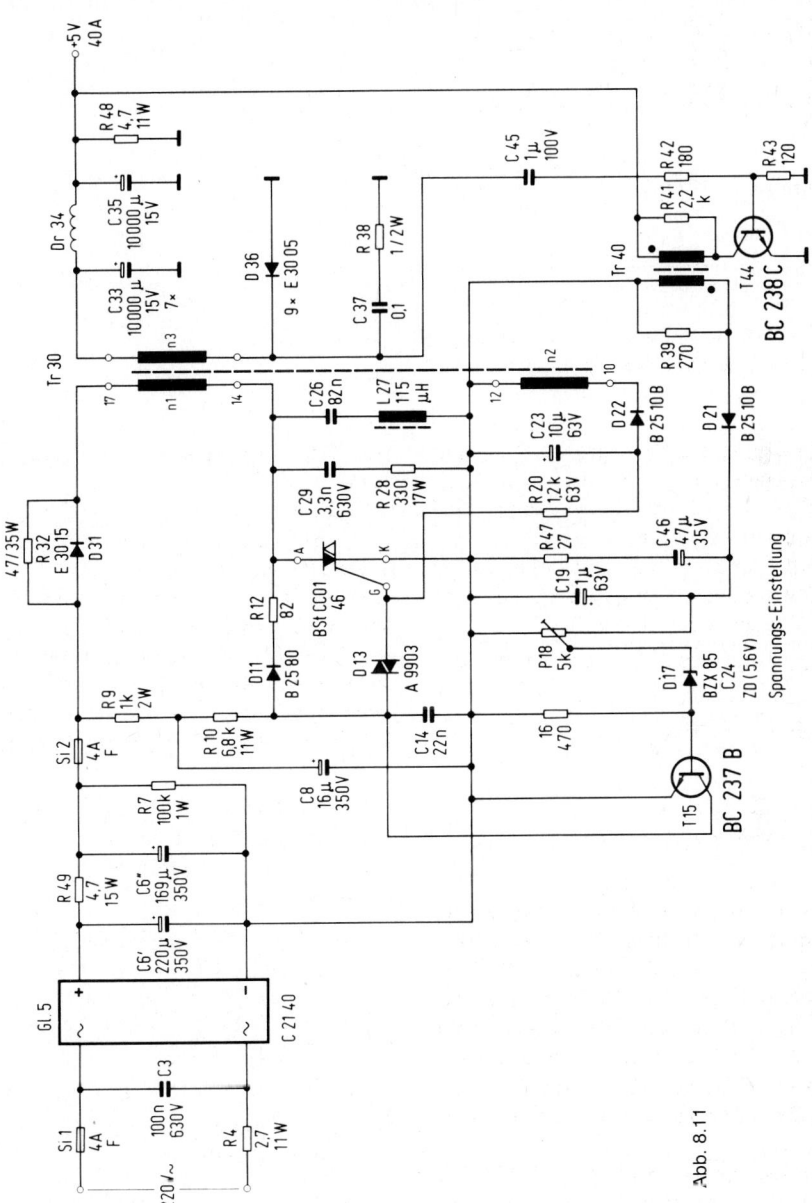

Abb. 8.11

253

nelle Anwendungen, z. B. in der Daten- und Nachrichtentechnik.

Ein sehr sicheres Schaltnetzteil (*Abb. 8.11*) ist das hier vorgestellte, selbstschwingende Thyristorschaltnetzteil. Die vorliegende Ausführung liefert nur eine einzige Betriebsspannung von 5 V und kann herkömmliche Längstransistor-Netzteile mit Netzfrequenztransformator vorteilhaft ersetzen.

Der verwendete Thyristor BSt CC 0146 R stellt ein integriertes Bauelement dar, welches hier als Schalter eingesetzt wird.

Am Transformator entsteht eine annähernd rechteckförmige Spannung, deren Spitzenwert der Gleichspannung am Ladekondensator C 6 entspricht.

Die Ausgangsspannung wird bei Netzspannungsänderungen von $\pm$ 10% auf etwa 0,2 –0,6% stabilisiert, wobei ein Netzbrumm von etwa 10 mV$_{ss}$ bis 60 mV$_{ss}$ verbleibt. Bei einer Laständerung von 100% auf 25% ist die Ausgangsspannungsänderung kleiner als 1% (40 mV). Das Netzteil wird mittels R 18 auf 5 V eingestellt. Der Thyristor wie auch die Dioden am Ausgang müssen entsprechend gekühlt werden; geeignete Kühlkörper sind zu wählen.

HF-Netzgeräte arbeiten mit Rechteckspannungen von ca. 15-25 kHz bei Amplituden von ca. 550 V$_{ss}$ d. h., sie ergeben ein dazugehöriges, natürliches Störspektrum. Diese Störstrahlung bzw. Störspannungsleitung ins Netz muß durch geeignete Schirmung (perforiertes oder Voll-Metallblech) und Verdrosselung mit Abblokkung verhindert werden. Dabei muß die Kühlung erhalten bleiben.

Der bei diesem Gerät erzielte Wirkungsgrad liegt bei 65%. Die Transformatortechnik bei höheren Frequenzen erfordert besondere Sorgfalt. Es sind mehrdrähtige Wicklungen und Parallel- wie auch Serienschaltungen und teilweise HF-Litzen erforderlich. Es werden vorteilhaft beide Schenkel bewickelt, um die Streuungsverhältnisse und vor allem die Kühlung zu verbessern.

Als Regelgröße dient die Ausgangsspannung, welche mit dem Transistor T 44 und dem klei-

nen Transformator Tr 40 auf die Primärseite übersetzt und gleichgerichtet wird. Im Vergleich mit der Referenzdiode D 17 wird der Regeltransistor T 15 gesteuert, der über den Diac D 13 den Thyristor in seinem Zündzeitpunkt beeinflußt.

Technische Daten

Netzspannung	220 V $\sim$ 50 Hz
Ausgang	5 V/40 A
Netzausregelung	
($U_{Netz} \pm$ 10%)	0,2% bis 0,5%
Ausgangsspannungsänderung (bei Last 100% bis 50%)	0,25%
Brummspannung	
($U_{Netz} \pm$ 10%) 0,2% bis 0,6%	

8.12 20-kHz-Thyristorschaltnetzteil für 220 V/30 V – 200 W

Ein absolut sicheres Schaltnetzteil ist das hier vorgestellte, selbstschwingende Thyristorschaltnetzteil (*Abb. 8.12*). Die vorliegende Ausführung liefert nur eine einzige Betriebsspannung von 30 V und kann herkömmliche Längstransistor-Netzteile mit Netztrafo in Schwarzweiß-Empfängern ersetzen. Andere Ausführungen dieses Netzteils enthalten mehrere Sekundärwicklungen für die Erzeugung der verschiedenen in einem Farbfernsehempfänger benötigten Spannungen inklusive der Hochspannung.

Beim Einschalten des Gerätes entsteht am Ladekondensator C 1 eine Gleichspannung. Gleichzeitig wird über die Primärwicklung n$_1$ des Wandlertransformators Tr 1 der Kondensator C 2 geladen. Weiter wird über die Widerstände R 1 und R 2 sowohl der Kondensator C 3 als auch der Kondensator C 4 geladen. Erreicht die Spannung am Kondensator C 4 die Zündspannung des Diacs D 1 (30 V), so zündet auch der Thyristor T 1. Der aus L 1-C 2 gebildete Schwingkreis wird damit an Masse gelegt und führt eine Schwingung aus. Die positive Halbwelle des entstehenden sinusförmigen Stromes fließt über den Thyristor T 1. Im

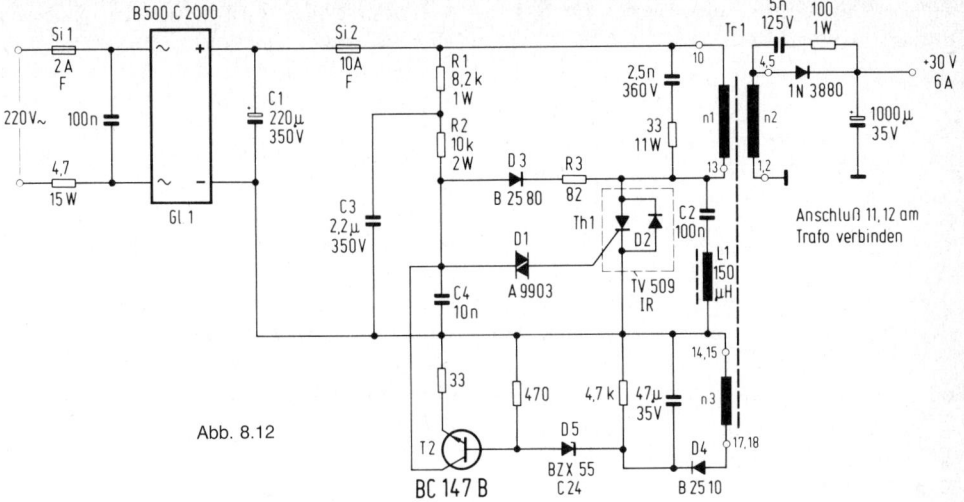

Abb. 8.12

Nulldurchgang des Stromes löscht der Thyristor, und die Diode D 2 übernimmt die negative Halbwelle. Beim nächsten Nulldurchgang des Stromes ist der Thyristor T 1 bereits gesperrt, und die Diode D 2 sperrt ebenfalls. T 1 und T 2 stellen ein integriertes Bauelement dar, welches hier als Schalter eingesetzt wird. Während der Zeit, in der der Schalter T 1, T 2 geschlossen ist, wird der Kondensator C 4 über die Diode D 3 und den Widerstand R 3 entladen. Nachdem der Schalter wieder geöffnet ist, beginnt erneut die Aufladung von C 4 bis zu dem Zeitpunkt, wo T 1 wieder zündet und der Schwingungsvorgang erneut einsetzt. An der Anode des Thyristors T 1 entsteht eine annähernd rechteckförmige Spannung, deren Mittelwert bei Gleichspannung am Ladekondensator C 1 entspricht. Die Primärwicklung n_1 des Wandlertransformators wird also durch den Thyristorschalter periodisch an die gleichgerichtete Netzspannung gelegt. Je nach Polung der Gleichrichter an der Sekundärwicklung des Wandlertrafos ist ein Fluß- oder Sperrwandlerbetrieb möglich. Im vorliegenden Fall wird der Sperrwandlerbetrieb gewählt, da dann auch bei enger Trafokopplung eine leichtere Regelung möglich ist. Die Regelschaltung ist trotz ihrer Einfachheit außerordentlich wirksam. An einer Hilfswicklung n_3 wird mittels des Gleich-

richters D 4 eine Gleichspannung gewonnen. Diese Gleichspannung wird über eine als Referenzelement dienende Z-Diode D 5 an die Basis des Transistors T 2 gelegt.

Wird die Ausgangsspannung größer als die Referenzspannung, so beginnt der Transistor T 2 zu leiten, und ein Teil des für den Kondensator C 4 bestimmten Ladestromes fließt über den Transistor. Dadurch wird die Sperrphase verlängert, was ein Absinken der Ausgangsspannung zur Folge hat. Es stellt sich dann ein Gleichgewichtszustand ein, so daß die von T 4 gleichgerichtete Spannung gleich der Referenzspannung plus dem Regelfehler wird.

Die Sicherheit des Thyristors in dieser Schaltung ist so groß, daß nicht nur sekundärseitige Kurzschlüsse ausgehalten werden, sondern auch ein Kurzschließen der Primärwicklung des Wandlertrafos ohne Zerstörung des Thyristors erfolgen kann. Es müssen nur entsprechende Sicherungen (Schmelzsicherungen) vorgesehen werden. Gegebenenfalls können auch Überstromschalter (Thermoschalter), wie sie heute vielfach üblich sind, verwendet werden. Die Ausgangsspannung wird bei Netzspannungsänderungen von ± 10% auf etwa 0,5% stabilisiert, wobei ein Netzbrumm von etwa 20 mV$_{ss}$ bis 100 mV$_{ss}$ verbleibt. Die RC-Glie-

255

der im Primär- und im Sekundärkreis dienen zur Bedämpfung von Einschwingvorgängen.

8.13 Periodische Schwingungsgruppensteuerung mit Nullspannungsschalter für Drehstromverbraucher

Im folgenden wird ein elektronischer Nullspannungsschalter für Drehstromnetze mit den Triacs 3 × TX C01 A60, 3 × TX D99 A50, 3 × TX D98 A50 und 3 × TX E99 A50 beschrieben (*Abb. 8.13*). Die max. steuerbare Drehstromleistung beträgt 3,6 kW, 6 kW, 9 kW bzw. 15 kW.

Der Nullspannungsschalter ist mit einem Taktgeber verbunden. Die so entstandene Schwingungsgruppensteuerung dient zur stufenlosen Leistungseinstellung von wärmetechnischen Drehstromverbrauchern.

Zur Ansteuerung von Triacs sind viele Schaltungen bekannt. Sie unterscheiden sich jedoch in ihren qualitativen Eigenschaften, insbesondere in der Größe der beim Schalten erzeugten Störspannung. Bei dem hier verwendeten Nullspannungsschalter schaltet der Triac den Lastwiderstand immer im Wechselspannungs-Nulldurchgang ein bzw. aus, deshalb treten an diesem während des Betriebes keine Spannungssprünge und somit keine Störspannungen auf. Auch die Forderung an die kritische Stromsteilheit [di/dt] E des Triacs ist gering, weil der Laststrom entsprechend der Netzfrequenz nicht sprungartig, sondern sinusförmig ansteigt.

Die vorliegende Schwingungsgruppensteuerung dient zur stufenlosen Leistungssteuerung von reellen Lasten im Drehstromkreis. Die Schaltung (Abb. 8.13) besteht aus drei Nullspannungsschaltern, für jede Drehstromphase R-S-T einem, sowie einem gemeinsamen Taktgeber.

Der Laststrom in den Drehstromkreisen wird mittels der 3 Triacs Tc 1, Tc 2, Tc 3 und der dazugehörigen Nullspannungsschalter nur zeitweise, jedoch in Form vollständiger Halbwellen, durchgelassen.

Die Drehstromleistung ist durch die prozentuale Einschaltdauer des Taktgebers mittels des Potentiometers P 1 zwischen 4 und 96 % stufenlos einstellbar. Der Taktgeber — ein astabiler Multivibrator — schaltet die Transistoren T 2, T 10, T 14 der Nullspannungsschalter in den leitenden Zustand und damit indirekt auch die 3 Triacs und die Lasten im jeweils vorgewählten Tastverhältnis zwischen den erwähnten Grenzen. Die Frequenz des Taktgebers bestimmt die Einschalthäufigkeit des Verbrauchers; sie richtet sich nach dessen thermischer Zeitkonstante. Je nach Größe der Kondensatoren C 2 und C 3 ergeben sich unterschiedliche Taktfolgen.

Die von den Triacs 3 × TX CO1 A60 gesteuerte Last wird nach oben vom Dauereffektivstrom (6 A) der Triacs begrenzt, d. h., am 380-V-Drehstromnetz kann mit den Triacs eine max. Drehstromleistung von 3,6 kW geschaltet werden.

Die kleinste zu schaltende Leistung hängt von der Breite des Steuerimpulses am Triac-Gate und vom Haltestrom des Triacs ab. Der Triac bleibt nur dann während der gesamten Halbperiodendauer gezündet, wenn nach Ablauf des Steuerimpulses bereits der Triac-Haltestromwert im Laststromkreis überschritten wurde.

Bei einem Triggerimpuls von 200 µsec stehen zum Ansteuern einer periodischen Halbwelle eine Impulsbreite von 100 µsec zur Verfügung. Bei einem typischen Haltestrom von 30 mA für den Triac-Typ TX CO1 muß die zu schaltende Drehstromleistung größer als 450 W sein.

Mit derselben Steuerschaltung können auch leistungsstärkere Triacs angesteuert werden. In den nachfolgenden technischen Daten sind die jeweiligen Triacs mit ihrer max. zu steuernden Drehstromleistung angegeben.

Technische Daten:

Drehstromspannung	3 × 380 V
Sinus-Gruppensteuerung	4 bis 96 %
Taktfolge C 2, C 3	= 47 µF T = 24 sec
	= 10 µF T = 5 sec
	= 1 µF T = 0,6 sec

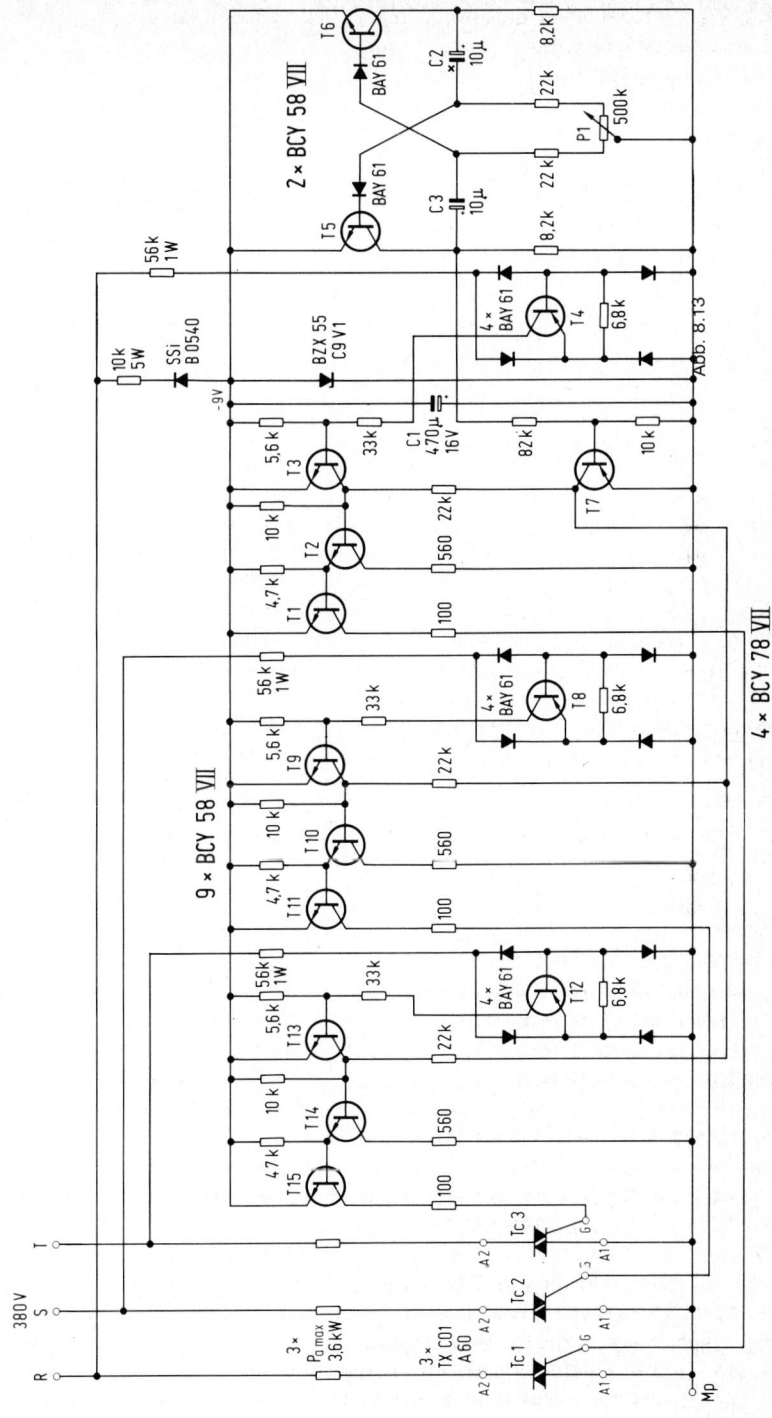

Abb. 8.13

257

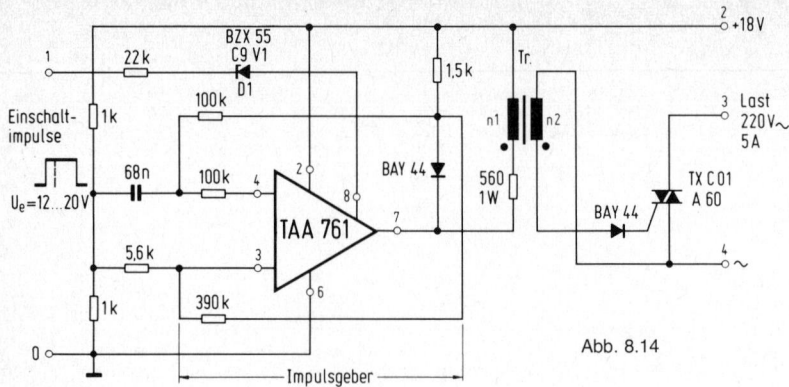

Abb. 8.14

max. Leistung mit

Triac Tc 1, Tc 2, Tc 3	TX CO 1 A 60
	3,6 kW
	TX D 99 A 50
	6 kW
	TX D 98 A 50
	9 kW
	TX E 99 A 50
	15 kW
Leistungsregler	Potentiometer P 1
	500 kΩ

8.14 Nullspannungsschalter mit Impuls-gruppensteuerung für Triac

Die Wechselstromlast (Heizung) schaltet der Triac TX C01 A10. Obwohl der Triac entsprechend dem Lastbedarf lediglich ein- oder ausgeschaltet werden muß, ist eine geeignete Steuerschaltung *Abb. 8.14* nötig. Mit der Steuerschaltung erreicht man volle Potentialtrennung zwischen Gleich- und Wechselspannung, und außerdem werden die von den Schaltstößen des Triac ausgehenden Netztstörungen stark herabgesetzt.

Verwirklicht werden die genannten Eigenschaften mit einem Impulsgeber mit ca. 2,5 kHz Schwingfrequenz und einem Impulsübertrager, der sekundärseitig den Triac ansteuert. Im eingeschalteten Zustand wird also der Triac impulsmäßig ca. alle 400 µs angesteuert. Da der Triac andererseits bei jedem Stromnulldurchgang (alle 10 ms) der anliegenden Wech-selspannung abschaltet, erfolgt das Wiedereinschalten bereits spätestens 400 µs nach dem Stromnulldurchgang, also bei noch verhältnismäßig kleinen Augenblickswerten des Stromes. Der Impulsgeber wird hier mit einem Operationsverstärker TAA 761 realisiert. Ist der Impulsgeber außer Betrieb, wird auch der Triac nicht angesteuert und die Last abgeschaltet. Die Steuerung des Impulsverstärkers erfolgt z. B. von einem Meßverstärker über eine Zenerdiode D 1 und dem Eingang 8 des Operationsverstärkers TAA 761, und zwar so, daß bei hoher Steuer-Spannung am Eingang die Last abgeschaltet ist. Die Impulsfolge ist ≤ 5 Impulsgruppen je Minute zu wählen.

Der Impulsübertrager Tr arbeitet als Speichertransformator, deshalb ist auf die Wicklungspolarität der Spule zu achten.

Technische Daten:

Netzspannung	220 V ~ 50/60 Hz
Last (max)	220 V/5 A
Versorgungsspannung des Nullschalters	20 V
Steuersignale für Pakete	12-20 V
Schaltfolge	≤ 6 je Minute
Transformator Tr	B 65837-A 0000-R 026
	0,05 mm L (Papierlage)
	$n_1 = 300$ Wdg. 0,12 CuL
	$n_2 = 100$ Wdg. 0,10 CuL

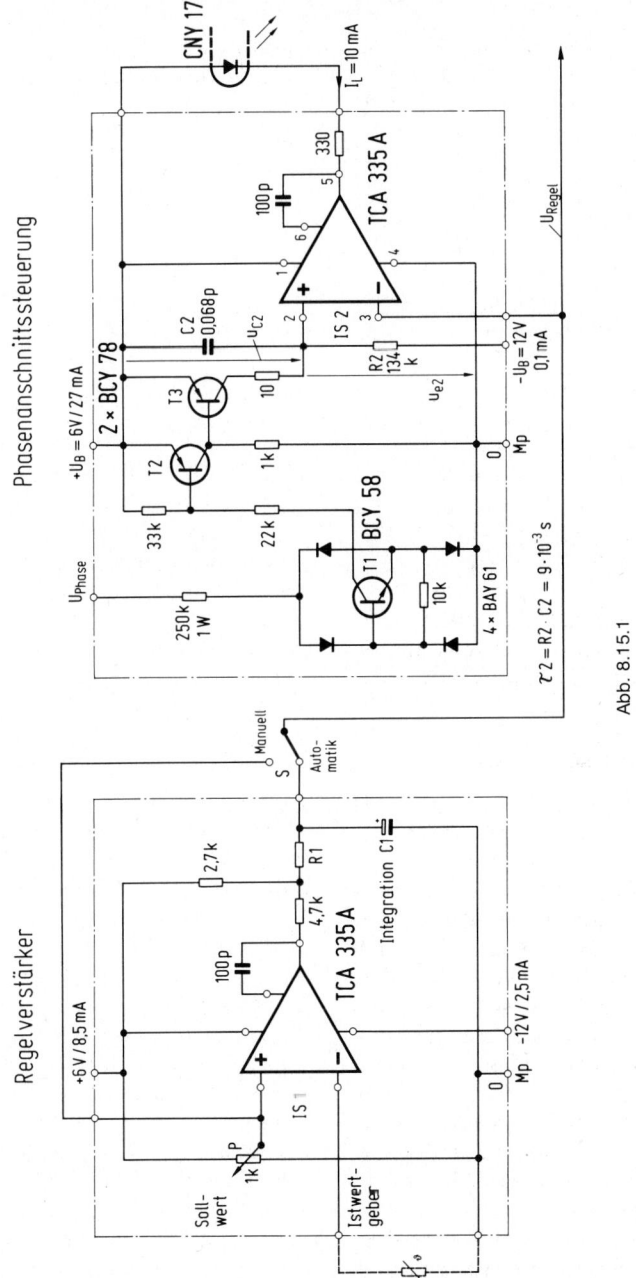

Phasenanschnittssteuerung

Regelverstärker

Abb. 8.15.1

259

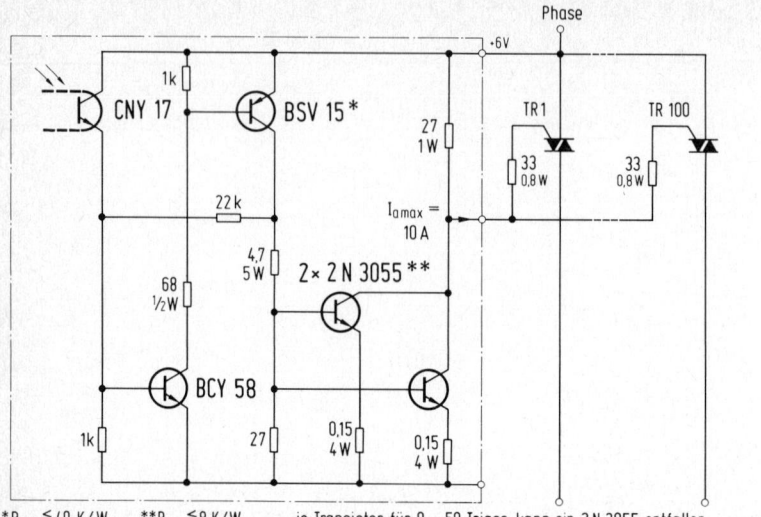

Abb. 8.15.2

$^*R_{thk} \leqq 40 \ K/W$ $^{**}R_{thk} \leqq 8 \ K/W$ je Transistor für 0...50 Triacs kann ein 2 N 3055 entfallen

8.15 Drehstromphasenanschnitt-Regelung für Stern- u. Dreieckschaltung (mit 100 Triac)

Es wurde eine Triac-Regel- bzw. Steuerschaltung für ohmsche Verbraucher entworfen. Die Schaltung wurde so ausgelegt, daß 100 Verbraucher mit einer Nennleistung von je max. 3 kW parallel arbeiten. Sie können an Drehstromnetzen mit 130, 220 oder 380 V in Stern- oder Dreieckschaltung betrieben werden. Die Leistungsregelung erfolgt durch Phasenanschnitt.

Der Regelverstärker vergleicht den Soll- und Istwert und gibt eine der Regelabweichung entsprechende Spannung an die Phasenanschnittsteuerung (PAS) weiter, die für jede Phase erforderlich ist. Mit dem Potentiometer P wird der Temperatur-Sollwert eingestellt, den Istwert liefert z. B. ein Heißleiter. Für den manuellen Steuerungsbetrieb kann der Sollwertgeber direkt an die PAS gelegt werden.

Eine Dreieckschaltung der Verbraucher ist nur dann möglich, wenn die Triacs in der Phasenleitung liegen, weshalb zwischen Ansteuer- und Regelschaltung eine Potentialtrennung erforderlich ist. Die potentialfreie Signalübertragung von der PAS zur Triac-Ansteuerschaltung erfolgt mit dem neuen Foto-

koppler CNY 17. Von den drei Leistungsstufen können jeweils bis zu 100 Triacs (je max. 3 kW) gleichzeitig angesteuert werden.

Im Lastkreis der Triacs sind Entstörglieder erforderlich.

Der Operationsverstärker IS 1 (*Abb. 8.15.1*) verstärkt das Differenzsignal zwischen Soll- und Istwert und gibt eine Ausgangsspannung von etwa 0 bis +6 V ab. Ein nachgeschaltetes Integrationsglied R 1, C 1 soll Regelschwingungen vermeiden. Der Sollwertgeber, Potentiometer P, liegt an der stabilisierten Spannung $+U_B = 6$ V.

Der Operationsverstärker I_{S2} führt der Lumineszenzdiode des Kopplers CNY 17 Strom zu, wenn die Spannung $u_{E2} = + U_B - u_{e2}$ die Regelspannung unterschreitet.

Die Ladung des Kondensators C 2 erfolgt über den Widerstand R 2. Die Zeitkonstante T 2 = R 2 C 2 ist so gewählt, daß während einer Halbperiode der 50-Hz-Wechselspannung (t = 10 ms) die Spannung u_{e2} von + 6 V auf 0 V sinkt.

Die Ansteuerschaltung *Abb. 8.15.2* besteht aus einem Schwellwertschalter BSV 15 und BCY 58, der vom Fototransistor (CNY 17) angesteuert wird, und der Leistungsendstufe 2 × 2 N 3055.

Die Leistungsendstufe kann bis zu 100 Triacs gleichzeitig zünden. Die Stromversorgung der Ansteuerschaltung braucht nicht stabilisiert zu werden.

Auswahl der Triacs

Folgende Zuordnung der Triacs an die Verbraucher wird vorgeschlagen

Nenn-spannung (50 Hz)	max. Nenn-leistung	Nenn-strom	Triac	S_u*
130 V	0,5 kW	4 A	TX D98 A30	1,64
220 V	1 kW	5 A	TX D98 A50	1,61
380 V	2 kW	5 A	TX D98 A90	1,67
380 V	3 kW	8 A	TX E99 A90	1,67

*) gewählter Spannungssicherheitsfaktor

8.16 Zündungsmöglichkeiten eines Thyristors

Es können drei grundlegende Möglichkeiten der Zündung eines Thyristors unterschieden werden. Je nach der Form des an die Steuerelektrode angelegten Signals erfolgt die Zündung mit einer Gleichspannung, einer Wechselspannung oder einer impulsförmigen Spannung.

Gleichspannungs-Zündung

Bei der Zündung des Thyristors mit einer Gleichspannung wird, wie aus *Abb. 8.16.1* ersichtlich, die Zündgleichspannung durch Betätigung des Schalters über einen Begrenzerwiderstand *R* direkt an die Steuerelektrode des Thyristors gelegt. Der Widerstand *R* begrenzt dabei den Zündstrom auf den erforderlichen Wert. Der Thyristor liegt in Reihe mit einem Lastwiderstand an der Versorgungsspannung, die eine Gleichspannung oder eine Wechselspannung sein kann. Bei Gleichstrombetrieb kann die Diode entfallen, bei Wechselstrombetrieb verhindert sie jedoch, daß während der negativen Halbwelle der Versor-

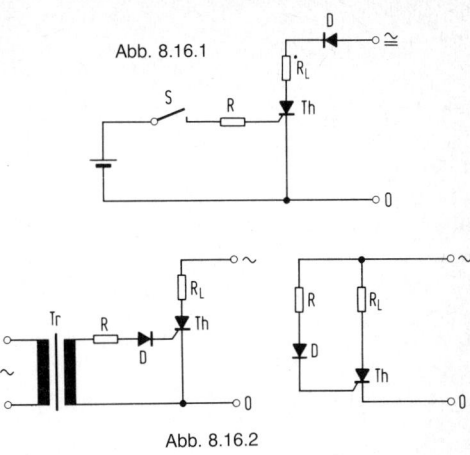

Abb. 8.16.1

Abb. 8.16.2

gungsspannung Steuerspannung und Sperrspannung gleichzeitig am Thyristor anliegen.

Wechselspannungs-Zündung

Bei der Zündung des Thyristors mit einer Wechselspannung kann die Steuerspannung entweder über einen Trenntransformator (*Abb. 16.2 a*) dem Steuerkreis zugeführt werden oder direkt über einen Begrenzerwiderstand R und eine Diode von der Versorgungsspannung abgenommen werden (*Abb. 8.16.2 b*). Die Diode vor der Steuerelektrode verhindert in beiden Fällen, daß die negative Halbwelle der Steuerspannung an die Steuerelektrode des Thyristors gelangt. Der Thyristor wird bei dieser Art der Ansteuerung jeweils kurz nach Beginn der positiven Halbwelle gezündet.

Die Wechselspannungs-Ansteuerung bietet schon die einfachste Möglichkeit für eine Phasenanschnittsteuerung während der positiven Halbwelle durch entsprechende Auslegung des Begrenzerwiderstandes R. Mit größer werdendem Widerstand R wird der Steuerstrom verkleinert und somit der Wert des erforderlichen Zündstromes erst zu einem späteren Zeitpunkt während des Anstiegs der positiven Spannungshalbwelle erreicht. Es kann dadurch eine Verschiebung des Zündeinsatzes bis zu einem Winkel von 90° erreicht werden. *Abb. 8.16.3* erläutert den Zusammenhang zwischen Zündzeitpunkt und Vorwiderstand.

261

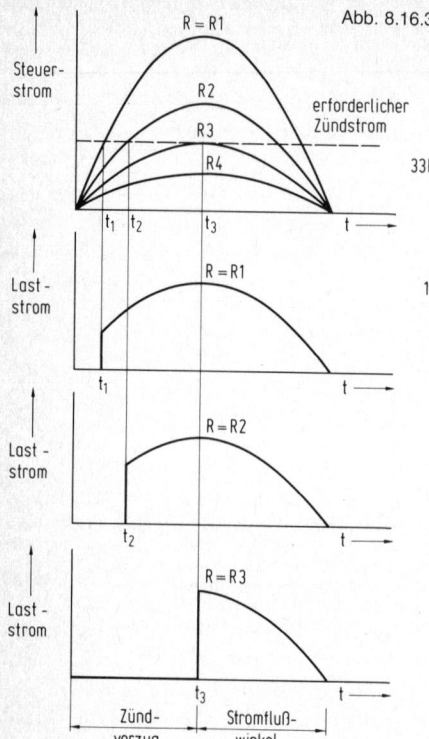

Abb. 8.16.3

Abb. 8.16.4

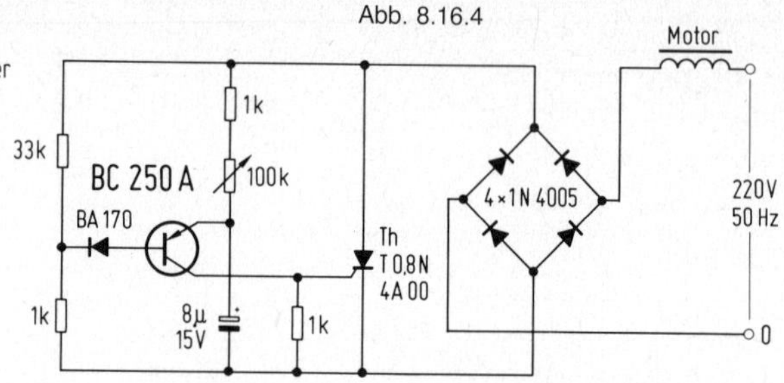

Mit dem Widerstand R 1 im Zündkreis schaltet der Thyristor nach der Zeit t_1 durch: wird der Widerstand auf R 2 vergrößert, erfolgt die Zündung zum späteren Zeitpunkt t_2. Ist ein Vorwiderstand der Größe R 3 vorhanden, so erreicht der Zündstrom gerade noch im Scheitelpunkt der Halbwelle den zur Zündung erforderlichen Wert. Das bedeutet, daß der Thyristor gerade noch bei 90° zündet. Bei größeren Werten, wie z. B. R 4, bleibt der Thyristor während der ganzen Halbwelle gesperrt. Da jedes Thyristor-Expemplar eines Typs einen anderen Zündstrom hat, gehen bei dieser Schaltung die Exemplarstreuungen des Zündstromes in den Zündzeitpunkt ein. Außerdem sind mit dieser einfachsten Schaltung nur Stromflußwinkel zwischen 180° und 90° möglich, d. h., es ist ein Zündverzug zwischen 0° und 90° einstellbar.

Abb. 8.16.4 zeigt anhand der elektronischen Drehzahleinstellung für einen Lüftermotor ein

Beispiel für eine einfache Phasenanschnittsteuerung mit Wechselspannungs-Zündung. An dieser Schaltung ist neu gegenüber der einfachsten Schaltung Abb. 8.16.2, daß nicht mehr die Amplitude des Steuerstroms geändert wird, um den Zündzeitpunkt zu verändern. Eine RC-Brückenschaltung, in deren Diagonale die Basis-Emitter-Strecke eines Transistors liegt, ist maßgebend für den Zündzeitpunkt. Die Spannung im rechten Brückenzweig eilt wegen des Kondensators der Spannung im linken Brückenzweig nach. Infolgedessen ist während der ersten Hälfte jeder Netzhalbwelle die Basis des Transistors negativ gegenüber dem Emitter, und es fließt kein Kollektorstrom. Der Thyristor ist ebenfalls gesperrt. Zu einem Zeitpunkt während der zweiten Hälfte der Halbwelle, der mit dem Potentiometer einstellbar ist, geht die Diagonalspannung der Brücke durch Null, und wenn danach die Basis des Transistors um etwa 0,6 V negativ gegenüber dem Emitter geworden ist, fließt ein Kollektorstrom im Transistor, der den Thyristor zündet.

Bei dieser Schaltung gehen die Exemplarstreuungen der Zünddaten des Thyristors fast nicht in den Zündzeitpunkt ein, weil das Steuersignal durch die Eingangskennlinie des Transistors und durch die Eigenschaften der Brückenschaltung erheblich versteilert wird, so daß man fast die günstigen Eigenschaften der nachstehend beschriebenen Impulszündung erhält. Es sind Stromflußwinkel zwischen etwa 10° und 80° möglich, d. h., der Zündverzug ist zwischen etwa 100° und 170° einstellbar.

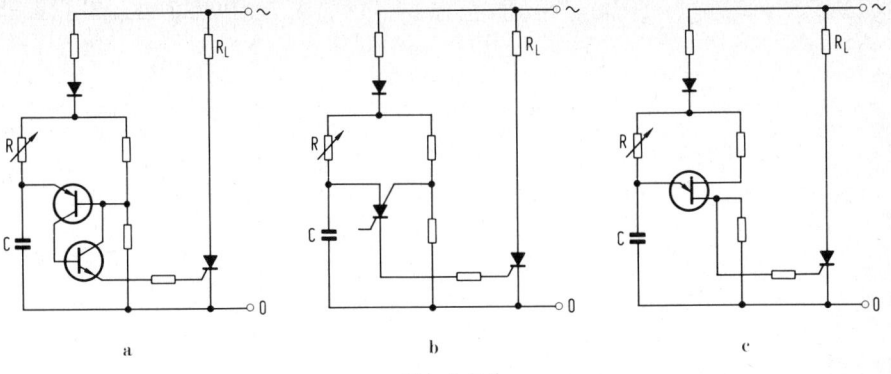

Abb. 8.16.5

Schaltung 1 (Abb. 8.16.4) ist ausgelegt für einen Spaltpol-Induktionsmotor, kann jedoch auch für beliebige andere Verbraucher verwendet werden, wenn deren Widerstand nicht allzu induktiv ist. Der Laststrom darf bis zu 500 mA betragen.

Impulszündung

Die Zündung des Thyristors durch Impulse gewährleistet eine sichere und zuverlässige Zündung exakt zum gewünschten Zeitpunkt. Exemplarstreuungen der Zündkennlinie können sich nicht mehr auswirken. Durch Wahl einer möglichst großen Impulsamplitude wird erreicht, daß ein möglichst großer Flächenteil der Sperrschicht sofort leitend wird, wodurch die Schaltverluste P_T kleingehalten werden.

Es ist eine Vielzahl von Zündschaltungen möglich, von denen zwei nachfolgend beschrieben werden sollen. In elektronischen Regelsystemen, bei denen der Thyristor als Stellglied benutzt wird, sind auch weit kompliziertere Schaltungen gebräuchlich, deren Erörterung hier jedoch zu weit führen würde.

Eine sehr gebräuchliche Impulszündschaltung ist in *Abb. 8.16.5* gezeigt. Charakteristisch ist die RC-Brücke als zeitbestimmendes Glied, in deren Diagonale als Triggerelement eine Verstärkeranordnung liegt, die Kippverhalten hat und die etwa beim Nulldurchgang der Brückendiagonalspannung anspricht. Die Wirkungsweise sei anhand von Bild 8.16.5 beschrieben.

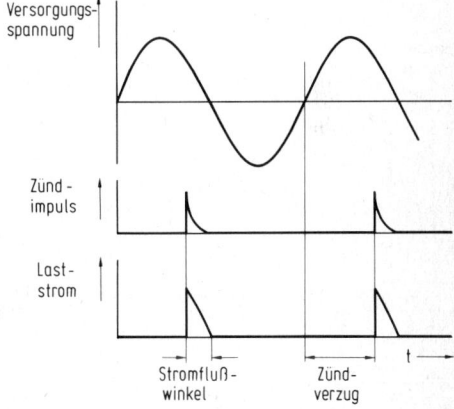

Abb. 8.16.6

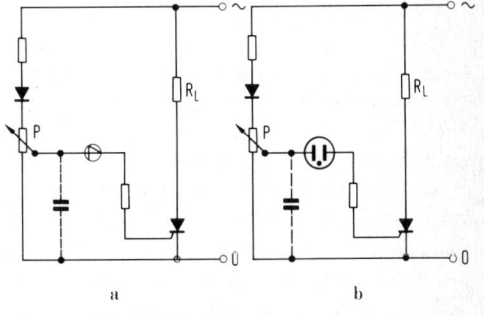

Abb. 8.16.7

Je nach Größe des Widerstandes R eilt die Spannung am Emitter des PNP-Transistors der Spannung an der Basis dieses Transistors mehr oder weniger nach. Zunächst ist die Polarität

263

der Brückendiagonalspannung so, daß die Emitterdiode des PNP-Transistors in Sperrrichtung vorgespannt ist. In der zweiten Hälfte der Halbwelle (siehe *Abb. 8.16.6*) kommt dann, nach Ablauf des Zündverzuges, der Zeitpunkt, zu dem die Brückendiagonalspannung durch Null geht und ihre Polarität umkehrt, worauf Basisstrom im PNP-Transistor zu fließen beginnt.. Die Kombination der beiden Transistoren zeigt Kippverhalten, beide Transistoren werden bis in die Sättigung übersteuert, und der Kondensator C entlädt sich über einen strombegrenzten Widerstand und die Steuerelektrode des Thyristors, worauf dieser zündet und für die Zeit des Stromflußwinkels leitend bleibt, so daß Strom im Lastwiderstand R_L fließt. Am Ende der Sinushalbwelle wird der Haltestrom des Thyristors infolge des Nulldurchgangs der Versorgungsspannung unterschritten, und der Thyristor löscht.

In der Wirkungsweise sind die Schaltungen *Abb. 8.16.5 b* und *c* gleich der Schaltung *Abb. 8.16.5 a*, nur wird als Triggerelement statt der zwei Transistoren eine Thyristor-Tetrode (z. B. BRY 46 von INTERMETALL) bzw. ein Unijunction-Transistor verwendet.

Die Schaltungen Abb. 8.16.5 sind geeignet für Stromflußwinkel < 90°, d. h., der Zündverzug ist einstellbar auf Werte > 90°. Für größere Stromflußwinkel ist eine Schaltung *Abb. 8.16.7* zu wählen.

Ebenfalls sehr gebräuchlich ist die Erzeugung des Zündimpulses durch Verwendung einer Vierschichtdiode, einer Triggerdiode Abb. 8.16.7 a oder einer Glimmlampe Abb. 8.16.7 b als Triggerelement. Dabei kann auf ein RC-Glied zur Festlegung des Zündzeitpunktes vom Prinzip her verzichtet werden, weil die hier genannten Triggerelemente eine definierte Ansprechspannung in der Größenordnung von 20...100 V haben, die zur Bestimmung des Zündzeitpunktes brauchbar ist. Abb. 8.16.7 zeigt eine solche Schaltung. Wenn der am Potentiometer P eingestellte Teil der Versorgungsspannung die Schalt- bzw. Zündspannung des Triggerelementes erreicht, zündet dieses, und es fließt Zündstrom in die Steuerelektrode des

Thyristors. Ist das Potentiometer P ausreichend niederohmig, so kann auf den gestrichelt gezeichneten Kondensator verzichtet werden, der andernfalls dazu dient, einen genügend großen Zündstromimpuls zu gewährleisten. Mit der Schaltung Abb. 8.16.7 sind ohne Kondensator Stromflußwinkel von 90° und größer möglich, d. h., der Zündverzug kann nur auf Werte < 90° eingestellt werden. Ist ein Kondensator vorhanden, so sind auch Werte des Zündverzuges von > 90° möglich, entsprechend Stromflußwinkeln < 90°.

8.17 Phasenanschnittsteuerung für kleine Stromflußwinkel

Diese Schaltung (*Abb. 8.17*) zur Steuerung von Thyristoren in Einweg-Phasenanschnittschaltungen zeichnet sich dadurch aus, daß besonders kleine Stromflußwinkel genau und reproduzierbar eingestellt werden können. Wesentlicher Bestandteil der Schaltung ist ein Impulsgenerator mit der Thyristor-Tetrode BRY 46.

Die Schaltung arbeitet folgendermaßen: Bei positiven Halbwellen der Netzwechselspannung wird über den 470-kΩ-Widerstand der Kondensator aufgeladen, dessen oberer Belag mit der Anode der Thyristor-Tetrode verbunden ist. Der Generator kann einen Impuls nur abgeben, wenn das Potential an dem anodenseitigen Steueranschluß der Tetrode kleiner ist als an der Anode. Dies ist während der ersten Hälfte der positiven Halbwelle nie der Fall, da der Kondensator verzögert aufgeladen wird, der anodenseitige Steueranschluß dagegen an einem ohmschen Spannungsleiter liegt. Die Thyristor-Tetrode bleibt daher zunächst gesperrt. Sie kann erst durchsteuern, wenn der an dem 50-kΩ-Potentiometer abgegriffene Bruchteil der abfallenden Spannungsflanke der Halbwelle kleiner wird als die Spannung, auf die sich der Kondensator aufgeladen hat. In diesem Augenblick setzt der Zündvorgang der Tetrode ein. Sie steuert durch, und der Kondensator kann sich über den Vorwiderstand R und über die Steuerelektrode des Thyristors entladen.

Die Z-Diode ZG 12 hält die Spannung am Kondensator während der zweiten Hälfte der Halbwelle auf einem nahezu konstanten Wert, so daß für alle Zündwinkel etwa die gleiche Zündenergie zur Verfügung steht. Ferner bewirkt sie, daß sich der Stromflußwinkel bei abnehmender Netzspannung zu etwas größeren und bei zunehmender Netzspannung zu kleineren Werten verschiebt. Der 12-kΩ-Widerstand ist so bemessen, daß durch diese Verschiebung die Ausgangsspannung am Lastwiderstand R_L nahezu unabhängig von Netzspannungsschwankungen wird.

Mit dem 50-kΩ-Potentiometer lassen sich Stromflußwinkel zwischen etwa 2° und 60° einstellen. Der Widerstand R ist dem jeweiligen Thyristortyp anzupassen.

Mit dem Thyristor T 0,8 N 5 AOO mit Kühlstern KS 1 ist ein Lastwiderstand R_L bis herab zu 135 Ω möglich, was für 90° Stromflußwinkel eine Leistung von 90 W bedeutet. Der Spitzenstrom im Thyristor ist dabei 2,3 A, und der Widerstand R sollte 390 Ω betragen. Die Thyristoren T 3 N 5 COO (mit Kühlkörper KL 15-5) oder BRY 44 (mit Kühlblech AL 50 × 50 mm² × 1 mm) erlauben einen Lastwiderstand bis herab zu etwa 39 Ω, entsprechend einer Leistung von 320 W bei 90° Stromflußwinkel. Im Thyristor fließt dabei ein Spitzenstrom von 8,2 A. Der Widerstand R sollte etwa 100 Ω betragen.

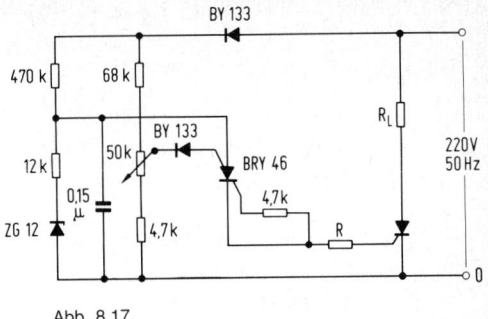

Abb. 8.17

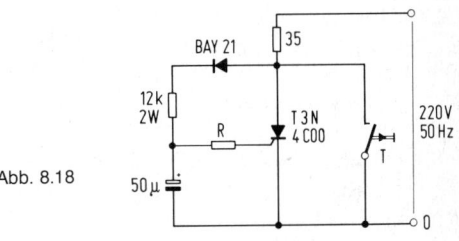

Abb. 8.18

8.18 90°-Phasenanschnitt-Schaltung

Das Zündnetzwerk für einen Stromflußwinkel von 90° soll am Beispiel einer einfachen Schaltung gezeigt werden, die zur Reduzierung der in einem Heizwiderstand umgesetzten Leistung von 1400 W auf ca. 350 W dient (*Abb. 8.18*).

Die gesamte Schaltung liegt in Serie mit dem 35-Ω-Heizwiderstand und wird durch das Öffnen des Thermoschalters in Betrieb gesetzt. Sobald

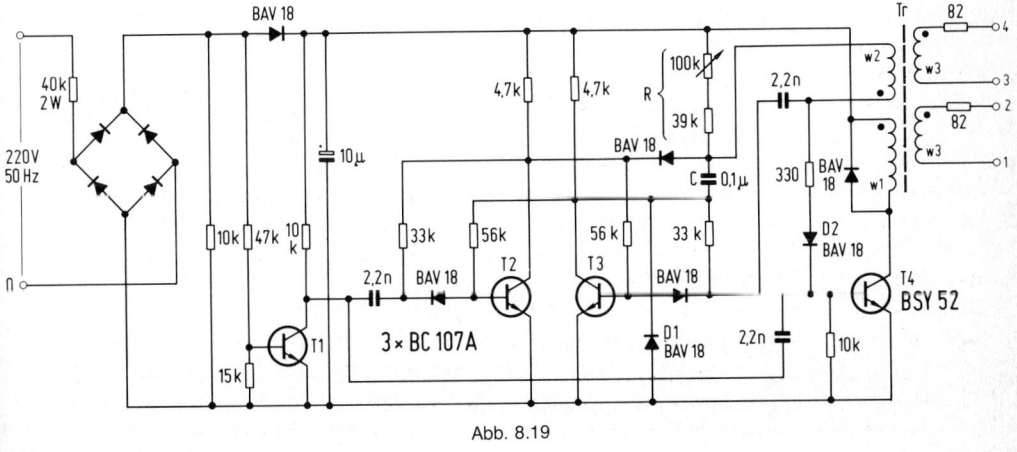

Abb. 8.19

265

sich der Kondensator über die Diode auf die erforderliche Thyristorzündspannung aufgeladen hat, zündet der Thyristor. Die RC-Kombination ist so gewählt, daß ein Stromflußwinkel von 90° erreicht wird und gleichzeitig der erforderliche Zündstrom fließen kann. Der Widerstand R in der Größenordnung von einigen zehn Ohm dient zur Einstellung des Stromflußwinkels.

Die im Heizwiderstand umgesetzte Leistung steigt bei einer Netzspannungsänderung von + 10 % um 40 %, während sie bei einer Spannungsänderung von − 10 % um 30 % sinkt.

8.19 Zündschaltung für Thyristoren mit Impulstransformator

Zur Gewinnung der netzsynchronen Steuerimpulse für antiparallel geschaltete Thyristoren der Serie T 3 N...COO oder BRY 42...44 in der Zuleitung eines Wechselstromverbrauchers wird eine Schaltung nach *Abb. 8.19* vorgeschlagen. Die Zündschaltung hat den Vorteil, daß auch große und kleine Zündwinkel stetig und reproduzierbar eingestellt werden können. Sie besteht im wesentlichen aus einer bistabilen Kippstufe und einem Sperrschwinger.

Die von der Gleichrichterbrücke gelieferte Halbwellenspannung wird durch den Transistor T 1 in eine Rechteckspannung umgeformt: Nach dem Nulldurchgang der Wechselspannung steigt die Amplitude der Halbwellenspannung an, und der Transistor T 1 wird durchgesteuert. Der negative Spannungssprung an seinem Kollektor sperrt den Transistor T 2 der bistabilen Stufe. Dadurch wird der Transistor T 3 durchgesteuert, und der Ladekondensator C kann sich über den Vorwiderstand R aufladen. Erreicht die Kondensatorspannung die Summe der Schwellspannungen der Basis-Emitter-Diode von T 4 und der Diode D 2, so steuert der Sperrschwingertransistor T 4 durch und gibt über den Zündübertrager den Zündimpuls für die Thyristoren ab.

Der beim Ausschalten der Induktivität an der Rückkopplungswicklung auftretende

Spannungsimpuls sperrt den Transistor T 3 in der Kippstufe. Der über den Widerstand R nach wie vor fließende Ladestrom wird über die Diode D 3 und den jetzt durchgesteuerten Transistor T 2 abgeleitet. Die Diode D 1 verhindert, daß der Transistor T 3 durch den negativen Spannungssprung am Kondensator in inverser Richtung betrieben wird.

Am Ende jeder Halbwelle der Netzspannung wird der Transistor T 1 gesperrt. Durch den dann entstehenden positiven Impuls am Kollektor dieses Transistors wird der Sperrschwinger noch einmal angesteuert. Dadurch ist gewährleistet, daß am Ladekondensator vor einem erneuten Aufladevorgang immer gleiche Verhältnisse bestehen.

Der Stromflußwinkel kann mit dem 100-kΩ-Potentiometer verstellt werden. Der an den Anschlüssen 1 und 2 sowie 3 und 4 verfügbare Zündimpuls hat eine EMK von etwa 2 V und liefert einen Zündstrom von ca. 120 mA. Damit ist die Schaltung Abb. 8.19 geeignet, die Thyristoren T 3 N...COO oder BRY 42...44 in jedem Fall sicher zu zünden. Die Dauer des Zündimpulses liegt in der Größenordnung von 10 µs.

Transformatordaten:

Siferrit-Schalenkern Nr. B 65671-L0000-R022, W 1 = 100 Wdg. W2 = W3 = 80 Wdg. sämtl. 0,2 ⌀ CuL.
Der Punkt kennzeichnet den Wicklungsanfang.

8.20 Thyristorschalter mit Sperrschwinger-Ansteuerung

Eine andere Art der Ansteuerung antiparallel geschalteter Thyristoren wird im Beispiel *Abb. 8.20* gezeigt. Die Steuerung erfolgt mit einem Sperrschwinger (T 2), der Impulse von 40 µs Dauer mit einer Folgefrequenz von 3 kHz abgibt und somit die Thyristoren nach Öffnen des Schalters S praktisch sofort und dann jeweils zu Beginn der jeweiligen Halbwellen zündet. Die Funktion des Schalters kann auch von dem parallel angeordneten Transistor T 1 übernom-

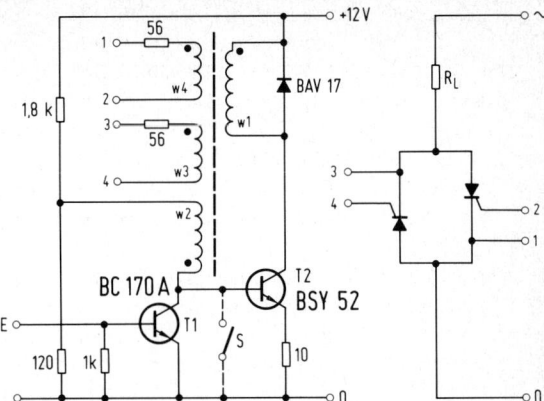

Abb. 8.20

men werden, der dann seinerseits vom Eingang E her angesteuert wird.

Beim Öffnen des Schalters S wird über den Basis-Spannungsteiler eine Spannung an die Basis des Transistors T 2 gelegt, die etwas über seiner Schwellspannung liegt, so daß der Transistor durchzusteuern beginnt. Die nun an der Wicklung W1 liegende, im Verhältnis W2/W1 = 1 auf die Wicklung W 2 übertragene Spannung steuert dann den Transistor sofort durch. Der Kollektorstrom steigt zunächst wegen der Induktivität des Übertragers annähernd linear mit der Zeit und später, wenn der Kern in die Sättigung geht, sehr steil an. Durch den Spannungsabfall am Emitterwiderstand wird der Basisstrom verringert, bis die Stromverstärkung des Transistors nicht mehr zur Durchsteuerung ausreicht. Dann nehmen die Spannungen an den Wicklungen W1 und W2 ab, der Transistor beginnt zu sperren und wird bei einsetzendem Freilaufstrom durch die Diode wegen des Polaritätswechsels der Wicklungsspannungen ganz gesperrt. Er bleibt in diesem Zu-

stand, bis sich die im Kern des Übertragers gespeicherte magnetische Energie über die Freilaufdiode entladen hat. Dann beginnt ein neuer Impulszyklus.

Die an den Anschlüssen 1 und 2 sowie 3 und 4 verfügbaren Zündimpulse haben eine EMK von etwa 10 V und gewährleisten einen Zündstrom von etwa 120 mA. Damit ist die Schaltung Abb. 8.20 geeignet, die Thyristoren T 3 N...COO oder BRY 42...44 in jedem Fall sicher zu zünden. Bei Einsatz von zwei Thyristoren BRY 44 im Lastkreis und mit einer Netzspannung von 220 V darf der Lastwiderstand R_L bis herab zu 33 Ω betragen, was einer Leistung von 1500 W entspricht.

Transformatordaten:

Siferrit-Schalenkern Nr. B 65651-K0000-R022, W1 = W2 = W3 = W4 = 30 Wdg., sämtl. 0,2 ⌀ CuL.
Der Punkt kennzeichnet den Wicklungsanfang.

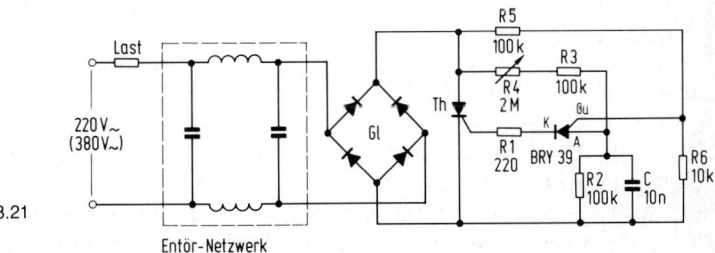

Abb. 8.21

Entstör-Netzwerk

8.21 Thyristorzündschaltung 1...4 kVA

In jeder Halbwelle wird der Zündkondensator (C = 10 nF) über die Widerstände R 3 und R 4 aufgeladen. Der Widerstand R 4 ist einstellbar. Mit ihm läßt sich der Ladestrom des Zündkondensators und damit der Zündzeitpunkt verändern.

Die Zündung der Thyristor-Tetrode BRY 39 und damit des Lastthyristors Thy erfolgt, wenn die Anodenspannung des BRY 39 die am Steueranschluß Ga liegende Spannung übersteigt.

Im Gegensatz zu anderen Zündschaltungen ist der eingestellte Zündwinkel gegenüber Netzspannungsschwankungen recht unempfindlich, da eventuelle Schwankungen an den Anschlüssen A und Ga gleichsinnig auftreten und sich daher in ihrer Wirkung weitgehend aufheben.

Ein weiterer Vorteil der Schaltung (*Abb. 8.21*) ist, daß es auch bei Unterspannungen in jedem Fall zur Zündung des Thyristors kommt, da sich am Ende jeder Halbwelle die Spannung an Ga auf den Wert Null zubewegt, während die Kondensatorspannung bis zum Zündzeitpunkt ansteigt.

Für den Gleichrichter Gl und den Thyristor Thy können folgende Bestückungen gewählt werden:

bewirkt eine Begrenzung der an G_a liegenden Spannung auf etwa 18 V. Diese Spannung dient als Referenzspannung.

Der Zündkondensator C wird über R 1 und den einstellbaren Widerstand R 2 aufgeladen. Sobald die Spannung an C und damit an der Anode der BRY 39 die an G_a liegende Referenzspannung überschreitet, zündet die BRY 39 und bewirkt die Entladung von C über den Zündtransformator TT 60. Auf diese Weise entsteht in jeder Halbwelle ein Zündimpuls von etwa 20 μs Dauer, mit dem die beiden antiparallel geschalteten Thyristoren abwechselnd sicher gezündet werden, sofern die Last keine zu große induktive Komponente enthält. Der Zündwinkel kann mit R 2 zwischen ca. 20° und nahezu 180° verändert werden.

Sobald ein Thyristor gezündet ist, sinkt die Spannung am Gleichrichter BY 123/179 für die restliche Dauer der Halbwelle praktisch auf 0 V ab, so daß eine erneute Aufladung von C erst nach dem nächsten Spannungsnulldurchgang erfolgen kann.

Die Schaltung (*Abb. 8.22*) arbeitet sehr stabil und kann bei Umgebungstemperaturen bis zu 45 °C betrieben werden. Sie reicht aus, um alle Thyristoren des VALVO-Programms einschließlich der 70 A-Typen zu zünden.

Netzspannung	Leistung	Dioden Gl	Thyristor Thy
220 V ~	1...1,5 kVA	4 x BYX 38/ 600 R	BTY 87/ 600 R
380 V ~	3...4 kVA	4 x BYX 42/1200 R	BTX 47/1200 R oder BTX 48/1200 R

8.22 Zündschaltung mit BRY 39 zum Betrieb eines Wechselstromstellers

Die vom Gleichrichter BY 123/179 gelieferten Halbwellen werden über R 3 dem Anodensteueranschluß G_a der Thyristortetrode BRY 39 zugeführt. Die Z-Diode BZY 88 C 18

Zündtransformator TT 60
Kern: Ferroxcube X 30-00-3 H 1,
    Typ 4322 020 23750
Primärwicklung: n = 39; 0,4 mm ⌀ CuL
Sekundärwicklungen: 2 × n = 13;
       0,6 mm ⌀ CuL

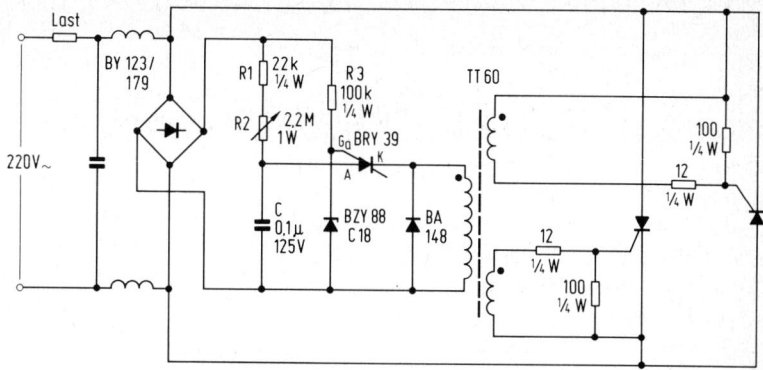

Abb. 8.22

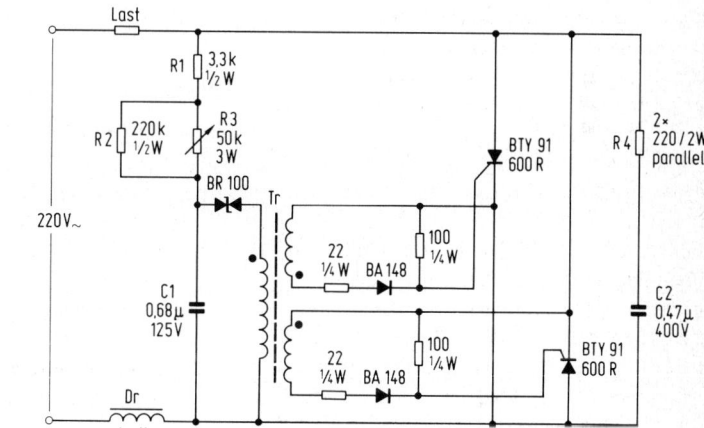

Abb. 8.23

Spannungsfestigkeit zwischen den Wicklungen sowie Wicklungen und Kern: 5 kV

8.23 Zündschaltung mit BR 100 zum Betrieb eines Wechselstromstellers

Der Zündkondensator (Schaltung *Abb. 8.23*) C 1 wird in jeder Halbwelle über die Widerstandskombination R 1, R 2 und R 3 abwechselnd positiv und negativ aufgeladen, bis die Durchbruchsspannung der Trigger-Diode BR 100 überschritten und diese leitend wird. Dann entlädt sich C 1 über die Primärwicklung des Zündtransformators.

Die Sekundärwicklungen von Tr sind gegensinnig gepolt, so daß immer abwechselnd nur eine der beiden Dioden BA 148 in Durchlaß-

richtung arbeitet und der dazugehörende Thyristor gezündet wird.

Mit dem einstellbaren Widerstand R 3 kann die Ladezeit von C 1 verändert und damit der gewünschte Zündwinkel eingestellt werden.

R 4 und C 2 stellen die Schutzbeschaltung der Thyristoren dar. Die Drossel Dr begrenzt die Stromanstiegsgeschwindigkeit. In Verbindung mit zusätzlichen Kondensatoren kann sie zur Entstörung der Schaltung beitragen.

Transformator Tr

Kern: S 25/16 3E1, Typ 4322 020 20611 (2 x)
Primärwicklung: n = 200; 0,15 mm ⌀ CuL
Sekundärwicklungen: 2 × n = 100;

0,2 mm ⌀ CuL

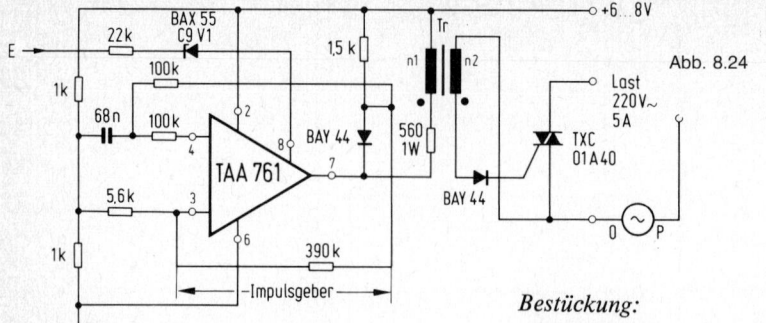

Abb. 8.24

Drossel Dr

Kern: P 36/22 3 H 1, $A_L = 9600 \pm 25\%$ nH,
   Typ 4322 022 12200 (2 x)

Wicklung: n = 20; 1,5 mm $\oslash$ CuL

8.24 Triac-Ansteuerung

Abb. 8.24 zeigt eine Schaltung zur Ansteuerung von Triacs mit dem Operationsverstärker TAA 761, die ähnliche Eigenschaften besitzt wie sogenannte Schaltungen mit Nullschalter, welche bekanntlich sehr störarm schalten.

Verwirklicht werden diese Eigenschaften mit einem Impulsgeber (Schwingfrequenz 2,5 kHz), der über einen Impulsübertrager den Triac alle 400 µs ansteuert. Da der Triac bei jedem Stromnulldurchgang abschaltet, aber seine Wiedereinschaltung spätestens nach 400 µs, also bei noch verhältnismäßig kleinen Augenblickswerten des Stromes, bewirkt wird, ist die Störspannung wesentlich kleiner als bei den Phasenanschnittschaltungen.

Die Steuerung der Leistung erfolgt über das Ein-Ausverhältnis des Impulsgebers (Eingang E).

Impulsgeber Ein: $U_E < 9$ V *
Impulsgeber Aus: $U_E > 9$ V *

Wickeldaten des Impulstransformators Tr.:

$n_1 = 300$ Wdg. 0,12 CuL
$n_2 = 100$ Wdg. 0,10 CuL

Tr.: B 65 837-A 000-R 026
   0,05 mm Luftspalt (Papierlage)

---

* hängt von der verwendeten Zenerdiode ab.

Bestückung:

1 TAA 761	Q 67000-A 224
2 BAY 44	Q 60201-Y 44
1 BZX 55/C9 V1	Q 62702-Z 575
1 TXC 01 A 40	Q 66048-A 1500-A 6

8.25 Einfacher Wechselstromsteller

Diese Schaltungen eignen sich zur kontinuierlichen Leistungssteuerung von Verbrauchern bis 6 kW.

In jeder Halbwelle wird der Zündkondensator C über die Last sowie die Widerstände R 1 und R 2 abwechselnd positiv und negativ aufgeladen. Sobald die Kondensatorspannung die von der Polarität unabhängige Durchbruchsspannung der Triggerdiode BR 100 erreicht, zündet diese, und es kommt zu einer Teilentladung von C über die Diode, R 3 und den Steueranschluß des Triac. Der Triac wird damit gezündet und der Verbraucher über den vernachlässigbar kleinen Durchlaßwiderstand des Triac an das Versorgungsnetz geschaltet. Die Zündwinkeleinstellung und damit die Leistungssteuerung wird durch R 1 vorgenommen.

Die Schaltung (*Abb. 8.25.1*) weist einen Hysterese-Effekt auf, der sich darin zeigt, daß beim Einschalten eines Verbrauchers der Stromflußwinkel von Null auf einen Wert springt, der am 220-V-Netz einen Effektivwert der Spannung von 55 V entspricht. Erst oberhalb dieses Wertes ist eine kontinuierliche Leistungssteuerung bis zu einem Maximalwert von 98 % möglich. Bei einer Reihe von Anwendungen, wie z. B. zur Helligkeitssteuerung, stört dieser Mangel aber nicht. Der geschilderte Hysterese-Effekt läßt sich durch

270

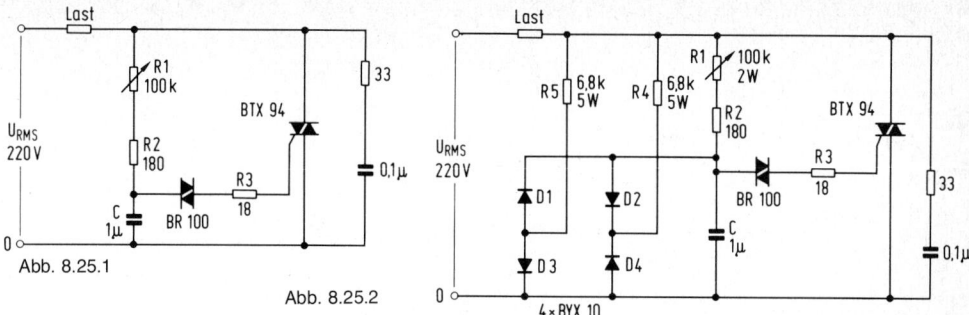

Abb. 8.25.1

Abb. 8.25.2

den zusätzlichen Einbau der Widerstände R 4 und R 5 sowie der Dioden D 1 bis D 4 beseitigen, wie es in *Abb. 8.25.2* gezeigt ist.

8.26 Funkentstörter 3-kW-Wechselstromsteller

Im folgenden wird eine Dimmerschaltung (*Abb. 8.26.1*) beschrieben, die mit dem Industrie-Triac BTX 94 arbeitet und in der Lage ist, die Helligkeit von Beleuchtungsanlagen bis 3 kW kontinuierlich zu steuern. Die Schaltung ist für eine Netzspannung von 220 V ausgelegt.

Da der Triac BTX 94 jedoch mit Sperrspannungen bis 1200 V zur Verfügung steht, läßt sich die Schaltung mit geringfügigen Änderun-

gen auch am 380 V-Netz betreiben. Außerdem kann bei forcierter Kühlung des Triacs (5 m/s) die Ausgangsleistung bei 220 V auf 4,4 kW erhöht werden.

Die bei der verwendeten Phasenanschnittsteuerung auftretenden starken Funkstörungen werden durch ein vorgeschaltetes Entstörnetzwerk auf ein Maß reduziert, welches im gesamten Frequenzbereich von 0,15 bis 30 MHz den Bestimmungen des Verbandes Deutscher Elektrotechniker VDE 0875/8.66 genügt.

Abb. 8.26.1 zeigt die Schaltung des Dimmers. Nach Schließen des Schalters S wird der Zündkondensator C 5 in jeder vom Gleichrichter BY 179 gelieferten Halbwelle über die Widerstandskombination R 1 bis R 4 aufgeladen. Sobald die Kondensatorspannung die

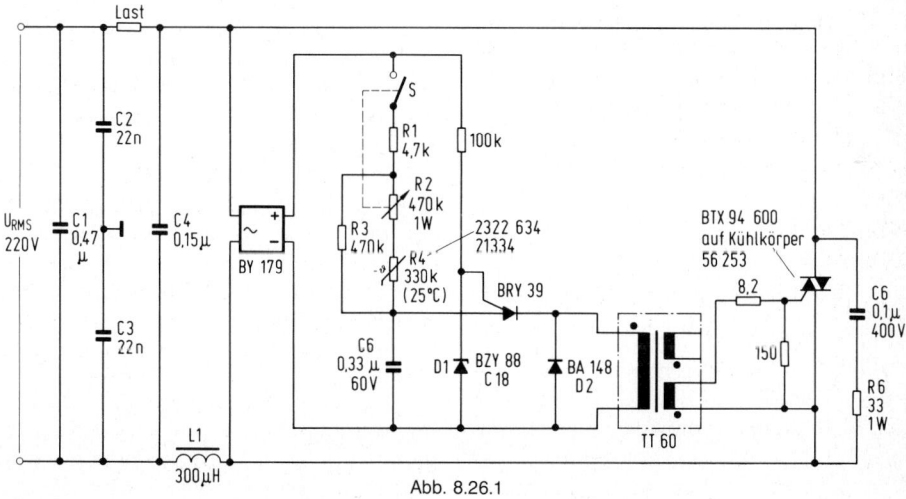

Abb. 8.26.1

271

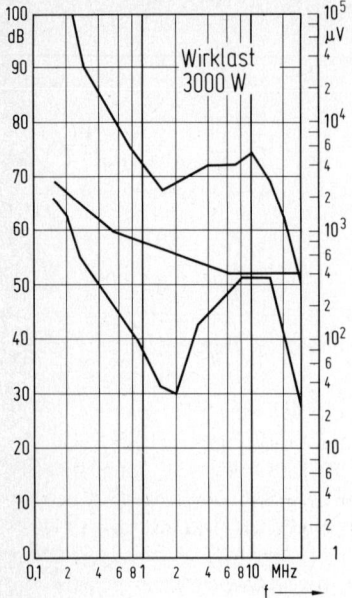

Abb. 8.26.2

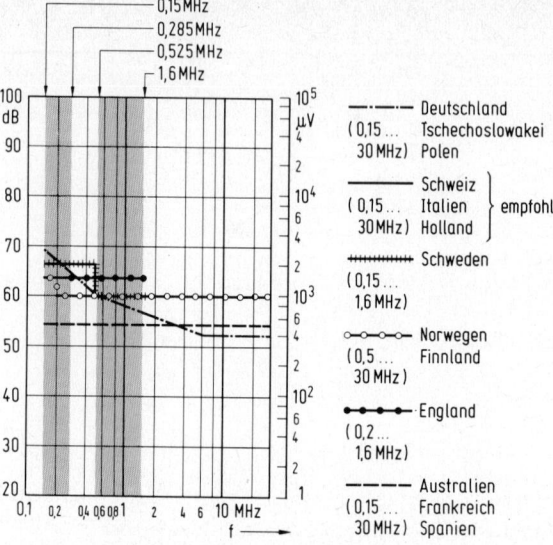

Abb. 8.26.3

am Anschluß G_a der Thyristortetrode BRY 39 liegende Spannung überschreitet, beginnt die Tetrode zu leiten. C 5 entlädt sich dann über den VALVO-Triggertransformator TT 60, wodurch der Triac gezündet wird.

Mit R 2 läßt sich der Zündwinkel und damit die gewünschte Helligkeit einstellen. Der NTC-Widerstand R 4 begrenzt den beim Einschalten von Glühlampen auftretenden starken Einschaltstromstoß, da er durch seinen hohen Kaltwiderstand dafür sorgt, daß, unabhängig von dem an R 2 eingestellten Wert, das Einschalten mit dem maximal möglichen Zündwinkel erfolgt. Die Diode D 2 verhindert das Auftreten von Spannungsspitzen während des steilen Stromabfalls an den Rückflanken der Impulse. Als TSE-Beschaltung für den Triac wirkt die aus R 6, C 6 gebildete Reihenschaltung.

Das aus den Kondensatoren C 1 bis C 4 und der Drossel L 1 bestehende Netzwerk dient der Funkentstörung. Die erreichte Entstörung bei Lastwiderständen (Glühlampen) von 3000 W ist aus *Abb. 8.26.2* ersichtlich.

Die dick gezeichnete Kurve gibt den in Deutschland zulässigen Normalstörgrad „N" an. Die darüber liegende Kurve zeigt den Störgradverlauf ohne Entstörmaßnahmen, während die untere Kurve den Störgradverlauf mit eingeschaltetem Filternetzwerk wiedergibt.

Die Funkstörmessungen an dieser Dimmerschaltung wurden nach den geltenden VDE-Bestimmungen durchgeführt. *Abb. 8.26.3* gibt neben dem in Deutschland zulässigen Funkstörgrad „N" die entsprechenden Anforderungen für eine Reihe ausländischer Staaten wieder.

8.27 Stufenlose Helligkeitssteuerung von Glühlampen

Die Schaltung zur Steuerung der Helligkeit von Glühlampen (*Abb. 8.27*) ist mit einem Thyristor T 3 N 4 COO oder BRY 43 als Steuerelement und der Thyristor-Tetrode BRY 46 als Triggerelement aufgebaut. Der Thyristor liegt in Reihe mit dem Verbraucher. Durch die Veränderung des Verhältnisses der Einschaltzeit zur Ausschaltzeit (Phasenanschnitt)

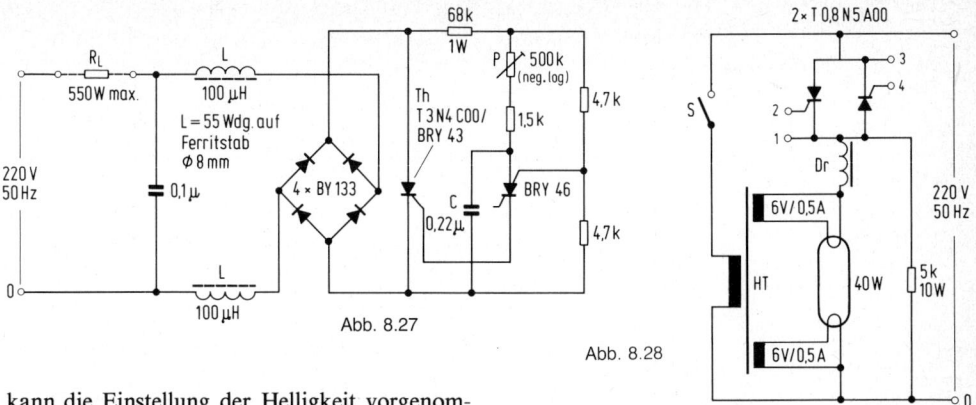

Abb. 8.27

Abb. 8.28

kann die Einstellung der Helligkeit vorgenommen werden.

Das Einschalten des Thyristors erfolgt durch einen positiven Impuls an der Steuerelektrode. Diesen Impuls liefert das Triggernetzwerk, das mit einer Thyristor-Tetrode als Schaltelement versehen ist. Der Kondensator C wird über die Widerstandskombination im Anodenkreis der Thyristor-Tetrode aufgeladen. Mit dem Potentiometer P kann die Zeitkonstante dieses Ladekreises und damit der Zündzeitpunkt, zu dem das Anodenpotential um die Basis-Emitter-Schwellspannung größer wird als das Potential am anodenseitigen Steueranschluß, stufenlos verändert werden. Wird diese Triggerschwelle erreicht, schaltet die Thyristor-Tetrode durch und liefert den Zündstrom für den Thyristor. Der Zündzeitpunkt kann fast über die gesamte Halbwelle (25°...170°) verschoben werden. Das Löschen des Thyristors wird gegen Ende jeder Halbwelle dadurch erreicht, daß der fließende Laststrom den Haltestrom unterschreitet.

Das LC-Glied am Eingang der Schaltung wirkt als Tiefpaßfilter. Es verhindert, daß hochfrequente Störungen, die durch den Phasenanschnitt in der Schaltung entstehen, ins Wechselstromnetz gelangen.

8.28 Stufenlose Helligkeitssteuerung von Leuchtstofflampen

Als Beispiel für einen einfachen Wechselstromsteller ist die in *Abb. 8.28* angegebene

Schaltung zur stufenlosen Helligkeitssteuerung für Leuchtstofflampen dargestellt. In eine Zuleitung vom Wechselspannungsnetz zum Verbraucher sind zwei antiparallel geschaltete Thyristoren — ein solches Paar wird auch Wechselstromsteller genannt — eingefügt, so daß beide Halbwellen des Stromes gesteuert werden können. Die Thyristoren werden durch netzsynchrone Steuerimpulse gezündet. Durch Änderung der Phasenlage dieser Zündimpulse wird der Strom durch den Verbraucher verändert.

Wegen der Induktivität im Lastkreis steigt der Strom durch die Thyristoren nach dem Zünden nur langsam an. Um zu gewährleisten, daß nach Abklingen des Steuerimpulses wenigstens der Haltestrom der Thyristoren fließen kann, ist eine ohmsche Vorlast vorgesehen.

Da bei verminderter Helligkeit die Elektroden der Leuchtstofflampe nicht mehr ausreichend vorgeheizt werden, ist ein Heiztransformator HT erforderlich, der dann ausgeschaltet werden kann, wenn die Lampen mit voller Helligkeit brennen. Zweckmäßig wird der Schalter S mit dem zur Helligkeitseinstellung dienenden Potentiometer mechanisch gekuppelt.

8.29 Helligkeitsregler für hohe Leistung

Zur kontinuierlichen Steuerung der Beleuchtungsstärke kann die folgende Schaltung (*Abb. 8.29*) dienen:

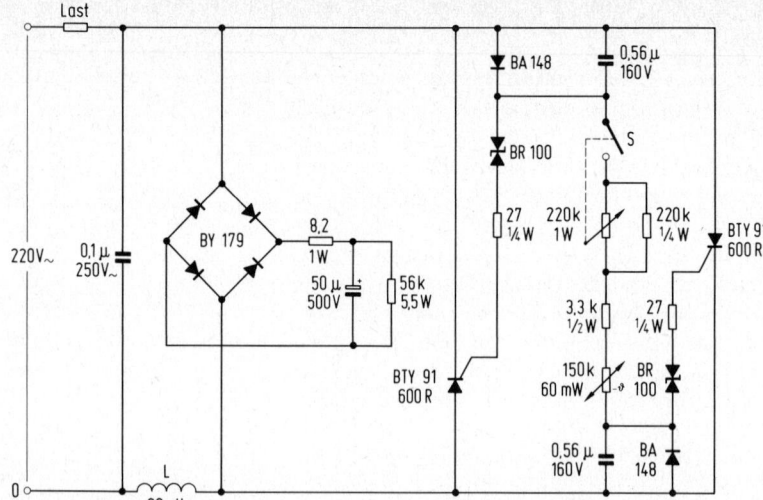

Abb. 8.29

Der Verbraucher liegt in Serie mit zwei antiparallelgeschalteten Thyristoren BTY 91 am Versorgungsnetz. Pro Halbwelle wird abwechselnd ein Thyristor gezündet. Die Zündungen erfolgen durch Entladung des jeweiligen Zündkondensators C = 0,56 µF über die dazugehörende Trigger-Diode BR 100. Mit dem einstellbaren Widerstand R = 220 kΩ läßt sich die Ladezeit der Kondensatoren und damit der Zündzeitpunkt einstellen. Durch die Dioden BA 148 wird die Aufladung der Zündkondensatoren auf eine negative Spannung verhindert.

Der NTC-Widerstand begrenzt den beim Einschalten von Glühlampen auftretenden starken Einschaltstrom, da sein hoher Kaltwiderstand die Aufladung der Zündkondensatoren verlangsamt und damit die Zündwinkel zu höheren Werten hin verschiebt.

Eine Begrenzung der Stromanstiegsgeschwindigkeit sowie eine gewisse Entstörung der Schaltung erfolgt durch die Drossel L = 80 µH und den Kondensator C = 0,1 µF. Netzüberspannungen werden in einem Netzwerk aufgefangen, welches über einen Gleichrichter in Brückenschaltung den Thyristoren parallel liegt.

Mit der angegebenen Schaltung läßt sich ein Verbraucher bis zu 3 kVA kontinuierlich

steuern. Bei entsprechender Kühlung der Thyristoren kann die Belastung bis auf 7 kVA erhöht werden, wenn nicht mit zu starken Einschaltströmen zu rechnen ist.

8.30 Leistungsregelung durch Phasenanschnitt 100 VA/700 VA

Die kontaktlose Leistungssteuerung im Wechselstromkreis kann durch eine Phasenanschnittsteuerung erreicht werden. Einfache Ansteuerungen bestehen aus einem Triac, einem Diac und einem RC-Phasenschieber. Der Triac schaltet bei jeder Halbwelle den Laststrom in sehr kurzer Zeit von Null auf den vollen Wert beim jeweiligen Anschnittwinkel. Dadurch entstehen HF-Störungen, die sich vorwiegend über die Netzleitungen ausbreiten. Die Dämpfung dieser Störspannung auf zulässige Werte erfordert zusätzlich zur Grundschaltung ein Entstörnetzwerk C 1, Dr. Die VDE-Bestimmungen legen für die Störspannung die Funkstörgrade G für Fabrikgelände, N für Wohnungen und K für hohe Ansprüche, z. B. Empfangsfunkstellen fest. Die angegebenen Triac-Schaltungen sind für den Störgrad N ausgelegt. *Abb. 8.30.1* zeigt die Grundschaltung eines Triac-Leistungsreglers mit Phasenanschnittsteuerung.

274

Der Triac und die Last R_L sind über die Entstör-Drossel in Serie geschaltet. Bei jeder Netzspannungs-Halbwelle wird der Triac gezündet. Der Zündzeitpunkt (Phasenanschnittwinkel) wird mit dem Regler P 1 eingestellt. Wenn die Spannung an C 2 die Kippspannung des Diac erreicht, dann zündet dieser mit einem kurzen Stromimpuls den Triac und die Last wird an die Netzspannung geschaltet. Der Widerstand R 1 begrenzt den Zündstrom des Diac, er vermindert gleichzeitig die Hysterese.

Dieser Leistungsregler wird für die Lastgrenzen 100 W, 700 W und 1000 W angegeben. Beim Betrieb von induktiven Lasten ist der Triac mit R 2-C 3 vor Spannungsspitzen zu schützen. Aus den technischen Daten sind die für jede Leistung erforderlichen Werte für Entstörkondensator und Drossel sowie der Spannungsregelbereich an der Last, die Hysterese und die Umgebungstemperatur- und Kühlbedingungen für den angegebenen Triac zu entnehmen.

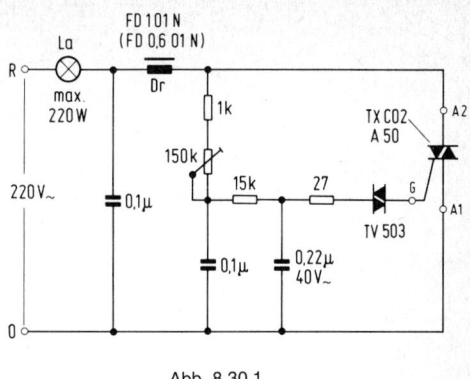

Abb. 8.30.1

Technische Daten:

Netzspannung	$220 \text{ V} \pm 10\%$		
Netzfrequenz	50...60 Hz		
Lastspannungsregel-bereich	10 bis 230 V		
Last	100 W	700 W	1000 W
Triac	TX C02 A 60	TX C02 A60	TX C01 A60
Entstörkon-densator C 1	0,22 μF	0,22 μF	0,27 μF
Entstör-drossel Dr	FD-0, 6-01 -N	FD-6,0-01 KN	FD-6,0-01 KN
max. Umgebungs-tempera-turbereich	−15 bis +70° C	−15 bis +50 °C	−15 bis +70 °C
Wärmewiderstand des Kühlkörpers	—	4 K/W	1,5 K/W

Kühlfläche für 1 mm

Alu	—	240 cm²	800 cm²

Beim Einstellen der Leistung — ausgehend vom Wert Null — läßt sich der kleinste einstellbare Spannungswert an R_L nicht direkt einstellen. Die Spannung springt gleich auf einen bestimmten Wert, z. B. 80 V bei Regler 1, und kann erst anschließend auf den kleinsten Einstellwert verringert werden.

Der Grund dafür ist das Absinken der Spannung am Diac, nachdem dieser gezündet hat. Dadurch ändert sich die Phasenbeziehung und der Zündzeitpunkt verschiebt sich. Nach dieser zweiten Triac-Zündung besteht wieder eine feste Beziehung zwischen der Kondensatorspannung C 2 und der Netzspannung. Die Lastspannung bleibt auf dem durch den neuen Zündzeitpunkt festgelegten Wert und kann erst durch anschließendes Zurückdrehen von P 1 kleiner gestellt werden. Man nennt diesen Effekt Hysterese und kann durch ein zusätzliches RC-Glied, wie in folgender *Abb. 8.30.2* eines Drehzahlstellers für eine Handbohrmaschine verringern.

Der Universalmotor M hat eine Leistungsaufnahme von 300 W. Die Drehzahl ist mit P 1 von Null bis zur Maximaldrehzahl wählbar. Die Maschine läuft ruckfrei aus dem Stillstand an. Zulässiger Umgebungstemperaturbereich −15 bis +70 °C. Wärmewiderstand des Kühlkörpers < 14 K/W.

275

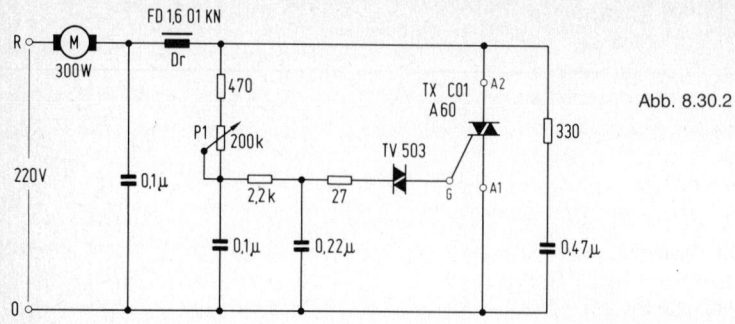

Abb. 8.30.2

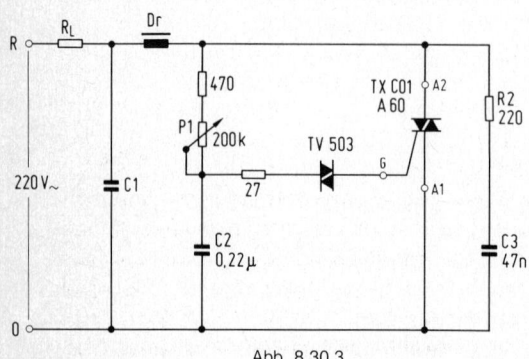

Abb. 8.30.3

8.31 Helligkeitsregler für 200 W

In jeder Halbwelle wird der Zündkondensator Schaltung *Abb. 8.31* C 3 über die Wiständte R 3, R 4 und R 5, R 6 aufgeladen, bis die Durchbruchspannung der Trigger-Diode BR 100 überschritten und diese leitend wird. Die nunmehr einsetzende Entladung von C 5 über die Trigger-Diode führt zur Zündung des Thyristors BT 100 A. Mit dem einstellbaren Widerstand R 4 kann die Aufladezeit von C 5 und damit der Zündzeitpunkt verändert werden. R 6 dient der einmaligen Einstellung des kleinsten Stromflußwinkels. Die Diode D 6 hat die Aufgabe, bei gezündetem Thyristor eine schnelle Entladung des Zündkondensators herbeizuführen, um die Aufladung von C 5 in jeder Halbwelle vom (nahezu) ungeladenen Zustand aus beginnen zu können. Vor dem Gleichrichter in Brückenschaltung liegt ein relativ aufwendiges Netzwerk, welches eine besonders wirkungsvolle Entstörung herbeiführt. Es können entsprechend den behördlichen Bestimmungen

Abb. 8.30.3 zeigt einen stufenlosen Leistungseinsteller für eine Beleuchtungsanlage bis max. 220 W. Der Einstellbereich liegt zwischen 8 und 218 V. Für eine zulässige Umgebungstemperatur von 80 °C ist für den Triac TX C02 A50 ein Kühlkörper mit einem Wärmewiderstand von < 30 K/W nötig. Für eine Ausgangsleistung bis 130 W genügt als Entstördrossel der Typ F D-0,6-01-N*).

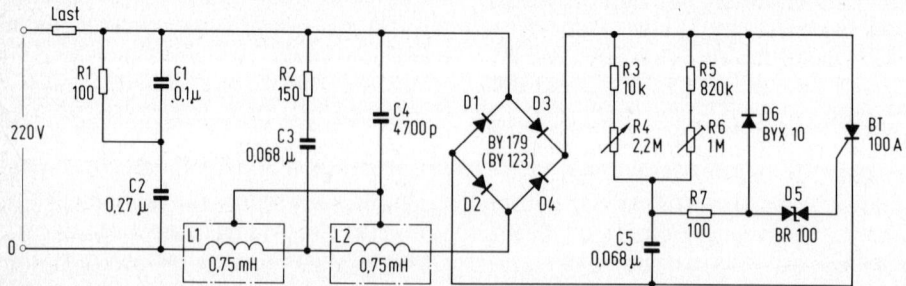

*) Ringkern-Einfachdrossel der Fa. Vacuumschmelze

Abb. 8.31

auch einfachere Entstörungsschaltungen verwendet werden. Die Schaltung gestattet die kontinuierliche Steuerung eines Verbrauchers bis 200 W.

8.32 Thyristor-Motorsteuerung für Universalmotoren

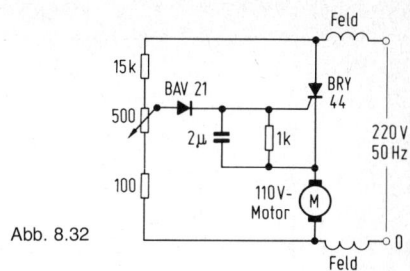

Abb. 8.32

Die nachfolgend beschriebenen Steuer- und Regelschaltungen mit Thyristoren bedienen sich des Prinzips der Phasenanschnittsteuerung, um den Mittel- oder den Effektivwert eines Wechselstroms zu ändern. Diese Methode wird überwiegend angewandt. Infolge der steilen Einschaltflanke entstehen bei Phasenanschnittschaltungen kräftige Oberwellen auf der Versorgungsspannung, die zu Rundfunkstörungen führen können. Deshalb werden zwischen Wechselstromnetz und Thyristorschaltung oft RC- oder LC-Filter geschaltet, oder man nutzt die Induktivität der beiden Feldspulenhälften eines Motors als Störschutz aus, wie in *Abb. 8.32*.

Bei vielen industriellen Anwendungen besteht die Forderung, daß die an einen Verbraucher abgegebene elektrische Leistung stufenlos von Null bis zum maximalen Wert verändert werden kann. Diese Aufgabe wird z. B. bei einfachen Drehzahlsteuerungen von Motoren gestellt oder bei der Helligkeitssteuerung von Glühlampen; letztere Anwendung wird später besprochen. Die Schaltung nach Abb. 8.32 wurde für eine stufenlose Drehzahleinstellung von Universalmotoren entwickelt. Nur die positiven Halbwellen der Netzwechselspannung werden ausgenutzt, um den Motor anzutreiben, so daß eine einfache Halbwellensteuerung mit einem einzigen Thyristor verwendet werden kann.

Durch geeignete Ansteuerung des Thyristors, der in Reihe mit dem Motor geschaltet ist, erhält man eine Phasenanschnittsteuerung der Spannung an den Motorklemmen. Dabei werden durch Verändern des Zündwinkels die Motorspannung und damit die Drehzahl verändert. Diese kann mit dem 500-Ω-Potentiometer von Null bis zum Maximalwert stufenlos eingestellt werden. Diese Schaltung wird bereits millionenfach für die Drehzahlsteuerung von elektrischen Haushaltgeräten, wie z. B. Mixern oder Nähmaschinen, von Handbohrmaschinen und Heimwerkermaschinen eingesetzt.

Universalmotoren sind Reihenschluß-Kollektormotoren mit gewickeltem Feld und Anker. Sie sind für Gleich- und Wechselstrombetrieb geeignet. Der Motorstrom hängt von der Differenz der Spannung an den Motorklemmen und der Gegen-EMK am Anker ab. Für jede beliebige Einstellung des 500-Ω-Potentiometers ergibt sich durch die von der Gegen-EMK abhängige Triggerschwelle des Thyristors eine automatische Drehzahlregelung gegenüber Lastschwingungen. Ein Anstieg der Motorbelastung hat ein Absinken der Drehzahl und damit eine Verringerung der Gegen-EMK zur Folge. Dadurch wird die Triggerschwelle des Thyristors früher erreicht, dem Motor wird mehr Leistung zugeführt, und er erhöht dadurch wieder seine Drehzahl. Umgekehrt wird bei Verringerung der Belastung die Drehzahl größer und entsprechend auch die Gegen-EMK. Dadurch wird der Zündzeitpunkt für den Thyristor auf einen späteren Zeitpunkt verschoben, d. h. die Spannung an den Motorklemmen wird kleiner.

8.33 Drehzahlregelung mit Thyristor

Die mit elektronischen Regelkreisen angestrebten konstanten Betriebsbedingungen (z. B. Temperaturregelschaltung für Öfen, Drehzahlregelung von Motoren usw.) lassen sich oft auf einfache Weise mit Thyristoren als Stellgliedern realisieren. Das Zündnetzwerk, welches die

Zündimpulse für den Thyristor liefert, wird automatisch durch rückgekoppelte Signale beeinflußt, so daß die Phasenlage der Zündimpulse zur Netzwechselspannung den jeweiligen Betriebsbedingungen angepaßt wird. Der Verbraucher wird in diesen elektronischen Regelkreisen in Reihe mit dem Stellglied an die Netzwechselspannung angeschlossen. Als Schaltbeispiel zu dieser Aufgabenstellung wird zunächst eine Drehzahlregelung für einen Universalmotor besprochen.

Die gestellte Aufgabe besteht darin, die Drehzahl des Motors sowohl im Leerlauf als auch bei verschiedenen Belastungen zwischen 8000 und 9000 Umdrehungen pro Minute zu halten. Ohne Regelung sinkt die Drehzahl von etwa 16 000 U/min im Leerlauf bis 800 U/min bei Nennbelastung ab.

Für die Auslegung der Drehzahlregelung ist zunächst die Frage nach der Wahl der Größe, die als Istwert für die Regelung in Frage kommt, von Bedeutung. Die einfachste Regelmöglichkeit ergibt sich, wenn die Gegen-EMK des Ankers als Istwert ausgenutzt werden kann. *Abb. 8.33.1* stellt die Prinzipschaltung einer solchen Regelung dar. Wenn die Spannung am Schleifer des Potentiometers größer als die Gegen-EMK des Ankers wird, zündet der Thyristor. Da die Gegen-EMK direkt proportional der Drehzahl ist, wird bei kleineren Drehzahlen die Gegen-EMK kleiner und der Thyristor früher gezündet.

Die Lösungen, die einen getrennten Techogenerator als rehzahl-Umwandler nutzen und mit elektrischen oder magnetischen Reglern oft infer Gleichstrommaschinenregelung angewendet werden, sind teuer und wegen ihrer großen Abmessungen oft ungünstig, haben jedoch den Vorteil der größeren Regelgenauigkeit.

Das Blockschaltbild der für die Drehzahlregelung entwickelten Schaltung zeigt *Abb. 8. 33.2*. Es sind zwei Gegenkopplungen, und zwar x_1 und x_2, vorhanden. Die Größe x_1 wird einem ohmschen Widerstand entnommen, der vom Ankerstrom durchflossen wird, und ist proportional dem Motorstrom (I · R-Kompensation). Wird der Motor stärker belastet, so nimmt der Motorstrom zu und die Drehzahl ab. Der größere Spannungsabfall an dem Widerstand im Motorkreis wirkt als Eingangssignal für den Gleichspannungsverstärker. Die Änderung der Ausgangsspannung des Verstärkers hat eine Verschiebung des Zündimpulses zur Folge, und der Thyristor wird früher in der Halbperiode gezündet. Die Spannung an den Motorklemmen steigt, und die Drehzahl bleibt trotz der größeren Belastung konstant. Die Größe x_2 ist proportional der Ankerspannung und auch etwa der Netzspannung. Die gewünschte Drehzahl kann als Sollwert w eingestellt werden.

Abb. 8.33.3 ist das komplette Schaltbild der elektronischen Drehzahlregelung. Die Transistoren T 1 und T 2 bilden einen Gleichspannungsverstärker. Mit dem Potentiometer R 2 kann die gewünschte Drehzahl eingestellt werden. Jede Änderung des Motorstromes wird über D 5, R 18 und C 2 zum Verstärker übertragen. Die Gegenkopplung kann mit

Feld
220 V
50 Hz
Anker
0

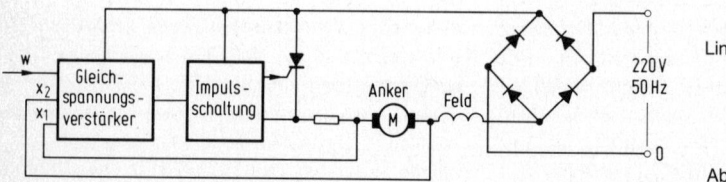

w
x_2
x_1
Gleich-spannungs-verstärker
Impuls-schaltung
Anker
Feld
M
220 V
50 Hz
0

Links oben: Abb. 8.33.1

Abb. 8.33.2

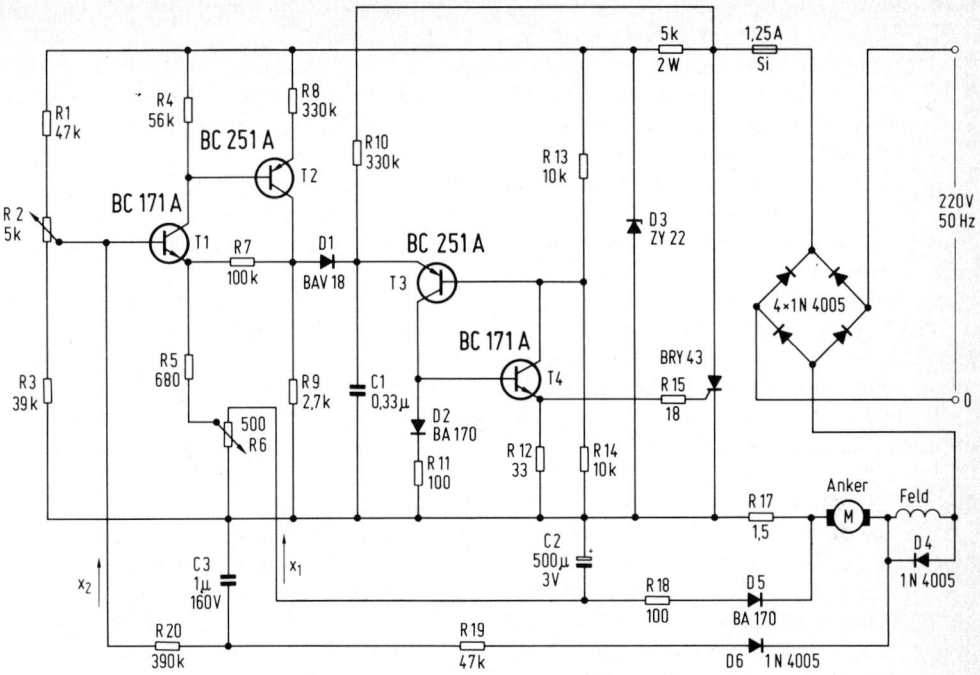

Abb. 8.33.3

dem Potentiometer R 6 eingestellt werden. Jede Änderung der Ankerspannung wird über D 6, R 19, C 3 und R 20 zum anderen Verstärkereingang übertragen. Am Ausgang des Verstärkers ist über Diode D 1 die Impulsschaltung, bestehend aus einem rückgekoppelten komplementären Transistorpaar, angeschlossen.

Der Kondensator C 1 wird am Anfang jeder Halbperiode über die Diode D 1 schnell auf die Kollektorspannung des Transistors T 2 aufgeladen. Ist dieses Potential erreicht, wird C 1 weiter über R 10 so lange aufgeladen, bis die Spannung am Kondensator die Triggerschwelle des Impulsgenerators, gegeben durch den Spannungsteiler R 13, R 14, erreicht. Dann setzt zwischen den beiden Transistoren T 3 und T 4 der Rückkopplungsvorgang ein, der beide Transistoren schnell durchsteuert. Der Kondensator C 1 entlädt sich über T 3, T 4 und den Widerstand R 12, so daß an R 12 ein Impuls entsteht, der den Thyristor zündet. Die Zeit, in der die Spannung am Kondensator C 1

die Triggerschwelle erreicht, hängt von der Ausgangsspannung des Verstärkers (Kollektorspannung des Transistors T 2) und der Zeitkonstante R 10 · C 1 ab.

Die Versorgungsspannung für den Verstärker und die Zündspannung wird durch die Z-Diode D 3 stabilisiert. Mit der durch die Z-Diode erzeugten Trapezspannung wird die ganze Schaltung automatisch mit dem Netz synchronisiert.

Der Abgleich der Schaltung soll im Leerlauf durchgeführt werden. Mit dem Potentiometer R 2 wird die gewünschte Drehzahl von 9000 U/min eingestellt. Dieser Drehzahl entspricht ein Zündverzug des Thyristors von etwa 75°. Bei Nennbelastung des Motors soll dann mit dem Potentiometer R 6 die Drehzahl auf einen Wert zwischen 8300 und 8600/U/min eingestellt werden. Diesem Fall entspricht ein Zündverzug von etwa 25°.

Eine Netzspannungsänderung hat auch eine Änderung der Drehzahl zur Folge, die mit der Gegenkopplung x_2 (über D 6, R 19, C 3

279

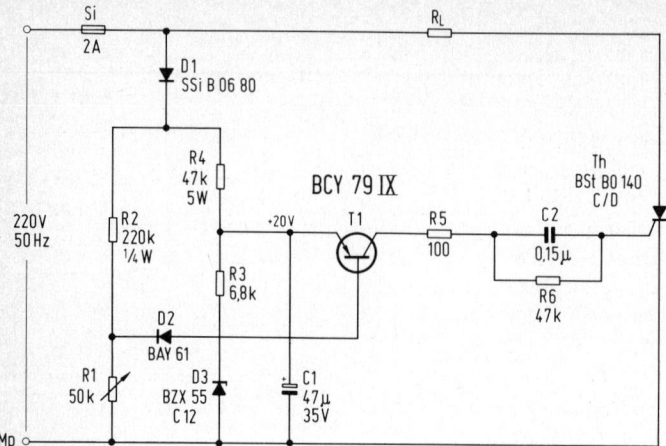

Abb. 8.34.1

und R 20) in den zulässigen Grenzen gehalten werden soll. Ohne diese Gegenkopplung würde sich die Drehzahl sehr stark mit der Netzspannung ändern. Wenn man einen größeren Aufwand treiben wollte, könnte man mit einem Transformator und einem Gleichrichter die Gegenkopplung x_2 direkt vom Netz entnehmen und damit eine gegenseitige Beeinflussung mit der Gegenkopplung x_1 ausschließen.

Die Temperaturmessungen an der Schaltung haben gezeigt, daß bei $T_U = 60$ °C die Drehzahl um etwa 10% gegen $T_U = 20$ °C ansteigt.

8.34 Phasenanschnittsteuerung für kleine Stromflußwinkel

Die Umformung der Netzspannung 220V/50 Hz in niedrige Gleichspannung 2 bis 24 V für ohmsche und induktive Verbraucher (z. B. Projektionslampen, Gleichstrom- und Universalmotoren) kann mit Thyristorschaltungen wirtschaftlich gelöst werden.

Mit diesem Lösungsvorschlag werden kleine Betriebsspannungen nicht nur einstellbar und stabilisiert, sondern auch ohne Transformator aus dem Netz nahezu verlustlos gewonnen.

Die herkömmlichen Phasenanschnittsteuerungen sind bei kleinem Stromflußwinkel praktisch unbrauchbar, denn sie reagieren zu empfindlich auf Schwankungen der Netzspannung.

Die Schaltung nach *Abb. 8.34.1* funktioniert sehr stabil auch bei kleinem Stromflußwinkel. Der Stromflußwinkel ist mittels Potentiometer R 1 zwischen 0 und 60° einstellbar. Die Eingangsspannung beträgt 220V/50 Hz. Am Ausgang kann eine einstellbare pulsierende Gleichspannung von 2 bis 24 V – abgenommen werden.

Die Diode D 1 speist durch Einweggleichrichtung eine aus einem Widerstandsteiler (R 1, R 2) und eine aus einem Widerstands-Zenerdiodenteiler (R 3, R 4, D 3) bestehende Brücke. Der Kondensator C 1 glättet die Sinushalbwellen im rechten Brückenzweig und gibt dem Emitter des Transistors T 1 ein fixes Potential von etwa 20 V −. Die Diode D 2 wird leitend, ebenfalls der sich in der Brückendiagonale befindliche Transistor T 1, wenn die am Widerstand R 1 abgegriffene Sinushalbwelle das Emitterpotential von T 1 um etwa 1 V unterschreitet; dabei gibt der Transistor T 1 einen Zündimpuls an das Gate des Thyristors Th.

Die Anstiegszeit des Zündimpulses beträgt lediglich etwa 100 μs, seine Breite etwa 200 μs. Ein Fehlimpuls am Anfang der Halbwelle kann nicht auftreten, da der Transistor T 1 zwischen zwei Halbwellen ständig leitend und der Kondensator C 1 voll geladen ist. Das Emitterpotential des Transistors T 1 ist durch eine vom Netz unabhängige Zenerspannung (D 3) und durch eine vom Netz abhängige Spannung

280

am Widerstand R 3 bestimmt. Das Verhältnis beider Spannungskomponenten über R 3 bzw. D 3 ist so bestimmt, daß die Verschiebung des Schaltpunktes des Transistors T 1 durch sein Emitterpotential bei zunehmender Netzspannung den Stromflußwinkel zu kleineren, bei abnehmender Netzspannung zu größeren Werten so verschiebt, daß die Spannung an der Last nahezu unabhängig bleibt (*Abb. 8. 34.2*). Ersetzt man die Zenerdiode durch einen Widerstand, so wird die Spannung an der Last dieselben Schwankungen aufweisen wie die Netzspannung selbst.

Der Stromflußwinkel kann mit dem Potentiometer R 1 = 50 kΩ zwischen 19° und 60° und damit der arithmetische Mittelwert der Spannung an der Last zwischen 2 und 24 V— eingestellt werden. Vergrößert man R 1 auf 500 kΩ, werden der Stromflußwinkel etwa zwischen 5° und 60° und der arithmetische Mittelwert der Spannung zwischen 0,2 und 24 V einstellbar.

Mit dem Thyristor BSt BO 140 C/D kann eine Leistung am ohmschen Verbraucher bei 60° Stromflußwinkel von etwa 160 W, mit BSt BO 240 180 W und mit Kühlblech bis 400 W gesteuert werden. Die Schaltung ist auch für induktive Belastung, z. B. auf die Drehzahlregelung von Gleichstrommotoren, geeignet.

Die vorliegende Schaltung ist mit einer Ringkern-Funkentstördrossel und Entstörkondensator zu betreiben.

Technische Daten:

Netzspannung   220 V
Netzfrequenz   50/60 Hz
Lastspannung   2 bis 24 V—
Leistung mit Thyristor BSt BO 140 C/D   max. 160 W
Leistung mit Thyristor BSt BO 240 C/D   max. 180/400 W

8.35 Drehzahlregelung von Wechselstromhauptschluß-Motoren kleiner Leistung

Der mit Halbwellen betriebene Motor *Abb. 8.35.1* liegt mit seinem Anker in der Katodenleitung des Thyristors BT 100 A. Die Zündwinkel- und damit die Drehzahleinstellung wird an

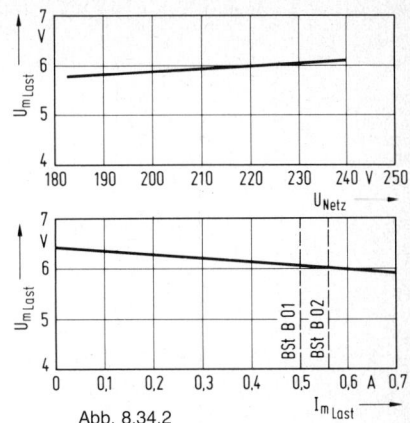

Abb. 8.34.2

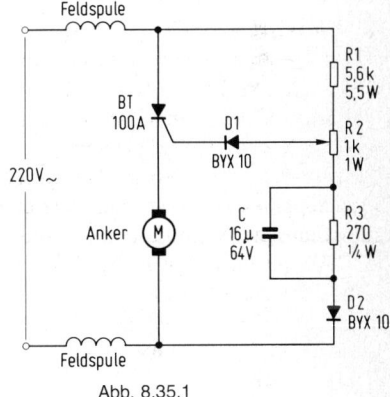

Abb. 8.35.1

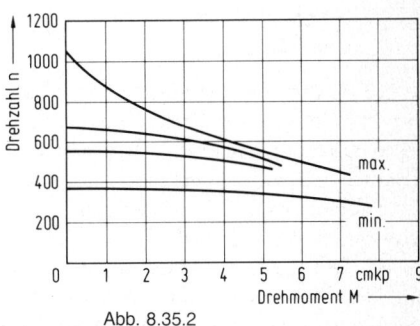

Abb. 8.35.2

R 2 vorgenommen. D 1 schützt den Steueranschluß des Thyristors gegen Überlastungen in den negativen Halbwellen, D 2 setzt die in den Widerständen auftretende Verlustleistung durch Sperrung der negativen Halbwellen

281

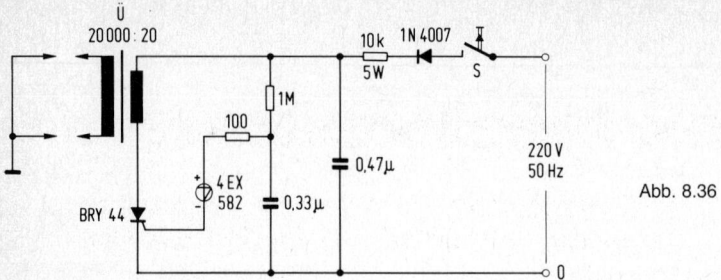

Abb. 8.36

herab, und C verschiebt den verfügbaren Zündwinkelbereich zu höheren Werten.

Die Ankergegenspannung stellt für die Katode des Thyristors eine positive, der Drehzahl proportionale Vorspannung dar. Nimmt die Drehzahl beispielsweise durch eine zunehmende Belastung ab, wird der Stromflußwinkel selbsttätig zu höheren Werten hin verschoben und bewirkt damit eine Drehzahlregelung.

Das Diagramm *Abb. 8.35.2* zeigt die Abhängigkeit der Drehzahl vom Drehmoment für verschiedene Einstellungen von R 2. − Der günstige Einfluß der Drehzahlregelung ist besonders bei niedrigen Drehzahlen deutlich zu erkennen.

8.36 Elektrischer Gasanzünder

Zur Erzeugung eines Zündfunkens wird der Speicherkondensator 0,47 µF mit Hilfe eines Thyristors über die Primärwicklung einer Zündspule entladen. Die periodischen Zündimpulse für den Thyristor liefert hier ein aus einem RC-Glied und einer Triggerdiode 4 EX 582 bestehender Impulsgenerator. Bei gedrückter Taste erzeugt die Schaltung etwa 5 Zündfunken je Sekunde. Schaltung *Abb. 8.36*.

Franzis
electronic tabellenbücher

Franzis
electronic tabellenbücher

Pro-Electron-Datenbücher enthalten alle bei Pro Electron gemeldeten und lieferbaren Halbleiter. Die kennzeichnenden Daten sind hier am umfangreichsten.

Pro Electron Datenbuch

(Diskrete) Halbleiter

- 4., neu bearbeitete Ausgabe 1975/76. 253 Seiten, Großformat, mit vielen Gehäuseabbildungen. Kart. DM 39.–

  ISBN 3-7723-5942-6

Der Band ist ein vollständiges Verzeichnis der marktgängigen, diskreten Halbleitertypen sofern sie eine Pro-Electron-Typenbezeichnung erhalten haben. Außerdem bringt er die dazugehörigen technischen Daten in einer Ausführlichkeit, wie sie sonst kaum zu finden sind. Das geschah in engster Zusammenarbeit mit den Herstellerfirmen, wodurch das Datenbuch einen hohen Zuverlässigkeitsgrad erhalten hat. Es wurden folgende Bauelemente aufgenommen: Germanium-Elemente, Silizium-Elemente und zwar einschließlich der Leistungsthyristoren, Gallium-Arsenid-Elemente sowie Halleffekt-Elemente. Die Gehäusetypen sind in einem besonderen Abschnitt zusammengefaßt, wobei zwischen genormten und nicht genormten Gehäusen unterschieden wurde. Ein Verzeichnis der Typenbezeichnungen und Hersteller- bzw. Lieferanten-Anschrift vervollständigt das Datenbuch, das besonders in der Werkstatt, in der Fertigung und im Labor gute Dienste leisten wird.

Integrierte Schaltungen (analog)

- 1. Ausgabe 1974/75. 159 Seiten, Großformat, mit vielen Gehäuseabmessungen. Lwstr-kart. DM 30.–

  ISBN 3-7723-6021-1

Der Band enthält die kennzeichnenden Daten aller lieferbaren analogen Schaltungen, sofern sie bei Pro Electron registriert worden sind. Neben dem umfangreichen Datenmaterial sind in dem Band enthalten: Typenbezeichnungssysteme, Symbol-Überblick, Glossar (mehrsprachig), Auswahlliste der Anwendungen und Funktionen, technische Daten, Funktionsschaltbilder, Gehäuseabmessungen, Anschriftenverzeichnis, Typenliste nach Lieferanten geordnet.

Integrierte Schaltungen (digital)

- 1. Ausgabe 1974/75. 233 Seiten, Großformat, mit vielen Logikschaltplänen und Gehäuseabmessungen. Lwstr-kart. DM 40.–

  ISBN 3-7723-6071-8

Der Band enthält die kennzeichnenden Daten aller lieferbaren digitalen Schaltungen, sofern sie bei Pro Electron registriert worden sind. Auch hier findet der Benutzer ein mehrsprachiges Glossar, umfangreiche allgemeine und elektrische Daten, Logik-Schaltpläne, Gehäuseabmessungen, Typenliste nach Lieferanten geordnet.

Franzis-Verlag, München